高等学校电子信息类“十三五”规划教材
应用型网络与信息安全工程技术人才培养系列教材

网络测试技术与应用

主　编　何林波　王铁军　聂清彬
副主编　方　睿　刘　丽　高　亮
参　编　唐　悦　唐　健

西安电子科技大学出版社

内容简介

本书由高校、企业联合编写，面向有ICT、软件编程、网络基础的读者。全书共分四大部分：第一部分为测试理论基础，第二部分为Web应用测试，第三部分为APP测试，第四部分为网络设备测试。

在测试理论基础部分，介绍了软件测试的起源、重要性及软件测试的发展轨迹，系统地阐述了测试用例的分类及测试用例的评估，着重介绍了测试用例设计的各种方法，以及如何设计出高质量测试用例的经验总结。在Web应用测试部分，主要介绍了Web程序测试基础、Web性能测试，以及Web自动化测试方法与测试工具的使用。在APP测试部分，介绍了iOS的APP测试策略及兼容性、性能、稳定性测试等方面的内容，最后对iOS APP的UI自动化测试进行了介绍和实践演练。在网络设备测试部分，从以太网的帧格式入手，系统地阐述了网络交换机、路由器的基本原理和测试实践，从MAC、VLAN、STP等二层协议到RIP、OSPF等路由协议的测试，从测试原理到测试步骤等都有详细的描述。

本书内容系统、简练，实用性强，论述简明清晰，适用于课程教学和实践教学，可作为高等院校计算机类、软件类、网络工程类各专业有关网络测试的教材或参考书，也可作为ICT相关行业测试技术人员的参考书。

图书在版编目(CIP)数据

网络测试技术与应用/何林波，王铁军，聂清彬主编. —西安：西安电子科技大学出版社，2018.10

ISBN 978-7-5606-5024-1

Ⅰ. ①网… Ⅱ. ①何… ②王… ③聂… Ⅲ. ①计算机网络—测试技术 Ⅳ. ①TP393.06

中国版本图书馆CIP数据核字(2018)第179710号

策划编辑 李惠萍
责任编辑 王 艳 雷鸿俊
出版发行 西安电子科技大学出版社(西安市太白南路2号)
电 话 (029)88242885 88201467 邮 编 710071
网 址 www.xduph.com 电子邮箱 xdupfxb001@163.com
经 销 新华书店
印刷单位 陕西天意印务有限责任公司
版 次 2018年10月第1版 2018年10月第1次印刷
开 本 787毫米×1092毫米 1/16 印张 20
字 数 472千字
印 数 1～3000册
定 价 43.00元

ISBN 978-7-5606-5024-1/TP

XDUP 5326001-1

中国电子教育学会高教分会推荐
高等学校电子信息类“十三五”规划教材
应用型网络与信息安全工程技术人才培养系列教材

编审专家委员会名单

前 言

迄今为止，绝大部分软件、程序都是由程序员人工进行设计和编写的，既然软件、程序是人工编写的，那么就一定存在各种问题。换言之，软件可能会拥有一些它们不该具备的“功能”，或者无法完成它们应当做的事情。这些错误或问题可能是由设计欠佳、对问题理解有误、人为错误而导致的。因此，一切软件产品均需要被充分地“测试”。

尽管如此，直到20世纪70年代，“软件测试”才被明确提出，测试工程师作为一个职业，在20世纪80年代中期才开始出现，并随着互联网的发展而进化，大约在20世纪90年代来到中国。今天，测试工程师已经成为IT界一项具有很高的专业技能要求，并且回报率丰厚的职业。近年来，随着ICT(Information Communications Technology)的快速发展，ICT相关行业中的各类测试需求日益增加，测试人才也极度缺乏，一方面企业难以找到合适的测试工程师，另一方面，各高校也没有系统地培养测试方面的技术人才。

本书最初的编写目的是作为西安电子科技大学网络工程师系列教材之一，重点以网络测试技术为主，因为目前国内与网络工程测试技术相关的教材不多，而且这些教材对网络测试的介绍都不全面，有的偏重于网络物理层的线缆测试及故障定位，有的着重于网络协议测试。但实际上，从严格意义上来说网络测试也属于软件测试的范畴，因此在编写过程中，编者对软件行业中最常见的Web应用程序开发测试和手机APP应用程序以及网络设备、网络协议的相关测试技术均做了介绍，从而使得本书内容能较全面地适应ICT行业中测试人才的培养和基本学习需求。本书在适合网络测试工程师培养需求的同时，一定程度上也满足了部分软件测试工程师的需求。全书注重实践能力和可操作性，力求剖析理论知识的同时，注重应用，结合目前真实的测试项目设置测试用例，能有效提高读者的操作实践水平。

本书是与兄弟院校、企业共同完成编写的，取长补短，适应面更广。全书共分四大部分，第一部分为测试理论基础，第二部分为Web应用测试，第三部分为APP测试，第四部分为网络设备测试，最后一部分的特色是结合杰华科技有限公司的实际测试案例，吸收了从业人员几十年来的测试技术、测试理念和测试经验。本书内容系统、简练，实用性强，论述简明清晰，适用于课程教学和实践教学，可作为大专院校相关专业的教材，也可作为网络测试及相关测试技术人员的参考书。

由于各种原因，本书在编写过程中，经历时间跨度较长，编写人员众多，导致全书几大部分行文风格略有差异；另外，考虑到篇幅问题，本书省略了网络自动化测试实践部分的有关内容。这也是本书编写中不太满意的地方，希望读者谅解。

本书第1、7、8、9、10、11、12、13章由何林波、方睿、高亮、唐悦、唐健、刘丽编写，第 2、3、4 章由王铁军编写，第 5、6 章由聂清彬编写。

本书在编写时还参考了互联网上的一些技术文档和相关资源，在此向这些资料的作者深表谢意。此外，本书在编写过程中，还得到了很多同事和西安电子科技大学出版社李惠萍编辑的建议、关心和帮助，在此表示深深的感谢。

由于编者水平有限，书中可能还有不足之处，敬请读者批评指正。

编　者
2018 年 3 月

目　录

第一部分　测试理论基础

第二部分　Web应用测试

第三部分 APP测试

第四部分 网络设备测试

第一部分　测试理论基础

第1章 测试理论基础概述

目前，人们所使用的一切有关数字化、信息化的应用和设备，几乎都包含“软件”、“程序”部分，如计算机、手机的操作系统、各种平台上的应用软件、各类APP以及运行在各种设备芯片中的嵌入式软件等。

迄今为止，绝大部分软件、程序都是由程序员人工进行设计和编写的。既然软件、程序是人工编写的，那么就一定存在各种问题。换言之，软件可能会拥有一些它们不该具备的“功能”，或者无法完成它们应当做的事情。这些软件、程序中存在的错误可能是由设计欠佳、对问题理解有误或者人为错误导致的。

如果书籍中出现了排版错误，读者往往可以猜出误拼字词的意思，但读取软件、程序的计算机则只能按部就班，照章行事。对于各种关键场合的各类软件应用，出现因软件“错误”引起的“功能失效”是根本不能接受的。以下是一些历史上有名的由计算机软件问题引起的事故。

(1) 2005年9月13日，魔兽世界“腐血”问题。

魔兽世界是一款由暴雪娱乐公司开发的在线计算机游戏，该游戏一经推出便获得了巨大的成功。2005年9月13日，这款游戏在更新后遭遇了一个尴尬的计算机问题。按照之前的设计需求，更新后的游戏出现了一个新的敌对角色哈卡(Hakkar)，哈卡具备一种能力，即让那些一段时间里会破坏他们健康的角色感染疾病“腐血”。这些疾病会从一个角色传染给另一个，就像真实世界一样，并有可能让任何感染此病的角色死去。按计划，这种效果会被严格控制在哈卡活动的区域。可是游戏程序出现了漏洞：带病玩家能够通过网络进入游戏的其他区域，同时仍然受疾病影响，并将疾病传染给其他人，整个城市游戏无法继续运转，因为去世的角色“横尸遍街”(指的是虚拟人物)。

(2) 2003年8月14日，北美停电问题。

这是史上最严重的停电事件，其起因是一家位于俄亥俄州伊利湖南部湖畔的电厂脱离了电网后，因为电力需求过旺使得其他输电网络压力过大。当电线处于负荷大量电力的状态时，电线会升温，这导致构成电缆的物质(通常是铝和钢)膨胀。当时有几根电线因为膨胀而降低(高度)，接触到树枝并将其压倒，使整个供电系统承受了更大的压力。这引发了层叠效应，最终电网将电力输出降低到正常值的20%。

这次事故表面上看与软件问题无关，但是在调查后发现，如果不是因为控制中心警报系统的软件问题，这个事件本可以不发生。由于系统两部分之间的资源竞争导致警报系统失效，并停止处理警报，这意味着没有任何声音或者图像警报传递给控制间的工作人员。这次事件的后果被全面报道，波及约5500万人，受影响区域主要包括美国东北部以及加拿大安大略州，很多地区连续几天停电，工业、社会事业和通信都受到影响。

(3) “约克郡”号美国舰船事件，1997 年 9 月 21 日。

1997 年 9 月 21 日，“约克郡”号美国舰船的推进系统运转失败，在水里长达近 3 h 无法启动，起因就是一位船员在船上的数据库管理系统里输入了一个“0”，而这个“0”被用于除法计算。安装这款软件是为了更大程度地发挥计算机操作系统的作用，减少驱动船只所需的人力。幸运的是，事发时船只只是在演习，而不是被部署在战争环境中，否则后果将更加不堪设想。

(4) Unix 系统的 2038 年问题。

从 1970 年开始，Unix 系统广泛应用于商业和学术界。因此，1970 年被定义为 Unix 系统或类 Unix 系统的元年。所有系统都以 1970 年 1 月 1 日 0 点 0 分 0 秒作为时间的基准点，用秒数来表示系统时间，也即当前系统时间是从基准时间(1970 年 1 月 1 日 0 点 0 分 0 秒)走过多少秒之后的时间。用简单公式来表示，即为：

系统时间＝基准时间＋秒数

那么这个秒数应该保存在多宽的类型中呢？在当时那个年代，16 位字宽已是很大了，而 32 位已经是“足够大”，因此在 POSIX 标准中，将表示秒数的类型定义为 time_t，而它是 32 位有符号整数类型。在 32 位系统上，time_t 能表示的最大值为 0x7fffffff，当 time_t 取最大值时表示系统时间为 2038－01－19 03：14：07，但时间再往后走时，time_t 会溢出变成一个负值，此时系统时间会倒回到 1901 年，届时操作系统和上层软件的运行都会出错。

有兴趣的读者可以查阅相关资料，了解如何解决该问题，Linux 社区最近几年才慢慢开始着手解决 2038 年问题。

上述事件及问题的根本原因在于软件或程序在设计、运行上出现了“错误”或事先无法预估的问题，如何避免或者降低出现这些问题的概率，软件产品发布前的“测试”就变得非常重要了。

一个成熟产品的开发过程至少应该包括设计、开发和测试三个环节，测试环节的好坏直接影响到产品的质量和市场对产品的评价。做好测试不是一件容易的事情，有时甚至比开发更有挑战性。

如何做好测试，是摆在整个测试团队面前的一个难题。

1.1　软件测试概论

20 世纪 60 年代以前，计算机刚刚投入使用，软件设计往往只是为了一个特定的应用而在指定的计算机上设计和编制，并采用密切依赖于计算机的机器代码或汇编语言；软件的规模比较小，文档资料通常也不存在，且很少使用系统化的开发方法；设计软件往往等同于编制程序，基本上是个人设计、个人使用、个人操作、自给自足的私人化的软件生产方式。

此时“测试”的含义还比较狭窄，开发人员将“测试”等同于“调试”，目的是纠正软件中已经知道的故障或错误，常常由开发人员自己完成这部分工作。这个阶段的测试投入极少，测试介入的时间也比较晚，常常是等到形成全部代码，产品已经基本完成时才进行测试。

直到 1957 年，软件测试才开始与“调试”区别开来，并作为一种发现软件缺陷的活动逐渐开展。由于一直存在着“为了让我们看到产品在工作，就得将测试工作往后推一点”的思想，潜意识里对测试的目的就理解为“确信产品能工作”。因此，测试活动始终后于开发活动，测试通常被作为软件生命周期中的最后一项活动而进行。当时也缺乏有效的测试方法，主要依靠“错误推测(Error Guessing)”来寻找软件中的缺陷。因此，大量的软件在交付后，仍然存在很多问题，软件产品的质量无法保证。

1.1.1 软件测试的定义

直到20世纪70年代，虽然这个阶段开发的软件仍然不复杂，但人们已开始思考软件开发流程的问题。尽管对“软件测试”的真正含义还缺乏共识，但这一词条已经频繁出现，一些软件测试的探索者们建议在软件生命周期的开始阶段就根据需求制订测试计划，这时也涌现出了一批软件测试的宗师，如Bill Hetzel博士。1972年，软件测试领域的先驱Bill Hetzel博士(代表著作为《软件测试完全指南》(The Complete Guide to Software Testing))在美国的北卡罗来纳大学组织了历史上第一次正式的关于软件测试的会议。1973年，他给软件测试下了一个这样的定义：“软件测试就是建立一种信心，认为程序能够按预期的设想运行。”1983年，他又将该定义修订为：“评价一个程序和系统的特性或能力，并确定它是否达到预期的结果，软件测试就是以此为目的的任何行为。”在他的定义中，“设想”和“预期的结果”其实就是现在所说的用户需求或功能设计。他还把软件的质量定义为“符合要求”，其思想的核心观点是：测试方法是试图验证软件是“工作的”。所谓“工作的”，就是指软件的功能是按照预先的设计执行的，以正向思维，针对软件系统的所有功能点，逐个验证其正确性。软件测试界把这种方法看做是软件测试的第一类方法。

尽管如此，这一方法还是受到很多业界权威的质疑和挑战，代表人物是Glenford J. Myers(代表著作为《软件测试的艺术》(The Art of Software Testing))。Glenford J. Myers认为测试不应该着眼于验证软件是工作的，相反，应该首先认定软件是有错误的，然后用逆向思维去发现尽可能多的错误。他还从人的心理学的角度论证，如果将“验证软件是工作的”作为测试的目的，非常不利于测试人员发现软件的错误。于是他于1979年提出了他对软件测试的定义：“测试是为发现错误而执行的一个程序或者系统的过程。”这个定义也被业界所认可，并且经常被引用。除此之外，Myers还给出了与测试相关的三个重要观点，即：

(1) 测试是为了证明程序有错，而不是证明程序无错误。

(2) 一个好的测试用例在于它能发现至今未发现的错误。

(3) 一个成功的测试是发现了至今未发现的错误的测试。

这就是软件测试的第二类方法，简单地说，就是验证软件是“不工作的”，或者说是有错误的。Myers认为，一个成功的测试必须是发现Bug(原意为臭虫、飞虫，引申为软件的错误或问题，通常在阅读、交流时直接使用英文原单词)的测试，不然就没有价值。这就如同一个病人(假定此人确有病)到医院做一项医疗检查，结果各项指标都正常，这说明该项医疗检查对于诊断该病人的病情是没有价值的，是失败的。Myers提出的“测试的目的是证伪”这一概念，推翻了过去“为表明软件正确而进行测试”的错误认识，为软件测试的发展指出了方向，软件测试的理论、方法在此之后得到了长足的发展。第二类软件测试方法在业界很流行，受到很多学术界专家的支持。

然而，对Myers“测试的目的是证伪”这一概念的理解也不能太过于片面。在很多软件工程学、软件测试方面的书籍中都提到了一个概念："测试的目的是寻找错误，并且是尽最大可能找出最多的错误。"这很容易让人们认为测试人员就是"挑毛病"的，而由此带来诸多问题。业界熟悉的 Ron Patton 在其《软件测试》一书中，有一个明确而简洁的定义："软件测试人员的目标是找到软件缺陷，尽可能早一些发现，并确保其得以修复。"这样的定义具有一定的片面性，带来的结果是：

(1) 若测试人员以发现缺陷为唯一目标，而很少去关注系统对需求的实现，测试活动往往会存在一定的随意性和盲目性。

(2) 若有些软件企业接受了这样的方法，以 Bug 数量来作为考核测试人员业绩的唯一指标，也不太科学。

总的来说，第一类测试方法可以简单抽象地描述为这样的过程：在设计规定的环境下运行软件的功能，将其结果与用户需求或设计结果相比较，如果相符则测试通过，如果不相符则视为 Bug。这一过程的终极目标是将软件的所有功能在所有设计规定的环境中全部运行，并通过。软件行业中一般把第一类方法奉为主流和行业标准。第一类测试方法以需求和设计为本，因此有利于界定测试工作的范畴，更便于部署测试的侧重点，加强针对性。这一点对于大型软件的测试，尤其是在有限的时间和人力资源的情况下显得格外重要。

而第二类测试方法与需求和设计没有必然的关联，更强调测试人员发挥主观能动性，用逆向思维的方式，不断思考开发人员理解的误区、不良的习惯、程序代码的边界、无效数据的输入以及系统的各种弱点，试图破坏系统、摧毁系统，目标就是发现系统中各种各样的问题。这种方法往往能够发现系统中存在的更多缺陷。

20 世纪 80 年代初期，软件和 IT 行业进入了快速发展时期，软件趋向大型化、高复杂度，软件的质量也越来越重要。这个时候，一些软件测试的基础理论和实用技术开始形成，人们开始为软件开发设计各种流程和管理方法，软件开发的方式也逐渐由混乱无序的开发过程过渡到结构化的开发过程，并且这种开发过程以结构化分析与设计、结构化评审、结构化程序设计以及结构化测试为特征。人们还将"质量"的概念融入其中，软件测试的定义也发生了改变，测试不再单纯是一个发现错误的过程，而是将测试视为软件质量保证(SQA)的主要职能，包含软件质量评价的内容。Bill Hetzel 博士在《软件测试完全指南》一书中指出："测试是以评价一个程序或者系统属性为目标的任何一种活动。测试是对软件质量的度量。"这个定义至今仍被引用。软件开发人员和测试人员开始坐在一起探讨软件工程和测试问题。软件测试已有了行业标准(IEEE/ANSI)，1983 年 IEEE 提出的软件工程术语中给软件测试下的定义是："使用人工或自动的手段来运行或测定某个软件系统的过程，其目的在于检验它是否满足规定的需求或弄清预期结果与实际结果之间的差别。"这个定义明确指出软件测试的目的是为了检验软件系统是否满足需求，它不再只是一次性的、开发后期的活动，而是与整个开发流程融合成一体的活动。目前，软件测试已成为一个专业，需要运用专门的方法和手段，需要专门的人才和专家来承担。

因此，软件测试就是在软件交付用户使用或投入运行前，对软件需求规格说明、软件设计规格说明和编码的最终复审，是软件质量保证的关键步骤，是为了发现错误而执行程序的过程。软件测试在软件生命周期中横跨两个阶段：通常在每一个模块编写完成后就需要对它进行必要的测试(称为单元测试)，编码和单元测试属于软件生命周期中的同一个阶段；在这个阶段结束后对软件系统还要进行各种综合测试，如集成测试、系统测试、性能测试和配置测试等，这是软件生命周期的另一个独立阶段，即测试阶段。

1.1.2 软件测试的目的、对象和原则

1. 软件测试的目的

软件测试的最终目的是避免错误的发生，确保应用程序能够正常高效地运行。一个良好、成功的测试在于发现至今未发现的错误，好的测试工程师应该做到不仅发现问题，还能够帮助开发人员定位、分析问题。

2. 软件测试的对象

软件测试并不单纯等同于程序测试，软件测试应该贯穿软件定义与开发的整个期间。因此，需求分析、概要设计、详细设计以及程序编码等各阶段所得到的文档，包括需求规格说明、概要设计说明、详细设计说明以及源程序，都应该是软件测试(评审)的对象。

在对需求理解与表达的正确性、设计与表达的正确性、实现的正确性以及运行的正确性的验证中，任何一个环节发生了问题都可能在软件测试中表现出来。

3. 软件测试的原则

(1) 应把“尽早和不断地进行软件测试”作为测试工程师的座右铭。实践证明，单元测试能够尽早发现问题，减少后期测试的错误量，比如 Java 语言程序可以采用 JUnit 和 JTest，C＃可以使用 NUnit 框架等来辅助进行单元测试。

(2) 应当避免由程序员自己检查自己的程序(指后期系统测试阶段，不包括单元测试)。

(3) 测试用例(测试时使用的一系列输入、操作)的设计要确保能覆盖所有可能路径。在设计测试用例时，应当包括合理的输入条件和不合理的输入条件，如异常的、临界的、可能引起问题的输入条件。

(4) 充分注意测试中的群集现象。经验表明，测试后程序残存的错误数目与该程序中已发现的错误数目或检错率成正比，应该对错误群集的程序段进行重点测试。

(5) 严格执行测试计划，排除测试的随意性。测试计划应包括：所测软件的功能、输入和输出、测试内容、各项测试的进度安排、资源要求、测试资料、测试工具、测试用例的选择、测试的控制方法和过程、系统的配置方式、跟踪规则、调试规则、回归测试(指修改了旧代码后，重新进行测试以确认修改没有引入新的错误或导致其他代码产生错误)的规定，以及评价标准。

(6) 应当对每一个测试结果进行全面的检查，妥善保存测试计划、测试用例、出错统计和最终分析报告，为维护提供方便。

软件缺陷、错误是由很多原因造成的，如果把它们按需求分析→规格说明→系统设计结果→编程的代码等归类起来，比较后发现，规格说明书是软件缺陷出现最多的地方。

图 1－1 给出了软件缺陷分布的统计结果。

如果在软件的需求分析阶段就已经存在问题，那么软件的代码编写和最终的实现必然存在着严重的问题，有可能原本客户需要的某种“A 功能”，最后交付时变成了一种甚至是客户根本不清楚的“B 功能”，如图 1－2 所示。

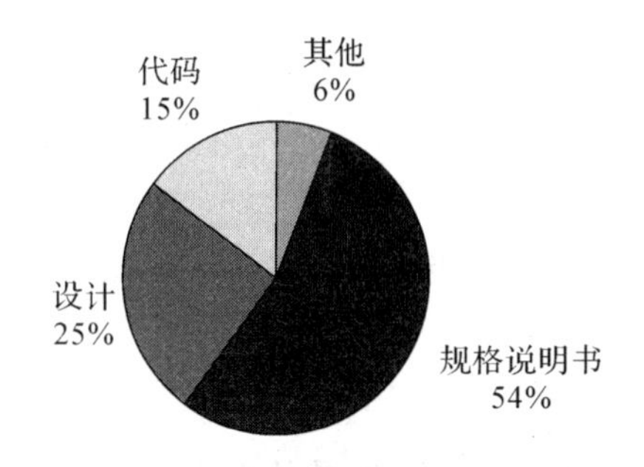

图 1-1　软件缺陷分布统计图

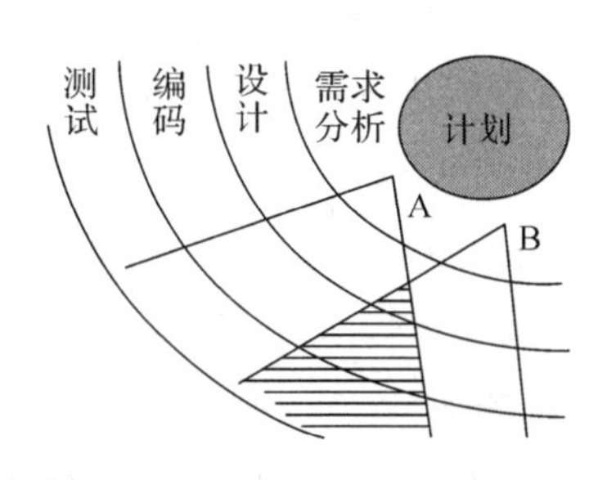

图 1-2　因需求问题导致的设计错误不断被放大

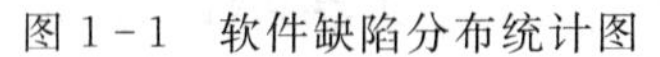

1.1.3　软件测试的分类

按照不同的分类标准，软件测试存在着各种各样的测试名称，比如按照软件项目流程阶段划分，可分为单元测试、集成测试、系统测试、验收测试。图 1-3 是一个典型的瀑布式软件开发流程，各项软件测试工作是在项目开发流程中循序渐进进行的。

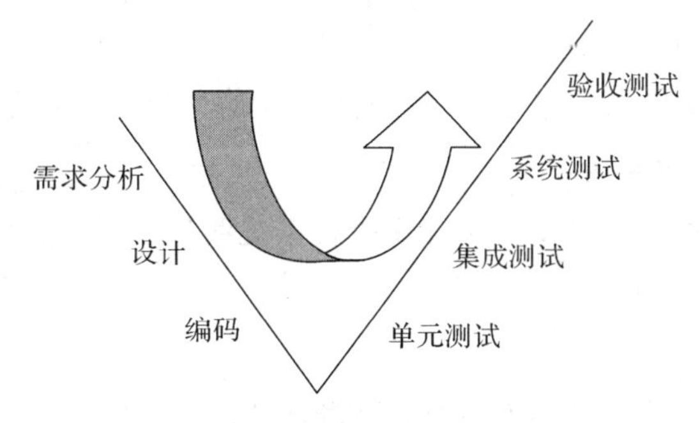

图 1-3　瀑布式软件开发流程

单元测试：是对软件中的基本组成单位进行的测试，目的是检验软件基本组成单位的正确性。

集成测试：是在软件系统集成过程中所进行的测试，目的是检查软件单位之间的接口是否正确。

系统测试：是对已经集成好的软件系统进行彻底的测试，以验证软件系统的正确性和性能等是否满足其规约所指定的要求。

验收测试：是部署软件之前的最后一个测试操作，其目的是确保软件准备就绪，向软件购买者展示该软件系统满足用户的需求。

1. 单元测试阶段的主要内容

1）模块接口测试

通过所测模块的数据流进行测试，判断调用所测模块时的输入参数与模块的形式参数的个数、属性和顺序是否匹配。

2）局部数据结构测试

局部数据结构测试是为了保证临时存储在模块内的数据在程序执行过程中完整、正确，模块的局部数据结构往往是错误的根源。

3）程序执行路径测试

对模块中重要的执行路径进行覆盖测试。

4）错误处理测试

比较完善的模块设计要求能遇见出错的条件，并设置适当的出错处理，以便在程序出错时，能对出错程序进行安排，保证其逻辑上的正确性。

5）边界条件测试

软件经常在边界上失效，因此需要对软件的边界进行测试。边界条件测试是一项基础测试，也是系统测试中的功能测试的重点。

2. 集成测试阶段的主要内容

在集成测试中，我们主要关注以下内容：

(1) 把各个模块连接起来时，测试模块接口的数据是否会丢失。

(2) 各个模块组合起来，能否达到预期的功能。

(3) 一个模块的功能是否会对另一个模块的功能产生不利影响。

(4) 全局数据结构是否有问题。

(5) 单个模块的误差积累起来是否会被放大，从而达到不可接受的程度。

3. 系统测试阶段的主要内容

一般情况下，系统的主要测试工作都集中在系统测试阶段。不同的系统，所进行的测试种类也不同，具体介绍如下。

1）功能测试

功能测试是对产品的各功能进行验证，以检查是否满足客户需求。

2）性能测试

性能测试是通过自动化测试工具模拟多种正常、峰值以及异常负载条件来对系统的各项性能指标进行测试。

3）安全测试

安全测试是为了检查系统对非法入侵的防范能力。

4）兼容性测试

兼容性测试主要是测试系统在不同的软硬件环境下是否能够正常运行。

4. 验收测试阶段的主要内容

验收测试阶段的主要内容包含如下测试：功能确认测试、安全可靠性测试、易用性测试、可扩充性测试、兼容性测试、资源占用率测试、用户文档资料验收测试。

以上测试类型及测试内容是根据软件项目流程，对测试工作的划分。如果从测试工作对软件代码的可见程度划分，又可分为白盒测试、黑盒测试与灰盒测试，这也是软件测试领域中最基本的三个概念。

1）黑盒测试

黑盒测试指的是把被测软件、设备看做是一个“黑盒子”，测试工程师不去关心“盒子”

里面的结构是什么样子的，而只关心软件的输入数据和输出结果。

黑盒测试只检查程序功能是否能按照需求规格说明书的规定正常使用，程序是否能接收输入数据而产生正确的输出信息。黑盒测试着眼于程序外部结构，不考虑其内部逻辑结构，主要针对软件界面和软件功能进行测试。从理论上讲，黑盒测试只有采用穷举输入测试，把所有可能的输入都作为测试情况考虑，才能查出程序中所有的错误。实际上，测试情况有无穷多个，测试人员不仅要测试所有合法的输入，而且还要对那些不合法但可能的输入进行测试。这样看来，完全测试是不可能的，所以我们要进行有针对性的测试，通过制定测试案例指导测试的实施，保证软件测试有组织、按步骤，以及有计划地进行。黑盒测试行为必须能够加以量化，才能真正保证软件质量。

2）白盒测试

白盒测试，指的是把“盒子”的盖子去掉，去研究“盒子”里面的源代码和程序结构。白盒测试是按照程序内部的结构测试程序，通过测试来检测产品内部动作是否按照设计规格说明书的规定正常进行，检验程序中的每条通路是否都能按照预定要求正确工作。白盒测试分为静态白盒测试和动态白盒测试两种。

(1) 静态白盒测试是利用眼睛浏览代码，凭借经验找出代码中的错误或者代码中不符合书写规范的地方，不要求在计算机上实际执行所测程序。

(2) 动态白盒测试是通过输入一组预先按照一定的测试准则构造的实例数据来动态运行程序，从而发现程序错误的过程。比如一段代码有四个分支，输入四组不同的测试数据，使四组分支都可以走通而且结果必须正确。

白盒测试的测试方法有代码检查法、静态结构分析法、静态质量度量法、逻辑覆盖法、基本路径测试法、域测试、符号测试、Z 路径覆盖、程序变异。

白盒测试的覆盖标准有逻辑覆盖、循环覆盖和基本路径测试。其中，逻辑覆盖包括语句覆盖、判定覆盖、条件覆盖、判定/条件覆盖、条件组合覆盖和路径覆盖，这六种覆盖标准发现错误的能力由弱至强。语句覆盖是每条语句至少执行一次；判定覆盖是判定的每个分支至少执行一次；条件覆盖是判定的每个条件应取到各种可能的值；判定/条件覆盖应同时满足判定覆盖和条件覆盖；条件组合覆盖是每个判定中各条件的每一种组合至少出现一次；路径覆盖是使程序中每一条可能的路径至少执行一次。

白盒测试需要全面了解程序内部逻辑结构，并对所有逻辑路径进行测试。白盒测试法属于穷举路径测试。采取这种测试方法时，测试者必须检查程序的内部结构，并从检查程序的逻辑着手，得出测试数据。然而贯穿程序的独立路径数是天文数字，即使每条路径都测试了仍然可能有错误。第一，穷举路径测试不能查出程序违反了设计规范，即程序本身是个错误的程序；第二，穷举路径测试不可能查出程序中因遗漏路径而出错；第三，穷举路径测试可能发现不了一些与数据相关的错误。

3）灰盒测试

白盒测试和黑盒测试能发现软件在其生命周期不同阶段的不同类型的安全性隐患，而所谓的“灰盒测试”则介于黑盒测试与白盒测试之间。可以这样理解，灰盒测试关注输出对于输入的正确性，同时也关注内部表现，但这种关注不像白盒那样详细、完整，只是通过一些表征性的现象、事件、标志来判断内部的运行状态。有时候输出是正确的，但内部其实已经出错了，这种情况非常多，如果每次都通过白盒测试来操作，测试效率会很低，因此需要采取这样的一种灰盒测试方法。

灰盒测试在不同测试类型之间有一定程度集成的时候最为有效，特别是当这些测试类型被一个总控的软件保证管理控制台或终端结合到一起的时候效果最好。例如，一个检查到错误的动态工具没有访问底层源码的能力，就使得开发人员很难知道如何改正错误。如果一个管理终端能集成白盒测试和黑盒测试，发现的漏洞就可以按优先级排列在漏洞队列里，而且源码工具能够指出发生问题的确切地点。这能帮助人们了解问题到底出在什么地方，并给开发者解决问题提供必要的信息。

1.2　测试用例概述

测试用例(Test Case)是为某个特殊目标而编制的一组测试输入、执行条件以及预期结果，以便测试某个程序是否满足某个特定的需求的程序代码。

测试用例是将软件测试的行为、活动进行科学化的组织和归纳，目的是能够将软件测试的行为转化成可管理的模式。比如，当不同的测试工程师在相同的“环境”(指相同的被测软件、测试环境等条件)下执行相同的的测试用例时，可以得出相同的结果，不会因为测试工程师的不同导致测试结果的改变，这对于测试工程师流动性强的企业、公司来说，在软件项目的管理上起到了非常重要的作用。测试用例也是将测试具体量化的方法之一，不同类别的软件或同一软件的不同功能，其测试用例都是不同的。

测试用例对于测试工作非常重要，主要有以下几方面的原因：

(1) 测试用例是测试部门的基石。

测试用例是一个逐渐积累的过程，一个成熟的测试部门非常重视测试用例的积累。通常的做法是建立一个测试用例库，对测试用例进行分类管理，并不断地完善、补充用例库。对于人员流动性很大的公司，这点尤其重要，随着测试用例库的不断完善，能使刚接触测试的新人很快成长为合格的测试人员。

(2) 测试用例是测试皇冠上的宝石。

测试用例的质量决定了测试人员对产品的理解程度。写出一个测试用例是做测试的第一步。测试的“深度”与测试用例的数量成比例。由于每个测试用例反映不同的场景、条件或经由产品的事件流，因此，随着测试用例数量的增加，用户对产品质量和测试流程也就越有信心。

(3) 测试用例的地位决定其重要性。

测试从本质上来说是在实验室模拟用户实际的应用场景，测试用例就是对这些不同应用场景的描述。如果测试用例不能真实反映实际应用场景，或是与实际应用场景产生偏差，测试质量将不能保证。

(4) 测试用例在测试执行过程中的指导性。

测试执行人员以测试用例为主要参考来进行测试，如果测试用例的质量不好，将直接影响测试效果，会使测试工程师偏离正确的测试目的，错过产品的漏洞。

1.2.1　测试用例的评估

大体上，测试用例的质量可以从两个方面来衡量：单个测试用例的执行度和所有测试用例的覆盖度。

1. 单个测试用例的评估

1）是否忠实被测软件、设备

测试用例应该忠实于被测软件、设备的特性，应该严格遵守相关设计文档、标准协议和市场需求这三个元素，同时这三个元素构成了测试用例的基本来源。如果测试用例错误或者背离了产品设计的意图，无疑将导致错误的测试结果，也会浪费测试人员、开发人员的宝贵时间。好的测试用例应该根据上述三大元素展开，否则只能是"无源之水，无本之木"。

2）测试目的是否明确

做任何事都要有目的，测试用例更是如此。整个测试用例应该围绕一个明确的测试目的，然后展开测试步骤。测试目的代表了产品的一个测试点，是测试用例的中心灵魂。

3）测试具备的可执行度

测试用例的执行度代表了对产品特性理解的程度。测试的目的之一就是要提高产品的质量，要尽量找到更有价值的产品缺陷。测试用例越细致深入，就越有可能发现产品深层的缺陷。然而，要做到这一点不是容易的事情，需要测试人员对产品特性、功能、协议的精确理解和长期的测试经验积累。

4）是否具备可重复性

编写完毕的测试用例可能会交给不同的测试人员，在不同的时间和场合执行测试。测试用例的可重复性是指在这些不同的情况下，应该有一致的测试结果。不同情况下的测试步骤可能有细小的差别，但最终能得到相同的测试结果。测试用例如果失去了可重复性，就失去了产品对于测试用例通过或是不通过的评判标准，这样测试用例也就没有存在的意义了。

5）是否具备良好的可读性

如同读文章一样，测试用例也是在测试人员之间传递阅读的。清晰的上下文关系、明确简洁的描述使得测试人员很容易理解测试的意图和步骤，从而避免了测试人员对测试意图的误解。通常，测试用例的可读性是容易被忽略的，然而要做好这一点并不容易。

2. 测试用例集合的评估

1）覆盖程度

测试覆盖(Test Coverage)是指测试系统覆盖被测试系统的程度，是一项给定测试或一组给定测试对某个给定系统或构件的所有指定测试用例进行处理所达到的程度。对于产品测试特别是复杂庞大产品的测试，错过了测试点，就等于错过了产品缺陷。如同前面提到的，每个测试用例覆盖了一个测试点，所有的这些测试点构成了整个产品的测试覆盖面。整个测试用例集应该覆盖从单一功能到复杂功能测试、系统测试、性能测试、兼容性测试、场景测试等方方面面，力图使测试盲点降到最低。

2）清晰的分层结构

软件产品是复杂的，开发人员面对这种复杂性采用的开发模型为经典的“瀑布模型”，也就是从上到下、逐渐细分、大模块包括小模块、小模块包括更小的模块的软件开发过程。因此，很自然的，也可以考虑用这种层次化的组织结构来管理测试用例。

1.2.2 测试用例的要素

不同的公司、企业对测试用例的要求不尽相同，根据被测软件、设备、项目的不同，测试用例可能具有不同的要素点，但一般来说，一个完整的测试用例应该包含如下这些要素：

- Test ID（用例 ID）。
- Description（用例描述）。
- Pre-setup（前置条件）。
- Platform（测试环境或平台）。
- Test tools（测试工具及相关软件）。
- Priority（优先级）。
- Complexity（复杂度）。
- Steps（测试步骤及输入内容）。
- Expected results（测试预期结果）。

其中最重要的是用例描述、测试步骤和测试预期结果。

用例描述是对测试用例目的和过程的简要描述，应该控制在几句话的范围内。用例描述应该使阅读者迅速并清楚地知道测试的意图，也就是测试的目的所在。对测试执行人员和测试管理者来说，最关注的其实就是用例描述，通过对每个用例描述的预览，可以初步判断整个测试集的覆盖面和深度。

测试步骤和测试预期结果是测试目的的展开。简单来说，测试步骤就是让被测设备达到某种状态，测试预期结果就是被测设备在这种状态下应该有的表现。测试预期结果必须和测试步骤一一对应，用来验证被测设备是否正常。

表 1－1 是一个对某网络设备编写的测试用例。

表 1－1 某网络设备的测试用例

用例 ID	Port_configure_001
用例描述	能对 Port1 的 duplex & speed 进行配置
复杂度	Low
优先级	High
预计执行时间	15 min
测试拓扑	Port1 PC1 DUT

续表

测试平台	适用于 XXX 型号交换机的软件版本 V3.2	
前置条件	按拓扑建立测试环境，设备都已正常启动并使用默认配置 DUT 为交换机或路由器，PC1 及 DUT 的接口都是 100 Mb/s	
输入数据(可选)		
测试过程		
测试步骤	描　述	预期结果
(1)	DUT 上查看 Port1 配置，并清空	Port1 上无配置
(2)	启用 DUT Port1	Port1 状态能变为 up
(3)	…	…

1.3　测试工作的生命周期

软件测试不可能发现产品中的全部 Bug，在现实的研发活动中，提供给测试人员的资源也是极为有限的，如时间、人力资源、设备资源等。

那么，一项产品的开发活动或项目实施，应该什么时候开始测试，什么时候停止测试呢？

软件测试周期一般分为七个阶段：① 计划阶段；② 分析阶段；③ 设计阶段；④ 构建阶段；⑤ 循环测试阶段；⑥ 最后测试和实施阶段；⑦ 实施后阶段。各阶段之间的具体关系如图1－4 所示。

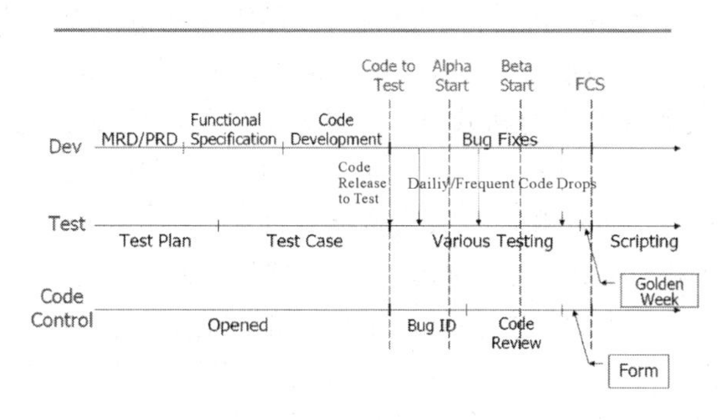

图 1－4　软件测试周期

1.3.1　计划阶段

计划阶段是产品测试概念定义的阶段，定义测试的标准和流程等。其包括的主要工作如下：

(1) 制订测试计划，包含测试大纲、测试周期的设定、测试的目标、质量参数、Beta 测试阶段的验收标准等。

(2) 制定各个阶段进行评价、核实的时间，在下一阶段的开始对上一阶段的情况进行分析和总结，以调整计划，如讨论测试覆盖率、人员有无不足等。

(3) 制定错误报告的流程，比如哪些问题需要上报，哪些问题暂时不用上报，并制定书写的格式、跟踪的方法，以及制定错误报告的类型。

(4) 制定软件可接受标准，比如错误率为多少，哪些错误可以暂时不修改，测试多少轮，覆盖率多少，测试深度多少等。

(5) 制定错误的优先级别，比如分为紧急、严重、一般、较高之类的级别，用来供开发人员参考，以确定哪些需要优先安排修改。

(6) 制定项目的跟踪文档，比如提交的周报、月报等。要求在周报中写清楚本周新发现了多少个问题，解决了多少个问题，哪些问题是无效的，运行了多少个测试用例，通过率是多少等。

(7) 制定详细的项目计划表，包括每个阶段的具体时间、需要的人数、需要的资源等。

(8) 复检产品定义文档。主要是对设计文档重新进行阅读，对现在开发的产品进行检验，防止出现误差，并且以用户角度对一些设计提出自己的观点等。

(9) 使用相应的工具或者自行设立一个数据库，对手工测试用例和自动测试用例进行管理和查询。

1.3.2 分析阶段

分析阶段是一个外部文档阶段，这个阶段的主要工作是从客户和开发组得到文档并进行分析和总结，再根据获取的信息去创建测试的框架和相应的测试文档。因此，本阶段的主要工作是完成分析、搭出测试框架、书写大纲等。其包括的主要工作如下：

(1) 基于客户要求制定功能验证矩阵。根据需求文档、客户需求来划分需要测试的功能区域，以及每个区域内要测试的元素和功能逻辑。这样就建立了一个可以被测试用例和问题分类使用的功能验证表格，并且可以检验对原始需求的测试覆盖度。

(2) 制定测试用例格式，制定一系列的文档格式。对于UI(界面)程序，其功能、性能、自动化测试脚本等应该都有不同的格式规范。此外，应给出测试优先级别，这样可以减少优先级别低、对系统影响小、一般比较稳定的一些测试用例的测试频率，并估计每个测试用例的测试时间，这样便于统计和进行人力资源管理。

(3) 制定测试轮次和时间线。根据测试用例的估计时间，制定系统测试点的测试轮次。例如刚刚开发完毕的产品，所进行的都是简单的功能验证测试，这时可以设置一个测试目标，选择一批测试用例，在测试目标达到后(比如测试用例通过率达到85%)就可以进行复杂的功能测试，这称之为一个轮次。除了以测试用例走完一遍为一个测试轮次外，也可以设置一周或一个月为一个轮次。这实际上考验的是一个领导者制订计划和管理执行计划的能力，好的管理人员针对具体系统制定的计划是有效的、不同的，而不是一成不变的。

(4) 根据功能验证矩阵编写测试用例，将用户需求中设定的测试数据和测试用例链接起来。有些用户需求需要对其中某些特殊的数据结构或者数据类型等进行测试，这时候就需要将这些数据独立出来，以便能够复用。

(5) 标记出能够使用自动化测试工具(自动化测试是指借助一些工具、软件代替人工完成测试用例的执行以及测试结果的记录、报告等)完成的测试用例，以便于在人力资源较少

或者需要快速回归的时候使用自动化测试工具对其进行测试。

(6) 对于自动化测试组来说，这个时候就要做一些基本的工作，比如完成一些公用的文件和一些基础的公共函数、方法等。

(7) 制定出要进行压力测试和性能测试的区域并完成测试用例，并构思测试的基本方法。

(8) 根据已经完成的测试用例，开始梳理各个测试轮次中应包含哪些测试用例、总轮次、测试时间估算等。

(9) 不断地复查文档，防止出现偏差。这个工作可以有一个固定周期，比如一个月内有几次，分别查看哪些文档等。

(10) 检查测试环境，包括软件、硬件、人力的准备情况等。

1.3.3　设计阶段

设计阶段是完成内部测试文档的阶段，这些文档大部分都是在分析阶段形成了大体的组织结构和大纲文档，并且具有一些基本的描述。本阶段的主要工作就是完成这些文档的最终编写，如测试计划、测试时间表、测试数据、各种相关文档等。当然，内部文档仍然可以通过设计的危机处理机制进行更新。要特别指出的是，测试用例并不能够在本阶段完成。由于新功能的添加、具体功能实现方法的变动、部分功能需要修改等因素，测试用例只能不断进行更新。

设计阶段包括的主要工作如下：

(1) 根据具体的变化重新调整测试计划。根据计划的调整，调整各个测试轮次的内容和时间，根据变化调整功能设置，并确认已有的仍然有效的测试用例和测试数据。

(2) 继续编写已经设定的测试用例和添加新的测试用例。有的测试用例在上一阶段时可能只有一个简单的描述，具体的测试步骤尚未完成定义和编写；有的测试用例事先没有考虑到，有些可能重复，所以需要进行相应的删改。

(3) 设置风险评估标准。通过设置风险评估，可以有效地帮助测试人员灵活地调整计划。比如某个测试轮次需要 50 h 完成，而风险评估标准将这类测试时间设置为计划时间的 150%，也就是说，在计划中应该填写 75 h 为实际设定的测试完成时间。

(4) 最终完成各个测试轮次的设置。在本阶段结束后，除非有其他的特殊情况，比如通过预先设置的危机处理方法处理外，内部测试文档将不再修改。

(5) 全面完成测试计划。

(6) 评估支持开发人员进行单元测试的可行性，有些项目需要测试人员去帮助开发人员进行单元测试。

1.3.4　构建阶段

构建阶段是开发人员在编码的同时，最终完成系统预先设置的各种测试用例的阶段。本阶段的很多工作在设计阶段就已经涉及了，完成本阶段的工作后，将进入到测试的主要阶段，即对产品进行设定的各种测试。

构建阶段包括的主要工作如下：

（1）完成单元测试。

（2）完成所有的手工测试用例。随着系统的不断开发，在一个完整的软件版本完成之后，手工测试用例基本上的编写也都能够完成。

（3）完成自动测试工具的开发（这个阶段可以设计、编写一些专用的自动测试工具）。

（4）完成压力测试用例的编写。

（5）完成性能测试用例的编写。

（6）重新复检功能表。

（7）完成自动测试用例的编写。

1.3.5 循环测试阶段

循环测试阶段是最花费时间的阶段，是按照之前制定好的计划，利用各种资源、工具，对系统进行一轮又一轮的测试，直到代码开发冻结的阶段。本阶段也包含了不断设置的回归测试。

循环测试阶段包括的主要工作如下：

（1）第一轮测试，运行第一组测试用例。

（2）Bug 报告。

（3）Bug 确认。

（4）按要求修改测试用例。

（5）按要求增加测试用例。

（6）第二轮测试。

（7）第三轮测试。

（8）……

1.3.6 最后测试和实施阶段

最后测试和实施阶段是代码冻结后的测试阶段，这个时候需要进行的是最后的验证测试，主要是完成最终的性能、压力、文档测试和 UI 等测试过程，开始形成系统说明书和用户手册。

最后测试和实施阶段包括的主要工作如下：

（1）手动或自动执行所有的前端测试用例。

（2）手动或自动执行所有的后端测试用例。

（3）执行所有的压力测试用例。

（4）执行所有的特性测试用例。

（5）执行所有的 UI 测试用例。

（6）执行所有的文档测试用例。

（7）进行最后一轮的详细测试。

以上测试即为最终的功能测试，此时一般不再对源代码进行大的改动，只是对外观和界面的错误进行修复，对现有的一些问题进行跟踪和管理，必要的时候准备发布修复版。

1.3.7　实施后阶段

实施后阶段是对整个项目进行总结的阶段，需要编写一些最终的报告，例如错误分析报告，包括一共有多少个错误、有效率是多少、分布情况如何等。这个阶段主要是将好的经验总结下来，对不足进行思考，为下个项目做准备。

1.4　Bug 管理

1.4.1　Bug 基础

Bug 按照英文直译过来叫“臭虫、虫子”，不过一般在测试活动中都直接采用英文发音。任何事物都不是完美的，何况是需要被测试的软硬件。所以说软件系统一定都会有 Bug。

简单来说，Bug 就是事物的缺陷。现实生活中充满了 Bug：人生病了，可以理解为有了 Bug；汽车抛锚了，可以理解为出了 Bug；计算机死机了，更是一个 Bug。

但不是所有的问题都是 Bug，严格来说，产品在规定范围或正常操作下出现的错误，才能称为 Bug。如前面提到的汽车抛锚了，如果是因为汽车使用年限超过了应该的年限，或者是司机的错误操作，都不能称为 Bug。下面是一个 Bug 示例。

早期的 Windows XP 支持的最大共享文件夹名长度为 80 个英文字母或 40 个汉字，但设置共享文件夹名时可输入的范围是 80 个英文字符或 80 个汉字，如果共享文件夹名在 41～80个汉字之间，系统就会提示该共享文件夹名包含无效的字符。其实真正的原因是共享文件夹名超长，如图 1-5 所示。

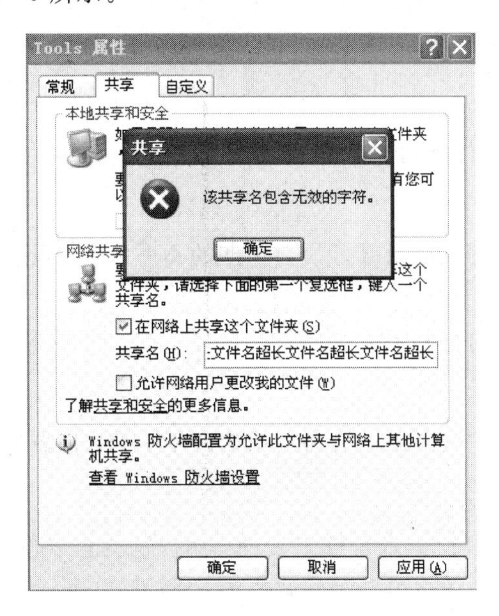

图 1-5　Bug 示例

1. 寻找 Bug 的目的

测试究竟是用来做什么的？Bug 又有什么用处？测试不是为了简单地寻找 Bug，测试的目的是通过寻找 Bug 来提高产品质量，提高产品开发流程，继而满足市场和客户的要求。没有 Bug 的完美产品是不存在的，一轮接一轮的测试就是为了让产品更加稳定，让 Bug 被限制到尽可能小的范围。

这里有一个故事，很生动地体现了测试的目的：

一家新开业的软件公司，老板(兼项目经理)很重视软件产品的质量，请来了一位测试经理，带着一队测试人员开始了漫长的测试。一开始，这些测试人员只是把自己当成了 Bug 的寻找人员，他们很快就被劣质软件和 Bug 的洪流所淹没。一个月过去了，测试人员每天疲于寻找问题，问题越找越多，开发人员也疲于修复问题，大家都累得要命，但产品的质量并没有得到多少提升，软件还是处于非稳定状态。于是测试经理找到老板，提出了看法："测试的作用不应该仅仅是测试，现在的测试我们发现了产品的质量存在着很大的问题，请下令暂停项目，进行相应的风险评估，找出是哪个环节出了质量问题"。最后老板同意了这个提议，经分析后发现原来是开发人员并没有完全了解设计要求，加上是用他们不熟悉的语言来进行开发，也没有进行代码的走查、评审和单元测试，才导致软件的问题层出不穷。于是在开发人员重新做了以上的工作后，当程序再次提交测试时，Bug 的数量明显减少了，测试人员也有精力去寻找更深层次的问题。

2. Bug 的严重等级

Bug 的严重等级是对被测对象表现的一个评判。被测对象错误的严重性就决定了 Bug 的严重等级。各家公司和机构对于 Bug 的严重等级的划分标准不一，但大体上可以按照下面的方式来定义。

1）Priority 1

(1) 被测对象崩溃。

(2) 被测对象重启(硬件类)。

(3) 内存泄漏。

(4) 系统配置丢失(硬件类)。

2）Priority 2

功能或模块不工作，测试结果或行为与预期的不一致，且没有避开 Bug 的替代方法。

(1) 功能缺失。

(2) 系统性能与参考值相差太大。

3）Priority 3

功能或模块不工作，测试结果或行为与预期的不一致，但有避开 Bug 的替代方法。

3. Bug 的优先级别

Bug 的优先级别是从客户需求角度来说的，用户认为重要的特性出了问题，哪怕只是小小的信息显示错误，也应该在第一时间解决。

4. Bug 的生命历程

Bug 也是有生命的，从 Bug 的发现，到 Bug 的修复，就是一个 Bug 的生命历程，如图 1-6 所示。

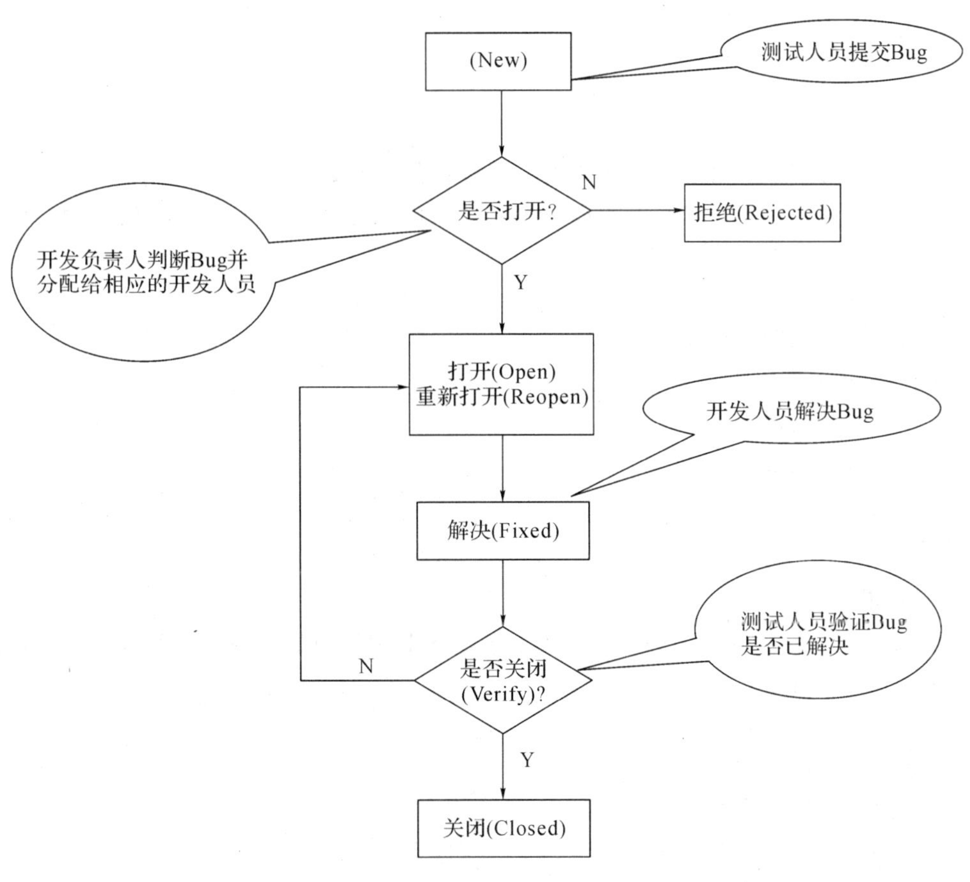

图 1-6　Bug 的生命历程

各类状态说明及转换步骤如表 1-2 所示。

表 1-2　Bug 的生命历程步骤

New	为测试人员进行新问题提交所标志的状态
Open	为任务分配人(开发组长/经理)对该问题准备进行修改并对该问题分配修改人员所标志的状态。Bug 解决中的状态由任务分配人改变。对没有进入 Open 状态的 Bug，开发人员不用处理
Reopen	为测试人员对修改问题进行验证后没有通过的问题所标志的状态，或者已经修改正确的问题，又重新出现错误所标志的状态。该状态由测试人员改变
Fixed	为开发人员修改问题后所标志的状态，修改后还未测试
Verify	为测试人员对修改问题进行验证后通过的问题所标志的状态。该状态由测试人员改变
Closed	由 Bug 管理系统或测试经理、开发经理修改，表明 Bug 生命周期结束
Rejected	开发人员认为不是 Bug，或者 Bug 描述不清、重复、不能复现、不采纳所提意见或建议，或虽然是个错误但还没到非改不可的地步，故可忽略不计，又或者测试人员提错，从而被开发人员拒绝的问题。该状态由 Bug 分配人或者开发人员来设置

1.4.2　发现 Bug

1. Bug 的来源

一个产品从设计到开发，凝聚了所有系统设计师、开发人员、设计人员、管理人员的心血。从另一个方面来讲，这些不同的环节和不同人的工作，却是导致 Bug 的原因。举例来说，可能出现 Bug 的情况有：

(1) 新特性的增加。

(2) 对设计意图的错误理解。

(3) 代码的反复修改。

(4) 不严格的代码维护。

(5) 开发人员的素质。

(6) 紧张的开发进度。

(7) ……

2. 寻找 Bug

以上列举了产生 Bug 的原因，但寻找 Bug 绝不是件简单的事情，一个高素质的测试人员应该做好以下工作：

(1) 熟悉产品设计需求。

(2) 熟悉标准协议规范。

(3) 熟悉产品操作手册。

(4) 熟悉测试工具仪器的使用。

(5) 有丰富的测试经验。

3. 处理 Bug

并不是所有的问题都可以归结成 Bug。当发现一个产品的问题时，如何确定它是一个 Bug，这不是个简单的问题。将确定 Bug 的过程称为 Bug 的定位，一般来说，可以按照以下几步来做。

1) 排除非正确因素

需要排除的因素包括是否按照合理的测试步骤，是否在合理的测试场景下，是否在产品规格范围内等。只有排除了这些正常因素，而被测对象仍然会有不正常行为，才能初步定位为 Bug。

2) 收集 Bug 相关信息

Bug 出现时，应该保存好测试的环境与相关数据、配置。测试仪器的配置、设备的日志、屏幕输出等要素都是分析 Bug、修复 Bug 的重要参考。

3) 寻找重现步骤

寻找 Bug 的重现条件是 Bug 定位中的难点，特别对于多功能、多模块的系统测试，Bug 产生的原因会很复杂，不是通过简单的表面现象就能找到重现条件。

4) 寻求开发人员的帮助

找到 Bug 后需要开发人员的确认和修复，测试人员需要和开发人员一起确认 Bug 的原

因，帮助开发人员找到 Bug 的根源。

5）报告 Bug

报告 Bug 是找到 Bug 需要做的最后一步，通常会有专业的 Bug 管理软件，如 Bugzilla、ClearDDTS、禅道项目管理软件等来帮助管理 Bug。

4. 什么是高质量的 Bug

1）重现条件

找到了 Bug 的重现条件，从测试的角度来说，工作就完成了一大半。重现条件能够帮助开发人员更方便地定位，甚至开发人员会依赖于重现条件才能定位。寻找 Bug 的意义在于修复 Bug，不能重现的 Bug 往往不能找到原因，更谈不上修复。

2）分析 Bug 趋势图

Bug 不是越多越好，在适当的时候发现适当数量和质量的 Bug，才是产品经理所希望看到的。

图 1－7、图 1－8、图 1－9 为三种 Bug 趋势图。

图 1－7 的 Bug 数量在经历一段时间后呈下降趋势，但在整个测试过程中没有发现高严重级别的 Bug。一旦发布，该产品会面临在用户环境中出现严重 Bug 的风险。

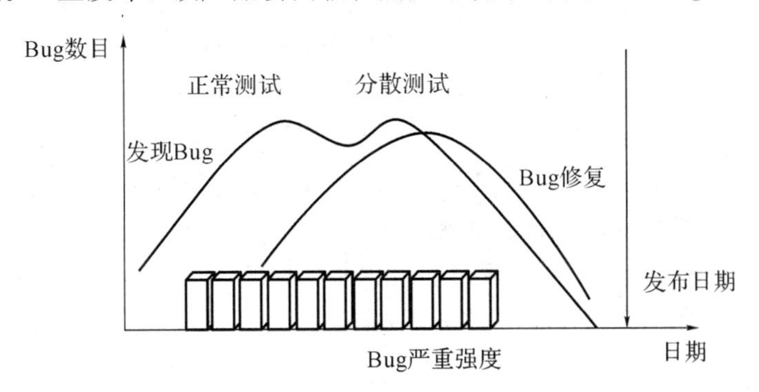

图 1－7　Bug 趋势图(1)

图 1－8 的 Bug 严重级别随着时间的推移呈逐渐上升的趋势。虽然该情况较图 1－7 的情况要好，但是产品中层出不穷的高严重性 Bug，也会令产品经理推迟产品的发布日期。

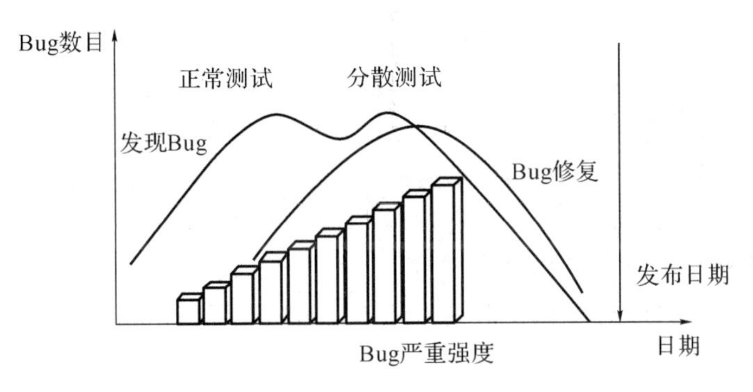

图 1－8　Bug 趋势图(2)

图 1－9 的情况是最好的，随着产品发布时间的推移，Bug 的数量和质量都在经历一个

倒"V"字形转变，可以初步判定产品在逐渐走向稳定。

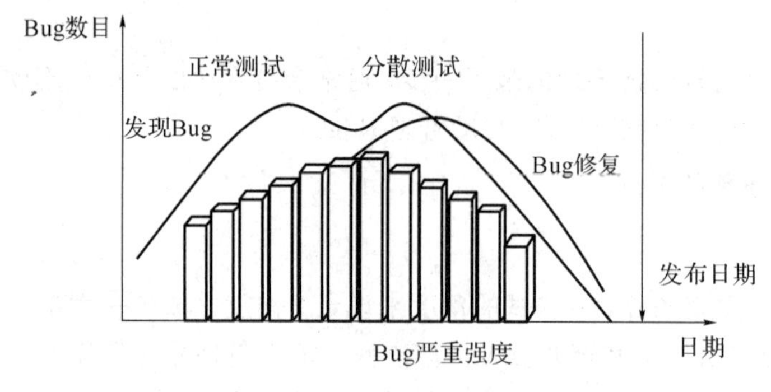

图 1-9　Bug 趋势图(3)

1.4.3　报告 Bug

清晰、有效的 Bug 描述是告诉读者测试人员发现了什么，而不是测试人员做了什么。

在有些公司里，开发员几乎会把一半的测试 Bug 返回给测试组，因为那些 Bug 不可再现、或者 Bug 同设计要求一致、或者 Bug 报告根本无法操作。为了防止这类问题的发生，要提交有效的测试 Bug，作为一个优秀的测试人员，必须遵循以下步骤：

(1) 总结：简要描述客户或用户的质量体验和观察到的一些特征。

(2) 压缩：精简任何不必要的信息，特别是冗余的测试步骤。

(3) 去除歧义：使用清晰的语言，尤其要避免使用那些有多个不同或相反含义的词汇。

(4) 中立：公正地表达自己的意思，对错误及其特征的事实进行描述，避免夸张或忽略的语句，引起过度的注意力或反而被忽视。

(5) 评审：至少有一个同行，最好是一个有经验的测试工程师或测试经理，在测试人员提交测试报告或测试评估报告之前审读一遍。

1.4.4　提交 Bug

清晰、有效的 Bug 描述应该包括 10 个基本部分：标题、项目、所属模块、优先级、重要性、异常等级、可重复性、现象、操作过程和附件。

1. 标题

标题是使用一两句话来描述错误，告诉项目经理、开发人员以及其他读者为什么应该关心该问题。好的标题应该着重描述出现的 Bug 现象，但是如果过于简洁反而会引起误导，使得原本重要的问题被忽视。因此必须注意采用简洁、切中要害的描述，这样才能引起读者的重视。不重要的问题就应该描述得比较轻微，例如"联系人的 E-mail 没有检查合法性"；重要的问题就要体现出问题比较严重，例如"填了数字仍然提示不是数字，使得无法进行下一步的操作"，这样的描述会更容易让开发人员理解究竟是什么问题及其重要性，并及时处理。

2. 项目

项目是指该错误属于哪一个项目、归哪个项目组解决，并可使不同的项目组看到并及

时定位自己项目的错误。

3. 所属模块

所属模块是指准确说明发生异常等错误的模块，切忌错误指派模块，导致后续流程错误。

4. 优先级

优先级可以分为以下 4 级：

· 1 级："马上解决"，表示问题必须马上解决，否则系统根本无法达到预定的需求。

· 2 级："高度重视"，表示有时间就要马上解决，否则系统会偏离需求较大或预定功能不能正常实现。

· 3 级："正常处理"，即进入个人计划解决，表示问题不影响需求的实现，但是影响其他使用方面，比如页面调用出错、调用了错误的数据库等。

· 4 级："低优先级"，即问题在系统发布以前必须确认已解决或确认可以不予解决。

5. 重要性

重要性分为以下 5 级：

· 1 级："非常严重"，表示缺陷不修改整个系统流程不能继续。

· 2 级："比较严重"，表示缺陷不修改不影响系统其他流程，但是本模块流程不能继续。

· 3 级："一般"，表示缺陷不影响流程。

· 4 级："轻微"，表示缺陷可以延期解决。

· 5 级："优化"，表示修改以后流程会更好。

6. 异常等级

异常等级有以下 5 级：

(1) 系统崩溃，指使得操作系统死机等致命性的错误。

(2) 应用程序崩溃，指该错误使得测试程序崩溃，即无任何反应。

(3) 应用程序异常，指错误使得应用程序结果不符合逻辑或是最初的需求。

(4) 轻微异常，指错误有，但是无伤大局，例如错别字等。

(5) 建议，指改进后更好，不改进也对程序无碍。

7. 可重复性

可重复性是针对问题是否通过执行"操作步骤"就可以重新出现，如果是就"可再现"；如果这个 Bug 只出现了一次，就再也不会出现了，称这类问题为"不可再现"；其余的就是"未知"，如每隔几天才出现一次。

8. 现象

现象是对标题的详细描述。因为标题不宜过长，所以现象也是对标题的具体化。

9. 操作过程

操作过程是指对于可重现的 Bug，执行这些操作步骤就可以出现；对于不可重现和重现概率为未知的 Bug，通过备份的数据库和操作过程也可以重现。

10. 附件

如果是可重复性、可重现的Bug，则可以参看步骤是否复杂，如果很复杂，则可以粘贴附件，使得开发人员可以直接明白是什么问题，从而提高开发人员的修改效率；如果步骤不多又能够重现，则可以不粘贴附件；如果可重复性是不可再现的，则这种情况必须粘贴附件，以备份出现问题后的情形。如果是否可再现是未知的，也必须粘贴附件，因为开发人员不可能把时间耗费在等待Bug的重现上。

1.5 自动化测试

由上述章节可知，测试生命周期大致可以分为计划、分析、设计、构建、循环测试阶段、最后测试实施阶段，这包括了对测试需求的分析、测试计划的提出、测试用例的设计、功能测试、系统测试、回归测试、验收测试等内容。

其中，回归测试不是一个特定的测试级别，只要对软件代码有修改，不论是修改错误还是增加新的功能或是提高性能，原则上都要进行回归测试，以保证对代码修改的正确性，确保代码修改不会对其余部分带来负面影响。回归测试作为软件生命周期的一个组成部分，在整个软件测试过程中占有很大的工作比重，软件开发的各个阶段都会进行多次回归测试。在极端编程方法中，更是要求每天都进行若干次回归测试。因此，通过选择正确的回归测试策略来改进回归测试的效率和有效性是非常有意义的。

在实际工作中，回归测试需要反复进行，当测试人员一次又一次地完成相同的测试时，这些回归测试会使人厌烦，而在大多数回归测试需要手工完成的时候尤其如此。因此，需要通过自动测试来实现重复的和一致的回归测试。

通过测试自动化可以提高回归测试效率。产品测试全面自动化必须解决自动化任务调度、自动化资源调度、自动化拓扑创建(针对网络设备测试而言)、自动化设备控制、自动化测试用例管理与运行、自动化日志收集、自动化测试报告生成等一系列技术问题。

一般常见的自动化测试工具大多包含自动化脚本运行和自动化测试报告生成，尚不能达成完全自动化测试，需要人工干预。为了提高生产率，测试全面自动化是当今的发展趋势。

需要注意的是，自动化测试不能完全代替手工测试，自动化测试需要以手工测试为基础。

1.5.1 自动化测试的优势

自动化测试相对于人工测试，具有十分突出的优势：

(1) 自动化测试脚本执行的速度远远快于人工执行测试的速度，可以缩短测试项目的时间；减少人力投入，保证产品能按时发布；甚至缩短研发周期，提前发布产品；并且在同样的产品研发时间内，能对产品进行更全面的多次测试，提高产品质量。

(2) 自动化测试无论被执行多少次都可以保持相同标准的环境配置、测试步骤和检验方法。因此，自动化测试结果具有一致性和客观性。

(3) 自动化测试能够减少测试工程师人数，降低研发成本。在实施自动化测试后，不用保留一定的人力来专职进行人工回归测试。

(4) 能避免因测试人力和时间紧张而降低了回归测试的质量要求，导致引入了新问题而未被发现。

(5) 没有在手工回归测试中因为测试工作的重复性和测试工程师对已测过功能的过于自信，而导致测试覆盖面不全、引入新问题未被发现的人为隐患。

(6) 使更有经验的测试工程师从回归测试中解放出来，从而专注于新的测试方法的研究，以便发现更多产品深层次的问题。

(7) 避免了部分测试工程师非主观的疏忽大意，没有发现引入的新问题。

1.5.2 实施自动化测试需要考虑的问题

自动化测试有许多优点，但并不是任何测试都能自动化。比如，对产品界面操作方便性的测试，这需要人工来直接操作和感受。因此，不是每一种测试都可以进行自动化实现，自动化测试也存在着局限性，必须针对测试项目的具体情况，确定什么时候，对什么进行自动化测试，同时也要克服不正确的自动化测试期望。如果对不适合自动化的测试实施了自动化，不但会耗费大量资源，而且也得不到相应的回报。因此，应该在对测试项目的整个周期时间、资源分配情况及资金安排情况的综合分析后，确定什么时候，对什么问题进行自动化测试。

开展自动化测试初期需要投入一定的人力进行自动化测试脚本开发，并逐渐将自动化测试脚本用于日常的测试中，从而逐步减少手工测试人员从事重复劳动的时间和人数。自动化测试工作量可由经验公式估算，假设一个模块可自动化测试部分的手工测试执行时间为 8 h。那么该模块的自动化测试开发时间＝手工测试执行时间 8 h＋脚本开发时间 8 h＋脚本调试时间 16 h。因此，可以看出一个自动化测试模块的开发时间大约为手工测试时间的 4 倍，由此可以看出自动化测试前期准备的成本较高。

1.5.3 可自动化测试与不可自动化测试的情况

1. 可自动化测试的情况

一般以下几类情况适合进行自动化测试。

一是测试用例需要被重复执行多次的，比较典型的是回归测试。

二是测试本身的执行简单、机械，而测试所需硬件环境相对来说比较稳定，例如一些性能测试。

三是测试难以通过手动方式实现，例如部分负载或压力测试。

四是测试基本不需要人工参与，且重复性较高。

自动化测试不光用于进行性能测试，更被大量应用于功能验证测试，在国外超过半数的自动化测试脚本都是用于功能验证测试。

2. 不可自动化测试的情况

不是所有的测试用例和测试步骤都可以转化为自动化测试，在自动化测试投入较多的行业领先企业，其自动化测试率有的能达到 80%，但仍有 20%的测试用例需要手工进行。不可自动化测试的情况如下：

（1）需要人工干预测试环境和测试过程的测试。

（2）新功能的测试，以及必须依靠人工判断、手工操作等动作来完成的测试。例如一些需要判断产品是否人性化、是否容易使用、布局是否合理的界面测试，以及一些必须人工干预和拔插线路的测试等，都难以实现自动化。自动化代价高昂的测试用例也不能够被自动化。

1.5.4　自动化测试现状及工具

国外很多公司都使用自动化测试技术，很多开源软件也在使用自动化测试(其发行的源码中包含了自动化测试脚本或者程序)。国内一些大型的公司在几年前也已经开始了自动化测试。目前很多小型公司都没有进行自动化测试，有些公司有这方面的意识，却不知道如何系统性地实施。

（1）测试工具方面：很多测试工具都宣称有自动化测试能力，但其自动化测试的程度有限，或者只是针对特定的应用。

（2）软件测试方面：常见的自动化测试应用软件或工具有 QTP(Quick Test Professional)、WinRunner、Rational、Robot、AdventNet、QEngine、SilkTest、QARun、Holodeck 等，本书后续将使用 QTP 进行有关自动化测试的介绍。

对于网络设备的自动化测试，目前有一些网络自动化测试设备，如 IXIA、Spirent 公司的 Smartbits、SigmationTF(Sigma Automation Test Framework，杰华科技有限公司的网络通用的自动化测试平台)。其中，SigmationTF 能利用测试脚本自动控制测试用例的运行，包括网络拓扑部署、测试步骤执行、测试结果收集与测试报告生成；还可自动化可重复执行的测试脚本，确保相同的测试用例能够以完全一致的方式运行，从而有效避免人为失误，节约人力成本并缩短测试时间。

课后练习

1. 查阅“软件危机”和“软件工程”的有关资料，加深对测试背景的理解。
2. 软件测试发展有几个阶段？各个阶段有什么特点？
3. 软件测试是在软件开发完毕后的一种活动，这种说法是否正确？
4. 理解“白盒测试”与“黑盒测试”的作用与特征。
5. 什么是测试用例？测试用例有什么作用？
6. 什么是 Bug？Bug 如何科学管理？

第二部分　Web 应用测试

第2章　Web应用程序测试入门

常见的被测系统可以是应用程序、单机应用和多机应用、游戏、Web应用程序、移动应用。针对不同的被测目标系统，可能需要使用不同的测试方法、测试工具对其进行有针对性的测试。目前，应用最为广泛的是对Web应用程序的测试，因此本书也会在主要篇幅中安排讲解Web应用程序的测试。基于Web的系统测试与传统的软件测试既有相同之处，也有不同的地方。基于Web的系统测试不但需要检查和验证是否按照设计的要求运行，而且还要评价系统在不同用户的浏览器端的显示是否正确，更为重要的是，还要从最终用户的角度进行安全性和可用性测试，这对软件测试提出了新的挑战。

2.1　Web应用程序的结构

2.1.1　Web应用程序简介

Web应用程序(Web Application)也叫Web系统、网站系统，是一种可以通过Web方式访问的应用程序。如图2-1所示，相比较C/S(Client/Server，客户端/服务器)架构的应用程序，基于B/S(Browser/Server，浏览器/服务器)架构的Web应用程序的最大优势是用户不需要在本地安装客户端，只需要有浏览器即可以通过互联网访问被测目标系统。

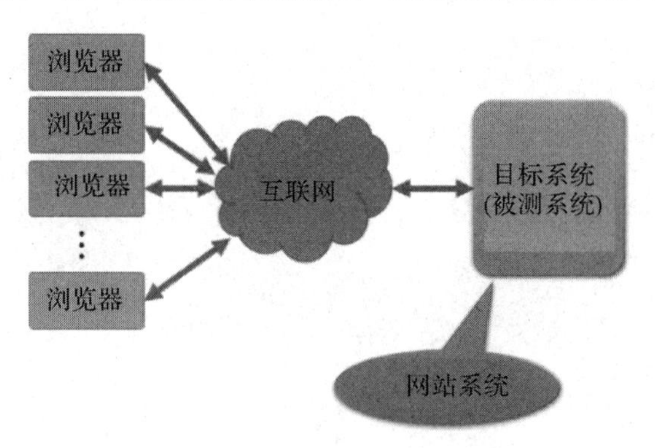

图2-1　Web应用程序的访问模式

2.1.2　用户与Web应用程序的交互

通常情况下，用户通过本地的浏览器访问网站系统，其间主要使用HTTP协议。首先，用户需要打开浏览器，并在浏览器地址栏中输入远端网站系统的URL地址。浏览器解析用户输入的URL地址，并向网站系统发起HTTP请求。其次，网站系统收到用户发送的

HTTP 请求之后，会对收到的 HTTP 请求进行解析，解析后会将其传递给适当的进程进行处理(如从数据库中查找符合条件的数据)。多数情况下，网站系统负责处理用户请求的进程会将处理完的结果以 HTML 的形式进行封装(如在浏览器中看到的表格)，并将其封装在 HTTP 响应报文中通过互联网发送给浏览器。浏览器在收到 HTTP 响应之后，通过解析获取到 HTML 页面并显示给用户。最后，用户在浏览器中看到刚刚请求的结果，并可以进行新的请求。

图 2-2 是用户通过网络与 Web 应用程序进行交互的典型过程。实际情况中，Web 服务将同时接收到来自多个用户的多个请求。因此，Web 服务器需要通过一些技术来区分收到的多个请求中，哪些请求来自同一个用户。这些在时间上具有先后顺序到达 Web 服务器的、来自同一个用户的多个请求，就构成了一个会话(Session)。同时有多个用户访问 Web 服务，对应每一个用户，Web 服务中就需要维护多个用户会话，进而保证用户与 Web 服务间通信的连贯性与安全性。

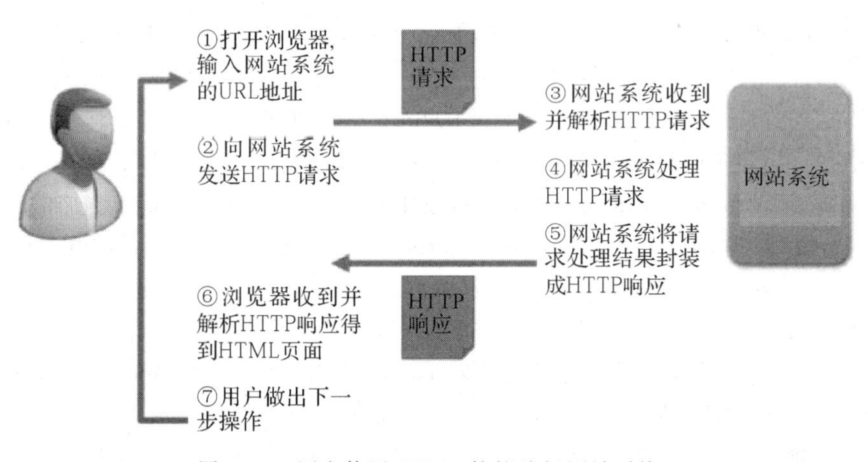

图 2-2　用户使用 HTTP 协议访问网站系统

2.1.3　Web 应用程序结构的演进

在 Web 应用程序出现之前，多数系统使用的都是基于 C/S 架构的模式运行，并且由于业务规模不大，多数系统基本上以单机形式加以部署，即仅由一台服务器提供所有服务。正是由于这样的历史原因，导致最初的 Web 应用程序也是以单机形式提供服务。随着系统用户数量的增加、业务自身变得更加复杂，以及伴随着接入网络速度的提升和用户体验需求的增强，Web 服务模式也经历了从单机到多机，再到集群方式的变迁，如图 2-3 所示。同时，随着 Web 服务服务器数量的增加，高性能、高度可用、高伸缩等特性也显得越来越急迫和必须。

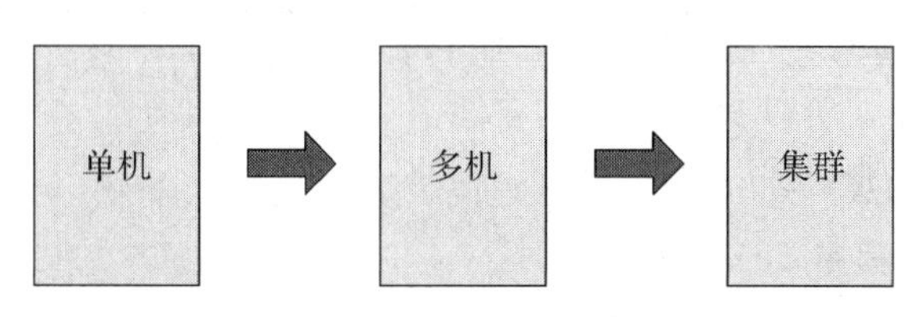

图 2-3　Web 服务发展的过程

因此，一个成熟的大型 Web 应用程序(如 Facebook、淘宝、腾讯、百度等)的系统架构的发展，也是伴随着系统用户量的增加、业务功能的扩展逐渐演变并完善的。在这个过程中，系统的开发模式、技术架构、设计思想也发生了很大的变化，就连技术人员也从几个人发展到一个部门甚至一条产品线。所以，成熟的系统架构是随着业务的扩展而逐步完善的，并不是一蹴而就的。不同业务特征的系统，会有各自的侧重点。例如，Facebook最初侧重的是海量图片的存储和访问，后来逐步发展出消息传递、人脸识别、视频播放等业务需求；淘宝同样需要解决海量的商品照片信息，但淘宝同时需要解决海量的商品信息的搜索、下单、支付等业务流程，这是Facebook所不需要的；腾讯要解决数亿用户的实时消息传输；百度要处理海量的搜索请求。不同的成熟的Web应用程序都会因为各自不同的业务特性，从而进化成不同的系统架构。以下将介绍一个典型的大型Web应用程序的演化过程。

1. 单机Web应用程序

正如2.1.2小节所介绍的，一个Web应用程序需要和用户进行交互，首先需要能够解析用户发送过来的请求(通常请求以HTTP方式封装，当然也会有其他协议，如腾讯QQ用的是即时通信协议)，其次能够对请求进行响应(即处理该请求的业务处理程序)，我们将实现这样功能的组件称之为应用程序(Application)，更准确地讲是Web应用程序。

最开始的Web应用程序可能需要开发者实现协议解析、会话管理、业务处理等全部功能。后来，随着Web应用需求的增加，出现了由特定公司或组织开发和维护的仅仅负责协议解析和会话管理的Web容器，如Microsoft的IIS、Oracle的Weblogic、IBM的WebSphere、Apache的Tomcat等。Web容器的出现催生了Web开发框架的出现，如Structs、Spring等，这极大地方便了开发者。这样一来，开发者仅需要在特定的Web容器上选用某种开发框架编写满足特定业务逻辑的程序代码，即可完成Web应用程序的开发。

在处理业务请求时，另一个必不可少的组件是数据库，如Oracle、SQL Server、MySQL等，它们可以提供可靠的数据存储和快速的数据查询。业务代码仅需要使用标准的SQL语句即可访问数据库，完成业务数据的存储和查询。我们将这种业务相关数据存放在数据库的过程称之为数据持久化。由于最初的数据库都是关系型数据库，与Java、C++、Python等面向对象语言的使用方式不同，所以后来出现了专门的数据持久化层，用户可以使用同样的面向对象的方法实现对数据的存储、查询和更新操作。

此外，还有一部分业务数据，如声音、视频、图片、文档，不适合存放在数据库中，所以需要将这些信息以文件的形式存放到磁盘上。

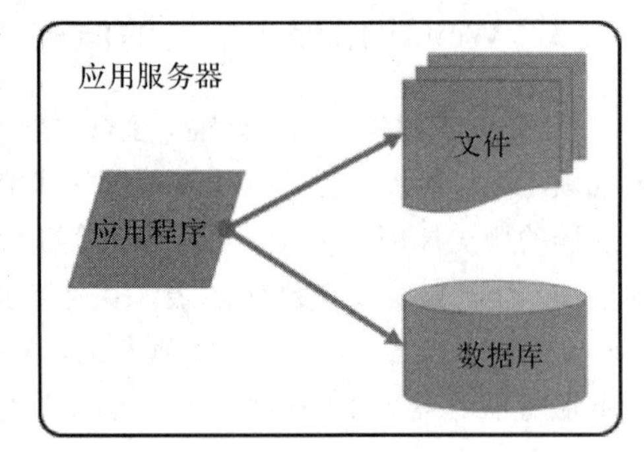

图2-4　单机架构的Web应用程序

Web应用程序、数据库、文件这三个组件，由于最初业务规模较小，所以只需要将其部署在同一台服务器上即可满足需求，如图2-4所示。

2. 多机Web应用程序

随着业务的扩展、系统用户数量的逐步增加，企业对Web应用程序业务处理能力的需求也随之提高。原有的一台服务器已经不能满足企业对性能的需求，因此将应用程序、数

据库、文件各自部署在独立的服务器上，如图 2－5 所示。此时，Web 应用程序的实施人员可根据服务器的用途选择配置不同的硬件，以达到最佳的性能效果。如部署 Web 应用程序的应用服务器，可能需要更高处理能力的 CPU 和更大的内存；数据库服务器需要更大的内存和磁盘；文件服务器需要更快的网络和更大的磁盘。这种分立的服务器架构，为企业定制业务需求提供了可能。同时，企业随着业务的发展，可能发现需要存放更多的文件信息，此时只需升级文件服务器即可，这在提高 Web 应用程序灵活性的同时，也为企业节约了维护成本。

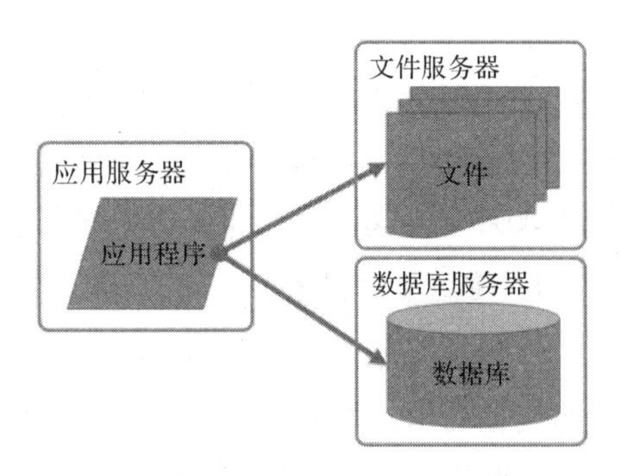

图 2－5　多机架构的 Web 应用程序

3. 应用缓存技术

最初的 Web 应用程序仅提供信息的发布，很少与用户之间进行信息交互，此时仅需要静态 Web 应用程序即可以实现。但是随着技术的发展，用户对 Web 应用程序的需求也在不断提高。用户希望 Web 应用程序可以提供更为及时的信息更新和更为方便的信息存储，所以诞生了动态 Web 应用程序，即 Web 应用程序会根据不同的用户基础信息、不同的请求，动态地生成 Web 页面。此时，需要 Web 应用程序根据上述信息在数据库中进行查询后，根据查询结果生成一个特定的 Web 页面，并返回给用户。动态 Web 应用程序典型的应用包括邮件服务、任务列表、购物车、新闻等。

但是，同样是随着用户数量的增加，为不同的用户动态生成这种独一无二的 Web 页面，并且在每次用户登录或发起请求时都需要重新生成的方式，会给后台的 Web 服务器和数据库带来沉重的压力。统计数据显示，存在大量的重新生成的 Web 页面与之前存在的 Web 页面相同，或者多个用户需要看到的 Web 页面是相同的。此时，可以将这些生成的页面存储在某一个特殊位置，需要的时候直接读取，这样一来不但减轻了对后台服务器的压力，也缩短了用户的等待时间，还提高了用户体验，这一技术即为缓存技术。

缓存技术既可利用硬件进行性能优化，也可通过软件进行性能优化。在大部分的网站系统中，都会利用缓存技术来改善系统的性能，而使用缓存主要源于热点数据的存在，大部分网站访问都遵循 28 原则(即 80％的访问请求，最终落在 20％的数据上)，所以我们可以对热点数据进行缓存，减少这些数据的访问路径，以提高用户体验。

缓存常见的实现方式是本地缓存、分布式缓存。本地缓存，顾名思义是将需要缓存的数据存放在应用服务器本地，可以存放在内存中，也可以存放在应用服务器的文件系统中，OSCache 就是常用的本地缓存组件。本地缓存的特点是速度快，但因为本地空间有限，所以能够缓存的数据量也有十分限。

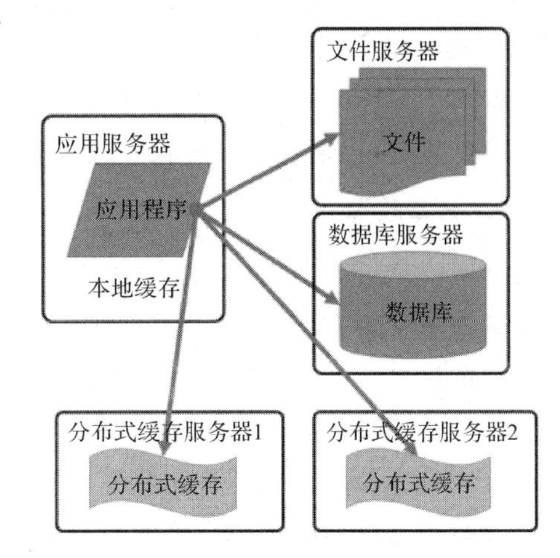

图 2－6　使用了分布式缓存技术的 Web 应用程序

如图2-6所示，可以使用分布式缓存技术提高可以使用的缓存空间。分布式缓存的特点是可以缓存海量的数据，并且扩展非常容易，在门户类网站中经常被使用，常用的分布式缓存是Memcached、Redis。由于分布式缓存需要将数据缓存在多个服务器上，所以需要解决缓存数据的一致性问题和查找的速度问题。

4. 使用集群技术

应用服务器作为Web应用程序的入口承担了大量的请求处理工作，随着用户数量的增加和业务应用的拓展，用户请求将成几何倍数增加，此时通常会使用应用服务器集群来分担所有的用户请求。但是这样一来存在一个问题：用户仅通过同一个地址访问Web服务，那如何将这样的请求分发到不同的Web应用服务器上，分发的原则又是什么？通常的解决方案是在应用服务器集群前面部署一个负载均衡服务器，用来调度并分发用户请求，负载均衡服务器根据分发策略将请求分发到多个应用服务器节点，如图2-7所示。

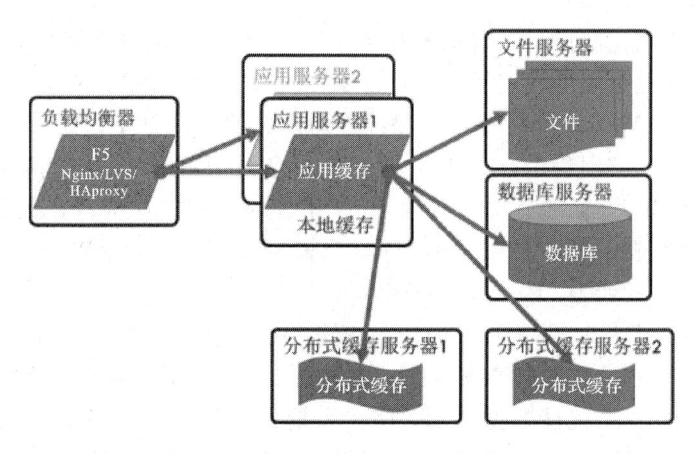

图2-7 应用服务器集群技术在Web应用程序中的应用

常用的负载均衡技术有软件实现和硬件实现两种。典型的硬件方案是F5，其性能和稳定性都很优越，但是价格较为昂贵；软件的解决方案可以采用LVS、Nginx、HAProxy等产品。LVS是四层负载均衡，它可以根据目标地址和端口选择内部服务器；Nginx和HAProxy是七层负载均衡，可以根据报文内容选择内部服务器。因此，LVS的分发路径优于Nginx和HAProxy的，其性能要高些；而Nginx和HAProxy则更具配置性，如可以用来做动静分离(根据请求报文特征，选择静态资源服务器或应用服务器)。

5. 数据库改造

随着用户数量的增加，通过上述技术解决了用户请求处理的问题之后，数据库的读写性能将成为系统最大的瓶颈，此时仍然是通过数据库服务器集群的方式来提升整体的性能。改善数据库性能常用的手段是进行读写分离和分库分表。读写分离就是将数据库分为读库和写库，通过主/备功能实现数据同步，如图2-8所示，此时Web应用程序会将写操作(插入、更新)请求只发给主服务器，而将读操作(查询)请求发送给其他备用服务器。这种读写分离技术特别适合那些读多写少的业务应用，如新闻服务。

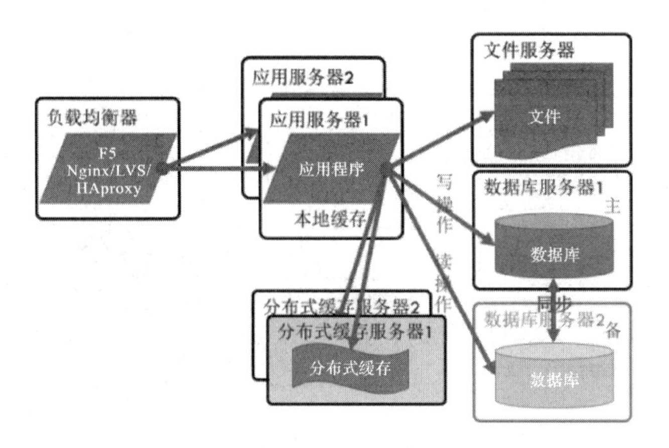

图 2-8　数据库使用主/备方式进行升级

此外，还可以使用分库分表方式，对数据库和表进行水平切分和垂直切分，水平切分是对一个数据库的特大表进行拆分，例如用户表；垂直切分则是根据业务的不同来切分，如将用户业务、商品业务相关的表放在不同的数据库中。这样一来，因为被操作的数据所在的逻辑位置不同，对于不同数据的读和写操作会被分发到不同的数据库服务器上，从而避免出现瓶颈。但是，对于数据库的分库和分表需要资深的数据库管理人员才能完成，稍有不慎将会带来灾难性的问题。

6. CDN 和反向代理

代理(Proxy)是一种特殊的网络服务，它允许一个网络终端(一般为客户端)通过这个服务与另一个网络终端(一般为服务器)进行非直接的连接。一些网关、路由器等网络设备具备网络代理功能。通常，位于局域网的用户无法直接访问广域网服务，需要通过代理服务器间接地访问位于广域网中的服务。此时，用户知道代理服务器的存在。反向代理(Reverse Proxy)与代理相反，反向代理服务器通常是部署在局域网的机房内部，接收来自广域网上的请求，然后将收到的请求转发到局域网的其他服务上，并将其他服务器的处理结果封装后发送给广域网上的用户。此时，广域网的用户并不知道局域网中反向代理服务器的存在，常见的反向代理有 Squid 和 Nginx。

网络上有一句调侃的话，“世界上最遥远的距离，不是天涯海角，而是我在电信，你在网通”。这句话生动地描绘了这样一个事实，在互联网的世界里，跨运营商的网络延迟最大。假如 Web 应用程序部署在成都的机房，对于四川的用户来说访问是较快的，而对于北京的用户访问是较慢的，这是由于四川和北京分别属于电信和联通的不同发达地区，北京用户访问需要通过互联路由器并经过较长的路径才能访问到成都的服务器，返回路径也一样，所以数据传输的时间比较长。对于这种情况，常常使用 CDN(Content Delivery Network，内容分发网络)解决，CDN 将数据内容缓存到运营商的机房，用户访问时先从最近的运营商获取数据，这样就可大大缩短网络访问的路径。

通常，Web 应用程序会将 CDN 和反向代理相结合，如图 2-9 所示。反向代理服务器将缓存的数据返回给用户，如果没有缓存数据，Web 应用程序会继续访问应用服务器来获取，这样做可以降低获取数据的成本。

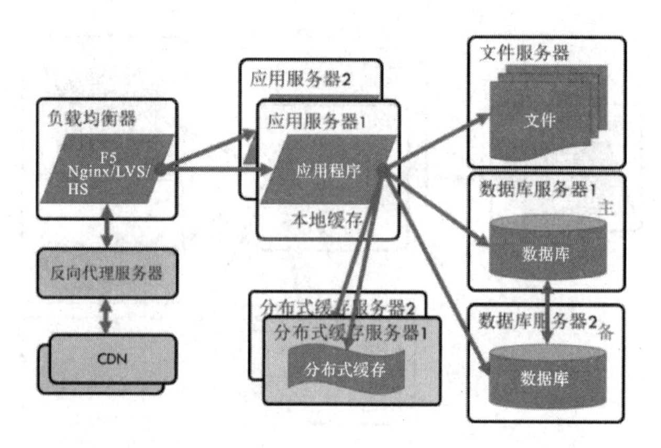

图 2-9 使用CDN和反向代理技术

7. 使用分布式文件系统

随着业务量越来越大以及用户数量的急剧增长，用户所产生的文件也越来越多，单台的文件服务器已经不能满足需求。特别是对于有大量图片文件存储需求的服务，如淘宝、Facebook，此时这些Web应用程序需要分布式文件系统(Distributed File System)的支撑，如图2-10所示。

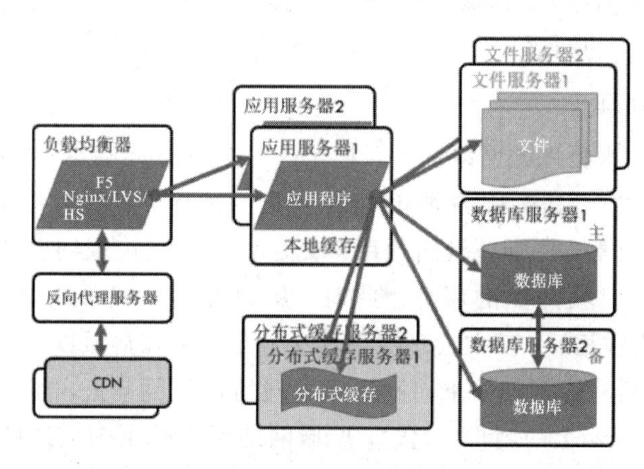

图 2-10 使用分布式文件系统技术

分布式文件系统是指文件系统管理的物理存储资源不一定直接连接在本地节点上，而是通过计算机网络与节点相连。常用的分布式文件系统有GFS、HDFS、GlusterFS。与单台服务器提供的文件存储服务不同，由于分布式文件系统是由计算机网络中的多台服务器共同存储文件，那么如何管理元数据(可以简单地理解为是文件对应的目录信息，包括文件名、文件大小、属性、存放位置等信息)是首要解决的问题。根据元数据存储方式的不同，分布式文件系统分为中心化和去中心化两种形式。中心化形式的分布式文件系统通常由一个或两个节点负责存储元数据，存放元数据的服务器不存放真正的文件，文件存放在集群中其他服务器上，以Google公司的GFS和Apache的HDFS为代表的分布式文件系统属于这一类；去中心化形式的分布式文件系统没有中心服务器用来存放文件的元数据，也就是说文件系统的元数据被分散地存放在集群中所有的服务器上，每个存放在该文件系统中的文件都会被分配一个全局唯一的Key，通过某种数学方法可以根据这个唯一的Key定位到集群中负责存放该文件的服务

器上。其中，分布式哈希表(Distributed Hash Table)就是这种数学方法的代表，而以 GlusterFS 为代表的分布式文件系统就是采用这样一种去中心化的技术。

8. 使用 NoSQL 和搜索引擎

常见的业务数据可以存放在关系型数据库中，如 MySQL 集群。但是随着互联网业务的发展，出现了一种新的数据存储需要。例如在淘宝系统中，如果需要存放用户和其购买商品的关系，由于淘宝系统中用户量和商品信息的数量庞大，传统的关系型数据库无法在一张二维表格中存放这种关系。此时，出现了一种非关系型数据库 NoSQL，它可以通过键值对或列存等方式进行数据存放，这打破了传统的关系型数据库对数据直接的强管理要求，更加适合业务的需求。常用的 NoSQL 有 MongoDB、HBase、Redis 等。如图 2－11 所示，NoSQL 与搜索引擎相结合，可以极大地方便对于海量数据的查询和分析，并且可使 Web 应用程序达到更好的性能。

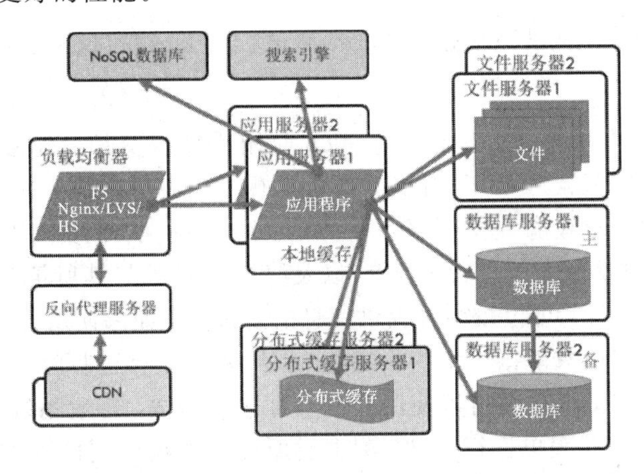

图 2－11　使用 NoSQL 和搜索引擎技术的 Web 应用程序

9. 拆分应用服务器

随着 Web 应用程序业务的进一步扩展，由于 Web 应用程序需要实现越来越多的功能，其自身将会变得非常臃肿。为了保证 Web 应用程序的简洁性和效率，需要将单一的 Web 应用程序根据处理业务的不同进行拆分，如图 2－12 所示。拆分之后，每个业务应用负责相对独立的业务运作，业务之间的通信通过消息队列或者共享数据库来实现。

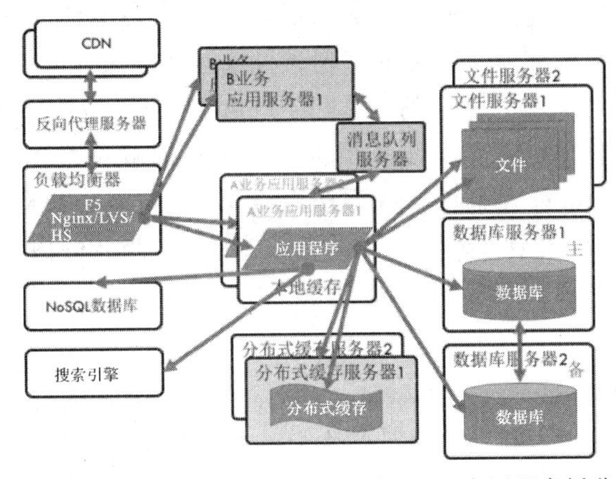

图 2－12　根据处理业务不同进行 Web 应用程序拆分

在回顾Web应用程序发展的过程中我们会发现，很多时候无法选择最好的技术，只能选择最适合的技术，因为技术本身的发展还需要基于软件、硬件、业务需求等多方面因素。同时也应该看到，可能在之前不适合的旧技术，到今天可能就会有很好的应用场景。这里之所以介绍Web应用程序的发展，主要是希望测试人员能够意识到被测目标系统的复杂性，以及所面临的被测目标系统的后台构成，以帮助测试人员在测试过程中遇到功能或性能问题时，能够快速定位问题可能的根源，这样一种能力是一名优秀的测试人员所必须具备的。

2.2　Web应用程序常规的测试内容

2.2.1　功能测试

Web应用程序的功能测试包括表单(Form)测试、Cookies测试、链接测试和数据库测试。

1. 表单测试

从安全性和可用性考虑，对于用户向Web应用程序提交信息这项功能，例如用户注册、用户登录、信息提交等，在系统开发时通常选择使用表单进行。在这种情况下，必须测试提交操作的完整性，以校验提交给服务器的信息的正确性。例如，用户填写的身份证号码自身的正确性(通过最后一位进行校验)，以及身份证号码与其所填写的出生日期、所属省份、所在城市是否匹配，可以校验其提供信息的正确性。如果使用了默认值，还要检验默认值的正确性。如果表单只能接受某些特定的值，则要对所有这些值进行测试。例如，如果表单只能接受某些字符，测试时可以使用其他字符进行测试，查看系统是否会报错。通常，可以使用黑盒测试工具对表单进行测试，测试时所使用的测试用例可根据相关的黑盒测试理论，如边界值、等价类等进行设计。

2. Cookies测试

Cookies通常是一小段经过加密、存储在用户本地终端上的数据，Web应用程序使用这些Cookies信息辨别用户身份、进行会话跟踪、记录用户特定操作等。通常情况下，用户和Web应用程序之间的通信使用HTTP协议，而HTTP协议本身是一种无状态的协议，即Web服务器无法区分哪些请求是来自同一个用户，因此也无法记录一个用户的会话状态。Cookies就是为了解决这一问题而开发出来的一种技术。当用户访问一个使用了Cookies技术的Web应用程序时，Web服务器就发送一段记录了用户信息的加密数据给用户，这段信息将以Cookies(每个用户的Cookies是独一无二的)的形式存储在客户端(通常是浏览器)上。之后用户每次向Web服务器提交请求的时候都会携带Cookies信息，Web服务器可以根据这个Cookies信息唯一标识该用户，从而记录用户会话。如果Web应用程序使用了Cookies，就必须检查Cookies是否能正常工作，测试的内容包括Cookies是否起作用、是否按预定的时间进行保存和更新、刷新对Cookies有什么影响等。

3. 链接测试

链接是Web应用程序的一个主要特征，它是在同一个页面内部、不同页面之间进行跳转的主要手段，使用链接可以避免用户记忆大量的页面地址。根据链接指向的URL地址是在Web应用程序内部还是其他Web地址，链接可以分为内部链接和外部链接两种。链接测试则可分为三个方面，第一个方面，测试链接是否正确，即测试所有链接是否像所设计的那样指向了正确的 Web 页面；第二个方面，测试所链接指向的页面是否存在；第三个方面，测试确保在 Web 应用程序上没有孤立的页面，即不存在没有链接指向的页面，确保通过 Web 应用程序主页可以间接地访问系统中所有的页面。链接测试可以自动进行，而且现在已经有许多工具可以采用。此外，链接测试必须在集成测试阶段完成，即在整个 Web 应用程序的所有页面开发完成之后进行。

4. 数据库测试

在 Web 应用程序中，数据库起着重要的作用，它为 Web 应用程序的管理、运行、查询以及实现用户对数据存储的请求等提供支撑。在 Web 应用程序中，最常用的数据库类型是关系型数据库，目前越来越多的 Web 应用程序开始使用 NoSQL 数据库。在使用了数据库的 Web 应用程序中可能发生两种错误，即数据一致性错误和输出错误。数据一致性错误主要是由于用户提交的表单信息不正确而造成的，而输出错误主要是由于网络速度或程序设计问题等引起的。针对这两种错误情况，测试人员可分别进行测试。

2.2.2 性能测试

Web 应用程序的性能测试包含以下内容。

1. 连接速度测试

用户连接到 Web 应用程序的速度根据用户上网方式的变化而不同。用户可能是 ADSL 或宽带上网，也可能是通过移动 3G 或 4G 网络上网。当用户在下载一个程序、视频或较大的文件时，用户可以忍受较长时间的等待，但是如果仅仅访问一个页面或图片，用户就希望能够以最快的速度打开。经验数据显示，如果一个 Web 应用程序响应的时间太长，例如打开一个页面用时超过 5 s，则用户就会因没有耐心继续等待而选择离开。而且，如果网络连接速度太慢，还可能因页面数据加载超时导致数据丢失，使用户无法访问页面。此时，需要测试人员根据 Web 应用程序实际用户的接入情况，模拟不同网络速度下对 Web 应用程序的访问，从而发现导致速度变慢的功能、页面元素或带宽问题。

2. 负载测试

负载测试是为了测量 Web 应用程序在不同负载级别上系统的响应时间和数据吞吐量、系统占用的资源等性能指标，以保证 Web 应用程序在需求范围内能正常工作。负载级别可以是某个时刻同时访问 Web 应用程序的用户数量，也可以是在线数据处理的数量。通常情况下，测试人员会根据用户需求规格说明书中的约定，在预先约定的测试环境中，通过特定的测试工具(如 LoadRunner)，模拟一定数量的真实用户对 Web 应用程序进行访问，从而对 Web 应用程序的各项性能指标进行测试，进而发现问题。我们在第 3 章中将通过实例对负载测试进行更加深入的探讨。

3. 压力测试

压力测试是在极限负载(大数据量、大量并发用户等)情况下进行的测试，主要考察 Web 应用程序在峰值使用情况下的操作行为，以及当负载降低后系统的状态，从而有效地发现系统的某项功能隐患、系统是否具有良好的容错能力和可恢复能力。根据测试目标的不同，压力测试可以分为两类，一种是在高负载下的长时间(如24 h以上)的稳定性压力测试，主要考察Web应用程序在长时间高负载的情况下是否能够稳定运行；另一种是通过给Web应用程序施加极限负载的破坏性压力测试，其主要目的是考察在什么样的负载情况下Web应用程序变得不再可用，甚至系统崩溃；同时，还可以在系统崩溃之后逐步降低系统负载，检查Web应用程序是否可恢复。通常，压力测试的施压对象包括表单、登录页面和其他核心业务相关的信息传输页面等。

2.2.3 可用性测试

Web应用程序的可用性测试包含以下内容。

1. 导航测试

页面导航描述了用户在一个Web应用程序内的使用习惯和操作流程。这种习惯和流程可以反映在同一个页面内不同的用户接口之间，例如按钮、对话框、列表和窗口等；也可以反映在不同的页面之间，如向导页面或弹出窗口。在页面设计时应该考虑，在一个Web页面上放太多的信息或功能往往会起到相反的效果。目前，Web应用程序的设计倾向于简单化、扁平化，导航菜单一般不超过三层。一个用户在很快地浏览一个Web应用程序之后，如果不能快速定位到可以满足自己需求的信息，将会很快选择离开。很少有用户愿意花大量时间去熟悉一个Web应用程序的结构，当然，被迫必须使用的办公系统除外。因此，Web应用程序导航帮助要尽可能的简洁、准确。通过考虑以下三个问题可以确定一个Web应用程序是否易于导航：

- 导航是否直观？
- Web应用程序的主要部分是否可通过主页存取？
- Web应用程序是否需要站点地图、搜索引擎或其他导航的帮助？

导航的另一个重要方面是可以检验Web应用程序的页面结构、导航、菜单、链接的风格是否一致，要确保用户凭直觉就知道Web应用程序里面是否还有内容，以及内容在什么地方。Web应用程序的层次一旦决定，就要着手测试用户导航功能，让最终用户参与进来，测试效果将更加明显。

2. 图形测试

在Web应用程序中，适当的图片和动画既能起到广告宣传的作用，又能起到美化页面的功能。一个Web应用程序的图形可以包括图片、动画、边框、颜色、字体、背景、按钮等。因此，图形测试包括以下内容：

- Web应用程序的图片尺寸要尽量得小，要确保有明确的用途，并能清楚地说明某个功能或事件。通常，Web应用程序的图片都会链接到某个具体的Web页面上。
- 验证所有页面字体的风格是否一致。
- 背景颜色应该与字体颜色和前景颜色相搭配。
- 图片的大小和质量也是一个很重要的因素，一般采用JPG或GIF格式压缩。

3. 内容测试

内容测试用来检验Web应用程序提供信息的正确性、准确性和相关性。信息的正确性是指Web页面所展示的信息是否是可靠的、真实的，例如在商品价格列表中，错误的价格

可能引起财务问题甚至导致法律纠纷；信息的准确性是指是否有语法或拼写错误，这种测试通常使用一些文字处理软件来进行，例如使用 Word 的“拼音与语法检查”功能；信息的相关性是指是否在当前页面可以找到与当前浏览信息相关的信息列表或入口，也就是一般 Web 站点中所谓的“相关文章列表”。

4. 整体界面测试

整体界面是指整个 Web 应用程序的页面结构设计给用户的一个整体感。例如，当用户浏览 Web 应用程序时是否感到舒适，是否凭直觉就知道要找的信息在什么地方，整个 Web 应用程序的设计风格是否一致。对整体界面的测试过程，其实是一个对最终用户进行调查的过程。Web 应用程序一般采取在主页上做一个调查问卷的形式，来得到最终用户的反馈信息。对所有的可用性测试来说，都需要有外部人员(与 Web 应用程序开发没有联系或联系很少的人员)的参与，最好是最终用户的参与。

2.2.4 客户端兼容性测试

Web 应用程序的客户端兼容性测试包含以下内容。

1. 平台测试

市场上有很多不同的操作系统类型，最常见的有 Windows、Unix、Mac OS、Linux 等。Web 应用程序的最终用户究竟使用哪一种操作系统，取决于用户个人喜好。这样一来，就可能发生操作系统兼容性问题，即同一个应用可能在某些操作系统下能正常运行，但在另外的操作系统下可能会运行失败，或程序执行无法达到预期效果，特别是在 Web 应用程序中需要一些特定客户端脚本、插件支持的情况下。因此，在 Web 应用程序发布之前，需要在各种操作系统下对 Web 应用程序进行兼容性测试。

2. 浏览器测试

通常情况下，会使用浏览器作为 Web 应用程序的客户端，而来自不同厂商的浏览器对 Java、JavaScript、ActiveX 插件或 HTML 规范有不同的支持。例如，ActiveX 是 Microsoft 的产品，专为 IE 浏览器设计的；JavaScript 是 Netscape 的产品，在不同浏览器上的表现有所不同。另外，不同的 HTML 页面框架和层次结构在不同的浏览器中显示也会有所不同，甚至根本不显示。不同的浏览器对安全性和 Java 的设置也不一样。测试浏览器兼容性的一个方法是创建一个兼容性矩阵，在这个矩阵中，测试不同厂商、不同版本的浏览器对某些构件和设置的适应性。

2.3 系统的安全测试

2.3.1 进行安全测试的原因

在当今时代，软件行业已经获得了来自全球各行各业的广泛关注和认可。近十年来，网络世界似乎成为了主导和推动几乎所有企业发展的新形式，各种商业软件纷纷推出网络版本，小到计算器、文字处理软件，大到数据库、操作系统都推出了 Web 版本。在中国，基于Web的OA系统、财务系统以及ERP系统已经得到了普及。现在，企业网站已经不仅仅意味着企业形象的宣传或营销，这些网站已经发展成为满足企业完整业务需求的更强大的工具。基于Web的工资系统、购物平台、电子银行、股票交易等应用程序不仅被组织使用，而且正在被作为企业的一种新型产品销售给广大用户。

这意味着Web应用程序已经获得了客户和用户对其安全性的信任。随着网络使用的更加广泛，安全的重要性也呈指数增长。设想一下，如果淘宝无法向广大用户确保在其上购物和支付的安全性，将不再有人会使用淘宝进行购物、使用支付宝进行支付，那么社会将变得怎样？

以下为几个简单的、应用程序中可能存在的安全缺陷的例子。

(1) 在一个学生管理系统中，如果负责"录取模块"的教师用户能够修改"考试模块"中的学生成绩，那么这个学生管理系统是不安全的。

(2) 在一个ERP系统中，如果一个负责数据输入的操作员能够生成"生产系统报表"，那么这个ERP系统是不安全的。

(3) 在一个在线支付系统中，如果客户的信用卡详细信息在存储和传输过程中未经加密处理，则使用该支付系统的网上商城就没有安全保障。

(4) 如果能够使用SQL语句的Web应用程序，在数据库中查询到用户的真实密码，那么这个Web应用程序的安全性就存在缺陷。

2.3.2　安全的定义

安全可以简单地定义为：经过授权的访问可以访问那些受保护的数据，而未经授权的访问则不被允许。可以从两个方面来理解安全：一方面，是要对敏感数据进行保护；另一方面，是要控制对被保护数据的访问。

Web应用程序不仅要确保用户访问的安全性，同时还要保证数据存储的安全性。Web应用程序的开发人员应该使应用程序免受SQL注入、暴力攻击和XSS(Cross - site scripting，跨站点脚本)的影响。同样，如果Web应用程序允许通过远程主机跳转之后对其进行访问，那么同时必须确保这些用于远程访问的主机也是安全的。

2.3.3　安全测试考察的方面

1. Web应用程序的访问安全

考察一个Web应用程序的安全，首先应该考量的是访问安全，这是最基本的。通常情况下，访问安全是通过"角色和权限"来实现的。在一个安全体系中，用户可被授予一个或多个角色，所有受保护的资源(通常是各种类型的数据)都会被赋予不同的权限，如只读、读写、不可见、可以删除等，最后在这些权限和角色之间建立一个固定的映射关系，从而可以实现从用户到资源的映射管理。

例如，在一个牙医医院管理系统中，前台的接待员不关心(也不应该允许)诊室的检查结果，因为接待员的工作仅仅是登记病人信息并安排病人与医生预约。因此，与诊室检查相关的所有菜单、表格和页面将不能出现在"接待员"角色可访问的资源列表中。因此，恰当地管理角色和权利的映射，可以保证访问的安全性。

为了进行访问安全测试，应该对Web应用程序中所有的角色和权限进行彻底的测试。

测试人员应该创建多个不同的用户账户以及多个角色，然后使用这些账户访问该 Web 应用程序，并验证每个角色仅能访问自己的模块、页面、表单和菜单。如果测试人员发现任何冲突，这些冲突都将是该 Web 应用程序的安全问题。访问安全测试包括两个基本概念：认证(Authentication)和授权(Authorization)。其中，认证的目的是明确访问 Web 应用程序的用户是谁，通常使用"用户名"和"密码"匹配方式加以实现；授权的目的是确定该用户可以做什么，通常是在系统开发过程通过编码实现或在运行阶段由管理员通过配置管理界面关联实现。通常，认证测试包括密码质量规则测试、默认登录测试、密码恢复测试、验证码测试、登录功能测试、密码更改测试、安全问题测试等；授权测试包括路径遍历测试、缺少授权测试、水平访问控制问题测试等。

2. 数据保护

对于一个 Web 应用程序，可以从三个方面来理解数据安全。首先，用户仅能查看或利用其有权访问的数据，这一点是通过前面提及的角色和权限加以保证的，此处不再赘述；其次，数据保护的第二个方面是数据存储的安全性，这与数据如何在数据库中存放有关，此时要求所有敏感数据，如用户账户的密码、信用卡号码或其他业务关键信息，都必须加密以确保其安全；最后，数据保护的第三个方面是数据传输安全。当敏感或业务关键数据以流的形式出现时，必须采取适当的安全措施。无论这些数据是在同一个应用程序的不同模块之间传递，还是被传输到其他的应用程序，都必须进行加密才能保证其安全。

为了进行数据保护相关测试，测试人员应该在数据库中查询用户账户的"密码"、客户的账单信息以及其他业务关键和敏感数据，并验证所有这些数据都以加密形式保存在数据库中。同样，还必须验证数据在不同的模块间传输同样也进行了适当的加密处理，而且测试人员应确保加密数据在目的地被正确解密。特别地，测试人员还需验证在客户端和服务器之间传输信息(主要是使用 HTTP GET 方式提交数据)时，该信息不能够以可被理解的形式显示在 Web 浏览器的地址栏中。如果上述任何验证失败，那么该 Web 应用程序肯定存在安全漏洞。

测试人员还应该检查在加密算法中是否正确使用了盐(Salt)。盐是在 Hash 算法、加密算法中一个附加的秘密值，使用盐可以使信息在加密之后更难被破解。此时，测试人员应该测试是否加盐、是否只是加了固定的盐。此外，测试数据保护的另一种方法是检查脆弱算法的使用情况。例如，由于 HTTP 是明文协议，因此应该使用 HTTPS(通过 SSL、TLS 隧道进行安全保护)传输敏感数据。如果用户凭证等敏感数据是通过 HTTP 传输的，那么这对应用程序的安全性就构成了威胁。但是 HTTPS 会增加数据受到攻击的可能性，因此应该测试 Web 服务器配置是否正确、证书有效性是否得到保证。

3. 暴力攻击

暴力攻击主要是通过一些特殊工具软件，使用 Web 应用程序中有效的用户名，通过一次又一次尝试登录来猜测用户的密码。针对这种攻击的处理方式，可以采用像 Yahoo、Gmail 和 Hotmail 等邮件应用程序的处理方式，当发现用户在短时间内多次登录失败后就在一定时间内暂停该账户。

对于暴力攻击的测试，测试人员必须验证某些账户暂停的机制是否有效，并且这种机制正在准确运行。测试人员可以尝试使用无效的用户名和密码进行多次登录，以确保 Web

应用程序在连续尝试特定次数(大部分为三次)未能成功登录之后，该账户将被阻止一段时间(30 min～24 h)。如果Web应用程序不能这样做，说明此Web应用程序存在安全漏洞。暴力攻击测试也可以分为黑盒测试和灰盒测试。在黑盒测试中，测试人员事先不了解Web应用程序使用的身份验证方法，需要通过不断的测试才能探查；而对于灰盒测试，测试人员已经了解了账户和密码的部分细节信息，并在此基础上开展测试。

4. SQL注入和XSS攻击

从概念上讲，SQL注入和XSS攻击这两种黑客攻击的手段是相似的，所以这里把它们放在一起讨论。在这类攻击手段中，黑客使用恶意脚本来操控Web应用程序。通常，可通过控制Web应用程序中所有输入字段的长度来抵御这种攻击，在满足业务需要的前提下，Web应用程序中输入字段的长度应该定义得足够小，以限制非法脚本的输入。例如，限制用户名字段长度为20，而不是使用数据库的默认值255。对于那些需要大数据输入的输入字段，应该在将数据保存到Web应用程序之前进行适当的输入验证。例如，在这些字段的页面输入框中，必须禁止输入任何HTML标签或脚本标签。同时，为了防止受到XSS攻击，Web应用程序应禁止来自未知的或不可信的其他Web应用程序的脚本。

如果需要测试SQL注入和XSS攻击，测试人员必须检验Web应用程序中确实已经对所有输入字段定义了可接受的最大长度，并确保输入字段中不接受任何包含HTML便签或脚本标签的输入。相对而言，这两个约束条件都可以轻松测试。例如，假设“用户名”字段的最大长度是20，那么测试人员只需要使用字符串“＜p＞thequickbrownfoxjumpsover-thelazydog”作为用户名字段的输入进行测试即可。此外，测试人员还应该验证Web应用程序不应该支持匿名访问方法。如果存在上述问题，则说明Web应用程序处于危险之中。

基本上，SQL注入测试可以通过以下四种方式实现。

1) 检测技术(Detection Techniques)

此测试的第一步是了解Web应用程序何时与数据库服务器进行交互以访问某些数据。Web应用程序需要与数据库通信的典型案例如下。

(1) 身份验证表单：使用Web表单执行身份验证时，可能会根据包含所有用户名和密码(或更好的密码哈希)的数据库来检查用户凭据。

(2) 搜索引擎：用户提交的字符串可用于从数据库中提取所有相关记录的SQL查询。

(3) 电子商务网站：产品及其特征(价格、描述、可用性等)很可能存储在数据库中。

测试人员必须列出所有输入字段的值，这些字段的值可用于制定SQL查询(包括POST请求的隐藏字段)，然后分别对其进行测试。同时，测试人员还要考虑HTTP请求Header和Cookies。

通常，测试人员需要在测试数据中添加单引号(')或分号(;)，试图干扰查询并生成错误。单引号在SQL中用做字符串终结符，如果未被Web应用程序过滤则会导致错误的查询；分号用于标记SQL语句的结束，如果没有被过滤也可能会产生一个错误。此外，还可以使用注释分隔符(- 或/ * * /等)或其他SQL关键字(如“AND”和“OR”)来尝试修改查询。然后，监视来自Web应用程序的响应，并查看HTML和JavaScript源代码。有些时候，错误出现在HTML或JavaScript源代码的内部，但又会由于某种原因(例如JavaScript错误、HTML注释等)不会在页面上直接展现。在测试过程中，分别测试每个输入域是非常重要的，即每次只改变一个输入框的值，以便精确地理解哪些参数是脆弱的。

2）标准的SQL注入技术

考查如下这条SQL语句：

```
SELECT * FROM Users WHERE Username='$username' AND Password='$password'
```

这样的SQL语句通常会被Web应用程序用来在用户登录页面验证在数据库中是否存在匹配的用户名和密码(通常是通过MD5加密的密码)。只要该SQL语句返回值，即表明数据库中存在匹配的用户信息，用户登录成功。此时，"$username"和"$password"分别会被来自登录页面的测试人员输入的用户名和密码字符串替代。此时，如果测试人员在用户名输入框和密码输入框中输入如下内容：

```
1' or '1'='1
```

而恰巧该Web应用程序又是通过HTTP GET方法提交申请，没有对密码进行处理，那么后台生成的数据库查询SQL语句将会是这样：

```
SELECT * FROM Users WHERE Username='1' OR '1'='1' AND Password='1' OR '1'='1'
```

此时不难发现，该SQL语句将永远返回值并使用户登录成功，这就是经典的SQL注入测试。此外，还有其他更为复杂的SQL注入测试方法。

3）指纹数据库(Fingerprinting the Database)

尽管SQL语言是一种标准语言，但每个数据库管理系统都有其独特之处，并且在许多方面有所不同，如特殊命令或用于检索用户名、数据库、注释行等数据的特殊函数都不同。当测试人员转向更高级的SQL注入测试时，首先需要知道Web应用程序后台使用的是什么数据库。

找出Web应用程序后台所使用的数据库的一种方法是观察应用程序返回的错误。因为不同的数据库管理系统，如MySQL、Oracle、MS SQL Server、PostgreSQL，它们对相同类型的错误返回的错误消息不同。

当无法查看到错误消息的时候，测试人员可以尝试使用不同的字符串级联技术注入字符串字段，以判断数据库类型，如：

```
MySql: 'test' + 'ing'
SQL Server: 'test' 'ing'
Oracle: 'test'||'ing'
PostgreSQL: 'test'||'ing'
```

4）开发技术(Exploitation Techniques)

SQL注入中使用Union操作符将特意伪造的查询连接到原始查询之后，伪造查询的结果将被连接到原始查询的结果后，同时允许测试人员获得其他表的列值。例如，从服务器执行的查询如下所示：

```
SELECT Name, Phone, Address FROM Users WHERE Id=$id
```

如果此时把"$id"值设置如下：

```
$id=1 UNION ALL SELECT creditCardNumber, 1, 1 FROM CreditCardTable
```

如此一来，就可以得到如下的SQL语句：

```
SELECT Name, Phone, Address FROM Users WHERE Id = 1 UNION ALL SELECT
creditCardNumber, 1, 1 FROM CreditCardTable
```

这条通过Union操作符得到的SQL语句将输出CreditCardTable表中所有信用卡号码的原始查询的结果。关键字ALL是解决使用关键字DISTINCT的查询所必需的。此外，除了信用卡号码之外，在第二个Select语句中还选择了其他两个值。此时，这两个值是必需的，因为两个查询必须具有相同数量的参数才能避免出现语法错误。

除了Union开发技术之外，还有布尔开发技术(对于SQL盲注十分有效)、基于错误的开发技术(在使用Union开发技术无效的情况下应用)、越界开发技术(当发现一个SQL盲注后，但无任何输出信息时使用)、时间延迟开发技术(当发现一个SQL盲注后，但无任何输出信息时使用)、存储过程注入等，限于篇幅此处不再展开。

除了可以向Web应用程序注入SQL，还可以向其注入脚本。XSS就是一种向网站注入恶意脚本的注入方式。

XSS攻击本质上是对浏览器中各种解释器的代码注入攻击。同时，这些攻击可以使用HTML、JavaScript、VBScript、ActiveX、Flash和其他客户端脚本语言，这些攻击还能够在账户劫持、更改用户设置以及在Cookies盗窃/中毒或虚假广告等方面收集数据。在某些情况下，XSS漏洞可以执行其他功能，例如，扫描其他漏洞并在Web应用程序上执行DoS(Denial of Service，拒绝服务)攻击。

XSS攻击是对特定网站客户的隐私进行攻击，当客户的信息被盗或被操纵时，可能导致整个安全漏洞。与大多数涉及双方(攻击者和网站，或攻击者和受害者客户端)的攻击不同，XSS攻击涉及三方，即攻击者、客户端和网站。XSS攻击的目标是窃取客户端Cookies或任何其他可以对客户端进行身份验证的敏感信息。

目前，留言板、博客、用户论坛等Web应用程序都可以永久存储消息，然而这一特性容易被XSS利用。在这些Web应用程序中，攻击者可以发布一个帖子，其中包含了一个指向看似无害网站的链接。在这个链接或者网站中巧妙地包含了一段恶意脚本，用户一旦选中该链接就会受到攻击。攻击者可以使用各种编码技术来隐藏或混淆恶意脚本，并且在某些情况下可以避免显式地使用＜SCRIPT＞标记。通常，XSS攻击涉及恶意JavaScript，但也可能涉及任何类型的可执行内容。尽管攻击类型的复杂程度各不相同，但检测XSS漏洞的方法通常是可靠的。

测试XSS漏洞的一种方法是验证Web应用程序是否会响应包含可以由浏览器执行的HTTP响应的简单脚本请求。例如，Sambar服务器(版本5.3)是一个流行的免费软件Web服务器，已知的XSS漏洞向服务器发送如下请求会生成服务器的响应，该响应将由Web浏览器执行：

```
http://server/cgi-bin/testcgi.exe?<SCRIPT>alert("Cookie"+document.cookie)
</SCRIPT>
```

该脚本由浏览器执行，因为应用程序生成包含原始脚本的错误消息，并且浏览器将响应解释为源自服务器的可执行脚本。所有的Web应用程序都可能容易受到这种类型的滥用，并且防止这种攻击是非常困难的。

5. 服务接入点(Service Access Points)

随着 B2B、B2C、C2C 等商业模式的兴起，顾客、企业之间的协作变得越来越紧密。同样的，为顾客和企业服务的 Web 应用程序之间、Web 应用程序与客户端之间的接口(服务接入点)也越来越多。以股票交易 Web 应用程序为例，投资者通常使用一个本地客户端，通过网络访问服务接入点使用该 Web 应用程序。此时，投资者应该可以访问和下载股票价格的当前数据和历史数据，这就要求应用程序应该足够开放；同时，服务接入点应该允许投资者进行任何合法的自由交易，并且能够全天候购买或出售；此外，服务接入点应该足够安全，交易数据必须能够抵御任何黑客的攻击；而且，大量用户将同时与 Web 应用程序进行交互，所以 Web 应用程序应该能够提供足够数量的服务接入点来为用户服务。有时，这些服务接入点也会对不允许访问的用户或应用程序实施封锁。例如，一个基于 Web 的 OA 系统会根据 IP 地址识别其用户，并拒绝与所有不属于该应用程序的有效 IP 范围的其他应用程序建立连接。

对于这种服务接入点的测试，测试人员必须确保所有内网或外网的访问都必须是由受信任的应用程序、机器(IP)和用户执行的。为了验证一个开放的服务接入点是否足够安全，测试人员必须尝试从各种可信和不可信 IP 地址的机器上对其进行访问。同时，测试人员必须确保应用程序仅接受来自合法 IP 地址范围的请求，而其他请求都会被拒绝。同样，如果应用程序有一些开放的、运行上传数据的接入点，则测试人员应确保它们允许用户以安全的方式上传数据。这里的安全方式是指：可能需要限制文件的大小、文件类型以及对上传文件进行病毒扫描等。这些都是测试人员在对服务接入点进行安全测试时需要考虑的。

2.3.4　静态测试和动态测试

软件的安全性曾经一度是软件开发之后才需要考虑的问题，但是随着近十年黑客工具、技术的蓬勃发展，必须在整个软件开发生命周期(Software Development Life Cycle, SDLC)中考虑软件的安全性问题。这里将软件系统的生命周期分为三个阶段：设计、开发验证和生产。其中，设计阶段是一个湿件(Wetware)过程，在这个过程中，设计者可以识别需求并生成架构和设计；在开发验证过程中，软件开发和测试人员需要编写和测试软件系统；最后，在生产阶段，技术人员将部署和维护这套软件系统。针对软件安全，在整个软件生命周期中可以使用不同的方法和工具加以保证，在设计阶段，需要依靠良好的、安全的设计流程和评审等手段进行保证；在开发验证阶段，可以使用可以触摸和测试的代码，并且可以在执行时自动完成代码审查和代码检查；在生产中，可以检查执行中的应用程序。

1. 静态分析

静态分析(Static Analysis)也叫代码审查、静态测试，它可以在不实际执行软件的情况下实施。静态分析在一个非运行环境中对应用程序进行检查，可以评估 Web 和非 Web 应用程序。静态分析可以由一个技术人员来执行，以确保在构建程序的过程中使用了正确的编码标准和约定。通常这种行为又被称为代码审查，并由同行开发人员(程序编码人员之外的其他开发人员)完成。静态分析环节的存在使得编码人员必须遵守某些编程规则来减少错误、降低可能存在的风险。当然，也可以使用特定的工具完成静态分析，自动“浏览”源代码并检测不符合编码标准的语法错误。一个经典的例子是编译器，它可以找到词法、句法甚至语义错误，并且通过高级建模，可以检测到单独通过动态Web扫描无法看到的软件输入和输出中的缺陷。

在过去，这种静态分析技术只能对拥有源代码的软件程序进行分析，但是在很多时候源代码可能不可用。例如，许多应用程序都集成了来自第三方库、离岸软件和商用现货(COTS)应用程序的代码，这些应用程序的源代码通常无法获取。同时，企业购买的大量商业软件(现在大多数恶意攻击都是针对这类应用程序的)也属于这种情况。为了应对这种威胁，企业必须在采购或实施应用程序之前测试应用程序是否存在缺陷或威胁。此时，就需要一种可以直接对二进制代码进行分析的工具。目前，Veracode提供了一套静态分析工具，可以直接评估二进制代码，使企业能够更有效和全面地测试软件，从而提高软件的安全性。这种静态分析工具可以审查代码、搜索应用程序编码缺陷、发现可能是黑客访问关键的公司数据或客户信息的后门或其他恶意代码。

静态分析可以在准备集成和进一步测试之前找到代码中可能存在的问题。静态代码分析有如下优点：

- 可以确切地定位到代码中存在的弱点。
- 可以由经过培训的、充分了解代码的软件保障开发人员来执行。
- 源代码可以很容易地被非代码开发人员理解。
- 在开发生命周期的早期发现弱点，降低了修复的成本，且修复速度快。
- 在以后的测试中减少缺陷出现的概率。
- 可以检测到使用动态测试不能或很难发现的缺陷。
- 可以定位到软件中无法访问的代码。
- 可以确定代码中变量和函数的使用情况，标记未声明和未使用的变量和函数。
- 可以定位代码中存在的边界值违规。

但同时，静态代码分析也有如下不足：

- 需要手动进行，较为耗时。
- 自动化测试工具有时可能会产生误报。
- 那些没有足够经验和素质的测试人员很难进行静态代码分析。
- 自动化测试工具无法发现所有的问题，但却又能给测试人员一个假象。
- 不能发现运行才能出现的漏洞。

静态分析是对源代码(或编译后的目标代码)的检查，如图2-13所示，使用数据流分析等多种方法，静态分析工具可以发现诸如内存泄漏、缓冲区溢出甚至并发等问题。静态分析工具扫描一个或多个源文件，并通过翻译将这些源文件转换成中间形式的代表元，再分析这些被扫描源文件的代表元来分析源文件，进而输出结果。

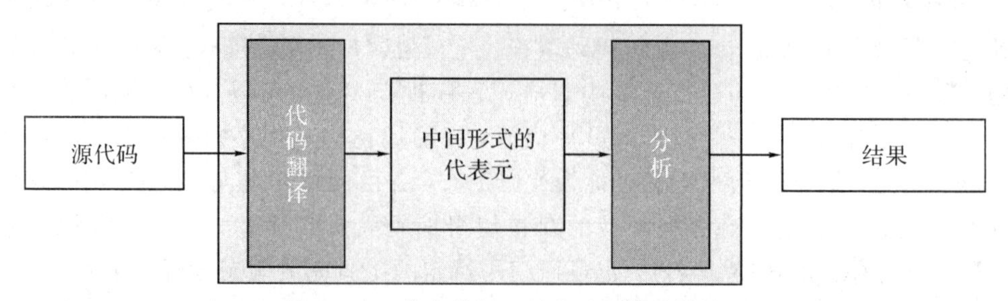

图2-13 静态分析工具的通用体系结构

在静态分析工具中，最著名的开源工具是 Splint。Splint 是基于 Lint(它是 1979 年首次出现的 UNIX 程序，可用于在程序中标记可疑或不可移植的构造)的想法设计实现的，其设计之初的目的是检查软件的安全漏洞。Splint 会进行多种常规检查，包括未使用的变量、类型不一致、使用未定义变量、无法执行的代码、忽略返回值、执行路径未返回、无限循环等错误。下面给出了一个简单的 Splint 示例，该示例使用 Splint 对一个简单的 getpath. c 源程序进行扫描。getpath. c 主要是负责读取环境变量 PATH 的值，并将其赋值给参数 str。使用 Splint 扫描后发现了几个问题，第一个主要问题是不能保证传递的字符串不是 NULL。此外，程序对传递的字符串 str 没有做长度限制，该字符串有足够的空间来存放 getenv 操作的内容，可能存在缓冲区溢出的问题，容易受到攻击。

```
 $ cat getpath. c
void getPath(char * str)
{
  strcpy(str, getenv("PATH"));
}

 $ splint getpath. c - strict
Splint3. 1. 2 --- 11 April 2017

getpath. c: (in function getPath)
getpath. c: 3: 3: Undocumented modification of * str possible from call to strcpy:
                strcpy(str, getenv("PATH"))
  An externally - visible object is modified by a function with no / * @modifies@ * /
  comment. The / * @modifies ... @ * / control comment can be used to give a
  modifies list for an unspecified function. (Use - modnomods to inhibit warning)
getpath. c: 3: 15: Possibly null storage passed as non - null param:
                strcpy (..., getenv("PATH"))
  A possibly null pointer is passed as a parameter corresponding to a formal
  parameter with no / * @null@ * / annotation. If NULL may be used for this
  parameter, add a / * @null@ * / annotation to the function parameter declaration.
  (Use - nullpass to inhibit warning) getpath. c: 3: 3: Possible out - of - bounds
  store: strcpy(str, getenv("PATH"))
    Unable to resolve constraint:
    requires maxSet(str @ getpath. c: 3: 10) >= maxRead(getenv("PATH") @ getpath. c:
3: 15)
     needed to satisfy precondition:
    requires maxSet(str @ getpath. c: 3: 10) >= maxRead(getenv("PATH") @ getpath. c:
3: 15)
     derived from strcpy precondition: requires
       maxSet(<parameter 1>) >= maxRead(<parameter 2>)
  A memory write may write to an address beyond the allocated buffer. (Use
  - boundswrite to inhibit warning)
...

Finished checking --- 5 code warnings
 $
```

Splint不是通过扫描源文件提供静态分析的唯一实用程序。使用Splint可以用来分析C和C++程序，其他实用程序则专注于其他语言和应用程序框架。表2-1提供了常见的静态分析工具及其目标语言或框架。

表2-1 常见的静态分析工具及其语言或框架

使用的语言或框架	静态分析工具
C/C++	Splint，VisualCodeGrepper
Java	FindBugs，LAPSE+，VisualCodeGrepper
JavaScript	JSLint，JSHint
Python	Pylint，PyChecker
PHP	RIPS
Ruby on Rails	Brakeman，Codesake-Dawn

最后，开发中所使用的编译器也是代码安全的重要环节。大多数编译器都包含增强的错误检查功能，只不过默认情况下该功能通常处于禁用状态。只要启用它，就可以帮助测试人员发现源代码中的重大问题。

2. 动态分析

动态分析(Dynamic Analysis)也叫动态测试，是对在真实或虚拟处理器上运行的计算机软件的分析。动态分析是基于程序执行的，通常要使用工具才能完成。动态分析工具可能需要加载特殊的库，甚至需要重新编译程序。

与静态分析一样，动态分析使用许多技术来分析数据。测试人员可以使用动态分析来测试代码覆盖率(包括语句覆盖、分支覆盖、条件覆盖、判定覆盖等)，判断代码覆盖率这一指标是否有用，因为在动态测试应用程序过程中没有被覆盖到的语句和分支中可能包含错误或漏洞。

与静态分析相比，动态代码分析具有如下优点：

- 可以识别运行时环境中存在的漏洞。
- 可以分析那些无法获得源代码的应用程序。
- 可以识别在静态分析中无法识别的漏洞。
- 可以用来验证静态代码分析的结果。
- 对任何应用程序都可以使用动态代码分析。

同样的，动态代码分析也存在以下一些不足之处：

- 如果没有源代码，不能测试完整的代码覆盖率。
- 与静态测试一样，自动化工具也会产生误报。
- 根据发现的漏洞在源代码中定位较难，需要更长时间才能解决问题。

通常情况下，如图2-14所示，动态分析工具有两种不同的技术路线：第一种通过源代码构建可执行应用程序时，将内省代码集成到应用程序中(这一步称之为编排)，当应用程序在物理平台上执行时，插入的内省代码负责收集应用程序运行时的信息，形成动态分析结果；另一种不需要在应用程序中插入内省代码，它直接提供一种仿真的运行环境(虚拟

机)，可执行的应用程序直接运行在虚拟机上，最后由虚拟机直接输出运行程序的内部行为。

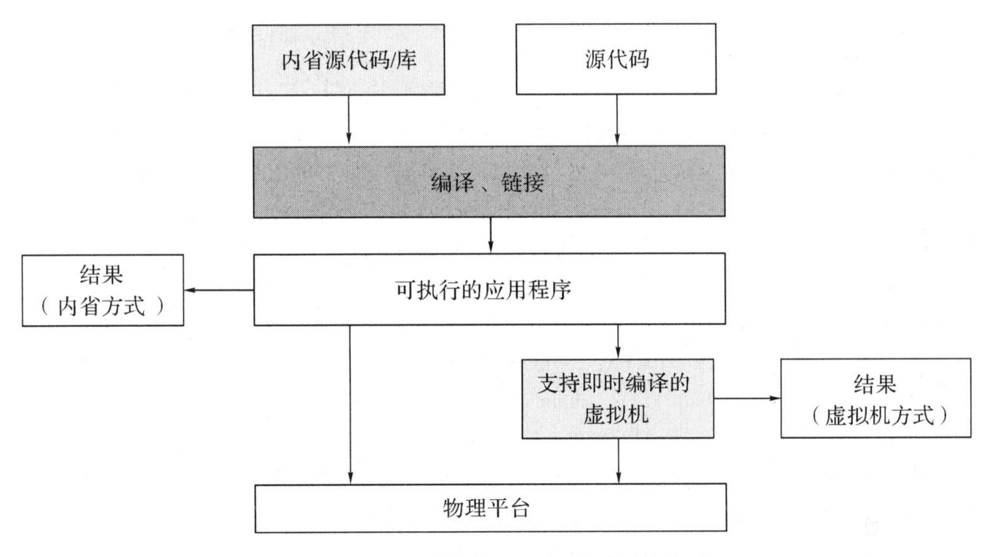

图 2-14　动态分析工具的通用体系结构

Valgrind 是一个用于程序动态分析的工具，它就是采用前面所说的第二种技术路线，在应用程序和物理平台之间插入一个仿真的运行环境来获得应用程序的运行数据。Valgrind首先对应用程序(编译后可以运行的二进制程序)进行编排(Instrument)，将其翻译成一种中间表示，然后使用即时(Just-in-time，JIT)编译技术将这个中间表示翻译成物理机器代码以提供尽可能最佳的性能。Valgrind 提供了多种功能可对正在执行的程序进行分析，这些功能可以检查未初始化的内存、无效使用动态内存、动态内存泄漏、堆分析以及检测多线程代码中的竞态条件等。

下面通过一个简单的例子演示通过 Valgrind 对程序进行动态测试的过程。首先，有一段如下所示的 C 语言程序，这段程序动态地分配了一个内存空间，并通过指针对内存空间进行访问。

```
// mem.c
#include <stdlib.h>
char * badmem(void)
{
    char *ptr=malloc(8);
    ptr[8]=0;
    return ptr;
}
void main(void)
{
    char *result;
    result=badmem();
    return;
}
```

接下来，需要得到一个可以直接运行的可执行程序，得到如下所示输出。

```
$ gcc -g -O0 mem.c -o mem
$
$ valgrind --leak-check=yes ./mem
==17340== Memcheck, a memory error detector
==17340== Copyright (C) 2002-2009, and GNU GPL'd, by Julian Seward et al.
==17340== Using Valgrind-3.6.0.SVN-Debian and LibVEX; rerun with -h for copy-
right info
==17340== Command: ./mem
==17340==
==17340== Invalid write of size 1
==17340==    at 0x80483FF: badmem (mem.c:7)
==17340==    by 0x8048414: main (mem.c:16)
==17340==  Address 0x419b030 is 0 bytes after a block of size 8 alloc'd
==17340==    at 0x4024F20: malloc (vg_replace_malloc.c:236)
==17340==    by 0x80483F5: badmem (mem.c:5)
==17340==    by 0x8048414: main (mem.c:16)
==17340==
==17340==
==17340== HEAP SUMMARY:
==17340==     in use at exit: 8 bytes in 1 blocks
==17340==   total heap usage: 1 allocs, 0 frees, 8 bytes allocated
==17340==
==17340== LEAK SUMMARY:
==17340==    definitely lost: 0 bytes in 0 blocks
==17340==    indirectly lost: 0 bytes in 0 blocks
==17340==      possibly lost: 0 bytes in 0 blocks
==17340==    still reachable: 8 bytes in 1 blocks
==17340==         suppressed: 0 bytes in 0 blocks
==17340== Reachable blocks (those to which a pointer was found) are not shown.
==17340== To see them, rerun with: --leak-check=full --show-reachable=yes
==17340==
==17340== For counts of detected and suppressed errors, rerun with: -v
==17340== ERROR SUMMARY: 1 errors from 1 contexts (suppressed: 12 from 7)
$
```

在使用gcc对mem.c进行编译的时候，通过参数告知编译器禁用优化(-O0)，并加入调试信息(-g)，以便可以在得到的可执行程序中获得符号信息(函数名称、行号、源代码等)；然后，在Valgrind提供的虚拟机上运行刚刚生成的可执行应用程序，运行时启用泄漏检查(--leak-check=yes)。在Valgrind的输出中可以发现，Valgrind检测到在mem.c中存在越界写入，并且在堆摘要中显示动态分配的八个字节内存空间在程序退出之后没有被释放。

由于Valgrind这种虚拟机运行可执行程序的方式是动态地翻译(从二进制到中间表示，

然后回到底层架构上执行)，所以会出现某些性能损失，这在大型应用程序执行时表现尤为突出。

表 2-2 为常见的动态分析工具。

表 2-2　常见的动态分析工具

动态分析类型	工　具
动态翻译/虚拟机	Valgrind，DynamoRIO，Pin
在编译时编排	gcov，gprof，dmalloc，CodeCover

在表 2-2 中，与 Valgrind 类似，DynamoRIO 和 Pin 同样支持在程序运行时对代码进行分析、检测、优化和翻译等操作。除了虚拟机和动态翻译方式之外，还有一类使用内省方式进行动态分析的工具，其中最常见的是 GNU 的 gcov 和 gprof，它们在编译时对源代码进行内省操作，从而在运行时提供覆盖分析。dmalloc(Debug Malloc)库为 malloc/free(及其变体)提供了插件替换功能，以便对内存泄漏、越界写入和其他功能的代码进行运行时跟踪。CodeCover 是一款白盒测试工具，它通过在 Java 代码中插入编排代码，从而在程序运行时获得覆盖率分析。

课后练习

1. Web 应用程序的发展经历了几个阶段，试找出身边应用程序的例子。
2. 性能测试包含哪些内容，可以如何进行分类？
3. 如何才能向被测目标系统施加一定的压力，思考可以如何实现？
4. SQL 注入测试有几种实现方式，分别是什么？
5. 作为软件开发人员，思考在开发过程中可以使用的测试方法。

第3章　Web性能测试

3.1　性能测试概述

性能测试是指在给定条件基准的前提下被测系统能达到的运行程度，是测试被测目标软件在给定环境下的运行性能，并度量其性能与预定义目标的差距。通常，性能测试以实际投产环境进行测试，来求出最大的吞吐量与最佳响应时间，以保证上线后系统可以平稳、安全的运行。性能测试是一种“正常”的测试，主要测试正常使用时系统是否满足要求，同时可能为了保留系统的扩展空间而进行的一些稍稍超出“正常”范围的测试。

通常情况下，负载测试、压力测试/强度测试、容量测试等被统称为性能测试。很多时候，测试人员和用户容易将这几种测试混为一谈，下面对其分别进行说明。负载测试(Load Testing)是在一个确切、可预知的负载环境中，通过不断提升被测系统的负载(如逐渐增加模拟用户的数量)来观察不同负载下系统的响应时间和数据吞吐量、系统占用的资源(如CPU、内存使用情况)等，以检验系统的行为和特性，进而发现系统可能存在的性能瓶颈、内存泄漏、不能实时同步等问题；或者是探寻构成系统不同组件，如数据库、硬件、网络等的上限性能，以备未来使用。压力测试/强度测试(Stress Testing)是在极限负载(大数据量、大量并发用户等)情况下的测试，查看应用程序在峰值使用情况下的操作行为，以及当负载降低后系统的状态，从而有效地发现系统的某项功能隐患、系统是否具有良好的容错能力和可恢复能力。压力测试可分为高负载下的长时间(如24 h以上)的稳定性压力测试和极限负载情况下导致系统崩溃的破坏性压力测试。容量测试(Volume Testing)的目的是通过测试预先得出能够反映被测软件系统应用特征的某项指标的极限值(如支持的最大并发用户数、可访问的数据库记录数等)，该极限值的前提是被测系统在其极限值状态下没有出现任何软件故障或还能保持主要功能正常运行，具体可以在测试需求中进行约束。容量测试是面向数据的，并且它的目的是显示系统在可以处理目标内确定的数据容量。

负载测试、压力测试和容量测试这几个概念容易发生混淆，下面通过一个简单的载重汽车的例子加以区分。本例中，描述载重汽车性能的指标有载重量和行驶速度。

(1) 负载测试：载重20 t，汽车是否能以100 km/h的速度行驶；或者载重20 t，汽车的最快速度是多少。

(2) 压力测试：在20 t、30 t、40 t……的情况下，汽车是否还能正常行驶，当载重多少时汽车将无法行驶；当汽车无法行驶后减少载重量，汽车是否还能继续正常行驶。

(3) 容量测试：如果要求汽车以100 km/h的速度行驶，最多可以载重多少吨。

3.2　LoadRunner 工具简介

LoadRunner 最初是 Mercury 公司的产品，后来由于 Mercury 公司于 2006 年被 HP 公司收购，所以目前 LoadRunner 是 HP 公司的一款专注负载测试的产品。LoadRunner 是一种大规模适应性的自动负载测试工具，它能预测系统行为，帮助企业优化系统性能。LoadRunner强调的是对整个企业应用架构进行测试，它通过模拟实际用户的操作行为并对被测目标系统进行实时性能监控，来帮助客户更快地确认和查找问题。LoadRunner 支持广泛的协议技术，并为客户的特殊环境提供特殊的解决方案。

3.2.1　LoadRunner 的组件

LoadRunner 主要由以下几个组件构成：

(1) Virtual User Generator：虚拟用户生成器，简称 VuGen，用来录制被测目标系统客户端的操作，并自动生成虚拟用户脚本。

(2) Controller：控制器，它是整个负载测试的控制中心，用来管理、设计、驱动及监控负载测试场景的执行以及被测目标系统的资源使用情况。

(3) Load Generator：负载生成器，可以是压力机操作系统中的一个进程或线程，它执行虚拟用户脚本以模拟真实用户对被测目标系统发出请求并接收响应的行为，进而模拟真实的负载。

(4) Analysis：分析器，它读取控制器收集的测试过程数据，分析负载测试的结果，进一步生成测试报告。

(5) Launcher：加载器，负责提供一个集成的操作界面，测试人员可以从这个操作界面中启动 LoadRunner 的所有其他组件。

LoadRunner 通过用户执行被测目标程序的客户端，在 VuGen 中录制被测系统的客户端和服务器的协议交互并自动生成脚本，然后在 Controller 中控制 Load Generator，按照一定的配置(又称为场景)模拟一定数量的用户，并根据指定协议向服务器发出请求从而生成负载。同时，对被测系统涉及的操作系统、数据库、中间件等的资源使用情况进行监控，收集不同负载情况下的资源使用信息，待负载测试结束后形成测试结果和监控数据，在结果分析器中进行分析，最后生成测试结果报告。

3.2.2　LoadRunner 与 QTP 的区别

了解 HP 公司产品的读者可能会知道，HP 公司除了 LoadRunner 这款负载测试的性能测试工具之外，还有一款类似的产品，即 QTP。让人容易产生混淆的是，测试人员发现通常 LoadRunner 可以做的工作，QTP 也可以完成，如 Web 应用程序测试。与 LoadRunner 不同，QTP 是一款自动化功能测试工具，它们的主要区别是：

(1) 产品定位不同。LoadRunner 是基于协议的负载测试，侧重的是压力、负载、容量、并发等的测试；而 QTP 则是基于 GUI 对象的功能测试，主要应用于回归测试、版本验证测试。

（2）与被测系统交互的方式不同。LoadRunner通过捕获数据包并识别协议报文，通过解析和生成特定的报文与被测系统交互；QTP则是基于操作系统的消息机制来截获消息，通过识别被测系统客户端的控件加以实现。

其中第二点是两款产品本质上的区别，这点区别也直接导致了两者在测试活动中所扮演的角色不同。QTP的录制和回放都是通过操作系统的消息机制直接去操作被测系统客户端程序的各种GUI控件，回放的时候依赖客户端程序并会真实地启动客户端程序，因此在一开始使用QTP进行功能测试时就会受到系统开发进度的制约，只有当系统的界面元素不会频繁地变化、系统功能基本稳定时，同时确定系统不会存在重大缺陷时才可以考虑使用QTP进行自动化测试；而LoadRunner只是录制了客户端和服务器之间的通信报文，回放仅仅是模拟客户端重新生成了这些报文，并且仅在录制时需要依赖客户端程序，而回放的时候不会依赖客户端程序，也可以在多个负载生成器上同时模拟客户端行为生成负载。

3.2.3　使用LoadRunner的测试流程

使用LoadRunner进行负载测试，需要经历如图3－1所示的测试流程。

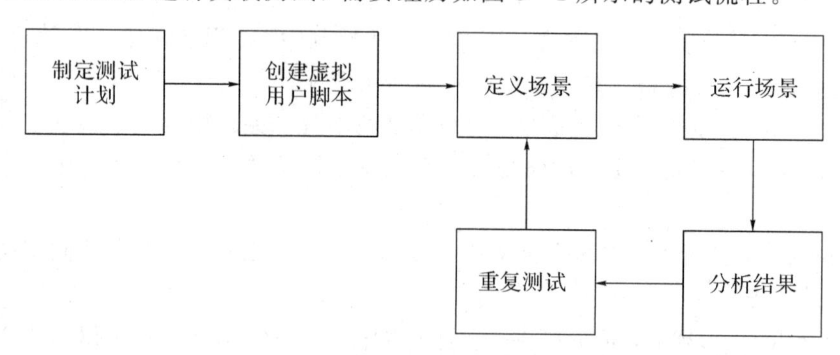

图3－1　LoadRunner进行负载测试的测试流程

1. 制订测试计划

在此阶段，首先需要定义性能测试要求，从需求中提取有用信息，获取性能测试目标，例如并发用户数量、典型业务流程以及这些业务流程要求的响应时间，然后根据这些性能测试要求定义对应的压力指标。同时，需要根据测试需求确定系统的运行环境，包括硬件环境、软件环境、网络环境等要素。最后，需要确定测试环境、测试工具、数据准备，包括搭建测试环境、选用测试工具、准备测试数据。其中，要保证测试数据尽可能地模拟真实情况。

2. 创建虚拟用户脚本

使用LoadRunner的VuGen能很简便地建立起系统负载。该引擎能够生成虚拟用户，并以虚拟用户的方式模拟真实用户的业务操作行为。VuGen通过录制真实用户的业务操作流程(如用户注册、酒店预订等)，然后将其转化为测试脚本(测试人员也可直接使用C、Java等语言编写测试脚本)。利用虚拟用户，LoadRunner可以在多台Windows、UNIX或Linux操作系统的主机上同时模拟成千上万个用户访问被测目标系统的行为，如此一来就能够极大地减少负载测试所需的硬件资源和人力资源。

为了模拟现实环境中多个不同用户的多种使用习惯和访问信息，VuGen可以在录制测试脚本后进行参数化处理。参数化可以利用多套不同的、实际数据来测试被测目标系统，从而尽可能地反映出被测目标系统在真实环境下的负载能力。这些测试数据可以来自真实的业务数据，也可以由开发人员直接从数据库中提取，通过文本文件或电子表格等形式导入到 LoadRunner 中。同时，VuGen 支持丰富的数据提取方式和随机访问机制，使得模拟产生的虚拟用户更加真实。

3. 定义场景

虚拟用户(测试脚本)创建完成之后，测试人员需要根据测试方案设定所采用的负载方案、业务流程组合和虚拟用户数量。通过使用 LoadRunner 的 Controller，测试人员能够快速组织起多用户的测试方案。Controller 的集合点(Rendezvous)功能可提供一个互动的环境，在其中用户既能建立起持续且循环的负载，又能管理和驱动负载测试方案。

4. 运行场景

测试人员在利用 LoadRunner 进行系统负载测试时，可以定义虚拟用户在什么时候访问系统以产生负载，这样就能将测试过程自动化。在 Controller 定义的负载方案中，可以定义所有的用户同时执行一个动作，如在某一时间点同时进行系统登录，进而来模拟系统的峰值负载情况。在测试的过程中，LoadRunner 可以显示和记录每个虚拟用户的访问结果，包括访问被测目标系统的结果是否正确、被测目标系统的响应时间是多少、统计有多少事务通过了测试等。此外，在运行负载测试的过程中，测试人员还能通过 LoadRunner 集成的实时监测器实时监测被测目标系统中各个组件的性能，包括应用服务器、Web 服务器、数据库、网络设备等，可以在测试过程中从客户和服务器两方面评估这些系统组件的运行性能，以帮助测试人员更快地发现问题、调整上述目标系统的环境配置、优化负载测试场景。

5. 分析结果

测试完毕后，LoadRunner 会收集汇总所有的测试数据，并提供高级的分析和报告工具，以便迅速查找到性能问题并追溯问题原因。使用 LoadRunner 的 Web 交易细节监测器，测试人员和开发人员可以了解到将所有页面(包括图像、框架和文本)加载所需的时间。例如，通过分析页面的加载时间，可以帮助开发人员确定是否是因为一个大尺寸的图像文件或第三方的数据组件造成被测目标系统运行速度减慢。另外，通过 Web 交易细节监测器分解得到用于客户端、网络和服务器上端的反应时间，便于发现造成被测目标系统变慢的原因，定位查找出真正存在问题的组件。例如，测试人员可以进一步将网络延迟进行分解，以分析构成网络延迟的时间占比，确定到底是 DNS 解析时间、连接服务器时间，还是 SSL 认证所花费的时间是系统的瓶颈。通过使用 LoadRunner 的分析工具，测试人员能够快速查找到出错的位置和原因，并为开发人员提供进行相应调整的建议。

6. 重复测试

负载测试是一个需要重复多次的测试活动。在完成一次负载测试之后，测试人员都会给出本次测试的结果和建议。开发人员根据上述建议对被测目标系统进行代码调整和系统优化。之后，测试人员需要对被测目标系统在相同的测试方案下，进行再次负载测试，从而检验所做的修正是否改善了被测目标系统的性能。

这种重复的测试活动需要一直进行，直到测试结果满足测试需求为止。

3.3 负载测试的设计

在使用LoadRunner进行负载测试时，涉及事务、集合点和思考时间这三个概念，正确理解这三个概念对于负载测试的设计有很好的指导意义。

3.3.1 事务

LoadRunner虚拟用户脚本由Init、Action、End三部分组成，其中在虚拟用户设置中可以使Action部分重复执行多次，而Init和End部分仅能执行一次。因此，通常情况下将初始化工作，如用户登录、数据库连接等操作放在Init部分，将退出登录、断开数据库连接等操作放在End部分，而将实际的操作放在Action部分。

通常情况下，LoadRunner的Web交易细节监测器只能将所有位于Action部分的脚本作为整体进行测量。例如，脚本中包含用户登录、机票检索、订票、支付等活动，那么此时度量的结果是完成上述所有操作的总时间。如果希望知道虚拟用户完成每个不同操作的时间，需要使用事务(Transaction)对上述操作进行界定。每个事务度量被测目标系统响应指定Vuser请求所用的时间。这些请求可以是简单操作(如等待某个机票查询的响应)，也可以是复杂操作(如提交查询并等待系统生成报告)。此外，为了度量某个操作的性能，需要在操作开始和结束位置各插入一个标记，这两个标记用于界定该操作，如此就可以定义一个事务。通常，事务用于界定虚拟用户的一个相对完整的、有意义的业务操作过程，例如登录、查询、交易、转账，这些都可以作为事务，而一般不会把每次HTTP请求作为一个事务。

LoadRunner运行到该事务的开始点时，LoadRunner将会开始计时，直到运行到该事务的结束点，此时计时结束。这个事务的运行时间在LoadRunner的运行结果中会有反映。通俗地讲，事务就是一个计时标识，LoadRunner在运行过程中一旦发现事务的开始标识，就开始计时；一旦发现事务的结束标识，则计时结束，而在开始计时和结束计时中的时间间隔就是一个事务时间。通常，测试人员将事务时间认为是被测目标系统对一个操作过程的响应时间。

从性能测试的角度出发，测试人员需要知道不同的操作所花费的时间，这样就能够衡量不同的操作对被测目标系统所造成的影响。一个经验丰富的测试人员，需要了解每个操作对应于被测目标系统后台的哪些操作，如航班查询可能涉及到被测目标系统中的数据库表Select操作，一个订单支付操作可能涉及数据库表的Insert、Update操作以及同外部支付接口的交互活动。进一步，测试人员能够从不同的操作响应时间分析得到系统的瓶颈点。可见，正确地设置虚拟用户脚本中的事务，对于分析被测目标系统是十分重要的。

3.3.2 集合点

在介绍集合点这一概念之前，首先需要明确如下三个概念：

- 系统用户数 N_u：使用被测目标系统的总人数。
- 在线用户数 N_{ou}：高峰时同时访问被测目标系统的在线人数。
- 并发用户数 N_{cu}：在同一时刻与服务器进行了交互的在线用户数。

可见，三者存在如下关系：

$$N_{u} \geqslant N_{ou} \geqslant N_{cu}$$

系统用户数可以很大，但它仅反映可能会有多少用户访问该系统，通常只对数据库中用户表容量有影响。在线用户数能够在某种程度上反映出系统的负载情况，如公司的门户系统，每个员工每天上班都被要求登录门户系统打卡、收发邮件、访问日程安排等。在线用户数大仅会占用比较多的被测目标系统的服务器内存、缓存等资源。但是，并不是所有的在线用户都会在同一时刻对系统发出请求，目标系统服务器所承受的负载还与用户的访问习惯相关，所以真正会对系统产生直接影响的是并发用户数。

在用户需求规格说明书中，通常都会使用一些描述文字说明用户对目标系统的性能需求。例如，一个拥有 4000 员工的公司，需要开发一个仅供公司内部员工使用的办公自动化系统(OA 系统)，最高峰时有 500 人同时在线。对于系统的典型用户来说，一天之内使用 OA 系统的平均时长为 4 h，通常用户仅会在 8 h 的工作时间内访问该系统。从这个例子中，可以获取到如下信息：系统用户数为 4000，在线用户数为 500。那么，系统的并发用户数是多少呢?

在这 500 个同时在线的用户中，考察到某一个具体的时间点，可能仅有 30%的用户在浏览系统公告，30%的用户在编写邮件，20%的用户将 OA 系统最小化做其他工作，10%的用户在做登录操作，5%的用户在做收发邮件操作，5%的用户在做审批流程。此时需要注意，浏览系统公告、编写邮件和做其他工作的这 80%的用户并没有给 OA 系统带来任何负载，而其他的 20%的用户向服务器发起了请求才真正对服务器构成了压力。因此，从上面的例子中可以看出，系统的并发用户数仅有在线用户的 20%。但是，在实际中没有任何人能够给出确切的数字，并且不同系统在不同时刻的并发用户数可能不同。此时，仅能够通过长时间的观察和经验对并发用户数进行推算，下面给出了一个并发用户数的推导公式：

$$N_{cu} = \frac{N_{ou} \times L}{T}$$

$$\overline{N_{cu}} = N_{cu} + 3\sqrt{N_{cu}}$$

其中：L 为在线用户的平均会话时长；T 为考察时间长度；$\overline{N_{cu}}$为并发用户数的峰值。

根据这个公式，可以计算得出如下结果：

$$N_{cu} = \frac{N_{ou} \times L}{T} = \frac{500 \times 4}{8} = 250$$

$$\overline{N_{cu}} = N_{cu} + 3\sqrt{N_{cu}} = 250 + 3\sqrt{250} = 297$$

这得出的仅仅是理论值，实际情况会有所不同。那么该如何根据实际情况模拟产生这样的并发用户数呢?虽然在 Controller 中可以让多个虚拟用户一起开始运行脚本，但由于计算机的串行处理机制，脚本的运行随着时间的推移并不能完全同步。此时，需要使用 LoadRunner 提供的集合点功能。集合点是在虚拟用户脚本中手工设置一个标志，以确保多个虚拟用户同时执行后续操作。设置集合点后，当某个虚拟用户率先到达该集合点时，该虚拟用户将进行等待(代表该虚拟用户的进程或线程将被挂起)，直到参与该集合的全部虚拟用户都到达集合点。指定数量的虚拟用户到达集合点之后，Controller 将释放所有这些虚拟用户，使其共同对被测目标系统施压。

注意：仅能向虚拟用户脚本中的 Action 部分添加集合点。

集合点是一种特殊情况下的并发，通常是在以调优为目的的性能测试中才会使用，主要是为了对被测目标系统的某些模块、组件进行有针对性的施压，以便找到性能瓶颈。因此，在以评测为目的的性能测试中，用户更关心的是业务上的并发(即同一时刻有多个不同的业务模块、组件被用户访问)，即真实业务场景的并发情况，通常这种情况下不需要设置集合点。

3.3.3 思考时间

负载测试的目标是为了考量在一个已知的环境下被测目标系统的预期值是多少。因此，通常在进行负载测试的时候需要尽可能地模拟真实的用户使用情况。而在真实的使用情况下，在用户的两个连续操作之间都会存在一个时间段，这个时间段用户不会向被测目标系统发起请求。例如，当用户单击注册按钮看到注册页面后，用户可能需要完成阅读用户告知信息、切换输入法、录入用户基本信息等操作，而这些操作都需要用户耗费一些时间才能完成；或者当用户向服务器发起一次搜索请求之后，需要在得到的结果中定位寻找真正有用的或需要的结果，同样也需要花费一定的阅读时间。在 LoadRunner 中，将上述的存在于两个操作之间的空白时间段称为思考时间(Think Time)。

在录制虚拟用户脚本时，如果不去更改默认的设置，LoadRunner 在录制脚本时会自动在生成的脚本中插入用户的思考时间。实际上，在思考时间内，用户不会向被测目标系统发起请求，即不会给服务器带来负载。读者可能会认为：在负载测试时去掉思考时间，这样才能给服务器更大的压力。其实这需要考虑测试的目标究竟是什么，是为了模拟真实情况下服务器的工作情况，还是为了定位极限情况下被测目标系统的瓶颈点。

那么，如果需要加入思考时间，多长的思考时间合适呢？通常情况下，思考时间在 3～10 s 之间合适。但是，还是需要根据实际的业务场景和用户情况而定。例如，要完成用户注册，对于一个计算机使用较为熟练的用户而言，填写用户名、密码、确认密码、手机、邮箱等基本信息可能仅需要 10 s，而对于一个年长者或计算机操作不熟练的人员，他们所需要消耗的时间会更长。因此，在考虑脚本中的思考时间时应该充分理解测试场景中的相关信息，再确定思考时间的长短。

虚拟用户可使用 lr_think_time 函数来模拟用户的思考时间。录制虚拟用户脚本时，VuGen将录制实际的思考时间并将相应的 lr_think_time 语句插入到虚拟用户脚本中。可以编辑已录制的 lr_think_time 语句，并且可以向虚拟用户脚本中手动添加其他 lr_think_time语句。以下函数说明虚拟用户需要等待 8 s 才执行下一个操作：

```
lr_think_time(8);
```

此外，还可以使用思考时间运行时设置来影响运行脚本时虚拟用户使用录制思考时间的方式，并且在分析报告中，也可以通过设置过滤掉所有思考时间所带来的影响。

3.4 对 JForum 论坛进行负载测试

本次实验将模拟 10 个用户并发地登录和退出 JForum 论坛的场景，持续运行 5 min。为此，首先需要在 JForum 系统中注册 test01～test10 共 10 个用户，并设置相应的密码。

使用 LoadRunner 对 JForum 论坛进行测试，需要经过以下四个步骤：

（1）录制脚本，创建虚拟用户。

（2）创建场景。

（3）运行测试。

（4）形成测试报告，分析结果。

3.4.1　创建虚拟用户

1. 创建用户登录和登出的虚拟用户脚本

打开 LoadRunner 程序，首先看到的是 Launcher，如图 3－2 所示，在 Launcher 组件中选择“Create/Edit Scripts”选项，这时可以打开 VuGen 组件的起始页。另外两个选项分别是“Run Load Tests”和“Analyze Test Results”。

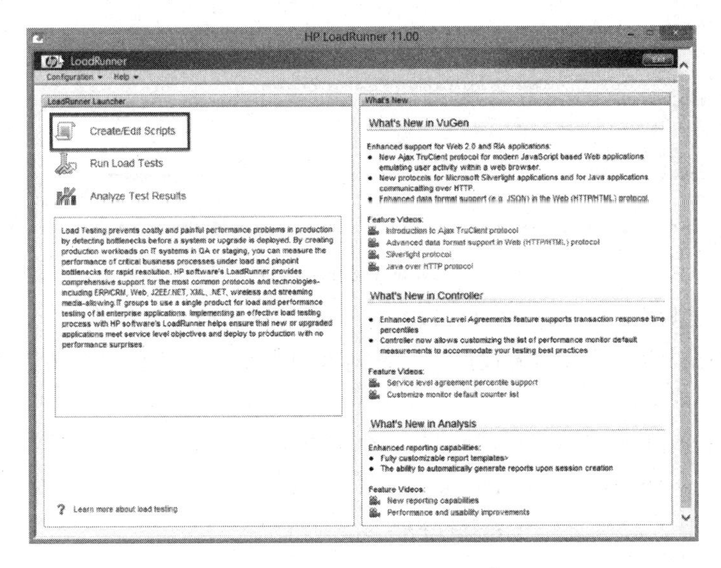

图 3－2　LoadRunner11.00 窗口

如图 3－3 所示，在 Virtual User Generator 窗口中，选择最左侧的新建虚拟用户脚本选项。这时将打开“New Virtual User”对话框，显示“New Single Protocol Script”选项。

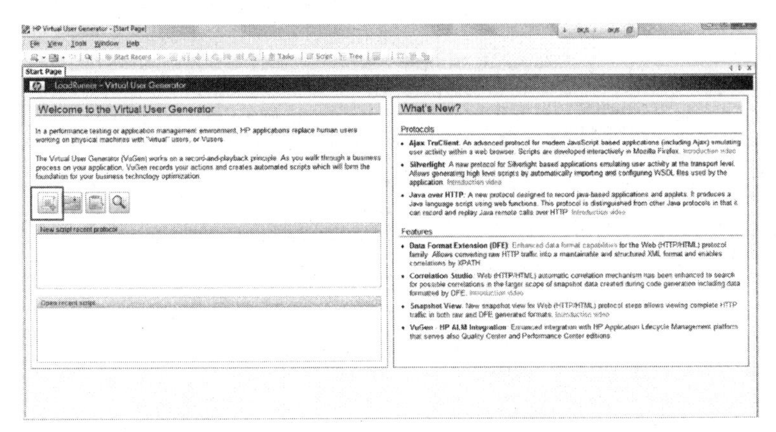

图 3－3　Virtual User Generator 窗口

在如图 3－4 所示的“New Virtual User”对话框中，选择“Category”为“Popular Protocols”，此时 VuGen 将列出适用于单协议脚本的所有可用协议。在列表中选择“Web (HTTP/HTML)”选项，并单击“Create”按钮，即可创建一个空白 Web 脚本。在实际测试中不一定全部是这个协议，需要根据实际情况而定，也可以询问开发人员。

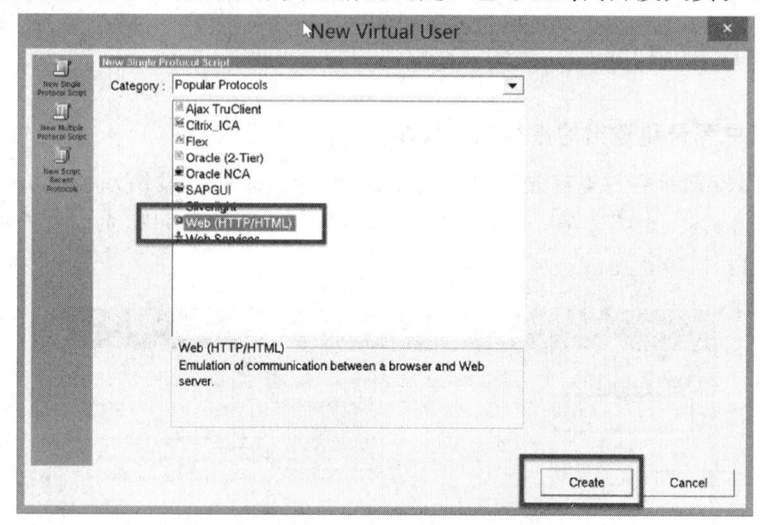

图 3－4　New Virtual User 对话框

注：在多协议脚本中，高级用户可以在一个录制会话期间录制多个协议。在本书中，测试人员将创建一个 Web 类型的协议脚本。录制其他类型的单协议或多协议脚本的过程与录制 Web 脚本的过程类似。

单击“Create”按钮之后，首先打开的是一个左侧是任务向导的欢迎页面，如图 3－5 所示，

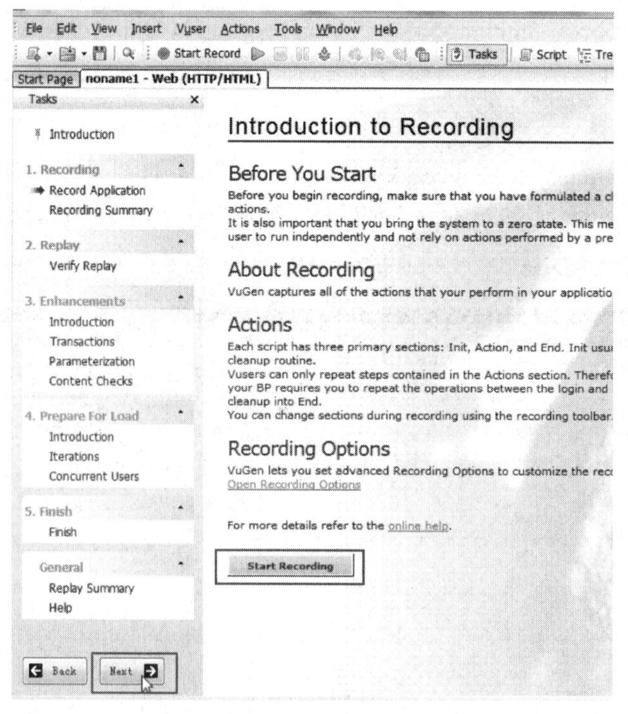

图 3－5　VuGen 录制向导欢迎页面

从左侧的任务向导可以完成使用 VuGen 录制虚拟用户脚本的所有动作。简单的，测试人员可以单击“Next”按钮在向导的指导下完成脚本制作。

VuGen 的向导将指导测试人员逐步完成创建脚本并使其适应测试环境的过程，“Tasks”窗格下列出脚本创建过程中的各个步骤或任务。在执行各个步骤的过程中，VuGen 将在窗口的主要区域显示详细说明和指示信息。测试人员也可以自定义 VuGen 窗口来显示或隐藏各个工具栏。要显示或隐藏工具栏，应选择“View”→“Toolbars”菜单，并选中/不选中目标工具栏旁边的复选标记。通过选中“Tasks”窗格并选择其中一个任务步骤，可以随时返回到 VuGen 向导。

单击“Start Recording”按钮可以开始进行虚拟用户脚本的录制工作，LoadRunner 将会弹出一个如图 3-6 所示的对话框。

在正式开始录制脚本之前，测试人员需要完善弹出对话框中的信息。由于被测系统是 JForum 论坛，是一个 Web 应用程序，所以需要使用浏览器进行访问。首先确保“Application type”选中的是“Internet Applications”选项，并且这里将使用 Windows 操作系统自带的 IE 浏览器作为客户端访问 JForum 论坛，所以“Program to record”应选择“Microsoft Internet Explorer”选项。

接下来，在“URL Address”下拉列表中填入 JForum 论坛的访问链接地址：

```
http://10.254.73.20:8080/jforum/forums/list.page
```

注意：此处需要读者将其替换成论坛实际访问的 IP 地址。

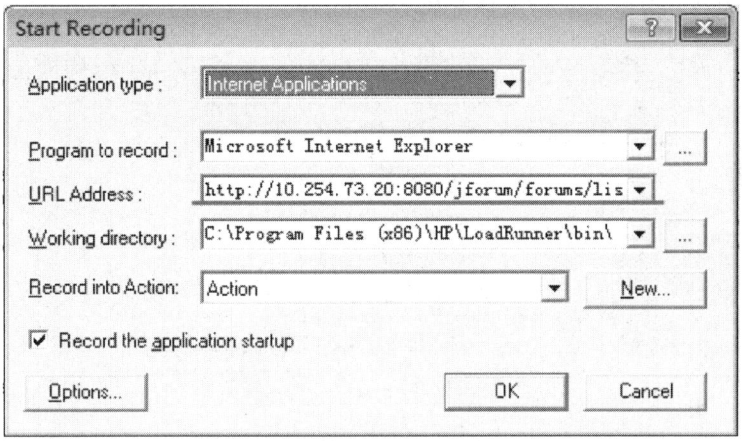

Start Recording

Application type : Internet Applications

Program to record : Microsoft Internet Explorer

URL Address : http://10.254.73.20:8080/jforum/forums/lis

Working directory : C:\Program Files (x86)\HP\LoadRunner\bin\

Record into Action: Action　New...

☑ Record the application startup

Options...　OK　Cancel

图 3-6　开始录制对话框

其他内容保持默认，其中“Working directory”下拉列表是一个保存录制产生的脚本以及后续记录测试日志、监控数据等内容的存储空间，默认是在 LoadRunner 安装的空间下，也可以单击右侧的“...”按钮选择其他的目录。

在“Record into Action”下拉列表中选择“Action”选项，这是因为本例子中因为仅测试用户注册这一简单的操作，所以可以将其直接放于 Action 部分。实际测试工作中，读者需要根据实际测试内容决定将录制内容放置于哪一部分。

注意：为了避免 IE 浏览器在打开网站时出错，需要确保此时 Web 服务器(即 Tomcat 服务)正在运行，如图 3-7 所示，且保证在整个测试过程中不会关闭该窗口。

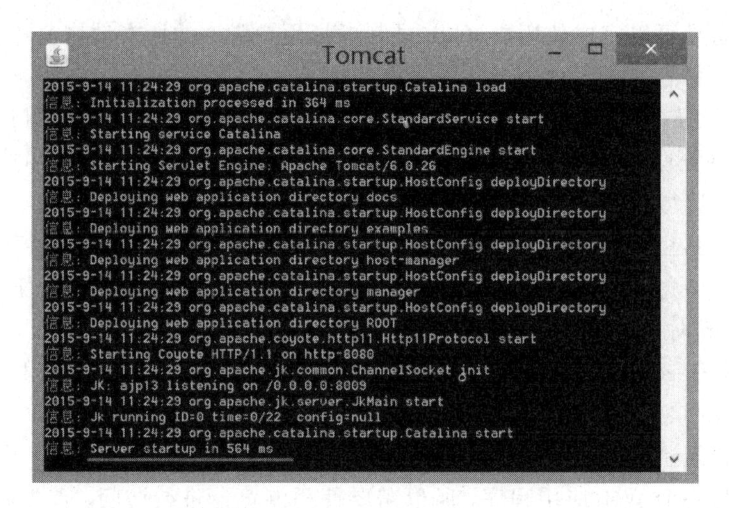

图3-7　Tomcat运行窗口

此外，根据经验给出读者如下建议：

(1) 在测试过程中，应该时刻关注Tomcat窗口中是否有异常抛出。

(2) 选中图3-6中的“Record the application startup”复选框，这样会记录IE浏览器在访问应用时做的初始化工作。

(3) 在图3-6中单击“Options”按钮，弹出如图3-8所示对话框。在该对话框中，选中“Advanced”选项，在“Support Charset”复选框下选择“UTF-8”选项，这样可以对中文字符集有更好的支持，避免脚本中出现乱码。

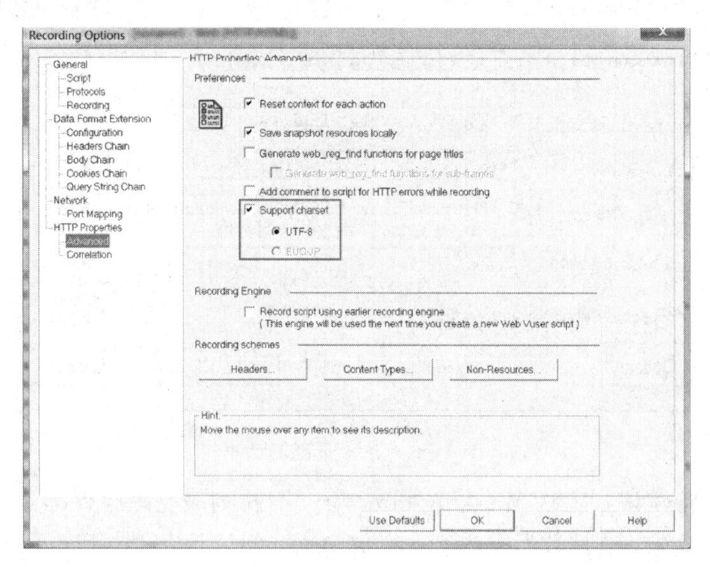

图3-8　录制高级选项

单击“OK”按钮，LoadRunner窗口会自动关闭，并会自动打开IE浏览器，弹出如图3-9所示的浮动控制窗口，此时Web页面上的所有操作都会被录制下来形成脚本。建议在录制的时候添加事务，录制好后再添加也可以，但前提是测试人员必须对每个请求都非常熟悉，并清楚地知道某个操作对应的是哪几个请求。

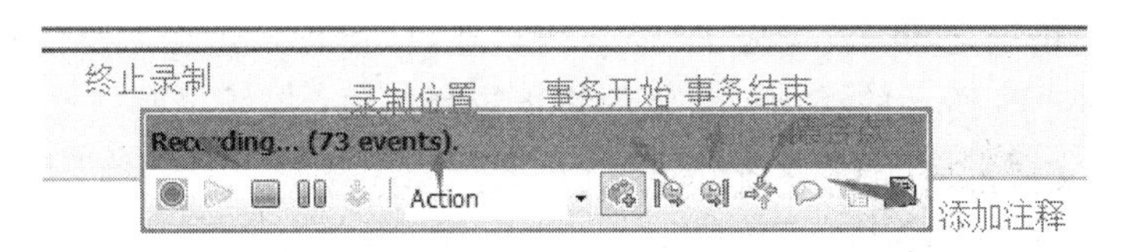

图 3-9　录制时弹出的浮动窗口

接下来，就需要在 IE 浏览器中模拟真实用户登录和登出 JForum 论坛的过程。在如图 3-10 所示的 IE 浏览器中，单击“登入”链接，打开如图 3-11 所示的用户登录对话框。

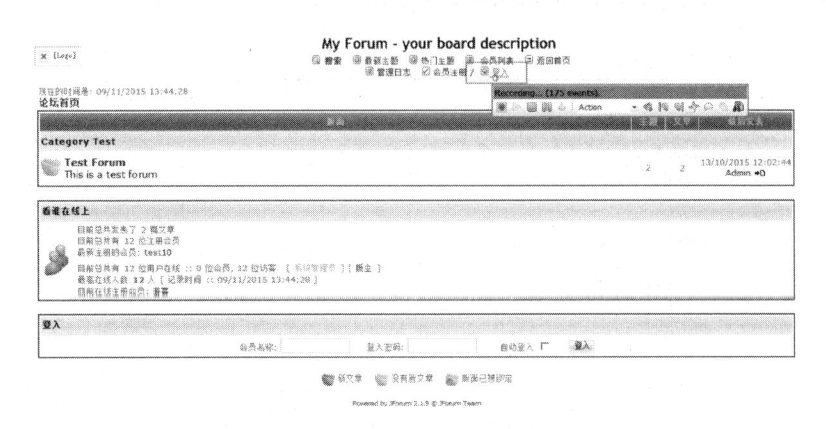

图 3-10　JForum 论坛的欢迎页面

输入在准备测试中已经注册的正确的用户名和密码，单击“登入”按钮，向服务器发起登录请求。

图 3-11　JForum 论坛用户登录对话框

完成登录之后，如果一切正常，用户将看到如图 3-12 所示的界面，此时不做其他操作，直接单击“注销[test01]”链接，完成用户注销操作。

图 3-12　用户 test01 成功登录之后的 JForum 论坛界面

登出JForum论坛之后，就完成了“登录”和“登出”操作，此时需要停止虚拟用户脚本录制。单击如图3-13所示的浮动窗口上的终止录制按钮，停止录制虚拟用户脚本。

图3-13 单击终止录制按钮退出录制

当LoadRunner停止录制脚本之后，将出现如图3-14所示的录制虚拟用户脚本概要界面，该录制概要包含协议信息以及会话期间创建的一系列操作。VuGen为录制期间执行的每个步骤生成一个快照，即录制期间各窗口的图片。

Recording Summary

Protocols

The following protocols were detected during the recording session:

Protocols Selected	Data Was Generated
Web (HTTP/HTML)	✓

Actions

The following actions were created during the recording session:

Script Actions	Data was generated
vuser_init	
Action	✓
vuser_end	

For detailed recording information, open the Recording log

The right pane shows thumbnail snapshots of your recording.
View the snapshots and verify that the intended business process was recorded.
If it was not recorded properly, click **Record Again** to rerecord the business process.

Record Again...

图3-14 LoadRunner录制虚拟用户脚本概要

单击如图3-15所示工具栏上的保存按钮，保存刚刚录制的虚拟用户脚本。

在弹出的如图3-16所示的对话框中，输入需要保存的文件名，如login_logout，单击“Save”按钮保存虚拟用户脚本。

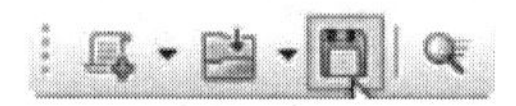

图3-15 工具栏中的保存按钮

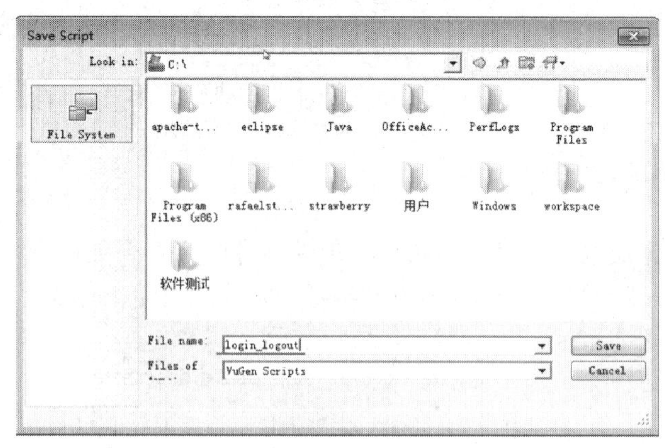

图3-16 保存录制的虚拟用户脚本

2. 查看录制的脚本

在如图3-17所示的录制概要界面中，单击左侧的“Action”链接，可以查看刚刚录制的虚拟用户脚本。同时，在该界面的右侧，还可以看到录制脚本过程中 VuGen 自动保存的用户操作界面的截图，后续校验时可以根据该截图对比脚本是否存在问题。

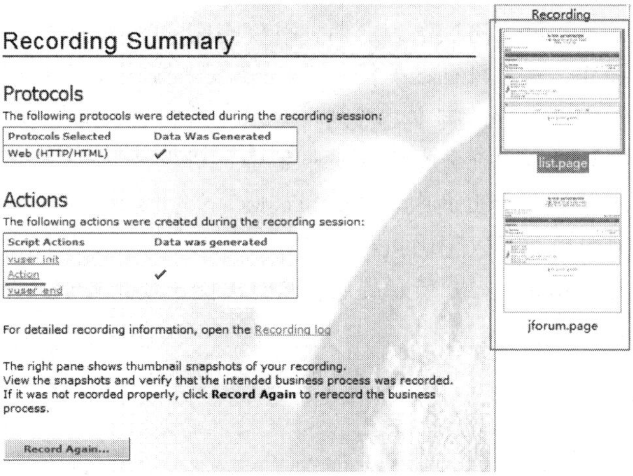

Recording Summary

Protocols

The following protocols were detected during the recording session:

Protocols Selected	Data Was Generated
Web (HTTP/HTML)	✓

Actions

The following actions were created during the recording session:

Script Actions	Data was generated
vuser_init	
Action	✓
vuser_end	

For detailed recording information, open the Recording log

The right pane shows thumbnail snapshots of your recording.
View the snapshots and verify that the intended business process was recorded.
If it was not recorded properly, click **Record Again** to rerecord the business process.

Record Again...

Recording

list.page

jforum.page

图 3－17　录制概要界面

现在就可以在 VuGen 中查看刚刚录制的虚拟用户脚本了。VuGen 提供了“树视图”和“脚本视图”两种查看脚本的方式。树视图是一种基于图标的视图，将虚拟用户的操作以步骤的形式列出；而脚本视图是一种基于文本的视图，将虚拟用户的操作以函数的形式列出，如图 3－18 所示。测试人员可以在该视图中直接输入 C 或 LoadRunner API 函数以及控制流语句，对虚拟用户脚本进行编辑。要在 VuGen 中进入脚本视图中查看脚本，可以在菜单栏中选择“View”→“Script View”，或者单击“Script”按钮。

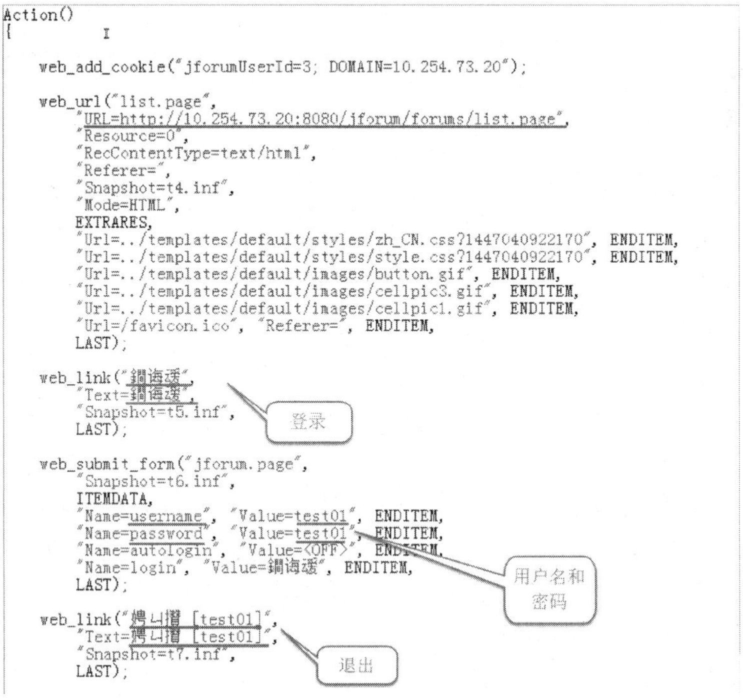

```
Action()
{

    web_add_cookie("jforumUserId=3; DOMAIN=10.254.73.20");

    web_url("list.page",
        "URL=http://10.254.73.20:8080/jforum/forums/list.page",
        "Resource=0",
        "RecContentType=text/html",
        "Referer=",
        "Snapshot=t4.inf",
        "Mode=HTML",
        EXTRARES,
        "Url=../templates/default/styles/zh_CN.css?1447040922170", ENDITEM,
        "Url=../templates/default/styles/style.css?1447040922170", ENDITEM,
        "Url=../templates/default/images/button.gif", ENDITEM,
        "Url=../templates/default/images/cellpic3.gif", ENDITEM,
        "Url=../templates/default/images/cellpic1.gif", ENDITEM,
        "Url=/favicon.ico", "Referer=", ENDITEM,
        LAST);

    web_link("鐧诲綍",
        "Text=鐧诲綍",
        "Snapshot=t5.inf",
        LAST);

    web_submit_form("jforum.page",
        "Snapshot=t6.inf",
        ITEMDATA,
        "Name=username", "Value=test01", ENDITEM,
        "Name=password", "Value=test01", ENDITEM,
        "Name=autologin", "Value=<OFF>", ENDITEM,
        "Name=login", "Value=鐧诲綍", ENDITEM,
        LAST);

    web_link("娉ㄩ攢 [test01]",
        "Text=娉ㄩ攢 [test01]",
        "Snapshot=t7.inf",
        LAST);
```

登录

用户名和密码

退出

图 3－18　VuGen 提供的脚本视图

3. 回放录制的脚本

前面通过录制一系列典型用户操作(如用户登录、登出系统),已经模拟了真实用户操作。将录制的脚本加入到负载测试场景之前,回放刚刚录制的脚本以验证其是否能够正常运行是一步必要的操作。因为只有在确保每个虚拟用户脚本可以正确运行的前提下,才能通过Controller在场景中运行该脚本,否则,负载测试将会失败且失去意义。在回放过程中,测试人员可以在浏览器中查看操作并检验是否一切正常。

在如图3-19所示的向导页面中,单击"Tasks"下的"Verify Replay"链接,回放已经录制的脚本,检查该脚本是否可以正确执行。

回放成功后,出现如图3-20所示提示,此时仅能说明录制脚本执行正确。

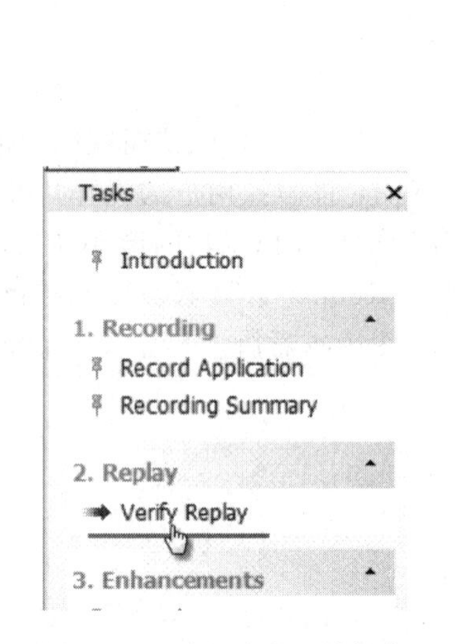

图3-19 向导中的回放操作

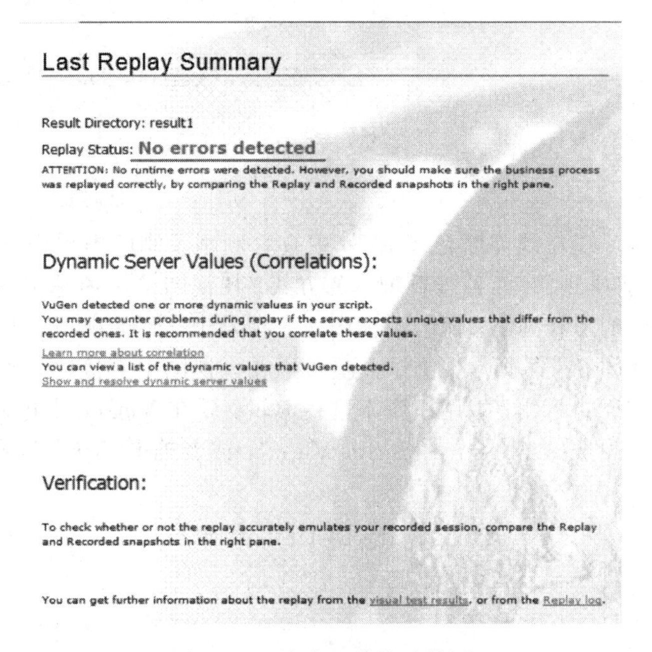

图3-20 脚本回放校验结果

若需要确保运行逻辑正确,需要对比录制和回放时快照的差别,如图3-21所示。VuGen为录制期间执行的每个步骤生成一个快照,即录制期间各窗口的图片。

4. 添加事务

在确认录制脚本正确之后,在使用该脚本进行负载测试之前,还需要对脚本进行增强处理,包括添加事务、参数化、设置集合点等操作。本次试验中,仅需要进行添加事务和参数化两步操作。

观察图3-18中生成的脚本,位于Action部分的脚本实际上由登录和注销两个操作组成。在不添加事务的时候,LoadRunner会将这两个事务的完成时间记录在一起。实际上,测试人员希望分别得到不同事务的处理时间,因此需要在Action部分增加事务。LoadRunner收集关于事务执行时间长度的信息,并将结果显示在用不同颜色标识的图和报告中。测试人员可以通过这些信息了解应用程序是否符合最初的要求。操作时,可以在脚本中的任意位置手动插入事务。在脚本中将用户步骤标记为事务的方法是在事务的第一个步骤前面放置一个开始事务标记,并在最后一个步骤后面放置一个结束事务标记。

在如图 3-22 所示的向导界面中，单击“Add Transactions”链接，将打开事务创建向导。

图 3-21　回放结果对比

在如图 3-23 所示的事务创建向导中，单击右侧的“New Transaction”按钮，可以先后添加 login 和 logout 两个事务。

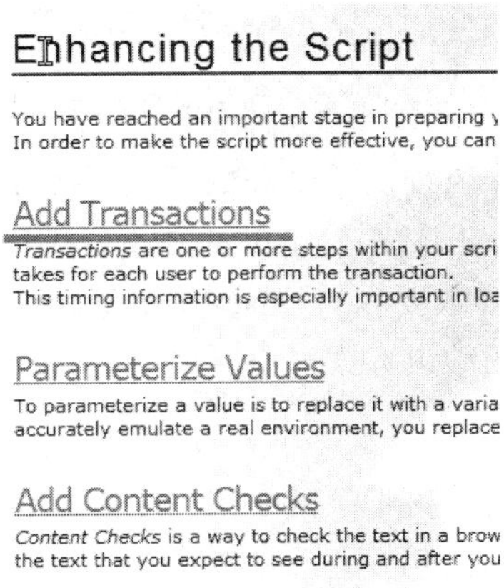

Enhancing the Script

You have reached an important stage in preparing y
In order to make the script more effective, you can

Add Transactions

Transactions are one or more steps within your scri
takes for each user to perform the transaction.
This timing information is especially important in loa

Parameterize Values

To parameterize a value is to replace it with a varia
accurately emulate a real environment, you replace

Add Content Checks

Content Checks is a way to check the text in a brow
the text that you expect to see during and after you

图 3-22　强化脚本界面

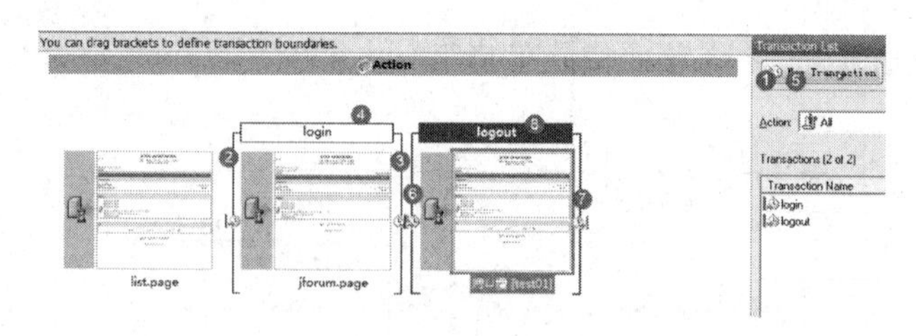

图 3-23 在事务创建向导中添加事务

单击“New Transaction”按钮之后，可以将事务标记拖放到脚本中的指定位置。向导会提示插入事务的起始点，使用鼠标将事务开括号拖到名为“jforum. page”的第二个缩略图前面并单击将其放下。然后，向导将提示插入结束点，使用鼠标将事务闭括号拖到名为“jforum. page”的第二个缩略图后面并单击将其放下。最后，向导会提示输入事务名称，输入“login”并按回车键结束录入。

重复上述步骤，在第三个缩略图前后分别插入事务开始和结束标志，创建名为“logout”的新事务。

单击“Script”按钮可以切换到脚本视图，在该视图中可以查看到刚刚添加的事务源代码，如图 3-24 所示。

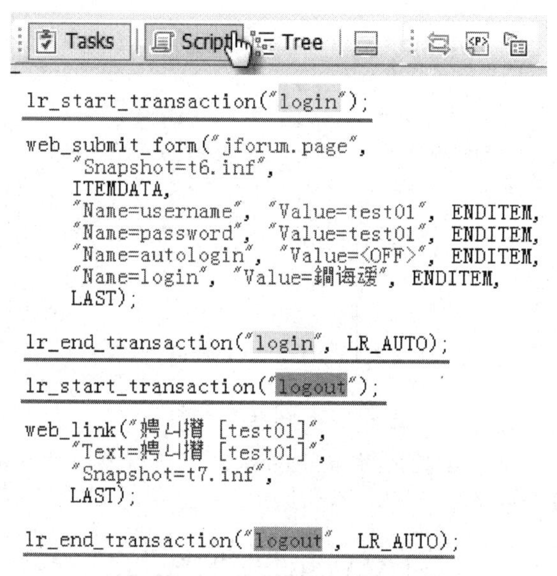


```
lr_start_transaction("login");

web_submit_form("jforum.page",
    "Snapshot=t6.inf",
    ITEMDATA,
    "Name=username", "Value=test01", ENDITEM,
    "Name=password", "Value=test01", ENDITEM,
    "Name=autologin", "Value=<OFF>", ENDITEM,
    "Name=login", "Value=鐧诲綍", ENDITEM,
    LAST);

lr_end_transaction("login", LR_AUTO);

lr_start_transaction("logout");

web_link("娉ㄩ攢 [test01]",
    "Text=娉ㄩ攢 [test01]",
    "Snapshot=t7.inf",
    LAST);

lr_end_transaction("logout", LR_AUTO);
```

图 3-24 在脚本视图下事务的源代码

其中，lr_start_transaction 函数表示事务的开始，括号中传递的字符串参数表示对应的事务名称；lr_end_transaction 函数表示事务的结束，括号中传递的第一个字符串参数表示对应结束的事务名称，且该参数要和 lr_start_transaction 函数的一致，第二个参数的含义是由 LoadRunner 自动控制的结束方式。

5. 参数化用户登录信息

在脚本视图中可以发现，脚本中记录的是用户 test01 的登录和登出操作。但在实际业务场景中，不同的用户会有不同的用户名。要改进测试，需要使用不同的用户名和该用户对应的密码进行登录，才能确保登录的成功。同样的，注销时也需要使用与登录用户相同

的用户名才能确保成功登出。

为此需要对脚本进行参数化，这意味着要将录制的值“test01”替换为一个参数，并将该参数值放在参数文件中。运行脚本时，虚拟用户将从参数文件中取值，从而模拟真实的用户登录和登出业务场景。

选择菜单“View”→“Tree View”进入树视图，或者单击“Tree”按钮进入树视图，如图 3 - 25 所示。

在如图 3 - 26 所示的树视图中，双击“Submit Form：jforum. page”选项，打开“Submit Form Step Properties”对话框，对提交表单中的数据进行操作。

单击表单中第一行“username”对应右侧的“ABC”按钮，在弹出的对话框中，在“Parameter name”输入框中输入“username”，单击“Properties”按钮。

图 3 - 25　切换到树视图

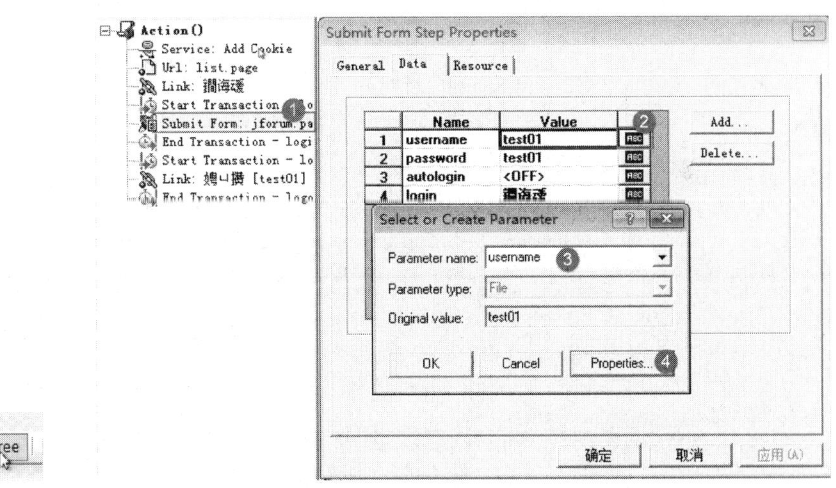

图 3 - 26　从树视图中进行参数化

此时，将对表单中“username”这一数据进行参数化。在图 3 - 27 所示的参数属性对话框中，输入文件名“userinfo. dat”，单击“Create Table”按钮。此时，LoadRunner 将提示该参数文件不存在，提示是否创建。在弹出的对话框中单击“确定”按钮，确定创建名为“userinfo. dat”的参数文件。

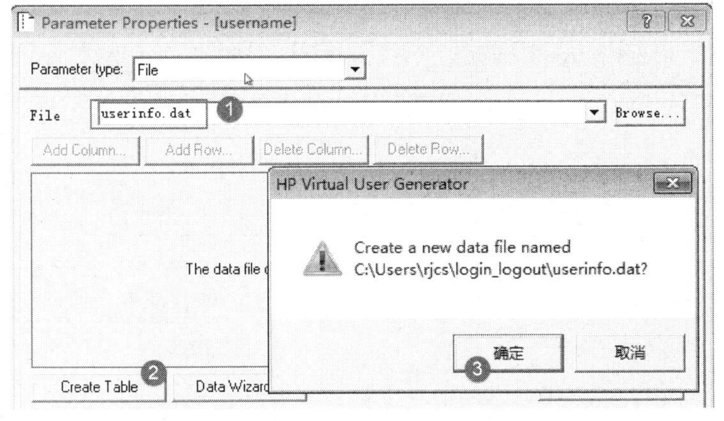

图 3 - 27　参数属性对话框

参数文件可以理解为是一个类似Excel的二维电子表格，每一行由编号索引，每一列对应不同的参数。

在图3-28所示的对话框中，可以对参数文件属性进行编辑。通过“Add Column”和“Add Row”按钮，增加用户名和密码字段，录入测试准备阶段在JForum论坛中注册的test01～test10这10个用户的信息。

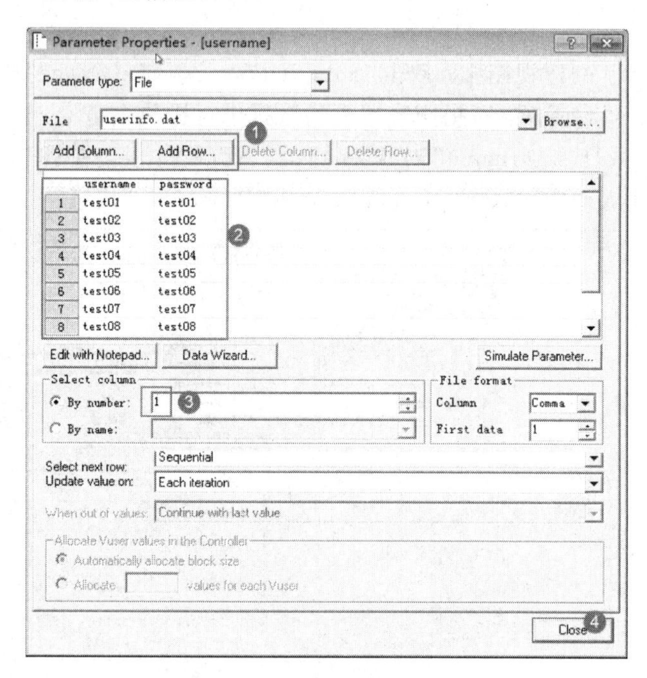

图3-28 编辑参数属性对话框

在“By number”输入框中输入1，表示“username”属性值来自于“userinfo.dat”参数文件的第一列，然后单击“Close”按钮，完成对“username”属性的参数化。测试更改数据的方式，接受默认设置，使VuGen为每次迭代取顺序值而不是随机值，即“Select next row”对应的值是“Sequential”，“Update value on”对应的值是“Each iteration”。

以相同的方式将“password”参数化，此时是参数名为“password”，同时在“By number”输入框中输入2，表示“password”属性值来自于“userinfo.dat”参数文件的第二列，如图3-29所示。

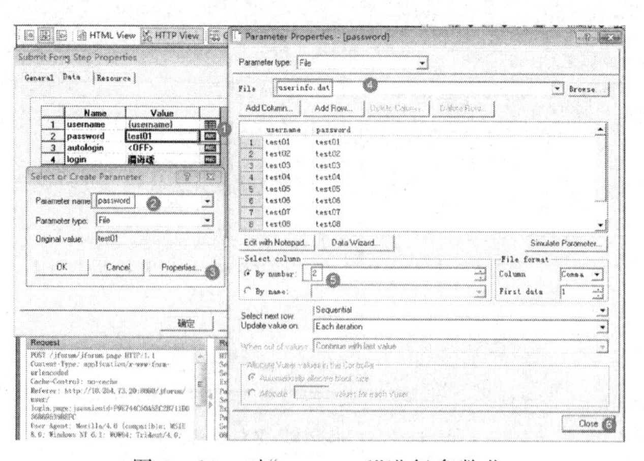

图3-29 对“password”进行参数化

完成“username”和“password”的参数化后，单击“确定”按钮，如图 3 - 30 所示。

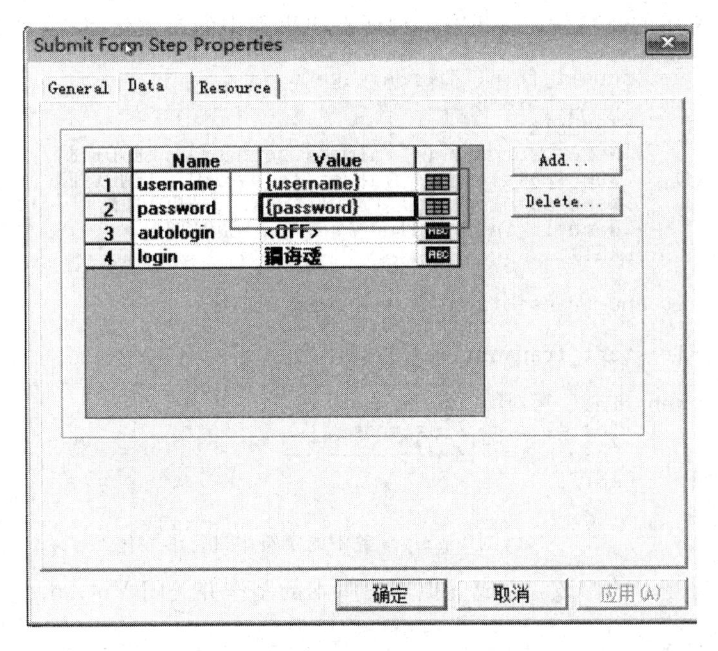

图 3 - 30　完成参数化之后的对话框

此时再次切换到脚本视图，可以查看到“username”和“password”被参数化，即之前的“test01”被相应的粉色中括号包含的“{username}”和“{password}”所替换。**注意：**此前虽然都是“test01”，但是相同的字符串代表不同的含义，一个是指用户名是“test01”，另一个是指“test01”用户的密码是“test01”。因此，在参数化之后，相同的字符串“test01”被不同的参数所替换，如图 3 - 31 所示。

```
web_submit_form("jforum.page",
    "Snapshot=t6.inf",
    ITEMDATA,
    "Name=username", "Value={username}", ENDITEM,
    "Name=password", "Value={password}", ENDITEM,
    "Name=autologin", "Value=<OFF>", ENDITEM,
    "Name=login", "Value=鐧诲綍", ENDITEM,
    LAST);

lr_end_transaction("login", LR_AUTO);

lr_start_transaction("logout");

web_link("娉ㄩ攢 [test01]",
    "Text=娉ㄩ攢 [test01]",
    "Snapshot=t7.inf",
    LAST);
```

图 3 - 31　查看“username”和“password”参数化后的结果

同时，需要注意到图 3 - 31 中，在后面的“logout”事务中，同样存在着两个“test01”字符串。通过对 JForum 论坛的源代码分析可知，这个地方是用户“test01”登录后，在页面上方显示的注销链接。那么，在不同用户登录之后，此处将显示不同的用户名信息。为此，同样需要对这两个字符串“test01”进行参数化。

此时，可以简单地在脚本视图中直接用“{username}”替换“test01”字符串，替换完成之后，如果相应字符串的颜色发生了变化，说明登出事务中的参数化完成，如图 3-32 所示。

```
web_submit_form("jforum.page",
    "Snapshot=t6.inf",
    ITEMDATA,
    "Name=username", "Value={username}", ENDITEM,
    "Name=password", "Value={password}", ENDITEM,
    "Name=autologin", "Value=<OFF>", ENDITEM,
    "Name=login", "Value=鐧诲綍", ENDITEM,
    LAST);

lr_end_transaction("login", LR_AUTO);

lr_start_transaction("logout");

web_link("娉ㄩ攢 [{username}]",
    "Text=娉ㄩ攢 [{username}]",
    "Snapshot=t7.inf",
    LAST);
```

图 3-32　对 logout 事务中的字符串进行参数化

最后，保存对脚本的修改，完成虚拟用户脚本的制作并关闭 VuGen。

3.4.2　创建场景

负载测试是指在典型工作条件下测试应用程序，例如多家旅行社同时在同一个机票预订系统中预订机票。

测试人员需要设计测试来模拟真实情况。为此，测试人员要能够在应用程序上生成较重负载，并指定向系统施加负载的时间。特殊情况下，可能还需要模拟不同类型的用户活动和行为。例如，一些用户可能使用其他浏览器访问被测目标系统，或者可能使用移动网络接入被测系统。在场景中都可以创建并保存这些设置。Controller 将提供所有用于创建和运行测试的工具，帮助准确模拟工作环境。

关闭 VuGen 之后，将回到 Launcher 界面。单击“Run Load Tests”链接，将打开 Controller创建新场景，如图 3-33 所示。

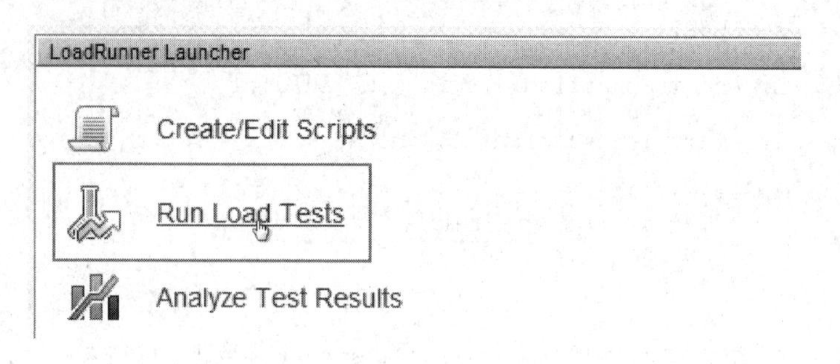

图 3-33　运行负载测试

Controller 提供了两种场景类型：

(1) 通过手动场景可以控制正在运行的虚拟用户数目及其运行时间，另外还可以测试出应用程序可以同时运行的虚拟用户数目。测试人员可以使用百分比模式，根据业务分析员指定的百分比在脚本间分配所有的虚拟用户。安装后首次启动虚拟用户时，默认选中百

分比模式复选框。

(2) 面向目标的场景用来确定系统是否可以达到特定的目标。例如，可以根据指定的事务响应时间或每秒点击数/事务数确定目标，LoadRunner 会根据这些目标自动创建场景。

在图 3-34 的弹出对话框中，选择“Manual Scenario”单选按钮，由测试人员手动生成场景；然后选择“login_logout”脚本，单击“Add”按钮，将“login_logout”脚本加入到新场景中；最后，单击“OK”按钮，进入到测试场景设计中。

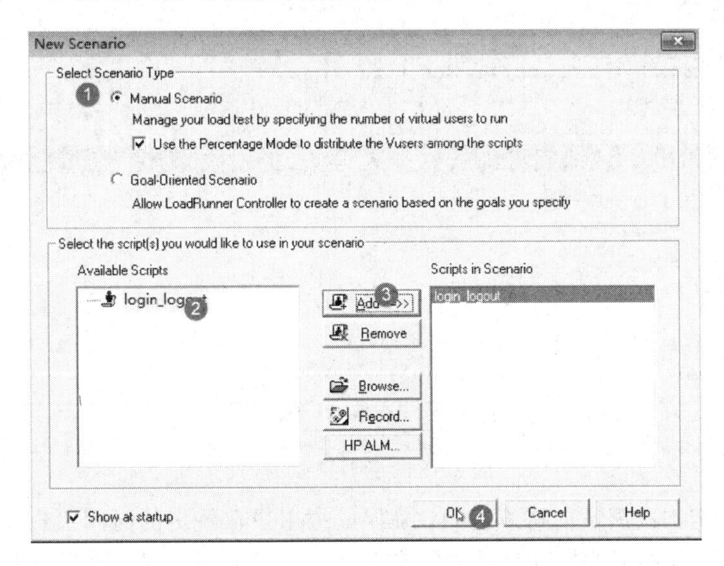

图 3-34　创建新场景

1. 场景计划

在“Scenario Schedule”对话框中，设置加压方式以准确模拟真实用户的行为。可以根据运行虚拟用户的计算机、将负载施加到应用程序的频率、负载测试持续时间以及负载停止方式来定义操作。

典型用户不会正好同时登录和退出系统。LoadRunner 允许用户逐渐登录和退出系统，它还允许用户确定场景持续时间和场景停止方式。下面将要配置的场景相对比较简单，在设计更准确地反映现实情况的场景时，可以定义更真实的虚拟用户活动。

在图 3-35 的对话框中，给场景命名为“login-logout”，然后分别设置“Start Vusers”、“Duration”和“Stop Vusers”。

“Initialize”是指通过运行脚本中的 vuser_init 操作，为负载测试准备虚拟用户和负载生成器。在虚拟用户开始运行之前对其进行初始化可以减少 CPU 的占用量，并有利于创建更加真实的场景。

在“Action”单元格中双击“Initialize”，这时将打开编辑操作对话框，显示初始化操作，选择同时初始化所有虚拟用户。通过按照一定的间隔启动虚拟用户，可以让虚拟用户对应用程序施加的负载在测试过程中逐渐增加，从而帮助测试员准确找出系统响应时间开始变长的转折点。

在“Action”单元格中双击“Start Vusers”，这时将打开编辑操作对话框，显示启动虚拟用户操作。在虚拟用户框中，输入 10 个虚拟用户并选择第二个选项，即每 15 s 启动两个虚拟用户。

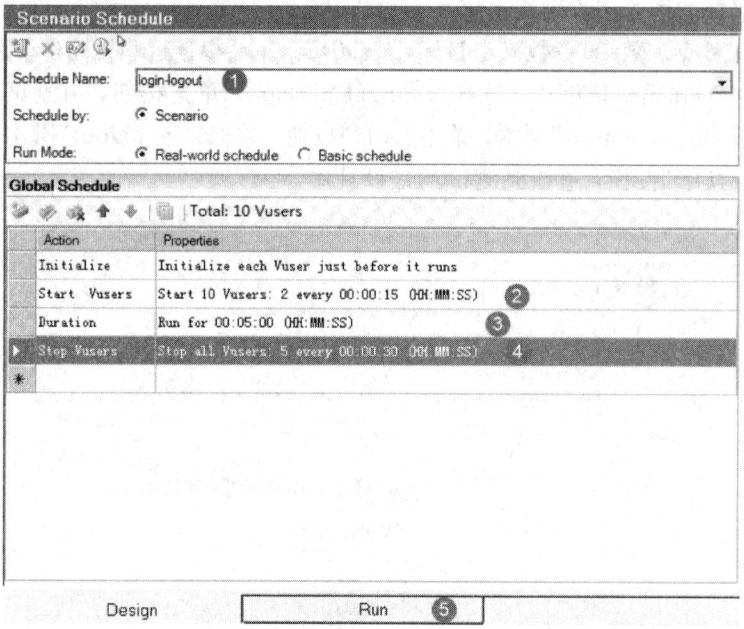

图 3－35 设计测试场景

测试人员指定本次测试的持续时间，确保虚拟用户在特定的时间段内持续执行计划的操作，以便评测服务器上的持续负载。如果设置了持续时间，脚本会运行这段时间内所需的迭代次数，而不考虑脚本运行时所设置的迭代次数。在"Action"单元格中，单击"Duration"或图中代表持续时间的水平线，这条水平线会突出显示并且在端点处显示点和菱形。将菱形端点向右拖动，直到括号中的时间显示为 00：05：00，此时已设置虚拟用户运行 5 min。

建议逐渐停止虚拟用户，以帮助测试人员在应用程序到达阈值后，检测内存漏洞并检查系统恢复情况。在"Action"单元格中双击"Stop Vusers"，这时将打开编辑操作对话框，显示停止虚拟用户操作。选择第二个选项并输入以下值：每隔 00：00：30(30 s)停止五个虚拟用户。

最后单击"Run"按钮，切换到运行界面。

2. 增加 Load Generator

向场景中添加脚本后，可以配置生成负载的计算机，即 Load Generator。Load Generator 是通过运行虚拟用户在应用程序中生成负载的计算机。由于 Load Generator 通过操作系统上的进程或者线程来运行虚拟用户脚本，从而模拟真实用户的行为。但是，一台配置固定的计算机能够有效运行虚拟用户的数量是有限的，如果希望运行的虚拟用户数量超过了一台 Load Generator 能够运行的虚拟用户数的最大值，就需要使用多个 Load Generator。一个Controller 可以使用多个 Load Generator，并在每个 Load Generator 上运行多个虚拟用户。

此外，Controller 可以使用的 Load Generator 的数量以及可以运行的虚拟用户数量还和购买许可中的约定有关。

初次运行 Controller 时，可以使用的 Load Generator 列表是空的，需要测试人员手工

添加。在图 3－36 所示的界面中，单击“Load Generators”按钮，然后在弹出的对话框中单击“Add”按钮，再在弹出的对话框中，在“Name”文本框中输入“localhost”，单击“OK”按钮，将本机添加到 Controller 的控制中。

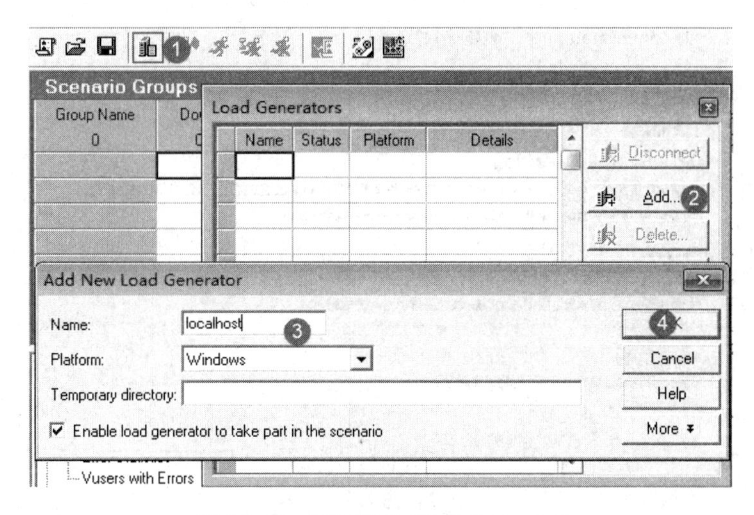

图 3－36　添加新的 Load Generator

当然，如果需要添加的服务器与 Controller 不运行在同一台服务器上，则需要输入对应服务器的 IP 地址或主机名，并选中正确的操作系统。

添加成功之后，名为“localhost”的 Load Generator 将出现在 Load Generator 的列表中，并且为连接状态，如图 3－37 所示。

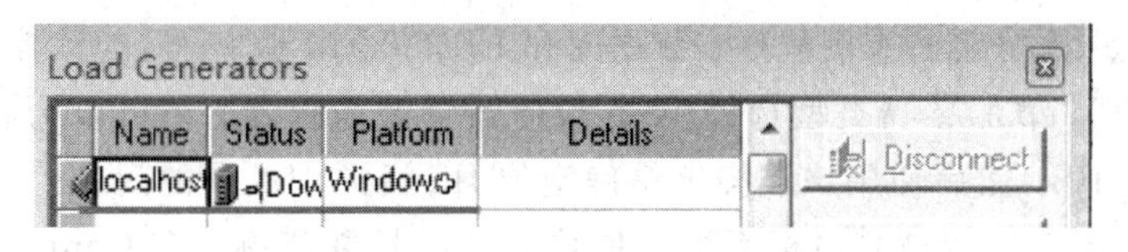

图 3－37　添加“localhost”成功的 Load Generator

3. 设置被监控的 Windows 系统

为了能够在 Controller 中监视运行的被测目标系统的 Windows 系统资源使用情况，需要手工在 Windows 上进行如下操作。

进入被监视的 Windows 系统，在“开始菜单”的“运行”中(可以通过 Win＋R 快捷键)输入“services. msc”命令，打开如图 3－38 所示的服务管理器。在服务列表中，开启“Remote Procedure Call (RPC)”和“Remote Registry”两个服务。

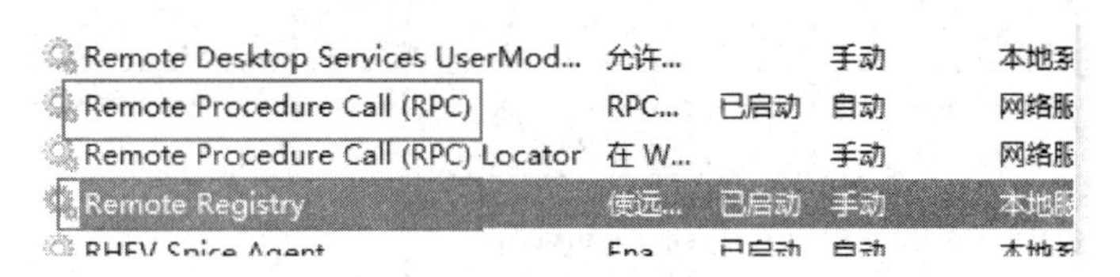

图 3－38　Windows 操作系统的服务管理器

如果在被监视的 Windows 系统中，管理员账户没有密码，则需要进行如下操作为其添加密码。

在控制面板中，依次进入“用户账户”和“家庭安全\用户账户\管理账户”，选择“管理员账户”，单击“创建密码”链接，打开如图3-39所示界面，输入密码，如“123456”。最后，单击“创建密码”按钮，完成给Administrator添加密码“123456”的操作。

图3-39 为Administrator创建密码

4. 增加对Windows主机的监控

在对被测目标系统生成重负载时，通常测试人员还希望能够实时了解应用程序的性能以及潜在的瓶颈。此时，使用LoadRunner自带的一套集成监控器，可以评测负载测试期间被测目标系统所在服务器每一层的性能及其组件的性能。LoadRunner包含多种后端系统主要组件(如Web服务器、应用程序、数据库和ERP/CRM服务器)的监控器。例如，可以根据正在运行的Web服务器类型选择Web服务器资源监控器；还可以为相关的监控器购买许可证，例如IIS，然后使用该监控器精确定位IIS资源中反映的问题。

本次实验仅考查运行被测目标系统的操作系统的性能指标。在Controller窗口中的运行选项卡中打开“Run”视图，此时可以发现“Windows Resources”是显示在图查看区域的四个默认图之一。在如图3-40所示的界面中，右键单击“Windows Resources”监视窗口，在弹出的菜单中选择“Add Measurements”选项。

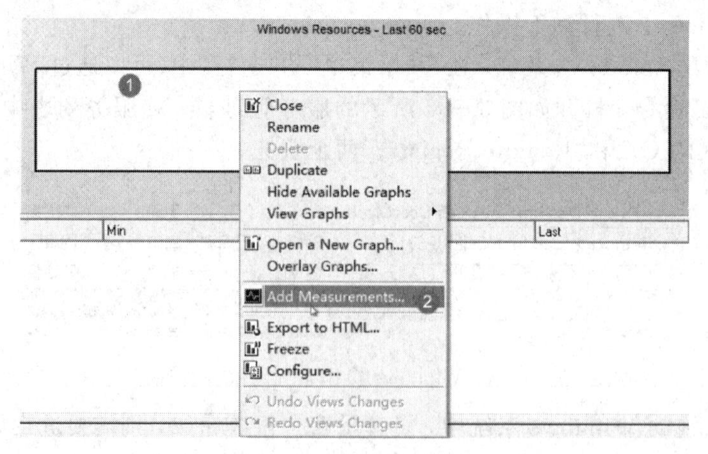

图3-40 添加度量窗口

在弹出的 Windows 资源对话框中，单击“Add”按钮，然后在弹出的“Add Machine”对话框中，在“Name”输入框中输入运行 Tomcat 的服务器的 IP 地址，如“10.254.73.20”，选择“Platform”为“Windows Vista”。单击“OK”按钮，将测试机添加到监控中，如图3-41 所示。

如图 3-42 所示，单击“Add”按钮之后，如果需要安全认证，Controller 会弹出一个对话框。在该对话框中输入被监控的 Windows 操作系统的管理员的用户名(Administrator)和密码(123456)，单击“OK”按钮，完成被监控服务器的用户名和密码的设置。最后，单击工具栏中的“OK”按钮，保存修改后的场景。

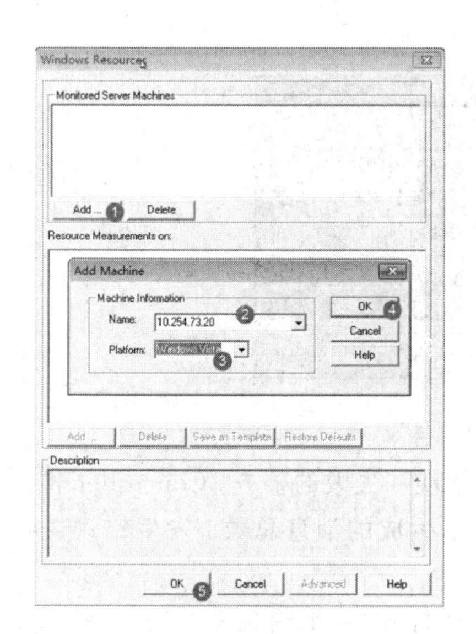

图 3-41　添加被监控的 Windows 服务器

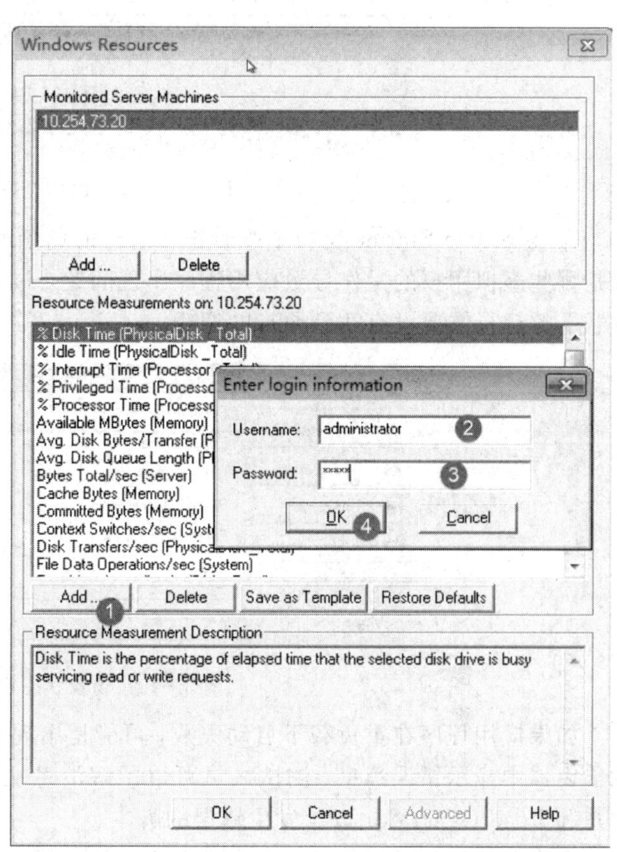

图 3-42　填写被监控 Windows 服务器的认证信息

3.4.3　运行测试

在运行界面中，单击右上角的“Start Scenario”按钮，开始测试。如果是第一次运行测试，Controller 将开始运行场景。此时，结果文件将自动保存到 Load Generator 的临时目录下；如果是重复测试，系统会提示覆盖现有的结果文件，建议此时单击“No”按钮，因为首次负载测试的结果应该作为基准结果，用来与后面的负载测试结果进行比较。因此，应该为后面再次测试的结果指定新的结果目录，为每个结果集输入一个唯一且有意义的名称，这样在分析时可能要将几次场景运行的结果重叠。

在运行测试的过程中，观察运行时的指标参数，如 Hits/Second、Passed Transactions 等。在 Controller 的“Run”选项卡中，默认显示如图 3-43 所示的四个联机图：

- “正在运行 Vuser -整个场景”图：显示在指定时间运行的虚拟用户的数量。
- “事务响应时间-整个场景”图：显示完成每个事务所用的时间。
- “每秒点击次数-整个场景”图：显示场景运行期间虚拟用户每秒向 Web 服务器提交的点击次数，即发往服务器的 HTTP 请求数。
- “Windows 资源-最后一个 60 秒”图：显示场景运行期间评测的 Windows 资源。

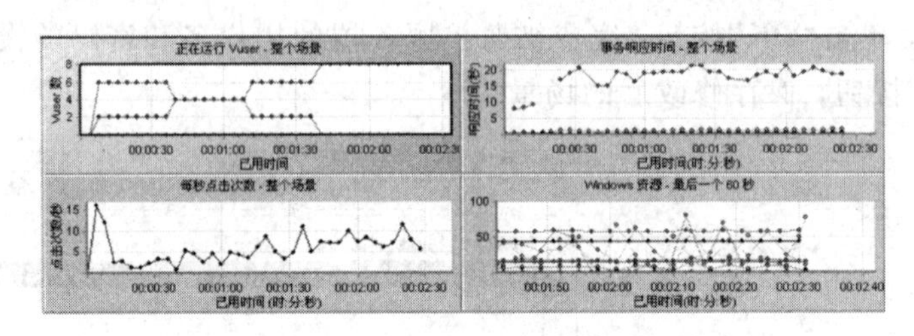

图 3 - 43　默认的四个联机图

在“Scenario Status”窗口中查看正在运行的场景的概要，如图 3 - 44 所示，然后深入了解是哪些虚拟用户的操作导致应用程序出现问题。过多的失败事务和错误说明应用程序在负载下的运行情况没有达到原来的期望。

Scenario Status	Down
Running Vusers	0
Elapsed Time	00:06:31 (hh:mm:ss)
Hits/Second	219.51 (last 60 sec)
Passed Transactions	7555
Failed Transactions	22
Errors	11

Start Scenario / Stop / Reset / Vusers... / Run/Stop Vusers...

图 3 - 44　场景状态窗口

如果应用程序在重负载下启动失败，可能是出现了错误和失败的事务。Controller 将在输出窗口中显示错误消息，测试人员可以了解消息文本、生成的消息总数、发生错误虚拟用户和 Load Generator 以及发生错误的脚本。

要查看消息的详细信息，选择该消息并单击“Details”打开“详细信息文本”框，显示完整的消息文本；也可以单击相应列中的蓝色链接，来查看与错误代码相关的每个消息、虚拟用户、脚本和 Load Generator 的信息。

3.4.4　分析场景

在完成测试后，测试人员或用户可能希望得到如下这些问题的答案：

- 是否达到了预期的测试目标？
- 在负载下，对用户终端的事务响应时间是多少？
- 事务的平均响应时间是多少？
- 系统的哪些部分导致了性能下降？
- 网络和服务器的响应时间是多少？

此时，需要借助 LoadRunner 的 Analysis 功能，以帮助我们查找系统的性能问题，然后找出这些问题的根源。

在 Controller 窗口中，如图 3－45 所示，单击“Analyze Results”按钮，开始对测试结果进行分析。

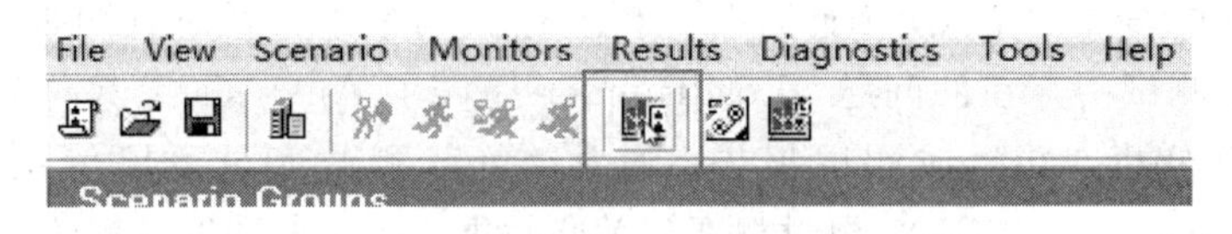

图 3－45　完成测试场景之后分析测试结果

此时，LoadRunner 会花一定的时间根据测试过程的日志数据生成测试报告，最后形成如图 3－46 所示的测试分析概览。

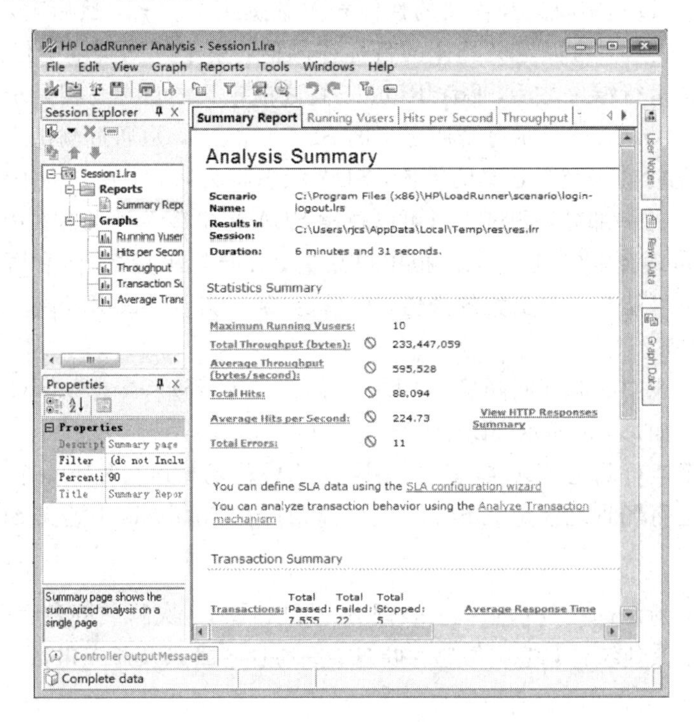

图 3－46　测试分析概览

按如图 3－47 所示步骤，保存测试报告。

图 3－47　保存测试报告

LoadRunner在运行测试场景的过程中，将记录大量的实时数据，其中包括当前运行的虚拟用户数量、虚拟用户发起的每个请求的响应时间、每个事物的执行时间，以及同一时刻被测系统的运行数据。这些实时数据的数据量将会随着虚拟用户数、测试脚本的复杂程度以及测试时间的增加而增大，因此直接分析上述数据是十分耗时且困难的。为了帮助测试人员迅速定位测试中存在的问题，LoadRunner 提供了 Analysis 工具对测试用例运行时记录的数据进行分析，并生成测试报告。通常，负载测试人员可以使用服务水平协议(Service Level Agreement，SLA)、测试概要和关联数据三个主要功能对测试结果进行分析。

1. SLA

SLA是根据用户需求为负载测试场景定义的具体目标。Analysis将这些目标与LoadRunner在运行过程中收集和存储的性能相关数据进行比较，然后确定目标的SLA状态(通过或失败)。例如，可以定义具体的目标或阈值，用于评测脚本中任意数量事务的平均响应时间。测试运行结束之后，LoadRunner将之前定义的目标与实际录制的平均事务响应时间进行比较。Analysis显示每个所定义的SLA的状态，是通过测试还是失败。如果实际的平均事务响应时间未超过定义的阈值，SLA状态将为通过；反之为失败。

作为目标定义的一部分，测试人员可以指示SLA将负载条件考虑在内，这意味着可接受的阈值将根据负载级别(如运行的虚拟用户数量、吞吐量等指标)而有所更改。随着负载的增加，测试人员可能会允许更大的阈值。根据定义的目标，LoadRunner将以下列某种方式来确定SLA状态：

(1) 通过时间线中的时间间隔确定SLA状态。在运行过程中，Analysis按照时间线上的预设时间间隔，如每5 s显示SLA状态。

(2) 通过整个运行确定SLA状态。Analysis为整个场景运行显示一个SLA状态。可以在Controller中运行场景之前定义SLA，也可以稍后在Analysis中定义SLA。

2. 概要报告

在如图3-46所示的统计信息概要表部分，可以看到这次测试最多运行了10个虚拟用户。另外还记录了其他统计信息，如总吞吐量、平均吞吐量以及总点击数、平均点击数等供测试人员参考。

3. 使用关联数据分析原因

有些时候，可以在错误信息中直接判断系统的瓶颈点。但更多的时候，真实的原因可能被隐藏得很深。

此时，可以将“正在运行Vuser-整个场景”图与“事务响应时间-整个场景”图进行关联，即可以发现一个图的数据对另一个图的数据产生的影响。关联之后，在新生成的关联图中可以发现：随着虚拟用户数目的增加，login事务的平均响应时间也在逐渐延长。也就是说，随着负载的增加，平均响应时间也在平稳地增加。特别地，当运行86个虚拟用户时，平均响应时间会突然急剧拉长，此时可能是运行被测目标系统的Tomcat服务器崩溃导致。同时，运行的虚拟用户超过86个时，响应时间会明显开始变长。

上述仅仅是发现了现象，但是造成这一问题的原因是什么呢？

Analysis的自动关联工具能够合并所有包含某些数据(这些数据会对login事务的响应时间产生影响)的图，并找出问题的原因。在得到的自动关联图中，“度量”列中可以看到

“Private Bytes”和“Pool Nonpaged Bytes”与 login 事务有超过 70%的关联匹配，而这两个指标都与操作系统的内存有关。这也就意味着在指定的时间间隔内，这些元素的行为与 login事务的行为密切相关。同时，也就可以说明造成 login 事务在 86 个虚拟用户之后出现响应时间急剧加长的原因是运行被测目标系统的服务器可能存在内存不足的问题，即可以定位服务器的内存容量是当前场景下的瓶颈点。

为了进一步改善系统性能，可以考虑为被测目标系统增加系统内存，从而可以支持更多的用户并发访问 JForum 论坛系统。

课后练习

1. LoadRunner 有几个组件构成，分别是什么？
2. 参数化的目的是什么，思考如何构建合理的参数列表。
3. 如果一台负载测试机无法提供所需的压力，如何使用 LoadRunner 进行负载测试？
4. LoadRunner 和 QTP 的区别是什么，实际测试工作中如何进行选择？
5. 试描述使用 LoadRunner 进行负载测试的测试流程。
6. 负载测试中设置集合点的目的是什么？
7. 录制脚本时如何形成思考时间，思考时间的长短对负载测试结果会有何影响？

第4章 Web自动化测试

4.1 常见的Web自动化测试工具

自动化测试是把以人为驱动的测试行为转化为机器执行的一种过程。在不使用工具进行软件测试的过程中，测试用例在通过评审之后，只能由测试人员根据其描述的规程一步步执行测试，并将得到的实际结果与期望结果进行比较。但是，人工软件测试存在诸多弊端，比如速度慢、容易出错、成本高、迭代困难等。为了节省人力、时间或硬件资源，提高测试效率和测试准确率，便引入了自动化测试的概念。所谓的Web自动化测试，主要是利用测试工具对Web应用程序进行测试的一种测试活动。

目前，业界主流自动化测试工具如表4-1所示，其中包含了收费的商用软件和免费的开源软件。

表4-1 主流自动化测试软件

产　品	Selenium	Katalon Studio	UFT	TestComplete	Watir
源　自	2004	2015	1998	1999	2008
支持的应用类型	Web应用程序	Web(UI和API) 移动APP	Web(UI和API) 桌面应用 移动APP	Web(UI和API) 桌面应用 移动APP	Web应用程序
价格	免费	免费	商用	商用	免费
支持的平台	Windows Linux Mac OS X	Windows Linux Mac OS X	Windows	Windows	Windows Linux Mac OS X
脚本语言	Java/C#/Perl Python/JS Ruby/PHP	Java Groovy	VBScript	JS/Python VBScript/Jscript Delphi/C++/C#	Ruby
编程能力	需要高级技能才能实现各种功能的集成	不需要编写高级测试脚本需要编程能力	不需要编写高级测试脚本需要编程能力	不需要编写高级测试脚本需要编程能力	需要高级技能才能实现各种功能的集成
易用性	需要高级技能才能安装和使用	安装和使用都很简单	安装复杂，需要使用培训	易于安装，需要使用培训	需要高级技能才能安装和使用

1. Selenium

Selenium 可能是业界在对 Web 应用程序测试中最受欢迎的开源自动化测试框架。Selenium始创于 2004 年，并在十多年的发展过程中一直是 Web 自动化测试人员首选的自动化测试框架，特别是对于那些拥有编程和脚本技能的高级测试人员。Selenium 已经成为其他开源测试自动化工具（如 Katalon Studio、Watir、Protractor 和 Robot Framework 等）的核心框架。

Selenium 支持多种操作系统（Window、Mac OS X、Linux）和浏览器（Chrome、Firefox、IE 和 Headless 浏览器）环境。测试人员可以使用多种编程语言编写脚本，如 Java、Groovy、Python、C#、PHP、Ruby 和 Perl。Selenium 虽然具有很强的灵活性，使得测试人员可以编写复杂且高级的测试脚本来满足各种复杂测试需求，但使用它需要测试人员具有高级编程技巧才能为特定测试需求构建自动化框架和库。本书将在 4.4 和 4.5 中详细介绍这款工具。

2. Katalon Studio

Katalon Studio 是一款功能强大的 Web 应用程序、移动 APP 和 Web 服务测试自动化解决方案。Katalon Studio 建立在 Selenium 和 Appium 框架的基础之上，利用这些解决方案实现集成软件自动化。该工具可以适用多种不同测试能力的测试用户，非程序员可以很容易地启动自动化测试项目（如使用 Object Spy 记录测试脚本），而程序员和高级自动化测试人员可以节省构建新库和维护脚本的时间。

Katalon Studio 可以集成到持续集成（CI）和持续开发（CD）流程中，并与 QA 流程中的常用工具很好地协作，包括 QTest、JIRA、Jenkins 和 Git。Katalon Studio 提供了一个很好的功能，称为 Katalon Analytics，它能通过仪表板提供测量执行报告的全面视图，包括各种度量、报表和图表。

3. UFT

HP 的 UFT（Unified Functional Testing，统一功能测试）是 HP 公司主要的自动化功能测试工具，它结合了各种重要的传统产品，如 QTP、WinRunner 和 HP Service Test 的功能特性。UFT 通过记录用户在被测系统上的动作，并根据需求重播动作以执行测试来自动进行功能测试。录制的动作作为一个简单的程序存储在 UFT 中，称为脚本。脚本可以是以 VB 形式存储的一段程序（专家视图），也可以是作为展示通过图标标记的一系列步骤（关键字视图）。UFT 可以在脚本记录的检查点中测试任何步骤执行的结果是成功还是失败，该检查点使得 UFT 可以将运行脚本时实际得到的结果与录制脚本时期待的结果进行对比，从而得出结论。UFT 可以覆盖绝大多数的软件开发技术，它简单高效，并具备测试用例可重用的特点。UFT 的主要特点包括：录制脚本、对象识别、插入检查点、参数化、回放、运行测试、分析结果和维护测试等。

4. Watir

Watir 是基于 Ruby 库的开源 Web 自动化测试工具。Watir 支持包括 Firefox、Opera、Headless 和 IE 在内的跨浏览器测试；支持数据驱动的测试（Data-Driven Testing，DDT）；支持与 RSpec、Cucumber、Test/Unit 等行为驱动开发（Behavior Driven Development，BDD）工具的集成。

4.2 WebScarab 工具简介

WebScarab是由开放式Web应用安全项目(OWASP)开发的一款免费的代理软件。它使用Java语言开发，用来分析使用HTTP和HTTPS协议的应用程序框架，并为建立安全的Web应用提供指导和建议。WebScarab可以记录它检测到的会话内容(包括请求和应答)，并允许使用者通过多种形式来查看会话记录。WebScarab可以帮助使用者调试程序中较难处理的Bug，也可以帮助安全专家发现潜在的程序漏洞。WebScarab的主要功能包括代理、网络爬虫、网络蜘蛛、会话ID分析、自动脚本接口、模糊器，它能够对所有流行的Web格式消息进行编码/解码，也可以作为Web服务描述语言和SOAP的解析器。

WebScarab采用Web正向代理机制，即用户需要将其设置为访问互联网的代理服务器，才能使其运行在客户端(通常是浏览器)与Web应用程序之间，如图4-1所示。WebScarab可以监听、修改客户端和Web应用程序间的HTTP/HTTPS请求与应答报文，也可以对收到的请求和应答消息进行分析，并将分析结果图形化显示。

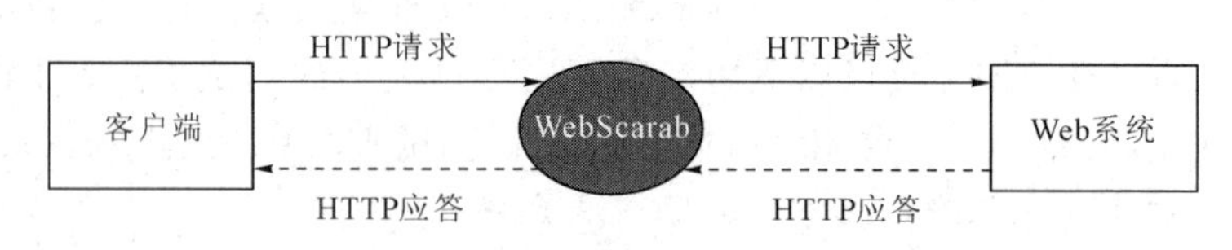

图4-1 WebScarab的工作原理

在WebScarab提供的众多功能中，本书使用WebScarab的代理(Proxy)和模糊器(Fuzzer)两个功能。这两个功能将WebScarab作为一个黑盒测试工具，截获测试人员从浏览器发向Web应用程序的请求，在进行分析后，批量模拟该HTTP请求向Web应用程序发送请求，从而用来测试对不同请求消息Web应用程序的反馈。

4.3 WebScarab 测试实例

4.3.1 安装WebScarab软件

WebScarab是一款使用Java语言开发的软件，在安装前首先需要确保本地有Java的运行环境。由于WebScarab的安装包是以jar包形式，因此需要确保jar包的默认打开程序是Java。此时，仅需双击安装包即可运行WebScarab的安装程序。进入安装程序后，根据向导完成安装过程，如图4-2所示。

若无法通过双击打开安装程序，很可能是在当前的操作系统上将后缀是“.jar”的jar包程序的默认打开程序设置成了类似为WinRAR这样的解压软件。此时，需要在命令行中手工执行该jar包运行安装程序。具体的安装方法是：在命令行中，使用cd命令进入到jar格式安装包所在目录，然后运行如下命令打开WebScarab安装程序。

```
java -jar webscarab-installer-20070504-1631.jar
```

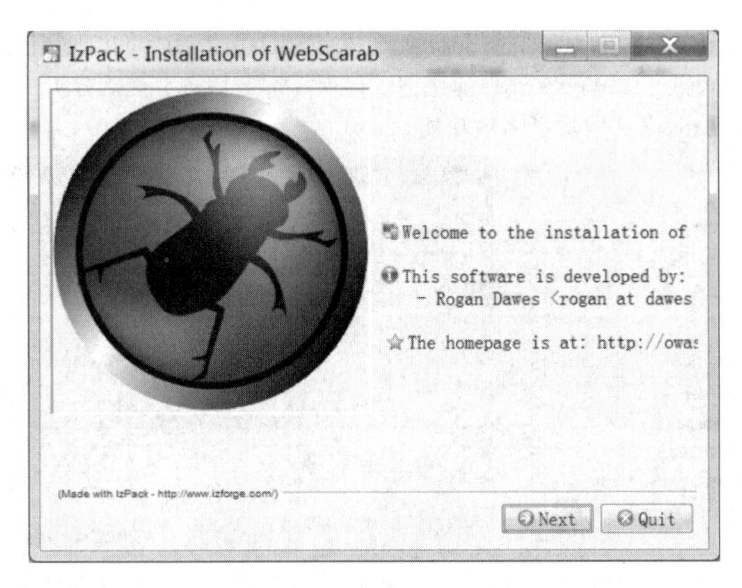

图 4 - 2　开始安装 WebScarab

4.3.2　运行 WebScarab

安装完成后，安装程序会在 Windows 桌面和开始菜单自动创建快捷方式，可以从这两个地方选择已安装的程序，打开 WebScrab 软件。WebScarab 有简洁(Lite)和完全(Full)两种运行模式，第一次打开 WebScarab 程序时，默认将进入 Lite 模式，如图 4 - 3 所示。可以看出，在 Lite 模式下只有“Summary”和“Intercept”两个选项卡，此时 WebScarab 可以使用的功能比较少。

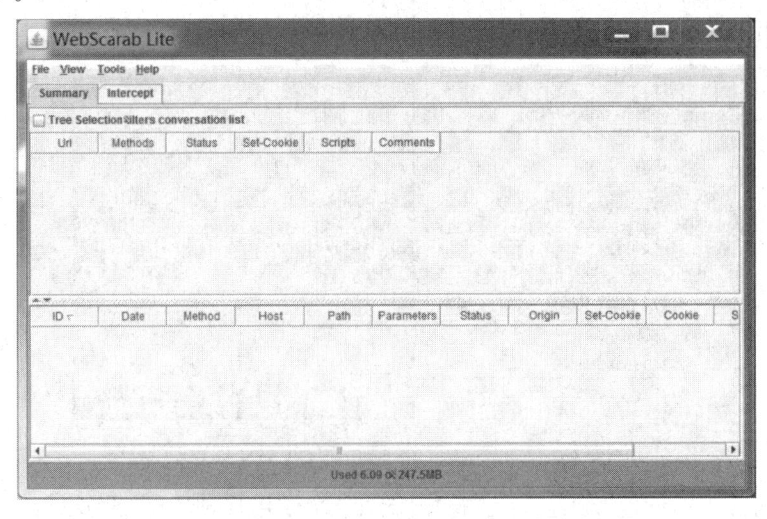

图 4 - 3　Lite 模式下的 WebScarab 界面

本实验要使用 WebScarab 的代理和模糊器两个功能，所以需要切换到 WebScarab 的 Full 模式。为了切换到 Full 模式，如图 4 - 4 所示，选择 WebScarab 的“Tools”菜单，选中“Use full-featured interface”前的复选框。

此时，WebScarab 将提示需要重启才能进入 Full 模式。单击“确定”按钮之后，需要手动关闭 WebScarab，并重新打开它。重新打开 WebScarab 之后，将出现如图 4-5 所示的软件界面。在 Full 模式下，WebScarab 有消息、代理、Web 服务、会话分析、脚本、模糊器等选项卡，相比于 Lite 模式增加了多项功能。

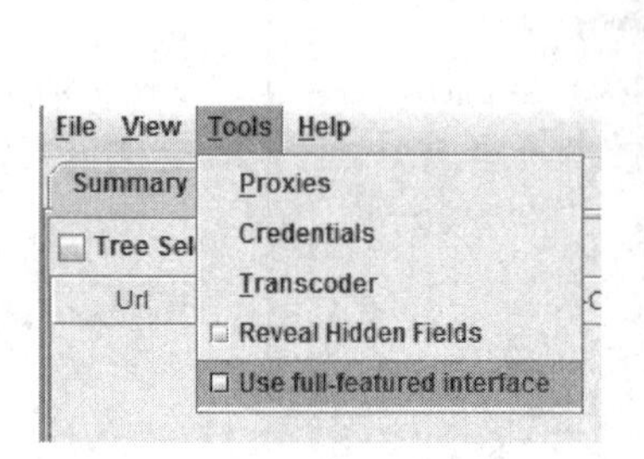

图 4-4 切换到 Full 模式

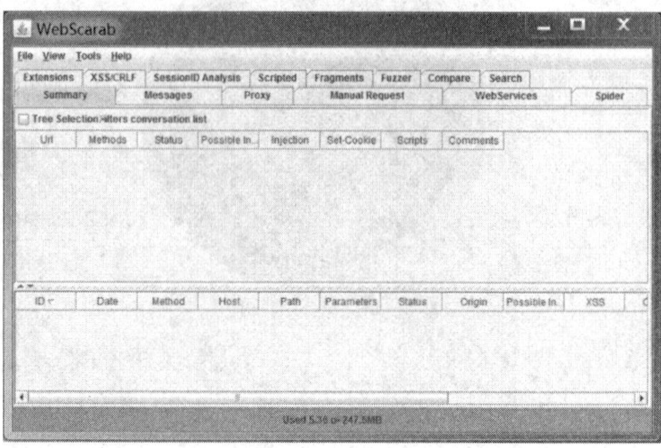

图 4-5 Full 模式下的 WebScarab 界面

4.3.3 IE 浏览器设置代理

本实验将主要应用 WebScarab 的代理功能，此时它将作为浏览器和 Web 应用程序之间的桥梁。只不过这座桥梁是透明的，通常情况下用户不会感知到它的存在。为了使用 WebScarab 作为代理，需要修改 IE 浏览器的设置。

在 IE 浏览器"工具"菜单(见图 4-6)中，选择"Internet 选项"，在弹出的对话框中选中"连接"选项卡，单击"局域网设置"按钮，打开如图 4-7 所示的"局域网(LAN)设置"对话框。

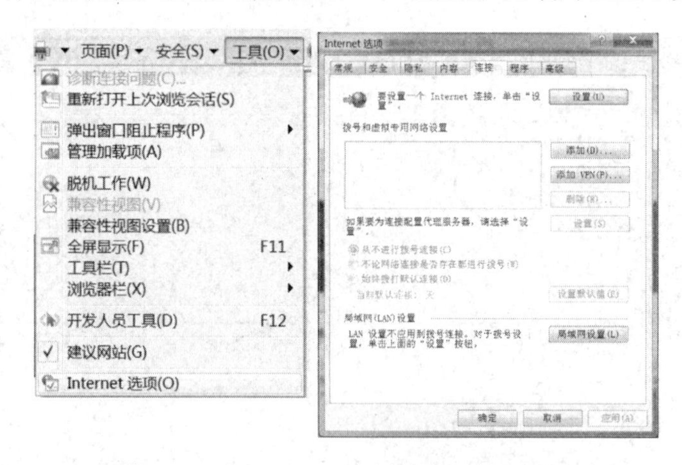

图 4-6 在 Internet 选项中打开局域网设置

在"局域网(LAN)设置"对话框中，选中"为 LAN 使用代理服务器(这些设置不用于拨号或 VPN 连接)"前面的复选框，激活下面的代理服务器地址设置功能。然后，分别在"地址"和"端口"文本框中输入"localhost"和"8008"，将 IE 浏览器的代理指向 WebScarab 程序。

由于是在本机运行 WebScarab 程序，所以地址填写的是代表本机地址的"localhost"。当然，读者也可以将代理服务器指向运行在其他主机上的 WebScarab 程序，此时需要填写的是 WebScarab 程序所在主机的 IP 地址。

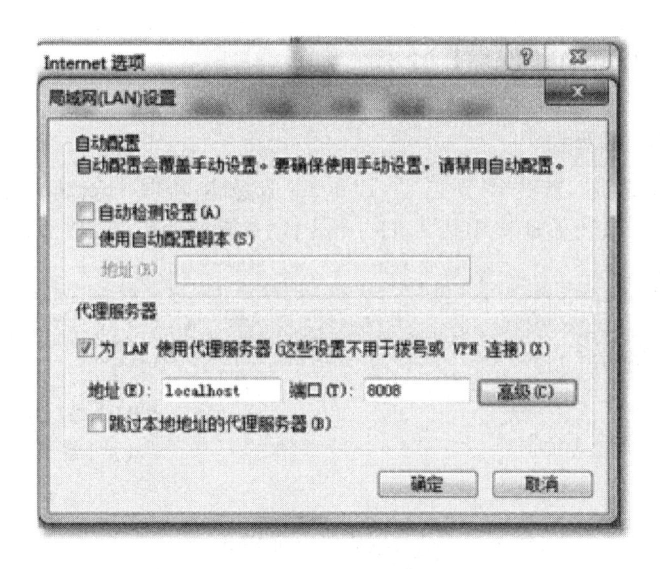

图 4-7　填写本地代理服务器信息

注意：此处的端口号“8008”是 WebScarab 程序对外提供代理服务的默认端口号。很多人会错误将其填写为“8080”，将其与 Tomcat Web 服务器的端口号混淆。

4.3.4　开启 WebScarab 的代理功能

在 WebScarab 程序中，如图 4-8 所示，选中“Proxy”选项卡，再切换到“Manual Edit”选项卡，选中“Intercept requests”后的复选框，打开 WebScarab 拦截 HTTP 请求的功能。然后，在“Methods”列表中，在按下键盘“Shift”键的同时，用鼠标选中“GET”和“POST”两种方法，实现对 HTTP 的 GET 和 POST 请求的监听。

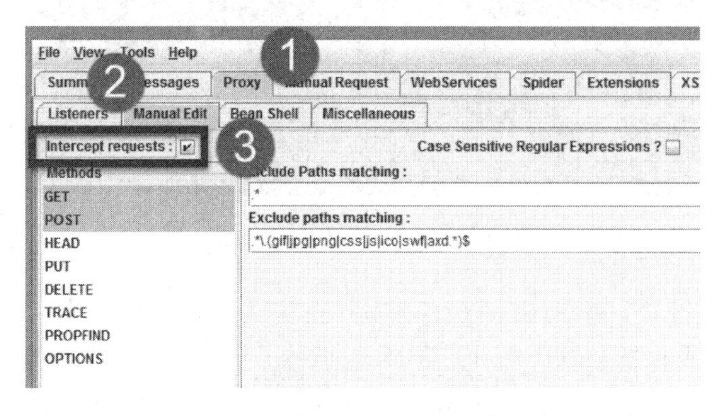

图 4-8　打开对 GET 和 POST 请求的监听

右侧的两个文本框的功能是：通过正则表达式对满足特定规则的请求消息的过滤。“.*”的含义是包含所有的 HTTP 请求；“.*\.(gif|jpg|png|css|js|ico|swf|axd.*)$”的含义是排除所有包含图片、Flash 动画、Web 句柄的请求。此处，读者可以编辑“Include Paths matching”和“Exclude paths matching”这两个文本框的表达式，以排除那些在测试过程中频繁出现的、不是发往 JForum 论坛的无关请求，例如 IE 浏览器插件的对外连接、360 杀毒软件的升级程序等。

4.3.5 拦截用户注册的POST请求

1. 访问JForum论坛

在开始黑盒测试前，首先需要启动Tomcat服务并确保JForum论坛可以被正常访问[①]；其次在IE浏览器的地址栏中输入JForum论坛所在主机的IP地址，访问JForum论坛，如图4-9所示。

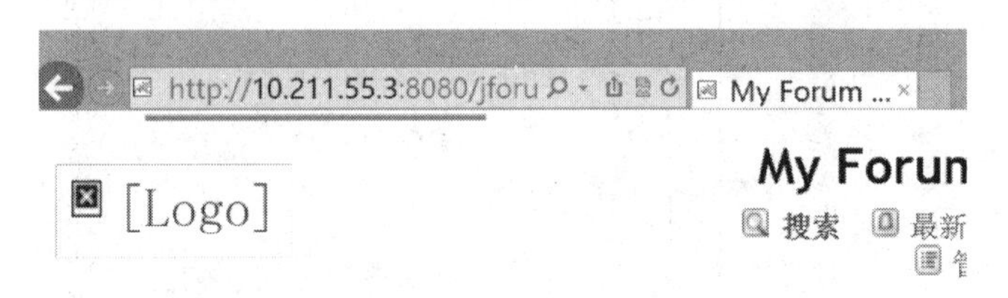

图4-9 通过浏览器访问JForum论坛

注意：图4-9中使用"10.211.55.3"这个IP地址，需要根据虚拟机的实际IP地址进行调整。另外，即使是在本机运行的Tomcat服务，此处也不能使用"localhost"或"127.0.0.1"代替实际的IP地址"10.211.55.3"。原因是在IE浏览器中设置代理时，该代理仅在访问除了本机之前的其他地址时才有效，所以不能使用上述"localhost"或"127.0.0.1"代表"本地地址"的地址，可在"命令行"中输入"ipconfig"命令，查看本机的IP地址，如图4-10所示。

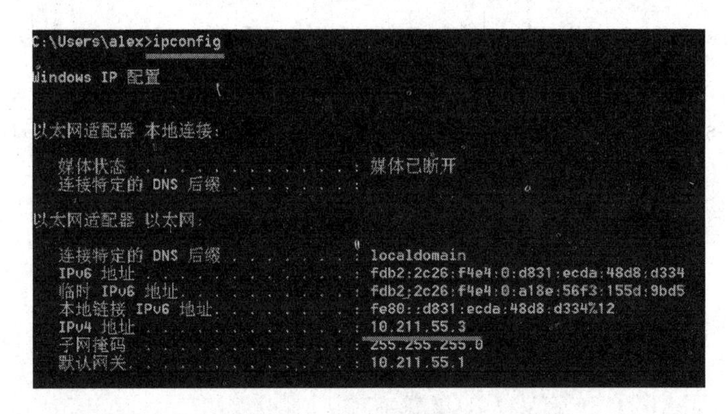

图4-10 查看本机的IP地址

2. 截获HTTP请求

若上述内容设置正确，当在地址栏中输入回车之后，这个发往"10.211.55.3:8080/jforum"的请求将被拦截，WebScarab将会弹出如图4-11所示的对话框。该对话框中的"Method"字段显示的是"GET"，表明当前拦截的是一个HTTP GET请求，请求的URL地址是"10.211.55.3:8080/jforum"。图4-11中圈出的是WebScarab解析出的HTTP报文头信息，可以分析发送给JForum论坛HTTP请求的具体消息。

① 建议读者在IE浏览器设置代理之前完成这步操作，防止出现不必要的麻烦。如果在后续的测试中发现无法访问JForum论坛，也建议读者可以暂时关闭IE浏览器的代理功能，直接访问JForum论坛，以确保基本的网络和Web服务没有问题。

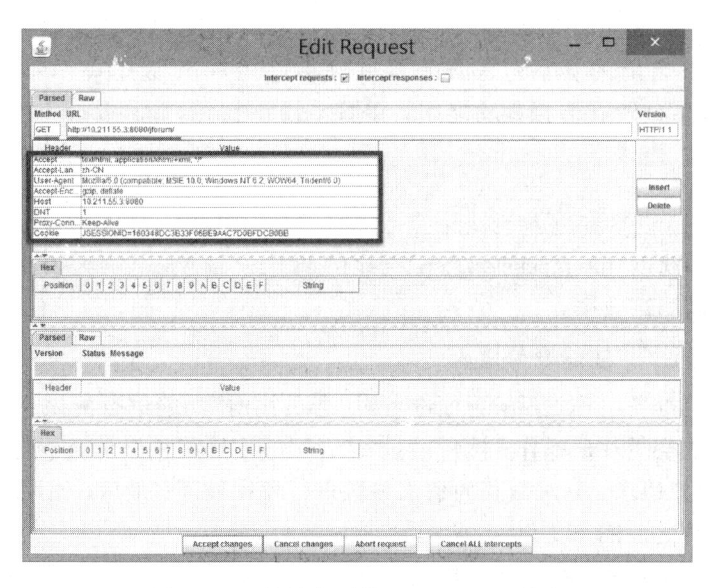

图 4-11　被拦截到的 HTTP GET 请求

由于我们希望截获的是在注册用户阶段包含用户注册信息的报文，所以选择忽略这个截获的报文。此时，在图 4-11 中仅需单击“Accept changes”按钮，不做任何修改直接将 HTTP 请求消息转发给 Tomcat 服务器。

注意：有时候 WebScarab 的拦截窗口可能不会自动弹出到最前面，IE 浏览器中看到的仅仅是单击了鼠标没有任何反应。此时，需要检查 Windows 操作系统任务栏中 WebScarab 是否有新的弹出窗口，如果有则需要激活该窗口，单击“Accept changes”按钮后才能继续在 IE 浏览器中操作。

3. 分析 HTTP 请求

在后续的操作中，基本上每进行一个操作(鼠标单击 Web 页面上的链接)，都会伴随着至少一次 HTTP 请求被拦截。但是我们会发现，即使在没有任何操作的时候，也会有 HTTP请求被拦下。如图 4-12 所示，此时是 WebScarab 拦截了浏览器对“ping_session.jsp”页面的请求消息，在页面中可以分析 HTTP 请求报文包头的各项内容。

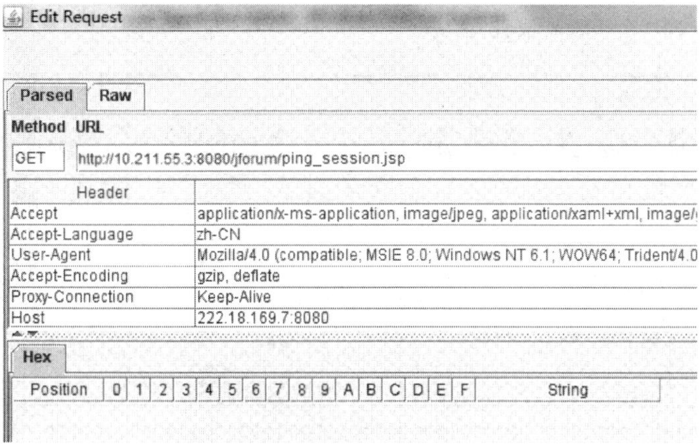

图 4-12　分析 HTTP 请求的包头

通过分析可知，这个 HTTP 请求是由 IE 浏览器所访问的页面定时向 JForum 论坛发送的，以保持用户当前的会话，是服务器处理会话的一种常用技术手段。此时，可以在图 4－8所示的 WebScarab 拦截功能中，在“Exclude paths matching”文本框中追加如下代码：

```
|. * ping_session. jsp
```

这样，可以过滤以“ping_session. jsp”结尾的 HTTP 请求，从而大幅度减少拦截 HTTP 请求的数量，提高测试效率。

4. 截获“会员注册”注册表单请求

完成了前面的准备工作之后，下面准备对“会员注册”功能进行测试。为此，首先在 IE 浏览器中执行一次会员注册操作；然后通过 WebScarab 截获并记录该请求，在完成注册后分析截获的 HTTP 请求，并对截获的请求参数进行模糊处理；最后，使用 WebScarab 模拟发出多个模糊处理之后的 HTTP 请求。

首先，在 JForum 论坛首页中单击“会员注册”链接，如图 4－13 所示。当使用鼠标单击该链接之后，IE 浏览器发往 Tomcat 服务器的 HTTP 注册请求将被 WebScarab 拦截。此时，在 WebScarab 的弹出窗口中单击“Accept changes”按钮继续。

图 4－13　单击“会员注册”链接

之后，JForum 论坛将自动跳转到注册声明页面，阅读完相关协议之后，用户需要单击“同意”按钮，此时浏览器发往 Tomcat 的 HTTP 请求也将被 WebScarab 截获，在 WebScarab 的弹出窗口中单击“Accept changes”按钮继续，JForum 论坛将进入如图 4－14 所示的注册页面。

论坛首页
会员注册资料
标示有 * 的项目须填写
会员名称：* wtj
电子邮箱：* wtj@qq.com
登入密码：* •••
确认新密码：* •••
确定　重设

图 4－14　填写用户注册信息

在注册页面分别填写如下注册信息：

- 会员名称：wtj。
- 电子邮箱：wtj@qq.com。
- 登入密码：123。
- 确认登录密码：123。

单击“确定”按钮完成用户注册过程。

同样的，IE 浏览器发往 Tomcat 服务器的 HTTP 用户注册请求报文也将会被 WebScarab 截获，如图 4-15 所示。对比之后会发现，与之前截获的 HTTP 报文不同，这一次截获的 HTTP 请求的类型是“POST”类型，这是因为在 JForum 论坛源代码中，这个“用户注册”页面中使用了表单，其向 Tomcat 服务提交数据请求时使用了“POST”方法。POST 方法和 GET 方法均可向应用服务器提交数据，但是两者还是存在如表 4-2 所示的区别。

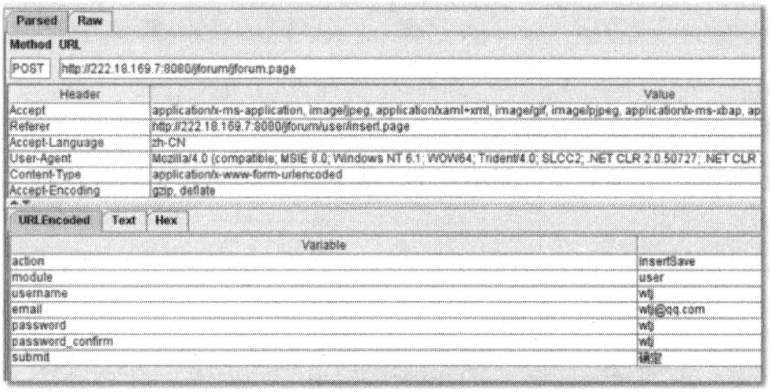

图 4-15　在 WebScarab 中查看被拦截的 POST 信息

分析 WebScarab 截获的 HTTP 请求报文，在“URLEncoded”标签页中显示了解码之后的 HTTP 请求的 Body 部分信息，此时在红色方框中可以发现之前在 IE 浏览器中填写的用户注册表单信息。同时注意到，之前用“圆点”符号代替的密码，此时也会以明码方式显示。

表 4-2　HTTP 请求的 GET 方法和 POST 方法的差别

HTTP 请求方法	POST 方法	GET 方法
用户请求数据的存放位置	包含在 HTTP 请求 Body 中	包含在 URL 请求字符串中
可以提交数据的大小	大小不受限制	大小受到可接受的 URL 最大长度的限制

分析结束之后，在 WebScarab 的弹出窗口中单击“Accept changes”按钮继续。

4.3.6　使用模糊器进行测试

在下面的操作中，将不再需要使用 IE 浏览器。回到 WebScarab 中，在“Summary”标签页中可以浏览此前由 WebScarab 截获的所有 HTTP 请求，包括 HTTP GET 请求和 HTTP POST 请求。在这些请求中，图 4-16 中编号是“71”的 HTTP POST 请求是此前分析的“用户注册”请求。

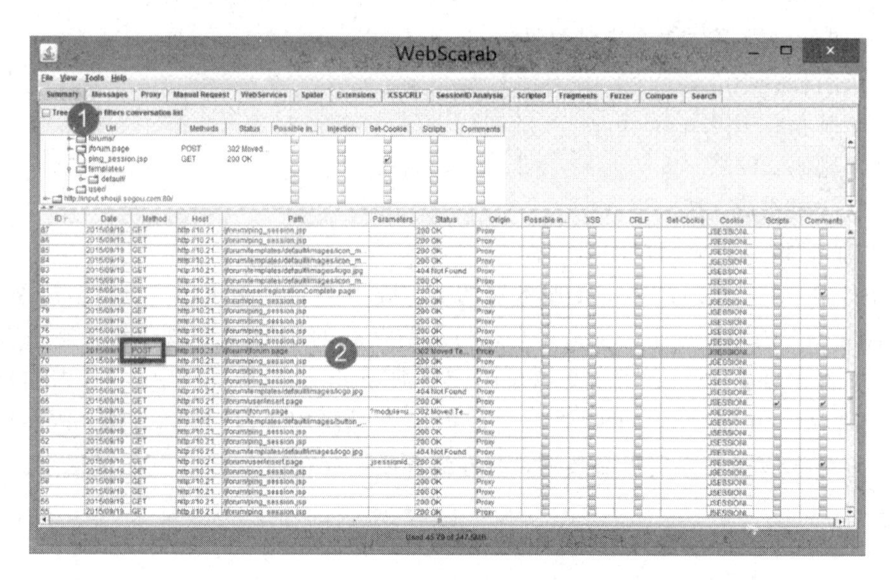

图 4-16　在列表中查看 POST 请求

注意：不同用户截获请求的数量和顺序可能会有所不同，因此，实际操作中截获的 HTTP“用户注册”请求的编号很可能不是 71，此时可通过请求类型（POST 类型）和请求的 URL 加以区分。

在图 4-16 的列表中双击编号 71 的请求可以查看请求的详细内容，如图 4-17 所示，此时可以确认 71 号请求就是此前 WebScarab 截获的发往 Tomcat 的用户注册请求。

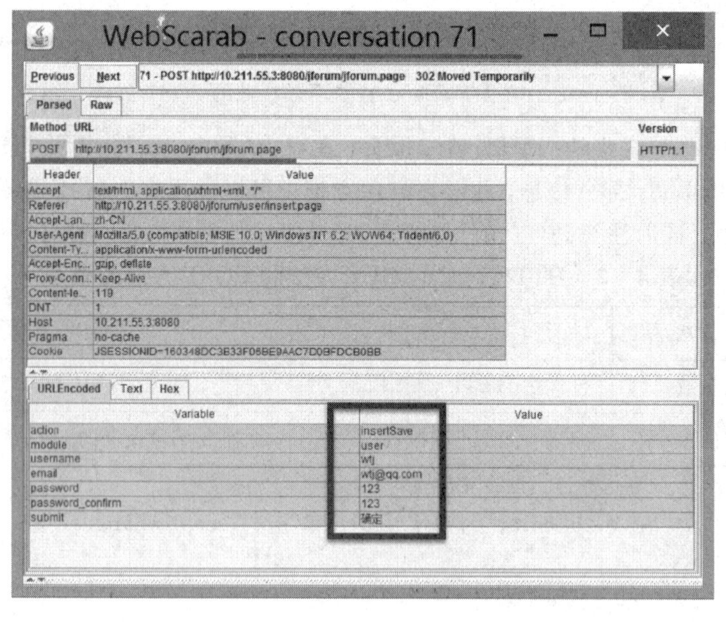

图 4-17　查看编号 71 的 POST 请求的内容

接下来，使用 WebScarab 的模糊器对请求中包含的表单数据进行模糊处理。在图 4-16 中右键单击 71 号请求，如图 4-18 所示，选择“Use as fuzz template”选项，使该请求作为模糊器模板。

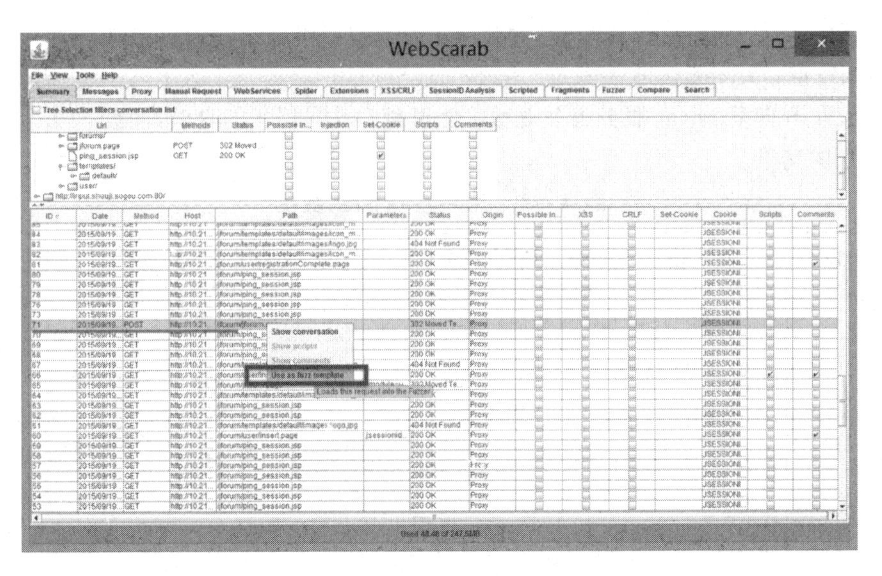

图 4－18　右键选中 POST 请求作为模糊器模板

然后，在 WebScarab 中打开“Fuzzer”选项卡，如图 4－19 所示，此时可以看到之前提交的用户注册表单数据出现在“Parameters”列表中。

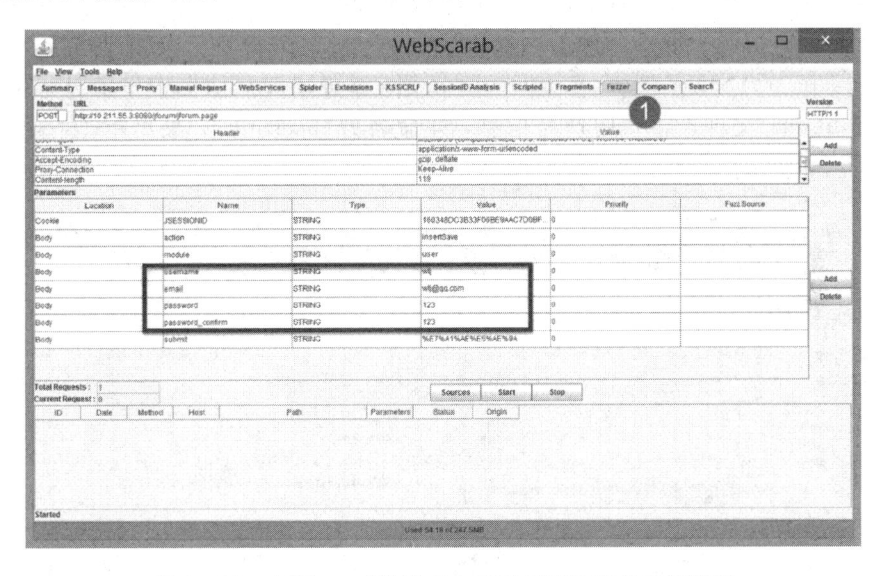

图 4－19　在“Fuzzer”选项卡中查看 POST 请求中的数据

其实，WebScarab 的模糊器的工作原理与第 3 章介绍的 LoadRunner 对脚本的“参数化”十分类似。模糊器以此前截获的用户注册请求为模板，通过对其中包含的参数进行替换，从而生成多个“类似”的 HTTP 请求，然后，在不需要客户端(IE 浏览器)介入的情况下，直接将生成的多个 HTTP 请求发送给 Tomcat 服务器。这一过程对于 Tomcat 而言是“透明的”，这也是为什么 WebScarab 将这一功能称之为“模糊”的原因，因为 WebScarab 无法分辨哪些请求是来自真实的“人”通过 IE 浏览器发送过来，哪些请求是被 WebScarab 模糊处理之后直接发送过来的。

接下来，需要根据黑盒测试的相关理论，如等价类、边界值、决策表等方式，为“用户注册”这一功能设计测试用例。测试用例的设计不是本书的重点内容，因此此处只使用最为简单的测试数据，实际测试时需要进行替换。这里使用如表4-3所示的10组测试数据，即需要WebScarab向Tomcat服务器发送10个模糊后的HTTP请求，模拟10个用户注册JForum论坛的场景。

表4-3 用户注册测试数据

用　户	用户名	邮　箱	密码及确认密码	用　户	用户名	邮　箱	密码及确认密码
用户1	test01	test01@qq.com	123456	用户6	test06	test06@qq.com	123456
用户2	test02	test02@qq.com	123456	用户7	test07	test07@qq.com	123456
用户3	test03	test03@qq.com	123456	用户8	test08	test08@qq.com	123456
用户4	test04	test04@qq.com	123456	用户9	test09	test09@qq.com	123456
用户5	test05	test05@qq.com	123456	用户10	test10	test10@qq.com	123456

根据测试用例的内容，可以使用Windows下的记事本等工具生成三个文本文件，分别存放用户的用户名、邮箱和密码信息，编写后保存为txt文件即可。文件中，每行代表一次请求的数据，需要确保三个文件中用户名、邮箱和密码信息所在行要一一对应。具体测试时，需要根据实际情况生成不同的测试数据文件。

接下来，在WebScarab中单击“Sources”按钮，在弹出的对话框中单击“Browse”按钮，选择“userinfo.txt”文件，导入用户名信息，并命名为“userinfo”，最后单击“Add”按钮添加，如图4-20所示。

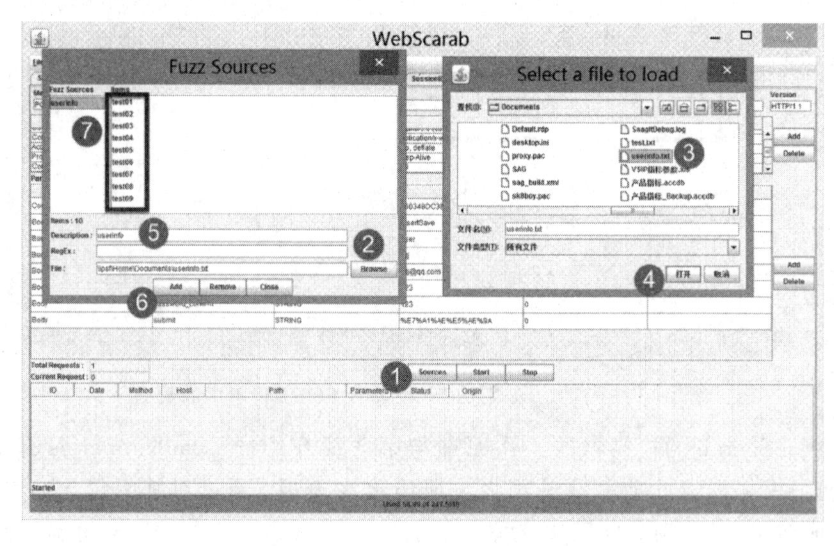

图4-20 导入userInfo测试数据

以同样的步骤导入用户邮箱信息，如图4-21所示，命名为“usermail”；然后再导入用户密码信息，命名为“password”。

注意： 导入txt文件中的数据时，WebScarab中只能显示前面9个数据，属于正常情况。原因是WebScarab程序中可能存在Bug，使得最后一条记录无法显示，但这不影响测试。

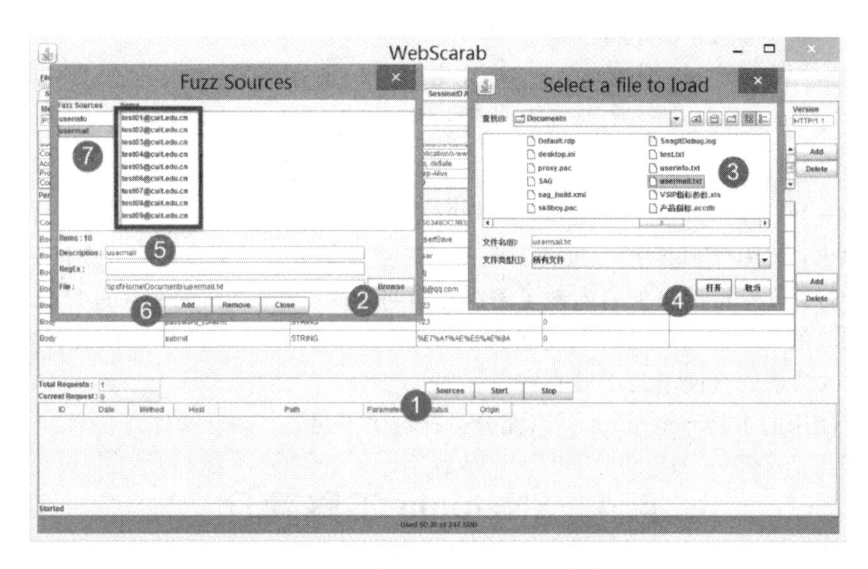

图 4－21　导入 usermail 测试数据

最后，在 WebScarab 的模糊器中为表单项 username、email、password 和 password_confirm 进行参数化，依次对应 userinfo、usermail、password 和 password 测试数据，如图 4－22 所示。

Parameters

Location	Name	Type	Value	Priority	Fuzz Source
Cookie	JSESSIONID	STRING	160348DC3B33F05BE9AAC7D0BF	0	
Body	action	STRING	insertSave	0	
Body	module	STRING	user	0	
Body	username	STRING	wfj	0	userinfo
Body	email	STRING	wfj@qq.com	0	usermail
Body	password	STRING	123	0	userinfo
Body	password_confirm	STRING	123	0	
Body	submit	STRING	%E7%A1%AE%E5%AE%9A	0	

Total Requests : 10
Current Request : 0

图 4－22　对表单里的数据进行参数化

如图 4－23 所示，单击“Start”按钮开始测试。测试开始后，请求数会减少。可修改测试数据，以重复多次完成黑盒测试用例。在图 4－23 下面，可以查看到测试结果。

Total Requests : 10
Current Request : 10

ID	Date	Method	Host	Path	Parameters	Status	Origin
346	2015/09/21...	POST	http://10.21...	/jforum/jforum.page		302 Moved Te...	Fuzzer
348	2015/09/21...	POST	http://10.21...	/jforum/jforum.page		302 Moved Te...	Fuzzer
350	2015/09/21...	POST	http://10.21...	/jforum/jforum.page		302 Moved Te...	Fuzzer
347	2015/09/21...	POST	http://10.21...	/jforum/jforum.page		302 Moved Te...	Fuzzer
352	2015/09/21...	POST	http://10.21...	/jforum/jforum.page		302 Moved Te...	Fuzzer
353	2015/09/21...	POST	http://10.21...	/jforum/jforum.page		302 Moved Te...	Fuzzer
355	2015/09/21...	POST	http://10.21...	/jforum/jforum.page		302 Moved Te...	Fuzzer
354	2015/09/21...	POST	http://10.21...	/jforum/jforum.page		302 Moved Te...	Fuzzer
349	2015/09/21...	POST	http://10.21...	/jforum/jforum.page		302 Moved Te...	Fuzzer
351	2015/09/21...	POST	http://10.21...	/jforum/jforum.page		302 Moved Te...	Fuzzer

Started

图 4－23　开始测试并查看结果

双击图 4－23 所示列表中的每一个 HTTP 请求消息，可以查看请求处理结果。为了验证测试用例是否真正地完成了测试，可使用测试脚本添加的用户名和密码进行登录测试，如图 4－24 所示。

My Forum - your board description

搜索　最新主题　热门主题　会员列表　返回首页
管理日志　个人资料　我的书签　短信　注销 [test01]

图 4-24　test01 用户登录验证测试结果

到此为止，使用 WebScarab 进行黑盒测试的实验结束。实验过程中，通过对 HTTP 请求消息的分析，读者可以更加清晰地了解浏览器与 Web 应用之间的交互过程及原理，也有助于后续实验的开展。同时也应该注意到，WebScarab 对于黑盒测试方面还存在一定的不足，如对测试结果的验证不是十分直观。

下一节使用的工具 Selenium 可以充分弥补这个不足。

4.4　Selenium 工具简介

Selenium 是一组软件工具集，每一个都有不同的方法来支持测试自动化。Selenium 诞生于 2004 年，由当时在 ThoughtWorks 工作的 Jason Huggins 开发，使用 JavaScript 的自动化引擎对 Web 应用程序进行测试。之后，2006 年由 Google 工程师 Simon Stewart 在其上开发了 WebDriver，使其可以通过编程的方式在本地调用 Selenium Core 进行测试，使测试人员可以直接和浏览器进行通话，以解决 JavaScript 环境沙箱的问题。Selenium 于 2016 年底发布了 3.0 版本，其中最大的变化是使用 WebDriver 彻底取代了原有的 Web Core，并且得到了包括 Apple、Microsoft、Google 和 Mozilla 等主流浏览器厂家的官方支持。

大多数使用 Selenium 的 QA 工程师只关注一两个最能满足他们项目需求的工具。然而，学习所有的工具将会使测试人员有更多的选择来解决不同类型的测试自动化问题。Selenium 的一整套工具具备丰富的测试功能，很好地契合了测试各种类型的网站应用的需要。而且，这些操作非常灵活，有多种选择来定位 UI 元素，同时将预期的测试结果和实际的行为进行比较。在 Selenium 的发展过程中，Selenium 先后出现了如下工具。

1. Selenium Core

Selenium Core 支持 DHTML 的测试案例，为测试人员提供了类似数据驱动测试的功能，在 Selenium 3.0 之前，它是 Selenium IDE 和 Selenium RC 的引擎，之后被 WebDriver 替代。

2. Selenium RC(Selenium Remote Control)

Selenium RC 是最早的 Selenium 1.0 版本的核心功能。由于历史遗留问题，在相当长的一段时间内，Selenium RC 都是最主要、也是活跃度最高的 Selenium 项目，直到 WebDriver和 Selenium 合并而产生了更加强大的 Selenium 2.0 版本。目前，Seleinum RC 仍然被社区所支持，并且提供一些 Selenium 短时间内可能不会支持的特性。

3. Selenium WebDriver

在 Selenium 2.0 中整合了 WebDriver 项目后，Selenium WebDriver 被添加到 Selenium 工具集中。这个全新的自动化工具提供了很多特性，包括更内聚和面向对象的 API，并且解决了旧版本的限制。它支持 WebDriver API 及其底层技术，同时也在 WebDriver API 底下通过 Selenium RC 技术为移植测试代码提供极大的灵活性。此外，为了向后兼容，

Selenium 2.0 版本中仍然使用 Selenium 1.0 版本中的 Selenium RC 接口，并且在 Selenium 3.0 版本中替代了 Selenium Core 工具。

4. Selenium IDE

Selenium IDE 是一个创建测试脚本的原型工具。它是一个 Firefox 插件，提供创建自动化测试的建议接口。Selenium IDE 有一个记录功能，能记录用户的操作，并且支持以多种语言形式将记录的用户操作导出成一个可重用的脚本，用于后续操作。

5. Selenium Grid

Selenium Grid 可以实现类似 LoadRunner 中 Controller 组件的功能，测试人员使用它可以满足大型项目或那些需要在多语言、多浏览器环境下进行的测试需求。此外，Selenium Grid 使得测试人员可以并行地执行测试任务。也就是说，不同的测试可以同时运行在不同的远程主机上。如此一来，Selenium Grid 可以将测试划分成多份并同时在多个不同的主机上执行，可以支持大型系统的测试，从而提升测试的整体效率。此外，Selenium Grid 也能够支持同时在多浏览器、多语言环境下的测试，对于检测 Web 应用程序的兼容性必不可少。无论如何，Selenium Grid 提供的并行特性都可以显著地缩短测试的执行时间。

Selenium 是一个开源的 Web 自动化测试工具，它拥有以下特点：

（1）支持跨浏览器的自动化测试，支持 IE、Firefox、Chrome、Safari 等主流浏览器。

（2）支持跨操作系统的自动化测试，支持 Windows、Linux、Mac OS 主流操作系统。

（3）支持用 Java、C#、Python、Ruby、JavaScript、Perl、PHP 等多种语言编写测试脚本。

（4）使用 Grid 和 RC 组件可以支持测试的分发和管理，实现分布式并行测试。

（5）使用 IDE 组件可以直接在 Firefox 浏览器上自动生成脚本。

4.5 Selenium 测试实例

本节将使用 Selenium 工具实现与 4.3 类似的功能。同时，本节将分别使用 Selenium 的 IDE 和 WebDriver 两种工具实现，以展示两种不同的测试手段。

4.5.1 Selenium IDE

1. 安装 Selenium IDE

在上一节对 Selenium 的介绍中已经说明，目前 Selenium IDE 仅支持 Firefox 浏览器，并且官方发布的最新消息显示，由于 Firefox 55 之后 Firefox 使用了新的内核，因此 Selenium IDE 无法在 Firefox 55 之后的版本上运行。在虚拟机中已经预装了 Firefox 43 版本的浏览器，该版本浏览器对于访问 JForum 论坛没有任何问题。

下面，需要手动安装 Selenium IDE 插件。打开 Firefox 浏览器，由于新版本的 Firefox 浏览器中默认不会显示菜单，所以需要首先单击键盘“Alt”键使 Firefox 显示菜单；然后，从菜单栏的“工具”中，选择“附加组件”选项，如图 4-25 所示。

在 Firefox 浏览器打开的页面中，单击齿轮形状的按钮，然后从弹出菜单中选择“从文件安装附加组件”选项，如图 4-26 所示。

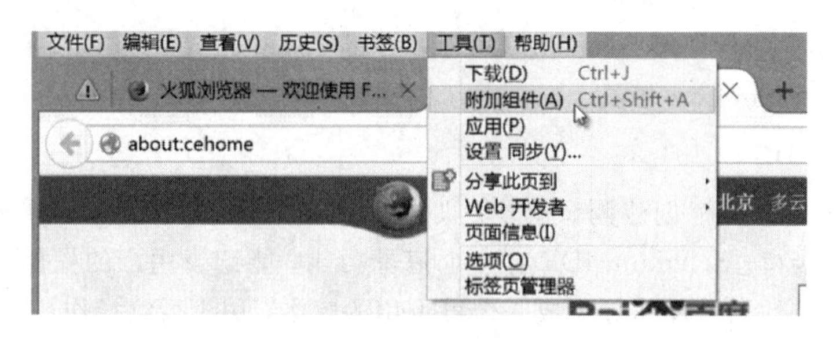

图 4－25　给 Firefox 浏览器安装 Selenium 插件

在弹出的文件选择窗口中，定位到从网络中下载的“selenium－ide－2.9.0.xpi”插件(可以从官网下载最新插件版本)所在位置，然后在浏览器弹出的菜单中单击“安装”按钮，如图 4－27 所示。当 Selenium IDE 插件安装完成之后，Firefox 浏览器将提示用户重启浏览器才能生效，此时单击“立即重启”按钮重启浏览器。

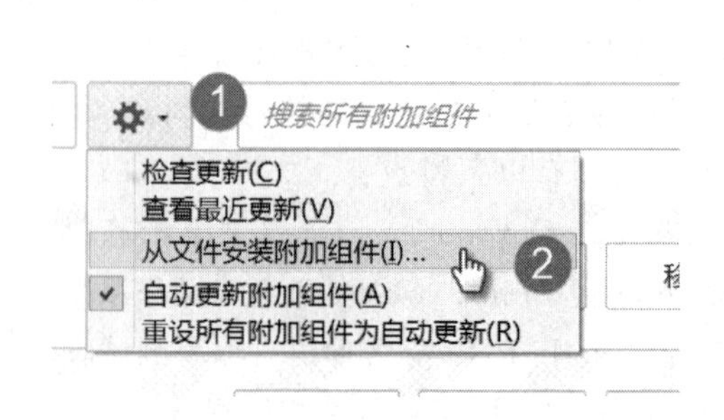

图 4－26　选择从文件安装插件

图 4－27　确定安装插件

2. 运行 Selenium IDE

Firefox 浏览器重启之后，首先进入需要进行黑盒测试的页面，即 JForum 论坛的用户注册页面；然后，如图 4－28 所示，在 Firefox 浏览器的“工具”菜单下，选择“Selenium IDE”选项，打开 Selenium IDE 插件。

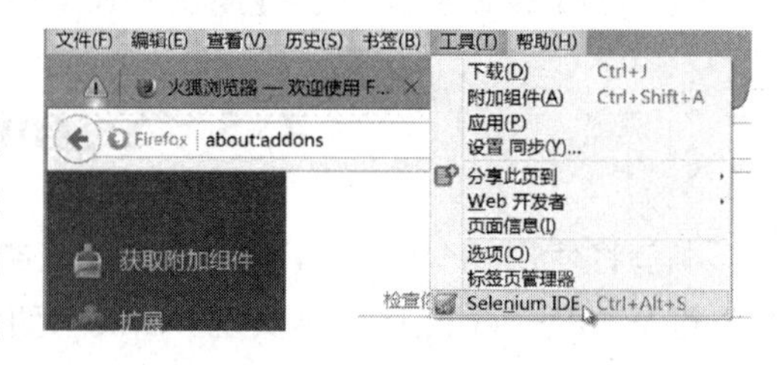

图 4－28　开启 Selenium IDE 插件

Selenium IDE 打开之后，在其上方有如图 4－29 所示的工具栏，其上的功能按钮的功能介绍如下。

图 4－29　Selenium IDE 上方的工具栏

：运行整个测试集中所包含的所有的测试用例。

：仅运行当前被选中的测试用例。

：暂停和还原，用来暂停和重新开始一个测试用例。

：步进，可以逐条语句执行一个测试用例，用于测试用例脚本的调试。

：应用 Rollup 规则，将多个重复的 Selenium 命令序列合并成一个动作。

：开始录制用户在浏览器上的动作，用以生成脚本。

如图 4 - 30 所示，此时 Selenium IDE 已经处于录制状态，用户在浏览器上进行的任何操作都会被 Selenium IDE 以脚本的形式记录下来。因此，为了尽量减少对代码的修改，建议用户在进入到需要录制脚本界面后再开启 Selenium IDE 插件。

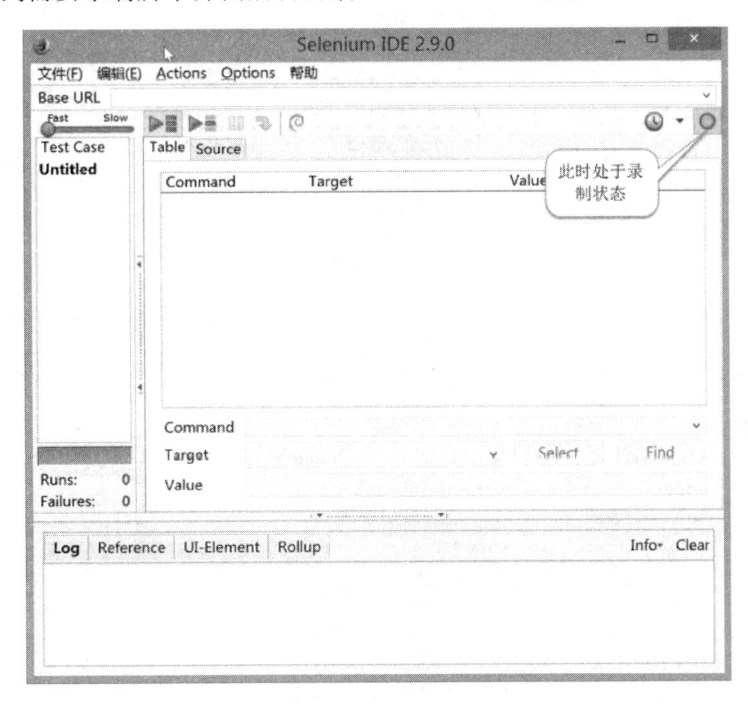

图 4 - 30　Selenium IDE 的运行界面

3. 录制脚本

Selenium IDE 插件会随着用户进行“打开”、“单击”、“填入”等动作自动生成相应的脚本。如图 4 - 31 所示，在 JForum 论坛的用户注册界面，录入用户的名称、邮件地址、登录密码和确认密码信息，Selenium IDE 中将通过命令 open、type 自动记录用户的操作。

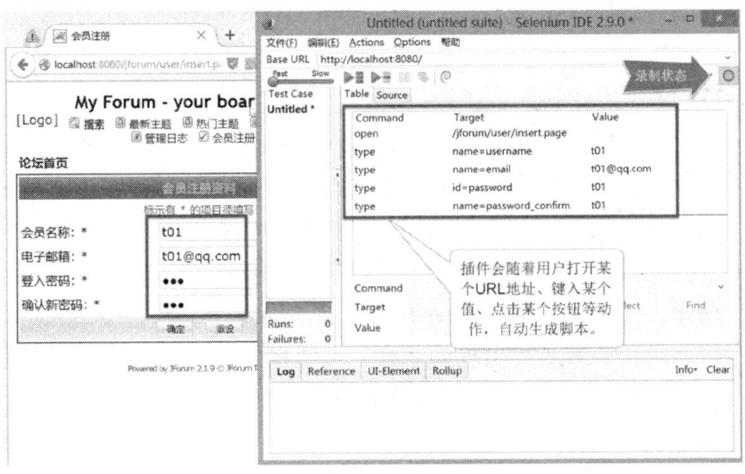

图 4 - 31　记录用户注册操作

如果用户在操作过程中出现了错误，Selenium IDE 同样会记录这些错误操作，如图4-32所示。

Command	Target	Value
clickAndWait	id=register	
clickAndWait	name=submit	
type	name=username	alex
type	name=username	TiejunWang
type	name=email	tjw@cuit.edu.cn
type	id=password	justatest
type	name=password_c...	justatest
clickAndWait	name=submit	

图4-32　用户输入了两次"username"

如果操作错误，那么就需要在 Selenium IDE 中修改错误的脚本。例如，在图4-32中右键单击多余的 type 命令，在弹出的对话框中选择"Delete"选项，删除多余的错误输入信息，如图4-33所示。

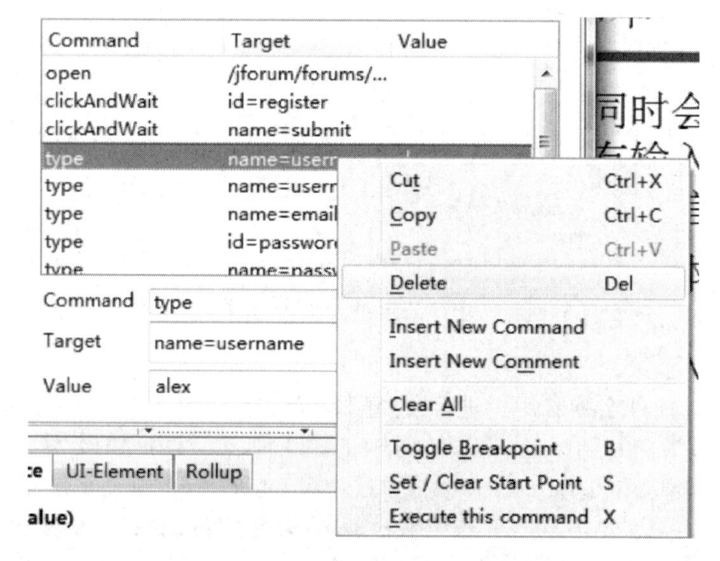

图4-33　在 Selenium IDE 中修改录制的脚本

4. 加入校验信息

在使用 WebScarab 进行测试后，需要手工对测试结果进行检验，这样会十分费时。Selenium IDE 直接提供了基于 Web 页面元素的校验功能。因为基本上所有的 Web 应用程序，在用户进行操作或提交数据后，都会在 Web 页面上通过可视化的页面元素加以提示，包括操作正确和操作错误，甚至是错误的原因都有所体现。为此，Selenium IDE 可以在录制脚本时，指定在操作之后通过判断是否有特定页面元素出现，如页面显示"注册成功"字样，来判断操作的结果。如果期待出现的元素，表明操作成功；否则，表明操作失败。

如此一来，当运行测试脚本时，可以实现自动化的结果判断，避免了人力判断的耗时并且容易出错的问题。此时，在 Firefox 浏览器中显示的"注册完成"界面中，用鼠标选中"恭喜您！"文字，然后单击鼠标右键，在弹出的菜单中选择"Show All Available Commands"选项，进入下一级菜单，选择"verifyText css=center > b 恭喜您！"选项，如图4-34所示。

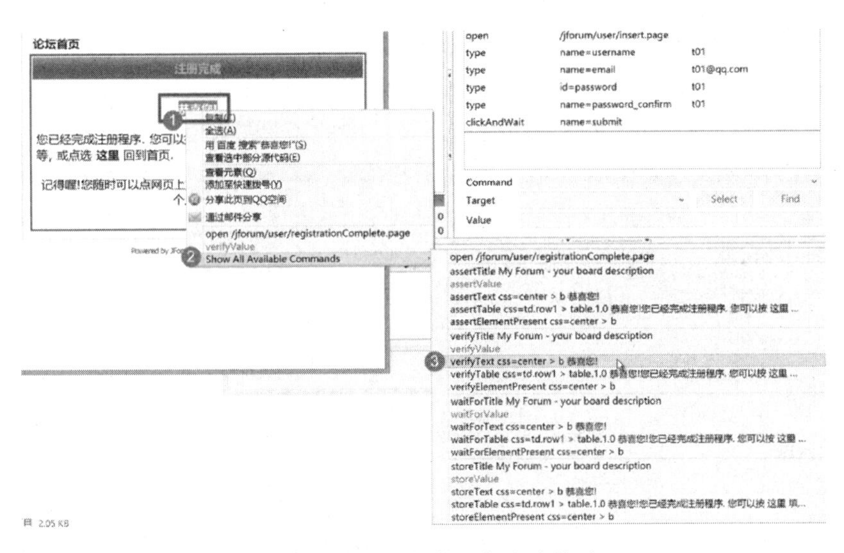

图 4-34 通过插件添加文本校验

之后，可在如图 4-35 所示的 Selenium IDE 中发现，脚本中多出了命令是“verifyText”的一行代码，说明以后运行该测试用例时，Selenium IDE 将在页面上查找是否出现了“恭喜您！”，并且该文字的“css”样式表还必须是居中显示，避免其他文字的干扰，也降低了误判的概率。从这一方面也需要注意，在设计校验文字的时候，最好选择具有代表性、且不会容易出错的页面元素作为判断的依据。

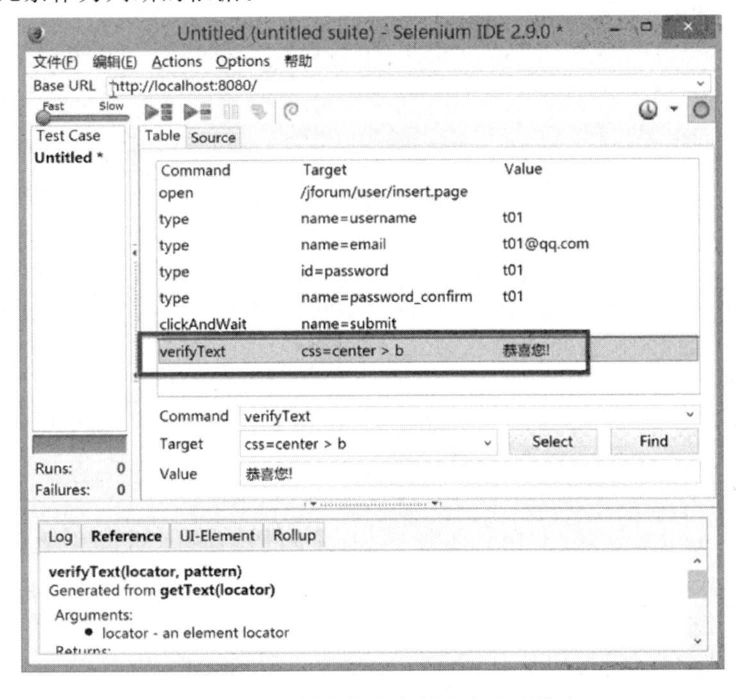

图 4-35 录制的脚本中插入的校验信息

5. 保存并运行测试用例

当完成测试用例录制之后，在 Selenium IDE 的菜单中，在“文件”菜单下选择“Save Test Case”选项来保存测试用例，如图 4-36 所示。测试用例保存之后，可以在后续测试活动中对其进行调用或修改。

在 Selenium IDE 的菜单中，在“Actions”菜单下选择“Play current test case”选项来运行测试用例，如图 4-37 所示，也可以通过工具栏中的工具按钮运行测试用例。

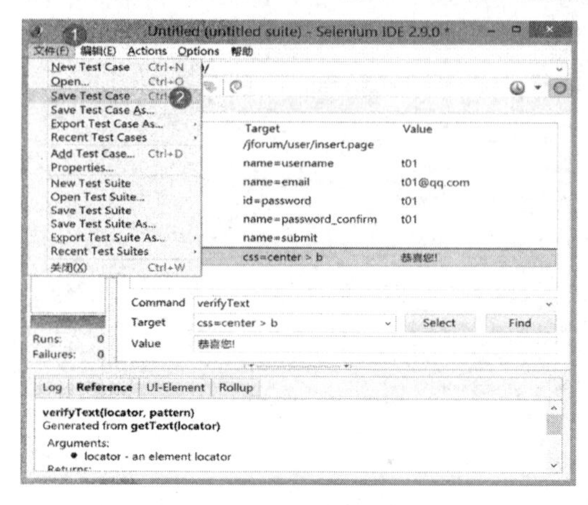

图 4-36 保存测试用例

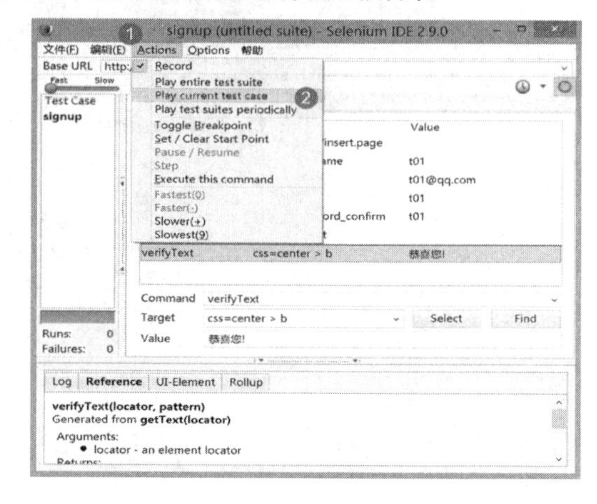

图 4-37 回放录制的测试用例

如图 4-38 所示，运行结果显示脚本回放失败。分析错误原因，不难发现是因为“t01”这个用户已经在刚刚录制脚本的时候注册过了，显然再次以相同的用户信息注册将会失败。因此，修改测试用例代码，使用“t02”进行注册，再次回放测试用例，Selenium IDE 显示测试通过，如图 4-39 所示。

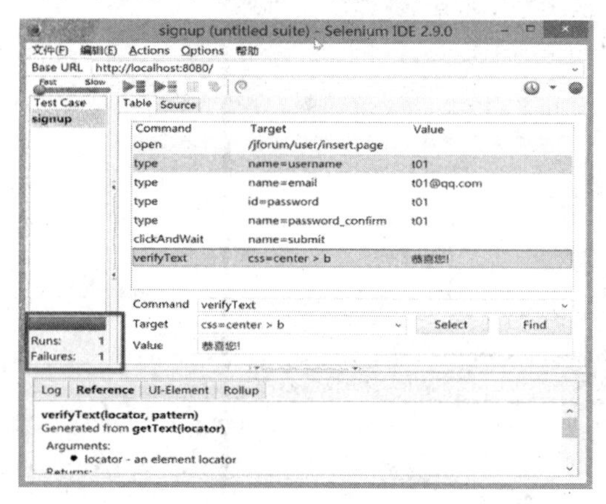

图 4-38 录制的脚本回放出错

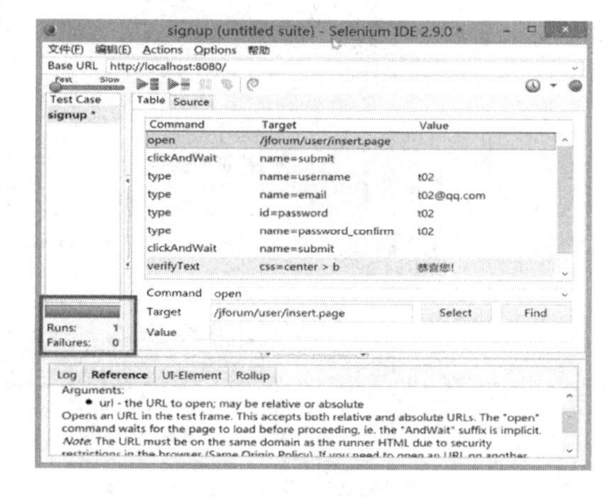

图 4-39 使用“t02”注册后测试用例回放成功

在使用 Selenium IDE 进行“用户注册”功能测试的过程中，可以发现 Selenium IDE 可以灵活方便地生成脚本，即使没有编程基础的测试人员也可以轻松实现。但同时也会发现，由于 Selenium IDE 不支持参数化(数据驱动测试)，因此对于大量测试数据的测试效率会很低。此时，需要使用 Selenium 的另一个组件，即 Selenium WebDriver 来实现。

4.5.2 Selenium WebDriver

本节将介绍使用 Selenium WebDriver 对 JForum 论坛进行黑盒测试，这里选用 Java 语言进行编程，实现对 JForum 论坛的登录模块进行测试。

Selenium WebDriver 针对不同的浏览器提供了不同的开发包，其中主要是可以通过操作系统上的 API 接口实现对不同浏览器的调用，从而可以直接控制浏览器完成打开链接、填写表单、单击按钮等操作。为此，首先需要一个 Eclipse 工程，而该工程可以通过 Maven 进行构建。

1. 安装并设置 Maven

解压“apache-maven-3.0.3-bin.zip”文件，将 Maven 解压到安装路径，其目录结构如图 4-40 所示。Maven 相关的可执行程序在“bin”目录下，相关的配置文件存放在“conf”目录下。

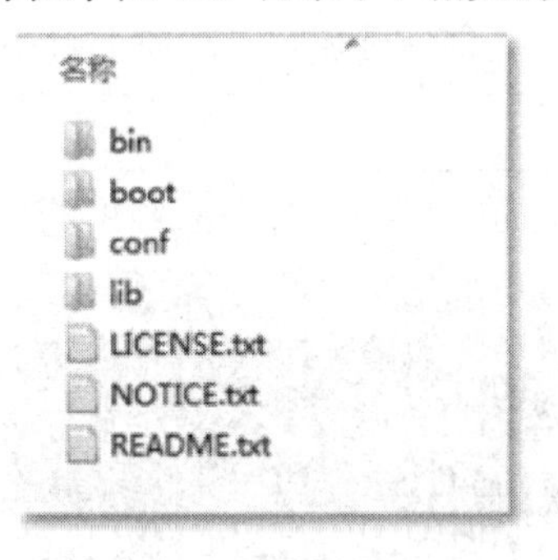

图 4-40　Maven 的目录结构

接下来，需要为 Maven 设置环境变量“M2_HOME”，变量值指向 Maven 的安装路径，如“F:\Development\Java\Maven\apache-maven-3.0.3”，如图 4-41 所示。同时，为了在命令行中直接运行 Maven，需要修改系统环境变量“Path”，将“M2_HOME”下的“bin”目录添加到系统环境变量“Path”中。

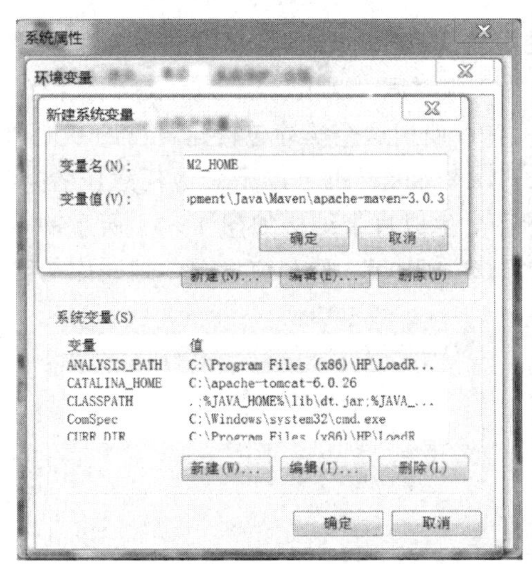

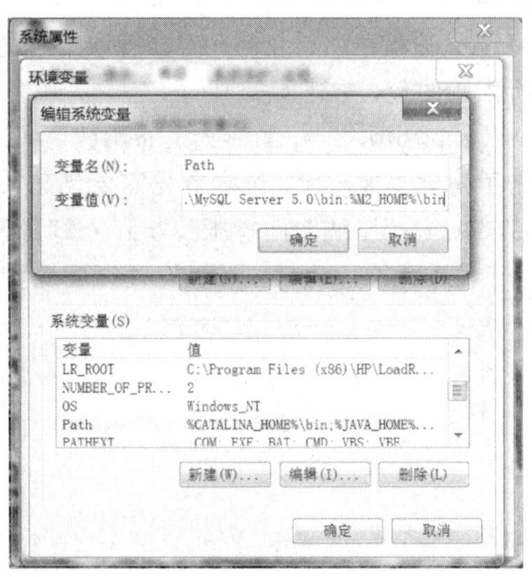

图 4-41　设置“M2_HOME”和“Path”环境变量

最后，为了限制 Maven 运行时使用的内存，需要为其设置辅助选项“MAVEN_OPTS”，如图 4-42 所示，将环境变量的值设置为：

```
-Xms256m -Xmx512m
```

这样可以避免运行 Maven 时出现内存溢出错误。

图 4-42 设置"MAVEN_OPTS"环境变量

完成上述操作后，新打开一个命令行窗口，在命令行中输入如下命令：

```
mvn -- version
```

如果配置没有错误，应该有如图 4-43 所示的输出结果。

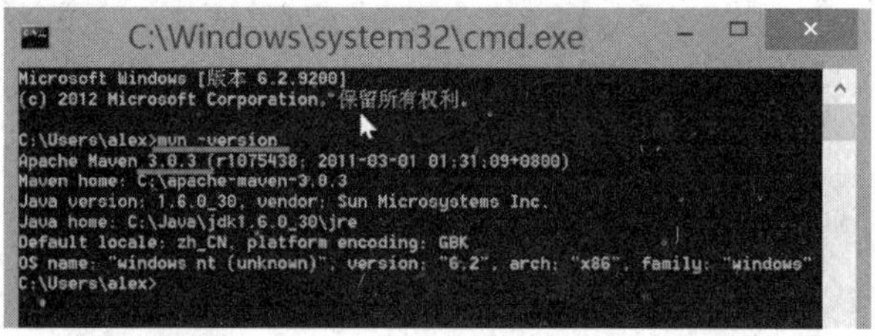

图 4-43 运行 Maven 检验环境变量设置

注意：由于 Maven 需要依赖 Java，所以安装配置 Maven 前必须确保 Windows 操作系统下已经正确安装配置了 JDK，并设置了"JAVA_HOME"环境变量。

2. 创建并配置本地库

Maven 工程在初始化时，需要读取本地的配置文件"settings. xml"，并从互联网的仓库下载所依赖的包，构建所需要的工程。为了节约实验时间，这里将工程所依赖的所有 jar 包打包，以 repository. rar 的形式发布给读者，读者可使用这个压缩包构建自己的本地仓库。

为了构建本地仓库，读者首先需要创建"c：\m2"目录(也可以是其他任意位置)，并将"repository. rar"压缩文件解压到"c：\m2"目录下，生成目录结构如图 4-44 所示的本地仓库。为了使本地仓库生效，需要设置环境变量"M2_REPO"，使其值指向本地仓库的路径。

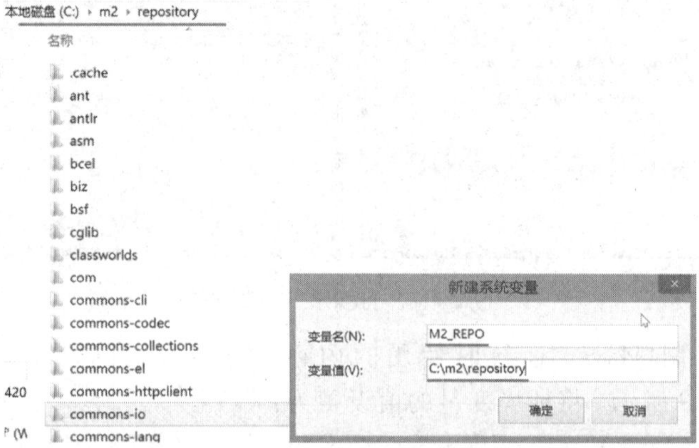

图 4-44 本地仓库结构及环境变量"M2_REPO"

同时，还需要修改 Maven 安装目录下"conf"文件夹里的"settings. xml"文件，在如图 4－45 所示位置添加一行如下代码：

```
<localRepository>C:\m2\repository</localRepository>
```

将本地仓库路径指向刚刚解压的路径。然后，将修改后的"settings. xml"文件复制一份到本地仓库根目录下，即"C:\m2\repository"下。

```
<!-- localRepository
  | The path to the local repository maven will use to store artifacts.
  |
  | Default: ~/.m2/repository
<localRepository>/path/to/local/repo</localRepository>
-->
<localRepository>C:\m2\repository</localRepository>
```

图 4－45　修改"settings. xml"配置文件指定 Maven 的本地仓库

3. 检查 Eclipse 的 Maven 插件

默认情况下，新版本的 Eclipse 中已经自带 Maven 插件。如果检查 Eclipse 中没有安装 Maven 插件，可以通过如下步骤手动安装。

启动 Eclipse 之后，打开"Help"菜单，然后选择"Install New Software"选项。在弹出的窗口中，如图 4－46 所示，单击"Add"按钮，在弹出对话框的"Name"文中框中输入"m2e"，"Location"文本框中输入"http://m2eclipse. sonatype. org/sites/m2e"，然后单击"OK"按钮。接下来，等待安装站点上的资源信息更新之后，选中需要安装的 Maven 插件，一直单击"Next"按钮，确定之后 Eclipse 会自动下载 m2eclipse 插件并安装。当 Maven 插件安装完成后，提示重启 Eclipse，以更新系统，如图 4－47 所示。

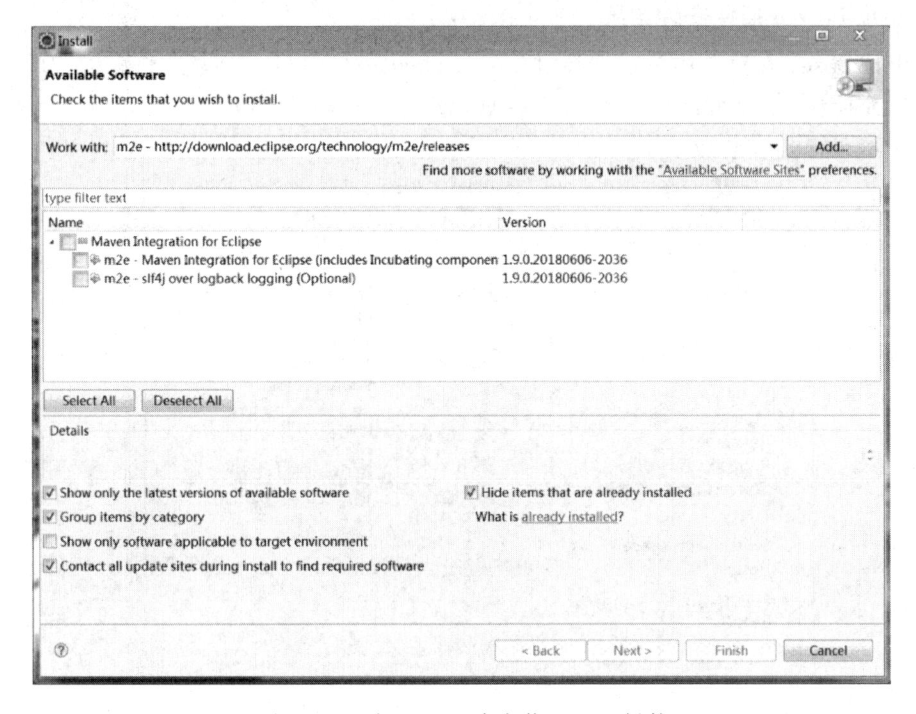

图 4－46　在 Eclipse 中安装 Maven 插件

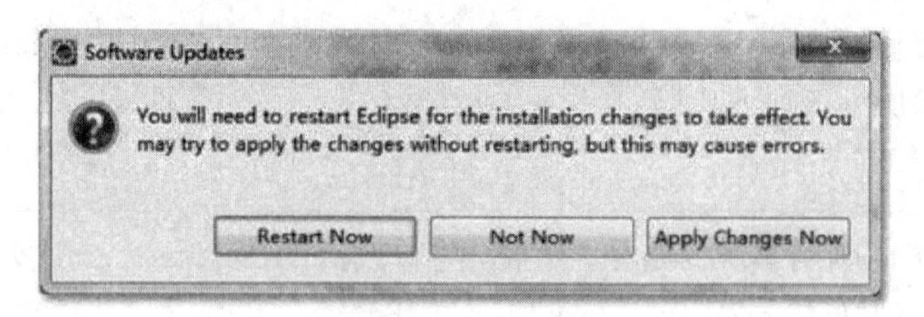

图 4-47　安装插件之后重启 Eclipse

重启后，Eclipse 的启动界面出现 Maven 提示，如图 4-48 所示，表示插件已经启动。

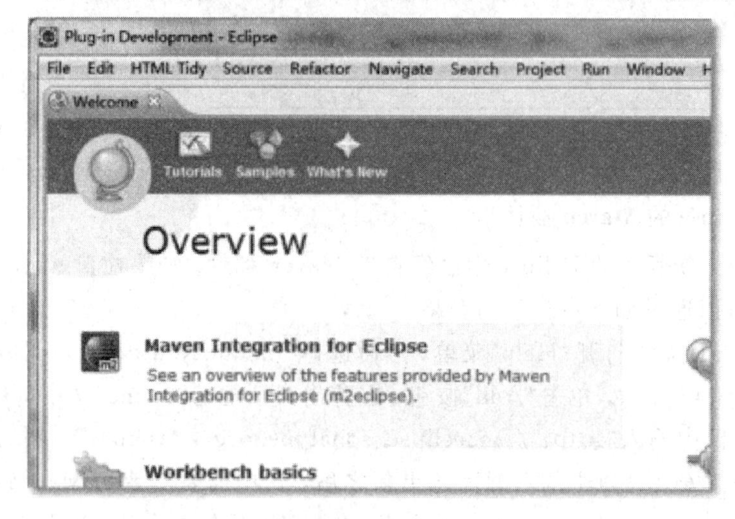

图 4-48　启动后 Maven 插件加载成功

4. 验证 Maven 插件安装结果

打开 Eclipse，在菜单中依次选择“File”→“New”→“Project”选项，如图 4-49 所示。在弹出的对话框中，如果可以找到 Maven 一项，并且展开后看到如图 4-50 所示的选项，表明 Maven 插件已经安装成功。

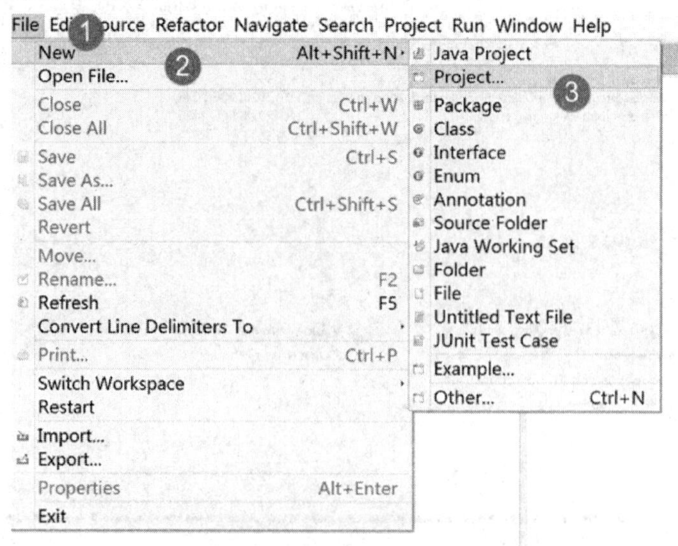

图 4-49　在 Eclipse 中检查 Maven 插件结果

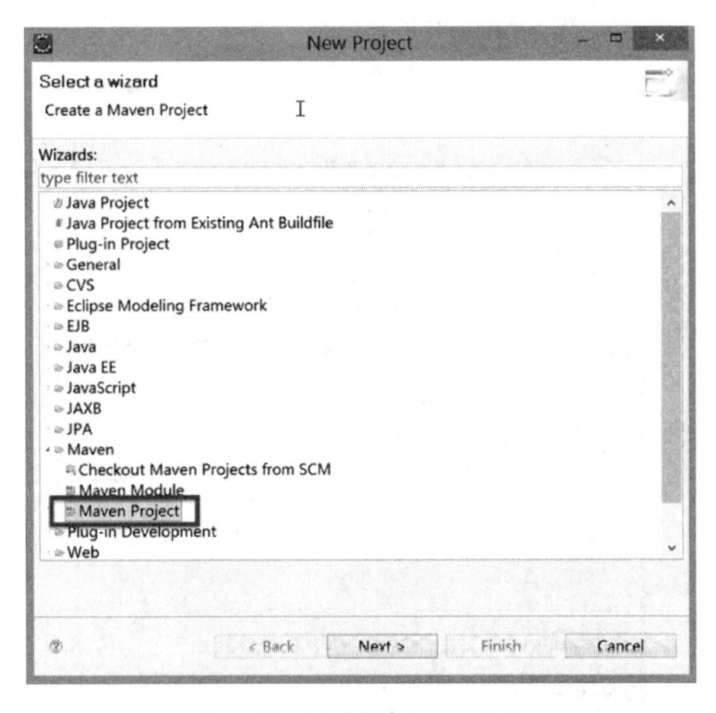

图 4－50　查看新建 Maven 项目

5. 禁用内嵌 Maven 模块

Maven 插件在安装后，会自动在 Eclipse 中加入一个内嵌的 Maven 模块。为了使用之前安装配置的 Maven，需要禁用内嵌的 Maven 模块。为此，在 Eclipse 菜单中依次选择"Window"→"Preferences"选项，打开"Eclipse"系统选项。在弹出的对话框中展开如图 4－51 所示左边的"Maven"项，选择"Installations"子项，发现默认选中了内嵌的 3.0.4 版本的 Maven。单击右侧的"Add"按钮，在弹出窗口中选择之前解压的 Maven 安装目录，添加完毕之后选中这个本地的 Maven，如图 4－52 所示。

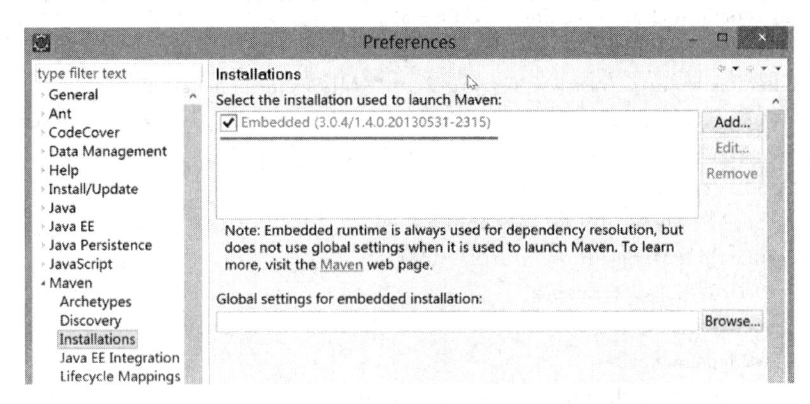

图 4－51　默认选中了内嵌的 Maven 环境

然后，选中"User Settings"选项，确保"User Settings"和"Local Repository"设置使用了本地 Maven，如图 4－53 所示。

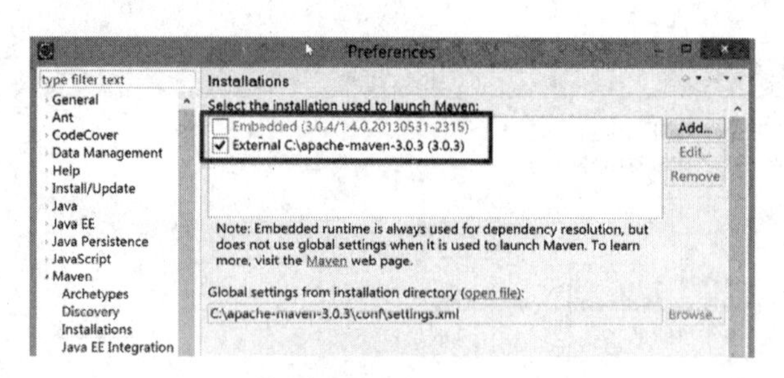

图 4-52 选择使用本地的 Maven 环境

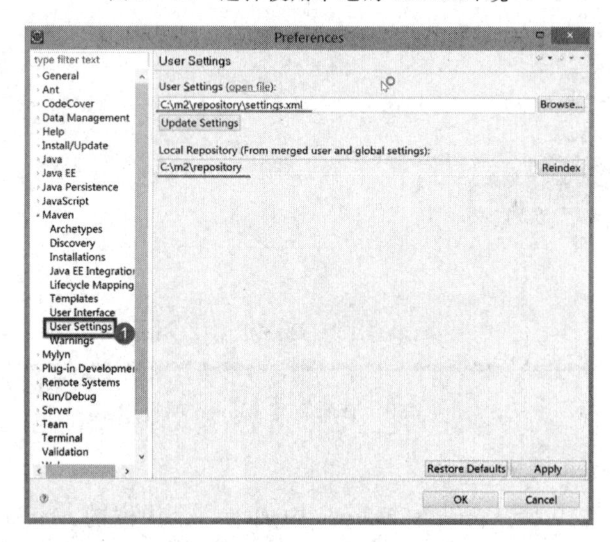

图 4-53 确定 Eclipse 正确使用了本地 Maven

6. 创建 WebDriver 工程

使用 Maven 创建 WebDriver 工程，首先需要在 Windows 操作系统下的任意位置创建一个 MySel20Proj 目录，编写如下所示的 pom.xml 文件。

```
<? xml version="1.0" encoding="UTF-8"? >
<project xmlns="http://maven.apache.org/POM/4.0.0"
    xmlns:xsi="http://www.w3.org/2001/XMLSchema-instance"
    xsi:schemaLocation="http://maven.apache.org/POM/4.0.0 http://maven.apache.
org/xsd/maven-4.0.0.xsd">
    <modelVersion>4.0.0</modelVersion>
    <groupId>MySel20Proj</groupId>
    <artifactId>MySel20Proj</artifactId>
    <version>1.0</version>
    <dependencies>
        <dependency>
            <groupId>org.seleniumhq.selenium</groupId>
            <artifactId>selenium-java</artifactId>
            <version>2.12.0</version>
        </dependency>
    </dependencies>
</project>
```

然后，打开命令行窗口，通过 cd 命令进入到刚刚创建的 MySel20Proj 目录，之后在工程目录下运行如下命令。

```
mvn clean install
```

如果本地资源库配置正确，Maven 将从本地资源库生成 WebDriver 的原始工程，当出现“BUILD SUCCESS”则说明创建成功，如图 4－54 所示。

图 4－54　在 MySel20Proj 项目中添加 Maven 支持

运行结束后，Maven 将自动在 MySel20Proj 工程目录下生成 target 文件夹，如图 4－55 所示，target 文件夹将包括工程基础框架。

图 4－55　查看添加 Maven 支持后的目录结构

为了能够在 Eclipse 中进一步开发 WebDriver 工程，需要为 MySel20Proj 工程添加 Eclipse需要的源文件。为此，打开命令行窗口进入到 MySel20Proj 工程目录，运行如下命令生成 Eclipse 工程相关的源文件。

```
mvn eclipse：eclipse
```

当出现“BUILD SUCCESS”则说明创建成功，如图 4－56 所示。

然后，在 Eclipse 菜单中依次选则“File”→“Import”→“General”→“Existing Projects into Workspace”，打开如图 4－57 所示的导入窗口。在导入窗口中，单击“Browse”按钮，定位到 MySel20Proj 目录，单击“Finish”按钮，将 MySel20Proj 项目导入到 Eclipse 中。

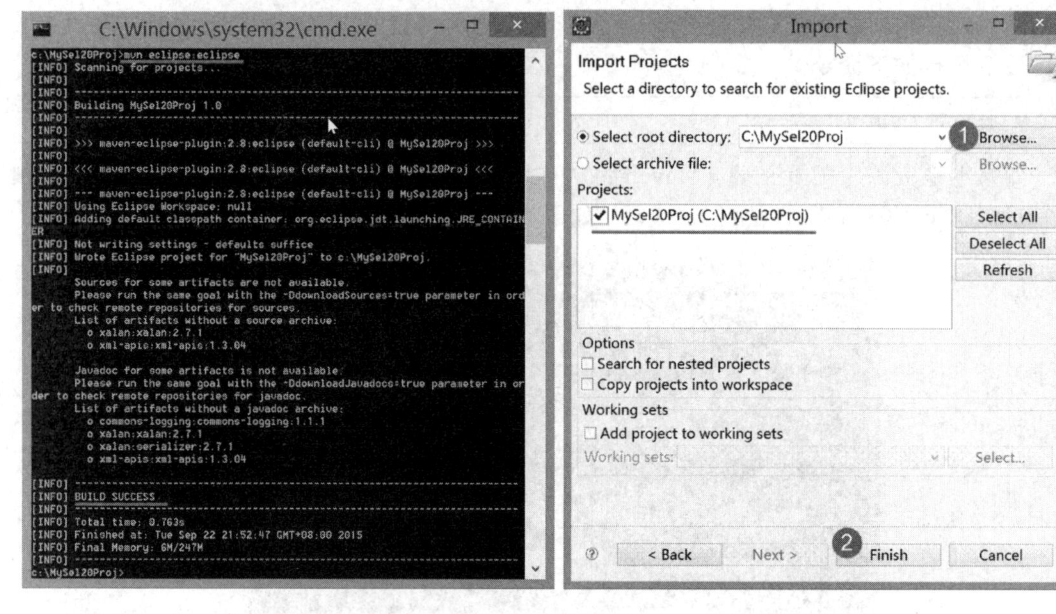

图 4-56 给项目添加 Eclipse 特性　　　　图 4-57 将项目导入 Eclipse

7. 为 MySel20Proj 工程创建主类

在 MySel20Proj 工程中，如图 4-58 所示，右键单击“MySel20Proj”选项，在弹出的菜单中依次选择“New”→“Source Folder”选项创建源目录。

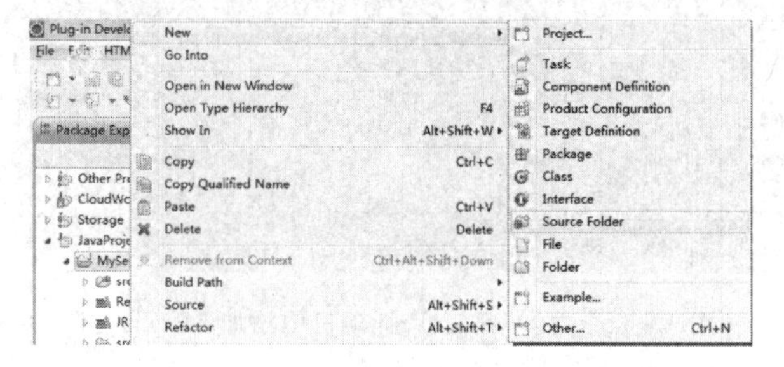

图 4-58 为项目添加源代码目录

在弹出的窗口中，如图 4-59 所示，在“Folder name”文本框中输入“src/main/java”，单击“Finish”按钮，为 MySel20Proj 工程添加新的源目录。

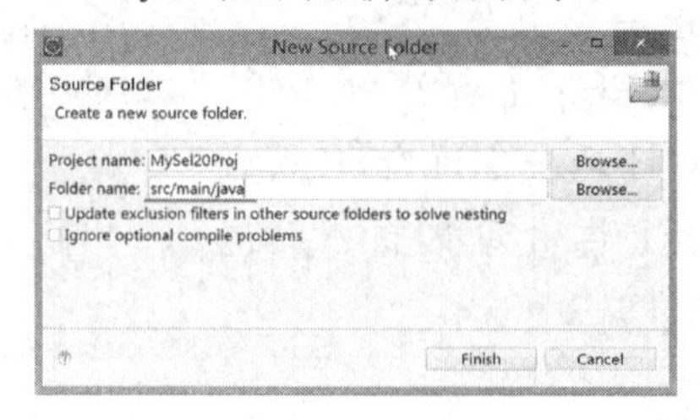

图 4-59 添加“src/main/java”目录到 MySel20Proj 工程

接下来将创建主测试文件。在此之前，需要对登录页面的源代码进行分析。这是因为，此前使用 Selenium IDE 可以通过页面元素文字进行区别，但是通过编程方式无法直接区分，因此需要对比用户成功登录前后的页面源代码。

此时，在 Firefox 浏览器中选中需要对比的信息，在右键的弹出菜单中，选择“查看元素”选项，如图 4-60 所示，查看登录窗口的源代码。

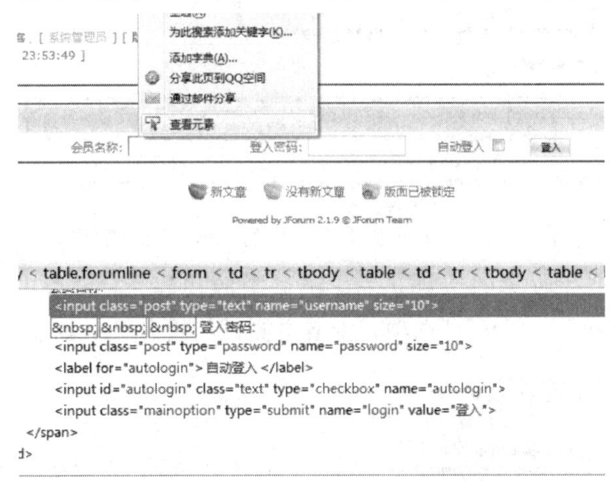

图 4-60　查看表单元素对应的源代码

在用户登录前，页面顶部会出现“登入”链接，如图 4-61 所示。通过查看元素后可见，对应“登入”元素的页面源代码，其“id”为“login”。

图 4-61　查看“登入”元素的源代码

在用户登录后，页面顶部将会有“注销”链接，如图 4-62 所示。通过查看元素后可见，对应“注销”元素的页面源代码，对于“id”为“logout”。

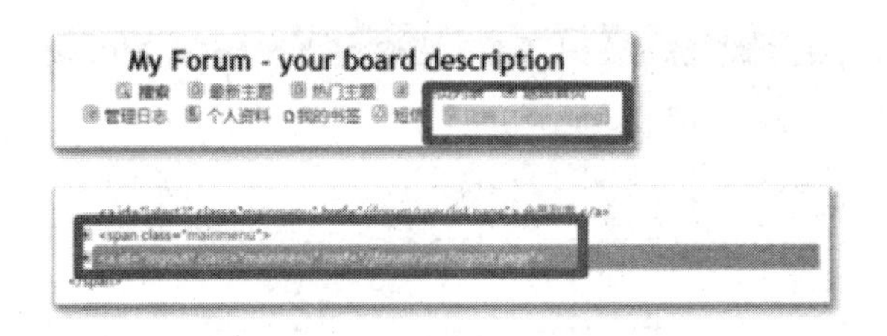

图 4-62　查看“注销”元素的源代码

同时可以发现在登录前，页面顶部左侧仅显示当前系统时间，如图 4-63 所示。

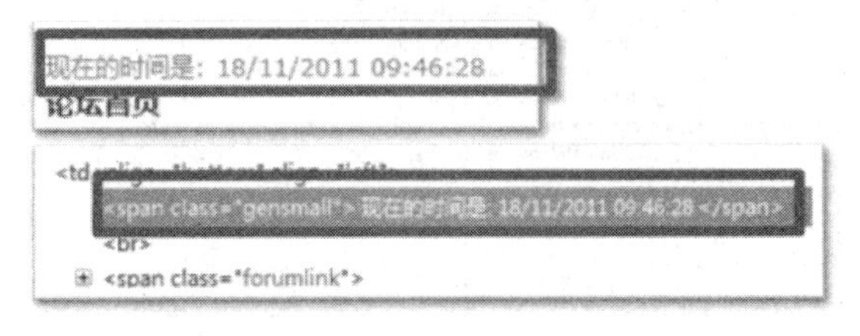

图 4-63　查看页面上登录前的元素及对应源代码

登录后，页面顶部左侧显示用户最后一次登录时间，如图 4－64 所示。

图 4－64　查看页面上登录后的元素及对应源代码

然后，可以根据上述收集的信息开发主测试类源代码。右键单击 MySel20Proj 工程的源代码路径，选择“New”→“Class”选项，新增主测试类源代码，如图 4－65 所示。

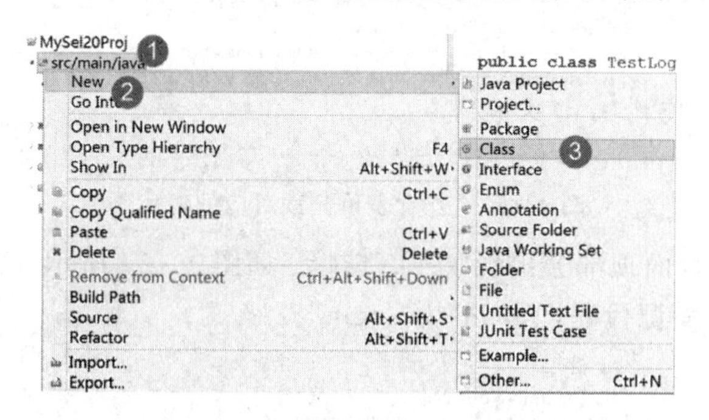

图 4－65　新建测试类

在弹出的窗口中，输入测试类的包名：

```
cn.edu.cuit.cs.selenium.example
```

类名：

```
TestLogin
```

单击“Finish”按钮完成添加，如图 4－66 所示。

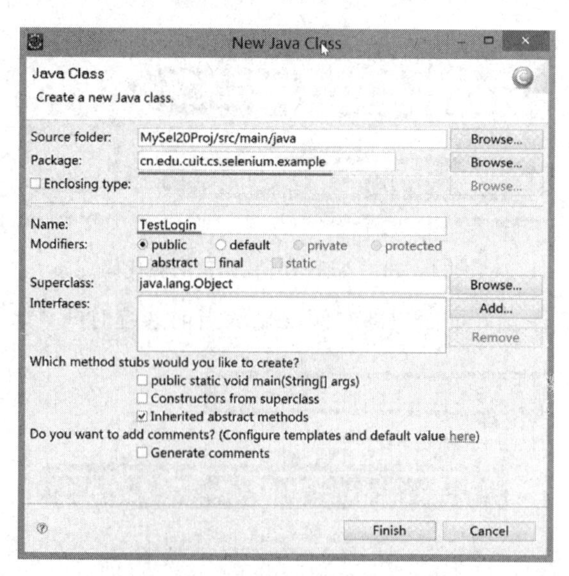

图 4－66　输入主测试类的名称

编辑“TestLogin”主类，输入如下源代码：

```
package cn. edu. cuit. cs. selenium. example;

import org. openqa. selenium. By;
import org. openqa. selenium. WebDriver;
import org. openqa. selenium. WebElement;
import org. openqa. selenium. firefox. FirefoxDriver;
import org. openqa. selenium. support. ui. ExpectedCondition;
import org. openqa. selenium. support. ui. WebDriverWait;

public class TestLogin{
  public static String username="TiejunWang";
  public static String password="justatest";

创建测试主文件
public static void main(String[] args){
  // Create a new instance of the Firefox driver
  // Notice that the remainder of the code relies on the interface,
  // not the implementation.
  WebDriver driver=new FirefoxDriver();

  // And now use this to visit JForum
  driver. get("http://localhost:8080/jforum/forums/list. page");

  // Find the useranme and password elements by their names
  WebElement usernameElement=driver. findElement(By. name("username"));
  WebElement passwordElement=driver. findElement(By. name("password"));

  // Enter username and password for login
  usernameElement. sendKeys(username);
  passwordElement. sendKeys(password);
  // Check the welcome message before login
  System. out. println("Before login");
  WebElement element=driver. findElement(By. className("gensmall"));
  System. out. println("Welcome message is : " + element. getText());
  // Now submit the form. WebDriver will find the form for us from the element
  usernameElement. submit();
  // Wait for the page to load, timeout after 10 seconds
  (new WebDriverWait(driver, 10)). until(new ExpectedCondition<Boolean>(){
    public Boolean apply(WebDriver d){
        return (d. findElement(By. id("logout"))! = null);
    }
    });
    创建测试主文件
    // Check the welcome message after login
    System. out. println("After login");
    element=driver. findElement(By. className("gensmall"));
    System. out. println("Welcome message is : " + element. getText());

    // Close the browser
    driver. quit();
    }
}
```

8. 运行测试文件

右键单击“TestLogin”主类，依次选择“Run As”→“Java APPlication”选项，如图 4-67 所示。

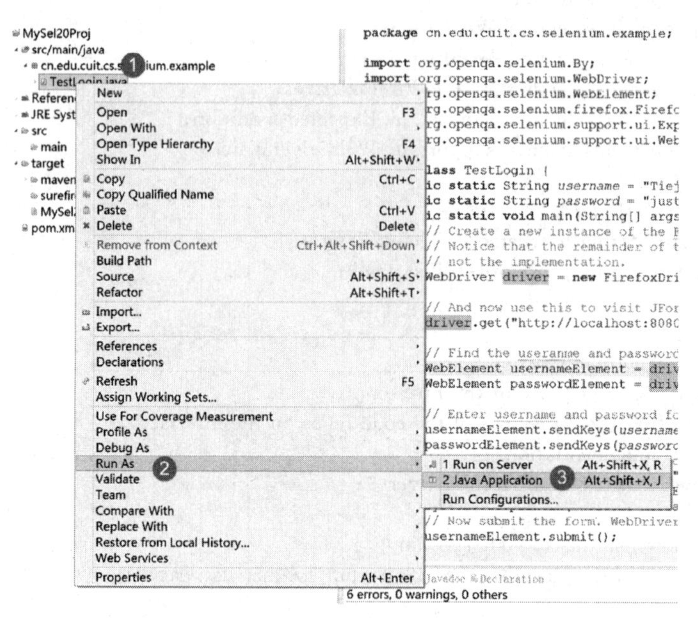

图 4-67　运行测试代码

此时程序会通过 WebDriver 同 Firefox 进行通信，自动进行登录并返回结果。查看 Eclipse打印的结果信息，如图 4-68 所示。

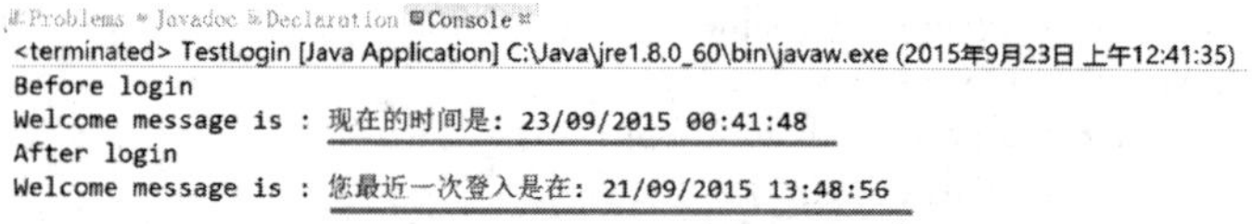

```
Problems  Javadoc  Declaration  Console
<terminated> TestLogin [Java Application] C:\Java\jre1.8.0_60\bin\javaw.exe (2015年9月23日 上午12:41:35)
Before login
Welcome message is : 现在的时间是: 23/09/2015 00:41:48
After login
Welcome message is : 您最近一次登入是在: 21/09/2015 13:48:56
```

图 4-68　查看测试代码运行之后的输出结果

注意：确认此时 Selenium IDE 插件未运行，否则将出错。

课后练习

1. 思考自动化测试与负载测试的相同点和不同点。
2. 主流的自动化测试软件有哪些，并通过网络找出教材上未列出的工具软件。
3. 从计算机网络的角度思考代理的工作原理。
4. Selenium 有几种工作方式，分别是什么？
5. 试分析 Selenium WebDriver 的 API，尝试编写使用 Chrome 浏览器进行测试的代码。

第三部分　APP 测试

第 5 章 iOS APP 测试

测试策略会贯穿整个测试工程，它包括测试中每一个阶段的工具、流程和方法的描述。在之前的章节中虽然涉及工具和方法等方面的描述，但都比较分散并且没有明确地提出测试策略这个概念。

本章将会针对 iOS 的测试策略及测试方法进行阐述。

5.1 iOS 测试策略

测试策略是整个测试过程中的指导纲领。在实际的工作过程中，会根据团队的规模、成熟度和质量目标而选择不同的测试策略。本节主要从测试类型选择方面进行一些阐述。

针对 iOS 端应用程序的一些特点，主要选择的测试类型有以下几种。

1. 功能测试

功能测试是最主要的测试类型。测试工程师需要根据产品的需求、用户的使用场景和代码实现方式等设计测试用例，并且认真执行。之前介绍的一些自动化测试技术会从不同的层面来完成功能测试。本章将不再针对功能测试进行阐述。

2. 兼容性测试

兼容性测试又被称为适配测试。兼容性测试的目的是要确保应用程序可以在所支持的系统平台上正常运行。兼容性测试主要由硬件兼容性测试、软件兼容性测试和数据兼容性测试组成。iOS 设备的多样化使得兼容性测试更加重要。

3. 网络流量测试

由于在移动平台上存在网络接入点的多样化，并且不同的接入点会决定网络流量是否收费和网络网速等一些特性，所以网络流量测试在移动平台上会作为一种单独的测试类型而存在。

4. 升级测试

升级测试同样也是移动端测试特有的一种测试类型。应用程序从老版本升级到新版本时，需要确保功能使用正常的测试活动是升级测试。

5. 性能测试

服务器端性能测试的定义已经非常清楚，但是对移动端性能测试的定义，测试界还没有达成共识，所以这里也很难给出一个关于移动端性能测试的定义。对于客户端的性能测试，可能是大数据的测试，也可能是显示速度等方面的测试。性能测试可能会和之前提到

的稳定性测试和网络测试有一些重复的活动。本书中的性能测试只会涉及 CPU、iOS 内存和 I/O 等指标的监控，通过对一些基础的系统指标进行监控，从而得到一些基准数据，并且通过数据之间的对比发现一些性能问题。

6. 稳定性测试

稳定性测试是检验应用程序长期稳定运行的能力的一种测试。一般的稳定性测试会通过一些边界值和非常规操作，来验证应用程序的问题所在。稳定性测试也需要探索，因为有时即使通过了稳定性测试，也不能说明应用程序足够稳定。

在测试 iOS 应用程序的过程中，建议可以先考虑以上提到的几种测试类型。在确定好测试类型之后，需要选择相应的测试方法和工具来保证该测试类型顺利进行。针对每种测试类型的测试方法和工具，在本章后续的小节中将进行详细的介绍。

5.2　APP 兼容性测试

兼容性测试也被称为适配测试。兼容性测试需要考虑硬件兼容、软件兼容和数据兼容。兼容性测试对测试环境的依赖度非常高，以下将通过详细的分析来阐述兼容性测试的测试环境准备方法。

截至 2015 年 7 月，iOS 端主流的硬件平台如下：

iPhone：iPhone 5、iPhone 5S、iPhone 6、iPhone 6S；

iTouch：iTouch 6；

iPad：iPad air、iPad pro、iPad 3、iPad 4、iPad mini 4。

截至 2015 年 7 月，iOS 端主流的软件系统如下：

iOS7：7.1、7.2；

iOS8：8.1、8.2；

iOS9：9.0、9.1。

本书在罗列软件系统版本时，特意省略了更细节的软件系统版本，例如 iOS 7.1.1 和 iOS 7.1.2 被统称为 iOS 7.1，主要是考虑到同级小版本之间的差距很小。如果实际项目对软件系统版本要求非常高，也可以根据情况具体地细化软件系统版本。

软件系统总是需要依托硬件环境才能产生一套完整的测试环境。在得到了硬件环境和软件系统的所有版本以后，需要把硬件和软件环境进行排列组合并得到兼容性测试的测试环境总表。虽然 iOS 的生态系统会比 Android 的规范很多，但是也会得到很多个测试环境。测试环境每增加一个，都会带动兼容性测试成本的上升。在开始兼容性测试之前，需要再次审视测试环境列表是否有简化的空间。

Apple 公司一直都很严格、谨慎地维护着 iOS 的生态系统，其中有这样一条规则：软件系统无法从高版本降至低版本。通过此条规则，可以对兼容性测试环境进行进一步的过滤，如 iPhone 5 默认安装的最低系统版本是 iOS 8.1，所以在 iPhone 5 的硬件平台上就不再考虑更低的软件系统版本了。经过简化之后，得到了兼容性测试环境，如表 5 - 1 所示。表中虽然列出了很多测试环境，但并不表示每一个测试环境都要被测试。兼容性测试同样需要测试重点。测试环境方面可以结合覆盖用户的统计数据，针对用户量大的机型和软件系统版本做更有针对性的兼容性测试。

表 5-1　兼容性测试的测试环境(建议)

硬件 \ 软件	iOS 7.1	iOS 8.1	iOS 8.2	iOS 9.0	iOS 9.1
iPhone 5	√	√	√	√	√
iPhone 5S	√	√	√	√	√
iPhone 6	×	√	√	√	√
iPhone 6S	×	×	×	×	√
iTouch 6	√	√	√	√	√
iPad air	√	√	√	×	×
iPad 4	√	√	√	√	√
iPad 5	×	×	√	√	√
iPad mini 4	×	×	×	√	√
iPad	×	×	×	√	√

准备好测试环境以后，就可以开始兼容性测试了。之前已经介绍过，兼容性测试分为硬件兼容性测试、软件兼容性测试和数据兼容性测试。但是，数据兼容性不是 iOS 兼容性测试的重点。对于一些数据兼容性的问题，在功能测试时就会得到体现，不用大费周章地更换各种硬件平台和软件环境进行测试。

在测试 iOS 软件兼容性时，需要把主要精力放在应用程序是否正确使用了该软件系统版本的 API 上。例如，在 iOS 7 之前，软件系统不支持自动布局(Auto Layout)特性，如果应用程序使用了该特性并运行在 iOS 8 的系统上，应用程序将会崩溃。又如，应用程序需要解析 JSON 格式的数据，在没有使用任何第三方工具库的情况下，iOS 7.3 的系统会出现异常情况。在进行 iOS 硬件兼容性测试时，需要关注屏幕的尺寸分辨率带来的兼容性问题，同时还需要考虑 CPU 的处理能力和内存的承载能力，可能还需要考虑一些外部设备的兼容性问题，例如蓝牙耳机和外接键盘等。

总之，兼容性测试不是简单地用不同的设备进行相同操作的机械劳动。兼容性测试需要结合应用程序本身的特点和 iOS 的相关特性进行针对性的测试，最终快速得到测试反馈。更多的兼容性测试特点需要在工作中总结和探索。

5.3　APP 性能测试

一个 iOS 应用程序不只需要漂亮的页面和优雅的设计，还需要快速启动、及时响应用户交互和优秀的内存管理等。秉承用户第一的原则，为了给用户呈现更加优秀的 iOS 应用程序，必须对应用程序进行性能测试，通过测试定位并且解决问题。

性能测试需要有针对性。从 iOS 应用程序的特性出发，一个使用了 Core Date 存储了

很多数据的应用程序，需要对磁盘 I/O 和 Core Date 的效率进行监控；一个使用了很炫的图形界面的游戏软件，主要需要评估图形绘制的效率和用户操作的响应速度等。虽然 iOS 应用程序的特性都不同，但是从用户体验的角度来看，一个优秀的 iOS 程序需要具备快速启动、优秀的内存管理和尽量少地消耗电量的共性。基于以上共性，本节将详细介绍以下三种性能测试。

1. 快速启动测试

许多 iOS 应用程序启动一次需要十几秒，而用户希望尽快操作应用程序。可以使用 Instrument的 TimeProfile 来分析启动时的 CPU 消耗，并且以消耗 CPU 的数据为依据进行优化。以下将通过一个具体的例子详细介绍如何使用 TimeProfile 来分析应用程序启动性能，并找出被浪费的 CPU 处理周期。

首先，为了使测试效果更明显，需要在被测试代码中加入浪费 CPU 周期的代码：

```
~(void)forLoopDelay{
  for (int i=0; i<1000; i++){
    NSLog(@"test");
  }
}
```

本测试采用 UI 自动化测试- Recipes 程序框架，所以需要在 RecipesAppDelegate. m 文件中加入以上代码，并在(void)applicationDidfinishLaunching:(UIApplication))函数中调用。然后，构建应用并进行性能分析。当 Instrument 列出所有组件时，选择 TimeProfile，如图 5 - 1 所示。测试程序启动后，在看到应用程序启动正常后就可以停止测试。测试停止后即可得到测试数据。

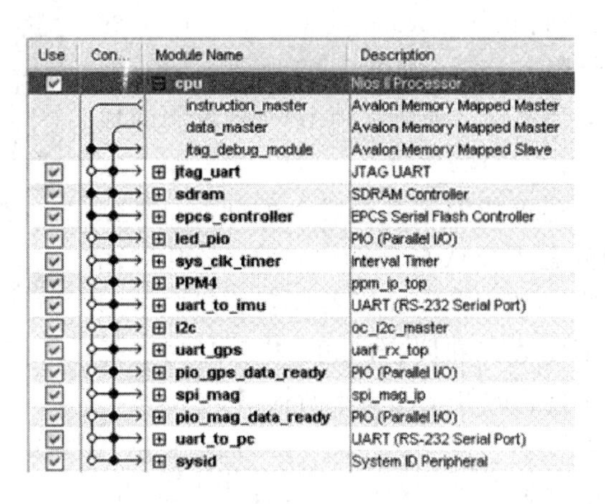

图 5 - 1　TimeProfile 组件图

可以得出，forLoopDelay 函数占用了 1682.0 ms 的启动时间，并且占用了应用程序启动总时间的 82.2%。在发现可疑的函数占用了过长的时间时，可以双击函数名称查看函数的源代码。

在分析问题时，没有硬性地规定具体的某个函数可以占用多少毫秒的启动时间，所以针对具体问题，需要具体分析。有时极个别函数尽管占用的启动时间非常长，代码却完全合理。要使 forLoopDelay 函数在需要分析启动时间时不显示其占用时间，以保证可以更快速地找到其他有问题的函数，可以在 Instrument 的右下角选择“Symbol”选项，如图 5-2 所示。

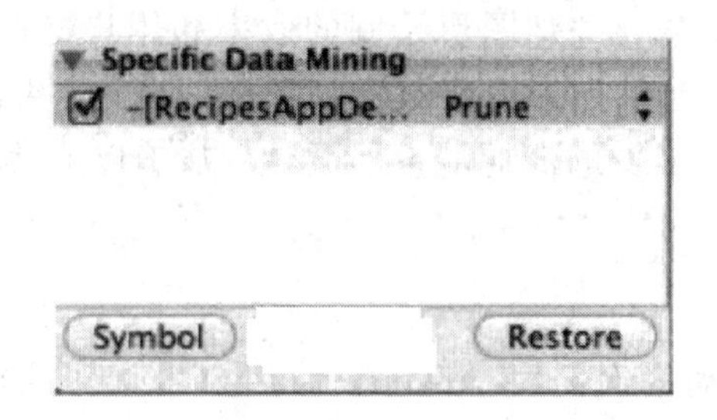

图 5-2 过滤 forLoopDelay

在分析应用程序启动时间时，还需要注意某些常规函数会占用大量的 CPU 时间。多数情况下，这些函数的调用是正常的，并且是无法避免的。具体还需要测试工程师对产品代码非常熟悉以后，才能更深入地发现问题。

2. 内存泄露检查

内存占用的优化管理一直是 iOS 开发者关心的问题之一。由于 Objective 不支持垃圾自动回收技术，所以开发者需要更加小心地处理内存管理的相关问题。除了开发工程师在编码阶段格外小心地管理内存以外，还需要具备一种内存泄露的检查手段。

首先，可以使用静态分析器分析代码。静态分析器可以根据经验猜测执行代码后可能发生的情况并报告会出现的问题，这些问题中可能存在内存泄露的问题。静态分析不需要构建应用或执行程序就可以快速完成这项任务。

静态分析器在检查代码时会枚举所有的代码路径，分别检查所有的函数和方法。为了看到静态分析的结果，在 Recipes项目中可以随意找到几处 release 或者 autorelease 的调用项并删除，然后运行静态分析，如图 5-3 所示。

图 5-3 运行静态分析

静态分析完成以后，会发现之前删除掉 release 调用的地方都被扫描出来了。

在静态分析代码时，还可能遇到其他类型的问题。对分析器找到的内存泄露的问题需要认真分析和修改，经常对代码进行静态分析是一个好习惯。有些分析器找到的问题可能会让开发者感到费解，不要放弃和回避问题，花些时间展开并弄清楚相关问题，会使自己的开发能力不断提高。

在静态分析代码后需要做一些动态检查。因为静态分析器只能找出项目编译时发现的问题，有些问题只会在运行时出现。这时，需要使用 Instruments。Instruments 有两个组件可以组合使用来查看内存泄露的问题，它们分别是 Allocations 和 Leaks。

在运行测试之前需要修改 Recipes 程序代码。在 RecipeListTableViewController.m 的 viewDidLoad 方法中加入以下代码：

```
for (int i=0; i<100; i++){
[[UIView alloc] init];
}
```

由于 Recipes 程序是早期非 ARC 的 iOS 应用程序，在刚才加入的代码中有内存泄露的

问题。以下将通过使用 Instruments 来发现刚才的内存泄露问题，构建应用并进行性能分析。当 Instruments 列出所有的组件时选择 Leaks，如图 5－4 所示。

图 5－4　选择 Leaks 进行内存泄露检查

在 Instrument 内存检查中同时使用了 Allocations 组件和 Leaks 组件。Allocations 组件可以监控对象调用了 alloc 方法申请内存以后的内存使用情况。Allocations 组件可以记录对象这个生命周期内的内存引用计数的变化。在对象被正常释放后，Allocations 组件将不再继续追踪。Leaks 组件会监控内存泄露，一般和 Allocations 组件一起使用，因为在监控到内存泄漏时需要定位问题。和 Allocations 组件一起使用时，可以得到详细的内存泄露信息，如图 5－5 所示。单独使用 Leaks 组件则无法得到。

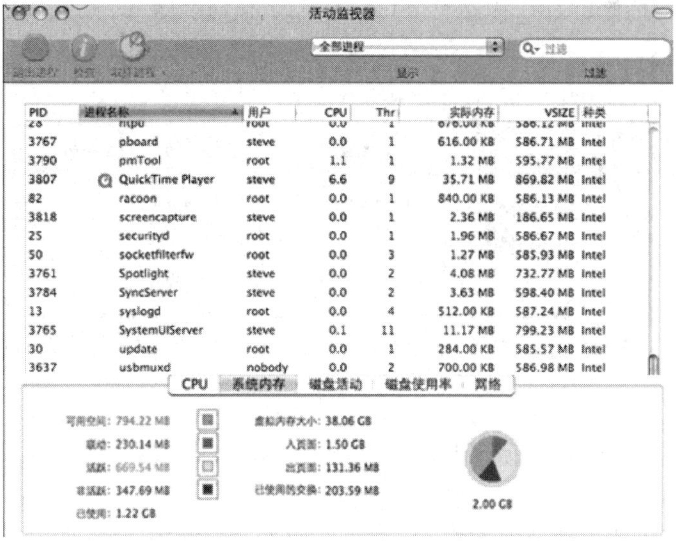

PID	进程名称	用户	CPU	Thr	实际内存	VSIZE	种类
3767	pboard	steve	0.0	1	616.00 KB	586.71 MB	Intel
3790	pmTool	root	1.1	1	1.32 MB	595.77 MB	Intel
3807	QuickTime Player	steve	6.6	9	35.71 MB	869.82 MB	Intel
82	racoon	root	0.0	1	840.00 KB	586.13 MB	Intel
3818	screencapture	steve	0.0	1	2.36 MB	186.65 MB	Intel
25	securityd	root	0.0	1	1.96 MB	586.67 MB	Intel
50	socketfilterfw	root	0.0	3	1.27 MB	585.93 MB	Intel
3761	Spotlight	steve	0.0	2	4.08 MB	732.77 MB	Intel
3784	SyncServer	steve	0.0	2	3.63 MB	598.40 MB	Intel
13	syslogd	root	0.0	4	512.00 KB	587.24 MB	Intel
3765	SystemUIServer	steve	0.1	11	11.17 MB	799.23 MB	Intel
30	update	root	0.0	1	284.00 KB	585.57 MB	Intel
3637	usbmuxd	nobody	0.0	2	700.00 KB	586.98 MB	Intel

CPU　系统内存　磁盘活动　磁盘使用率　网络

可用空间：794.22 MB　虚拟内存大小：38.06 GB
联动：230.14 MB　入页面：1.50 GB
活跃：669.54 MB　出页面：131.36 MB
非活跃：347.69 MB　已使用的交换：203.59 MB
已使用：1.22 GB　2.00 GB

图 5－5　内存泄露的监控主窗口

图 5－5 所示的信息可以解读为：内存泄露的对象为 UIView 对象，是在 Recipes 程序中的对象，在 RecipeListTableViewController 的 viewDidLoad 方法中泄露了内存。使用 Leaks 组件可以很方便地检测出内存泄漏发生的地方。将之前加入的代码修改为“[[[UIView alloc] init] autorelease]”，再次进行内存泄露检查并且进行比对，可以发现内存泄露的问题已经修复。使用 Leaks 检查出来的内存泄露，在代码修改后这一问题已经被修复。

3. 设备 CPU 和内存等关键指标的记录对比

所有的性能测试都会监控测试对象的运行环境，如记录 CPU、内存和 I/O 的一些指标，用于分析对比。iOS 一般使用 Instruments 来统计应用程序 CPU、内存和 I/O 的使用情况。具体操作如下：

打开 Instruments 程序，选择“Activity Monitor”选项后指定“Target”为“newBoard(网易新闻客户端)”。单击“录制”按钮对网易新闻客户端的性能指标进行监控，监控期间可以查看各种新闻和图片。在监控运行中可以得到当前时刻的 CPU 占用率、实际内存和虚拟内存等信息。Instruments 还提供了多次运行结果的对比功能，使用者可以对比当前运行结果和之前运行结果的差异，可以根据 CPU 和内存曲线，定性地分析出每次运行时 CPU 和内存的变化。

5.4 APP 稳定性测试

稳定性测试理论的范畴很大，涉及硬件平台、软件系统和具体的应用程序。在 iOS 测试领域内，猴子测试被作为稳定性测试的主要手段。猴子测试即像猴子一样随意地没有规律地操作应用程序。

Android 系统自带了猴子测试的工具，开发者可以直接使用。iOS 没有官方的猴子测试工具，本书作者基于 UI Automation 编写了猴子测试脚本。测试脚本的位置为“https://github.com/douban/ynm3k/blob/master/robot4ios/util/iOSMonkey2.js”。猴子测试使用非常简单，直接在 Instruments 中运行 UI Automation 脚本即可。运行猴子测试以后得到的结果如图 5-6 所示。

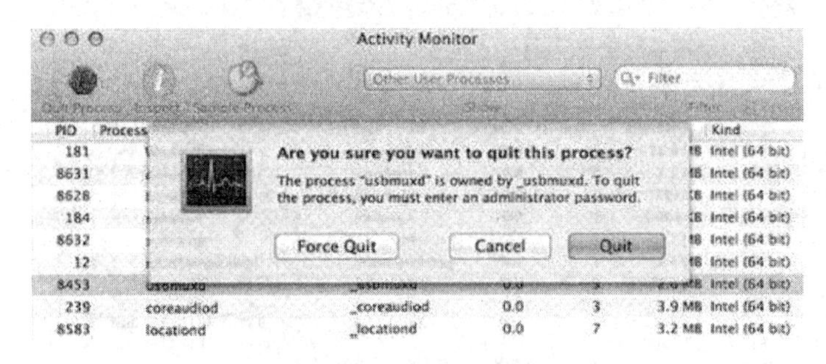

图 5-6 测试结果

猴子测试在每个操作后都做了截图保存，并且输出了被操作控件所有的父控件，这样可以根据截图和控件之间的关系，很快地定位到问题。

在自动化的猴子测试执行完成以后，还可以考虑在一些临界条件下对应用程序进行稳定性测试。可以主要考虑以下条件：

(1) 频繁收到内存告警。

(2) 电池电量低。

(3) 3G 网络不稳定，时断时续。

在以上极端的情况下程序的稳定性更为重要。

5.5　iOS UI 自动化测试

基于 iOS 平台的各种测试的测试工具种类繁多，很多工具还具备了自动化测试功能，但是本书重点讨论苹果官方提供的 UI Automation 工具。目前，很多开发者都使用 UI Automation工具做自动化测试，以替代以前需要人工手动操作的重复的劳动。

5.5.1　UI Automation 简介

一般的自动化测试的测试工具在测试过程中，测试人员通过编写一些脚本就可以达到自动化操作的目的，性能更优越的自动化工具同时还具备录制脚本的功能，录制脚本可以让脚本的开发强度降低一些，但是大部分工作还是需要测试人员编写脚本来完成。UI Automation不但支持脚本编写方式的自动化测试，并且还支持录制回放方式的自动化测试，是一款功能强大的自动化测试工具。

UI Automation 是 Microsoft 提供的 UI 自动化库，它包括在.NET Framework 3.0 中，是 Windows Presentation Foundation(WPF)的一部分，可进行 UI 测试自动化。此自动化库一开始就是为可访问性和 UI 测试自动化任务而专门设计的，可使用 UI 自动化库来测试运行支持.NET Framework 3.0 的操作系统，例如 Windows XP、Windows Vista、Windows Server 2003 以及应用程序，如 Windows Server 2008 主机上的 Win32 应用程序、.NET Windows 的窗体应用程序和 WPF 应用程序。

在 UI Automation 中，所有的窗体、控件都表现为一个 AutomationElement。AutomationElement中包含此控件或窗体的属性，在实现自动化的过程中，通过其相关属性对控件进行自动化操作。对于 UI 用户而言，显示在桌面上的 UI 实际上是一个 UI Tree，根节点是 Desktop。在 UI Automation 中，根节点表示为 AutomationElementRootElement。通过根节点，可以通过窗体或控件的 Process Id、Process Names 或者 Windows Name 找到相应的子 AutomationElement，例如 Dialog、Button、TextBox、CheckBox 等标准控件，通过控件所对应的 Pattern 进行相关的操作。UI Automation 的体系结构如图 5-7 所示。

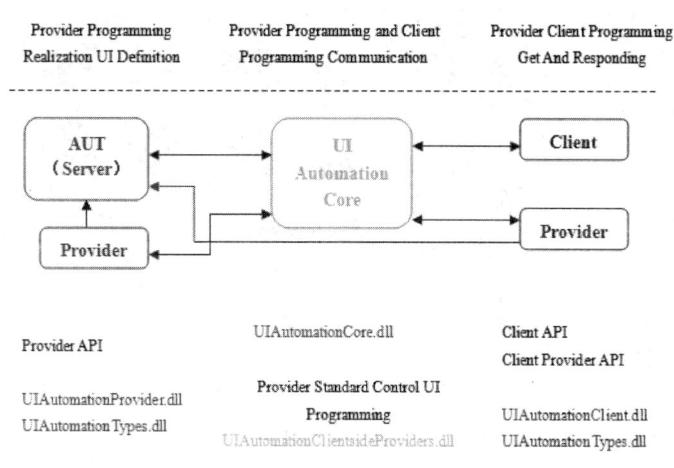

图 5-7　UI Automation 的体系结构

说明：

（1）在服务器端由 UIAutomationProvider. dll 和 UIAutomationTypes. dll 提供。

（2）在客户端由 UIAutomationClient. dll 和 UIAutomationTypes. dll 提供。

（3）UIAutomationCore. dll 为 UI 自动化的核心部分，负责服务器端和客户端的交互。

（4）UIAutomationClientSideProviders. dll 为客户端程序提供自动化支持。

在 UI 自动化库体系结构中使用客户端-服务器视点和命名约定。从 UI 测试自动化的角度来看，这意味着所测试的应用程序被称为服务器，测试工具被视为客户端，测试工具（客户端）向所测试的应用程序（服务器）请求 UI 信息。UIAutomationClient. dll 库实际上就是 UI 自动化客户端使用的自动化库。另外，UIAutomationTypes. dll 库包含 UIAutomationClient. dll和其他 UI 自动化服务器库使用的各种类型的定义。除 UIAutomationClient. dll 和 UIAutomationTypes. dll 库外，还将看到 UIAutomationClientProvider. dll 和 UIAutomationProvider. dll库。UIAutomationClientSideProviders. dll 库包含一组与构建时不支持自动化的控件配合使用的代码，这些控件可能包括旧式控件和自定义的. NET 控件。通常一般的应用程序使用标准控件（均设计为支持 UI 自动化），因此不需要此库。UIAutomationProvider. dll库是一组接口定义，可供创建自定义 UI 控件和希望控件能被 UI 自动化库访问的开发人员使用。在开启 iOS 测试之前，需要做以下安装和设置：

（1）软件安装：首先通过 App Store 下载安装 Xcode 开发工具。

（2）通过 Xcode 工具编写运行测试脚本。

说明： 如果是在 iOS 模拟器上运行测试用例，需要有被测试应用的源代码才有权限把应用安装到模拟器中，当前示例中使用了自己编写的一个简单 iPhone 应用，读者也可以直接在网上搜索一个开源的应用即可。

（3）有了应用的源代码后，在 Xcode 工具中，首先选中被测应用，然后选中菜单栏中的"Product - Profile"选项，则会弹出 Instruments 工具，在弹出的工具中选择"iOS Simulator"→"Automation"选项，然后单击"Profile"按钮，如图 5 - 8 所示。

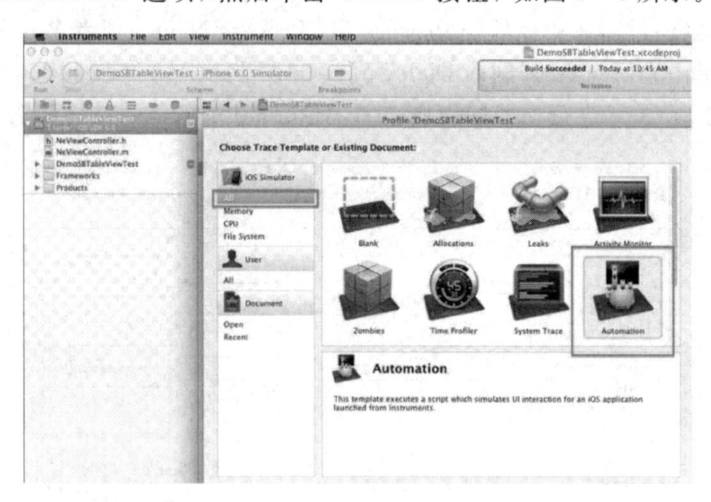

图 5 - 8 Automation 选项

（4）很多的初级教程中都会以"Hello World"为最初的实例程序，这里就以 UI Automation的"Hello World"开始练习。如图 5 - 9 所示，选择"Create"选项，测试脚本编

辑器就显示在 Instruments 工具的中下部。在 Instruments 中新建一个 UI Automation 脚本以后，它会自动生成一句 UI Automation 脚本来减少使用者的工作量。只需增加一行代码即可完成 UI Automation 版本的“Hello World”程序，在弹出的 Automation 工具中选择需要测试的项目，同时选择“Add”→“Create”选项，添加测试脚本。

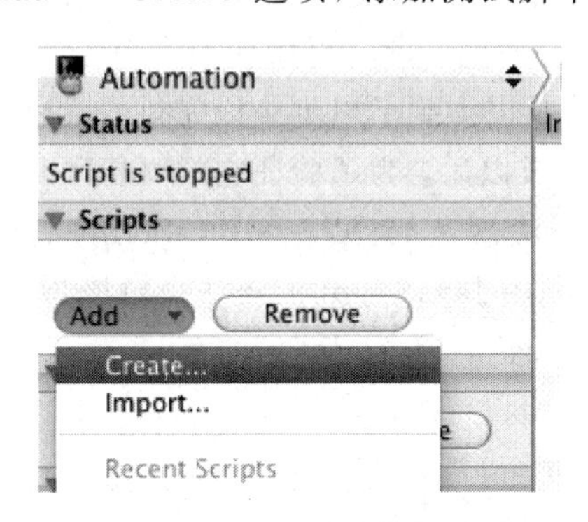

图 5-9　测试脚本编辑器

选择“Create”选项后，在中间区域会出现编写测试脚本的区域，在中间添加以下脚本。在“脚本”窗口中选择编辑器，请输入下面的代码：

```
var target= UIATarget.localTarget();
var. app=target.frontMostApp();
var. window= app.mainWindow();
target.logElementTree();
```

将该脚本编辑成功以后，直接运行脚本编辑区下侧的操作按钮中的运行标示按钮，当运行脚本以后原来的脚本编辑区域变成了日志显示区域，该结果以日志形式输出。从该日志可以看出，所有的元素都是以树形结构的形式组织起来的，当用鼠标选中某一个日志以后，在脚本编辑区最右侧会有关于这个日志的详细信息。这个脚本程序简单，以后所有的自动化测试脚本都要以这个脚本的运行结果为基础。

5.5.2　UI Automation 脚本编辑

本节使用苹果官方提供的实例程序 Recipes，该程序可以在 Xcode 中搜索，找到 iPhoneCoreDataRecipes 项目后下载到本地，然后用 Xcode 进行打开使用。UI Automation 大多数的基本功能都可以通过 Recipes 程序来掌握。大部分自动化测试脚本的编写都是基于 Recipes 所提供的控件来完成的，这里以 UIAApplication 控件为例。

将 Recipes 中所有的控件信息汇总，并依据控件之间的父子关系，可以把 Recipes 程序的首页面转化为树形结构的控件关系。

在该树形关系中，比如针对需要操作的按钮“UIAButton (Add)”，根据树形关系，可以找到这个按钮的所有祖先，并且得到这样的一个关系：

UITarget → UIAApplication → UIAWindow → UIANavigationBar (Recipes) → UIAButton(Add)

把这个父子关系链转化为 UI Automation 脚本，如下：

```
var addButton=UIATarget.localTarget().frontMostApp().mainWindow().
navigationBars()[0].buttons()[1];
addButton.tap();
```

单击操作在UI Automation中的函数名称是tap。任何一个UIAElement(所有UI控件的基类)的子类对象都有tap方法，最后再增加一个单击操作"addButton.tap ()"，就可完成本次练习既定的目标，同时也得到了以上一段完整的代码。

该自动化测试脚本编写完成以后，为了验证它的可行性和有效性，对该脚本执行一次。此外，该自动化测试脚本的语法规范必须符合JavaScript的语法要求，也就是必须遵守JavaScript的语法规则，可以利用JavaScript的语法来对该脚本进行分解：

```
var target=UIATarget.localTarget(); //(1)
var app=target.frontMostApp(); //(2)
var window=app.mainWindow(); //(3)
var navigationBar=window.navigationBars()[0]; //(4)
var addButton=navigationBar.buttons()[1]; //(5)
addButton.tap(); //(6)
```

首先整个树的根节点是UIATarget对象，全部的操作都从UIATarget对象开始；UIATarget之后的是UIAApplication对象，Recipes程序运行起来以后，就会得到这个对象。在一个应用程序中可以有很多的显示页面，但是每次只会显示一个页面，因此得到的UIAWindow对象是表示当前窗口对象的。一个UIAWindow对象里面可能包括多个UIANavigationBar对象，因此首先使用"window.navigationBars"得到一个数组，在这个数组中存储这个UIAWindow对象下所有的UIANavigationBar对象(只包含子关系元素，不包含孙关系元素及孙关系的所有子元素)，然后通过"window.navigationBars()[0]"得到数组中的第一个元素，这样便返回了UIANavigationBar对象。类似地，该脚本通过"navigationBar.buttons"得到Button的数组；然后通过"navigationBar.buttons()[1]"得到我们想要的那个UIAButton对象，这个就是数组中的第二个元素；最后使用tap方法，在得到的UIAButton对象上触发tap动作。

以上脚本代码的编写方法可以灵活运用在所有的控件和操作中，一层一层直到得到了需要操作的控件。所有的控件都是通过树形结构来定位的，因此UI Automation自动化测试脚本应用起来比较简单。当然，UI Automation自动化测试也存在一定的缺点，比如数字的数组索引方式使得脚本的可维护性和可读性很差，可以使用控件的name属性进一步改进测试脚本。控件的name属性可以通过log来查看：

```
var target=UIATarget.localTarget(); //(1)
var app=target.frontMostAPP(); //(2)
var window=app.mainWindow(); //(3)
var navigationBar=window.navigationBars() ["Recipes"]; //(4)
var addButton=navigationBar.buttons() ["Add"]; //(5)
addButton.tap(); //(6)
```

该脚本为在UIAWindow和UIANavigationBar对象下，查找name为"Add"的UIAButton对象和name为"Recipes"的UIANavigationBar对象。这样改进以后，脚本的可

读性有了一定提高，也变得容易理解，且不再按照树形结构对数字进行计算，只需关注 name 属性，在脚本编写时也会容易很多。

5.5.3　UI Automation 实践

本节是在上节的基础之上，进一步学习实际环境中可能会遇到的一些测试场景和测试方法。在实际的应用过程中，人机交互方式是最常见的操作应用程序的方法，其方式方法很多，可概括为三大类，这三大类被使用的频率最高：

(1) 用户单击(tap)。

(2) 用户使用模拟键盘输入。

(3) 应用程序屏幕显示输出信息的内容。

之前的章节已经介绍了模拟单击的方法 tap，而模拟用户输入和获取屏幕输出信息这两种方法可在 UI Automation 的文本控件通过 setValue 和 value 方法实现。

从以下的例子中可以看到人机交互的三大类方法。

在 Recipes 程序中添加一个名字叫做“饺子”的菜单。大致的操作流程如下：

(1) 在主页面单击“添加”按钮。

(2) 在新的页面中输入“饺子”，并且单击“确定”按钮。

(3) 单击“》”按钮，回到主菜单页面。

(4) 可以看到新增“饺子”菜单。

最后测试是否成功，可以通过是否有一个“饺子”菜单被添加成功来判断；还可以在添加之前记住菜谱上菜的个数，然后在添加成功后统计菜的个数，第二次统计的菜的个数应该是在之前统计个数的基础上加 1。

明确了测试方法以后，可以实现自动化测试脚本了：

```
var target=UIATarget.localTarget();
var app=target.frontMostApp();
var window=target.frontMostApp().windows()[0];
oldCellsLength=window.tableViews()[0].cells().length;
window.navigationBars()[0].buttons()["Add"].tap();
target.delay(1);
window. textFields()[0]. setValue ("饺子");
window.navigationBars()[0].buttons()["Save"].tap();
target.delay(1);
    window.navigationBars()[0].buttons()[0].tap();
newCellsLength=window.tableViews()[0].cells().length
if(newCellsLength == oldCellsLength+1)
{
  UIALogger.logPass("test passed");
}else
{
  UIALogger.logFail("test failed");
}
```

代码中的"targed. delay(1)"是一个延时函数。在每一个页面转换时，都需要使用延时函数，目的是增加脚本的健壮性。在页面转化过程中可能会有动画效果、网络传输和机器处理能力不足等方面的延时效果，如果不使用延时函数在这里等待，测试脚本极有可能运行不正常。

"UIALogger. logPass("test passed")"和"UIALogger. logFail("test failed")"分别表示方法测试通过和未通过。运行上面的脚本，就会发现成功和失败两种结果在 Instruments 中显示上的差别。

新增菜名的测试完成以后，还需要测试删除菜名的功能是否正确，下面开始删除菜名的实践。本次实践主要介绍滑动手势的模拟操作，流程如下：

(1) 在"饺子"的菜单栏中，单指从右至左滑动手指。

(2) 出现"删除"按钮，单击"删除"按钮。

(3) 菜单名"饺子"被成功删除。

测试脚本实现如下：

```
var target=UIATarget. localTarget();
var app=target. frontMostApp();
var window=target. frontMostApp(). windows()[0];
oldCellsLength=window. tableViews()[0]. cells(). length
window. tableViews()["Empty list"]. cells()["饺子"]
. dragInsideWithOptions({startOffset: {x: 0.6f y: 0.6},
endOffset: {x: 0.2, y: 0.2}, duration: 1});
window. tableViews()[ * "Empty list * "]. cells()["饺子"]
. buttons()["Confirm Deletion for 饺子"]. tap();
target. delay(1);
newCellsLength=window. tableViews()[0]. cells(). length
if(newCellsLength == oldCellsLength - 1)
{
  UIALogger. logPass("test passed");
}else
  UIALogger. logFail("test failed");
}
```

这里重点阐述 iOS 自动化测试时常用的 UI Automation API 手势动作的模拟。UI Automation的 API 给用户提供了很多手势操作的模拟方式，现在介绍几种常用的手势操作的模拟方式，为大家提供一个思路。如果希望更加全面的学习，建议参考苹果官方文档。模拟操作动作的方法主要由两个主类提供，在 API 调用方式上也有一些区别，所以这里再次细分了两种方式，分别为 UIAElement 方式和 UIATarget 方式。

1. UIAElement 方式

1) 单击

单击操作通过 tap 方法实现，一个 button 或者一个表单的某一行(UIATableViewCell)都可以使用 tap 方法操作。但如果是一个阅读器的话，因其本身被操作的控件区域很大，在控件内部还会细分操作区域，不同区域的相同操作效果可能不同。在这样的测试需求面前，

只使用 tap 方法明显是不能满足需求的。这时需要使用更高级的操作方式 tapWithOptions(option)，例如，UIAElement. tapWithOptions({x：0.9，y：0.5})。

如果单击不能满足需求，还可以使用 doubleTap 方法来模拟双击的操作，也可以使用 twoFingerTap 方法来模拟双指的单击操作。

2）滑动或拖拽

滑动和拖拽在 UI Automation 中区别不大，唯一的区别在于操作时的延时时间不同。可以从接口层面来查看滑动操作和拖拽操作的区别。

· 滑动实例：

```
UIAElement.flickInsideWithOptions({touchCount：2，startOffset：{x：0.5，y：0.9}，
endOffset：{x：1.0，y：0.9}})；
```

· 拖拽实例：

```
UIAElement.dragInsideWithOptions({touchCount：2，startOffset：{x：0.5，y：0.9}，
endOffset：{x：1.0，y：0.9}，duration：1})；
```

从上面两个实例中可以看出，拖拽比滑动函数多了一个 duration 参数，这个参数表示操作时手指和屏幕的接触时间，duration 参数一般只接收值为 0 或 1 的传入(读者可能会看到有些文档里传入 2 或者 3，但官方文档中未对这些参数进行详细的说明，而且从实际操作的角度来看也没有看出具体的差别)，0 代表 flick 方式的接触时间，1 代表 drag 和 pinch 等操作的时间。还需要特别说明的是，duration 参数有一个默认值并且为 0。也就是说 dragInsideWithOptions方法如果没有显示传入 duration 的值，则 dragInsideWithOptions 和 flickInsideWithOptions 是等价的。这两个方法都有一个参数为 touchCount，这个参数表示滑动或拖拽操作的手指个数，默认为 1，单指滑动或拖拽不用设置这个参数。

2. UIATarget 方式

1）单击

在单击方面，UIATarget 和 UIAElement 的方式一样提供了两种方法供开发者使用，即 tap 方法和 tapWithOptions 方法，唯一不同的是传入的参数。

UIATarget 的实例：

```
UIATarget.localTarget.tap({x：300，y：200})；
UIATarget.localTarget.tapWithOptions({x：300，y：200}，
{tapCount：1，touchCount：2，duration：1})；
```

在 tap 方法里面需要传入单击的具体坐标，因为 UIATarget 是一个全局对象，操作区域非常大，需要明确指定单击的区域。在 tapWithOptions 方法中，还需要传入单击的次数(tapCount，默认值为 1)、单击时手指的个数(touchCount，默认值为 1)、单击时手指的接触时间(duration，默认值为 0)。同样，UIATarget 方式也有 doubleTap 方法和 twoFingerTap 方法。

2）滑动和拖拽

在 UIATarget 方式中，滑动的方法为 flickFromTo，拖拽的方法为 dragFromToForDuration。虽然方法名字有所变化，但是用法和 UIAElement 方式的完全相同，这里我们直

接给出实际的例子：

```
UIATarget.localTarget().flickFromTo({x: 160, y: 200}, {x: 160, y: 400});
UIATarget.localTarget().dragFromToForDuration({x: 160, y: 200}, {x: 160, y: 200}, 1);
```

在UIATarget方式中，还有一种操作，非常类似于滑动和拖拽，在官方文档中称为pinch(一般可以翻译为捏合或缩放，但都不是很准确)。pinch一般最常用的操作是，在浏览照片时可以通过pinch对照片进行缩放。根据移动方式的不同，pinch被划分为两种：pinchOpen和pinchClose。实例如下：

```
UIATarget.localTarget().pinchOpenFromToForDuration({x: 20, y: 200}, {x: 300, y: 200},
1);
UIATarget.localTarget().pinchCloseFromToForDuration({x: 20, y: 200}, {x: 300, y: 200},
1);
```

在延时处理方面，有delay方法，在脚本中使用起来非常简单、方便。在延时处理时，还有更加高级的方法需要介绍一下。在遍历控件树时，一般会采用这样的方式遍历控件树：var elementArray＝UIAElement.elements()。正常情况下，这段代码很快就会返回一个UIAElementArray对象，并传递给变量，但是当这个UIAElement没有子元素时，这个语句就会执行得非常慢，因为没有子元素了，UI Automation是通过超时机制来处理这个异常的。在没有任何设置的情况下，UI Automation默认的超时时间为5 s。频繁地遇到这种情况会使测试脚本的执行速度拖延，过慢的测试脚本运行会大幅度降低测试脚本的可用性。这时需要把超时时间设置得短一些，例如UIATarget.localTarget().setTimeout(1)。这样就把超时时间设置为1 s，从而提升了脚本的执行速度。但是使用setTimeout方法会有一个隐患，因为这种方式的设置是一种全局方式，UIATarget.localTarget().setTimeout(1)会使得这个测试运行过程中超时时间都被强制改为1 s，或许在有些函数方法内部还需要超时时间为5 s。所以需要有一种更加灵活的方式来解决这个问题，UI Automation提供了这样的方式，实例代码如下：

```
UIATarget.localTarget().pushTimeout(1);
var elementArray=UIAElement.elements();
UIATarget.localTarget().popTimeout(1);
```

pushTimeout和popTimeout成对出现，在这两个方法中间的代码的超时时间会被修改，不在这对语句中间出现的代码则不会受到任何影响。

5.5.4　UI Automation日志

负责日志输出的对象是UIALogger，它主要有两部分的职责，即记录测试结果以及负责各个级别的日志结果输出。

在记录测试结果方面，有logFail方法、logPass方法和logStart方法。logStart方法会在测试即将开始的时候调用，并且在测试结束后，和logFail方法或logPass方法配对出现，以完成一个测试方法的开始部分和最后的完成部分的结果记录；logPass方法和logFail方法是一对函数，分别表示方法测试通过和未通过。

在日志输出方面，一般常用的是logMessage方法。日志输出是调试UI Automation脚本唯一的手段，在编写自动化测试脚本的时候，一定要掌握 logMessage 方法。需要注意的是，logMessage 方法只接受字符串类型的参数，例如 UIALogger. logMessage("JUST TEST") 就是一个有效的输出，但是如果是 UIALogger. logMessage(123)，就不会有任何输出，这里需要把数字类型强制转化为字符串类型就可以有内容输出了。

课后练习

1. iOS 测试策略有哪些?
2. 请详细介绍四种 APP 性能测试方法。
3. 请介绍 UI Automation 的体系结构。
4. 请介绍 UI Automation Logger 日志包括哪些内容。

第6章　Android APP自动化测试

6.1　Android白盒与黑盒自动化测试

目前，手机自动化测试技术大体可分为白盒测试和黑盒测试两种。

1. 白盒测试

在手机自动化测试领域，白盒测试包括两种类型，第一种是传统软件测试理论中所指的白盒测试，即依赖被测对象的源代码具体实现的测试方式，在手机软件开发过程中所做的单元测试即属于此类型；第二种则是结合手机软件自身特点，对传统概念做了一些延伸，它指的是通过解析、控制和校验手机GUI控件元素对手机进行测试的方式。这种方式不必一定依赖于被测对象的源代码，但对于被测对象的GUI实现有较强的关联性。这种类型的白盒测试一般用于验证应用程序功能和界面显示正确性的功能测试。如果测试框架足够好，也可用来做自动化的性能测试、压力测试等，比如Android从发布开始就提供JUnit和Instrumentation框架，JUnit框架集成在Android的SDK中。

第二种类型的白盒测试实现起来要比第一种类型的复杂，因为它不仅要做到对界面组成元素的解析、识别、调用和比对，更要做到对被测应用所在进程做诸如发送触屏事件、发送按键事件这样的操作控制。

白盒测试具有测试效率高、测试运行稳定性好、不易受UI改动影响等优点，但测试脚本往往采用编程语言(Android/OPhone的白盒测试脚本使用Java语言开发)实现，脚本开发技术门槛高，同时会受到操作系统本身特性的限制，跨进程测试实现困难(在Android/OPhone上，如在编辑彩信时需跳转到文件管理器里挑选附件，而此时后续测试脚本是无法执行的，因为文件管理器和彩信不在同一个进程中)。

2. 黑盒测试

相对于白盒测试而言，黑盒测试指的是通过外部指令驱动手机并通过外部方式进行测试结果校验的测试方式，即不考虑系统本身提供的自动化测试能力，所有的测试行为均在系统外部进行。比较典型的自动化黑盒测试方案是：通过手机操作系统对外提供的接口向手机发送触屏、按键等指令控制手机执行各种操作，同时将特定操作步骤执行后的手机当前屏幕显示做截图，再将截图数据通过图像对比或OCR的方式进行结果校验。Android提供的黑盒测试工具有adb工具、monkey工具、monkeyrunner工具等。

黑盒测试方式不受操作系统内部特性的限制(如可以避免跨进程操作的限制)，对手机操作系统本身是否具备高级的自动化测试能力也没有很高的要求；测试脚本可以采用描述性语言，而且可以提供简单易用的图形化操作界面，从而降低了使用门槛，有利于自动化

测试在测试团队中的大范围推广。但由于使用图像对比或 OCR 的方式做结果校验，测试脚本受 UI 变动的影响较大，脚本维护成本会比较高；在执行效率及不同规格的手机适配便利性方面也不如白盒测试方式。

由于白盒测试和黑盒测试各有利弊，一般来说，在实际测试项目中，两种测试方式会配合使用、各取所长。

6.2　Android Instrumentation 测试框架

在人们的工作中，Android 系统的 Instrumentation 测试框架和工具应用在各种层面上。Instrumentation 测试框架有以下三个核心点：

(1) 拥有基于 JUnit 的测试集合，不但可以直接使用 JUnit，不调用任何 Android API 即可测试一个类型，也可以使用 Android JUnit 扩展来测试 Android 组件。

(2) Android JUnit 扩展为应用的每种组件提供了针对性的测试基类。

(3) Android 开发工具包(SDK)既通过 Eclipse 的 ADT 插件提供了图形化的工具来创建和执行测试用例，也提供了命令行的工具，以便与其他 IDEs 集成，这些命令行工具甚至可以创建 ant 时编译脚本。这些工具从待测的工程文件中读取信息，并根据这些信息自动创建编译脚本、清单文件和源代码目录结构。

Android 测试环境的核心是一个 Instrumentation 框架，在这个框架下，测试应用程序可以精确地控制应用程序。使用 Instrumentation，可以在主程序启动之前，创建模拟的系统对象，如 Context；控制应用程序的多个生命周期；发送 UI 事件给应用程序；在执行期间检查程序状态。Instrumentation 框架通过将主程序和测试程序运行在同一个进程来实现这些功能。

通过在测试工程的 manifest 文件中添加<instrumentation>元素来指定要测试的应用程序。这个元素的特性指明了要测试的应用程序包名，以及告诉 Android 如何运行测试程序。后续会有更多的细节描述。

下面将概要地描述 Android 的测试环境。

在 Android 中，测试程序也是 Android 程序，因此，它和被测试程序的书写方式有很多相同的地方。SDK 工具能帮助你同时创建主程序工程及它的测试工程，可以通过 Eclipse 的 ADT 插件或者命令行来运行 Android 测试。Eclipse 的 ADT 提供了大量的工具来创建测试、运行测试用例以及查看结果。

1. Testing API

Android 提供了基于 JUnit 测试框架的测试 API 来书写测试用例和测试程序。另外，Android 还提供了强大的 Instrumentation 框架，允许测试用例访问程序的状态及运行时对象。

Android 中可利用的主要测试 API 介绍如下。

1) JUnit TestCase 类

继承自 JUnit 的测试用例类，不能使用 Instrumentation 框架。但这些类包含访问系统对象(如 Context 对象)的方法。使用 Context 对象，可以浏览资源、文件、数据库等。基类是 AndroidTestCase，一般常见的是它的子类和特定组件关联。子类有：

(1) ApplicationTestCase——测试整个应用程序的类。它允许注入一个模拟的 Context 对象到应用程序中，在应用程序启动之前初始化测试参数，并在应用程序结束之后检查应用程序。

(2) ProviderTestCase2——测试单个内容提供器(ContentProvider)的类。因为它要求使用MockContentResolver类，并注入一个IsolatedContext，因此ContentProvider的测试是与操作系统孤立的。

(3) ServiceTestCase——测试单个服务的类。可以注入一个模拟的Context对象或模拟的Application对象(或者两者都注入)，或者让Android提供Context和MockApplication对象。

2) Instrumentation TestCase类

继承自JUnit TestCase类，并可以使用Instrumentation框架，用于测试Activity。使用该类，Android可以向程序发送事件来自动进行UI测试，并可以精确控制Activity的启动以及监测Activity生命周期的状态。其基类是InstrumentationTestCase。它的所有子类都能发送按键或触摸事件给UI。子类还可以注入一个模拟的意图(Intent)。其子类有：

(1) ActivityTestCase——Activity测试类的基类。

(2) SingleLaunchActivityTestCase——测试单个Activity的类。它能触发一次setUp和tearDown方法，而不是每个方法调用时都触发。如果测试人员的测试方法都是针对同一个Activity的，那就可以使用它。

(3) SyncBaseInstrumentation——测试ContentProvider同步性的类。它使用Instrumentation在启动测试同步性之前取消已经存在的同步对象。

(4) ActivityUnitTestCase——对单个Activity进行单一测试的类。使用它可以注入模拟的Context对象或Application对象，或者两者。它用于对Activity进行单元测试。不同于其他的Instrumentation类，这个测试类不能注入模拟的意图(Intent)。

(5) ActivityInstrumentationTestCase2——在正常的系统环境中测试单个Activity的类。测试人员不能注入一个模拟的Context对象，但可以注入一个模拟的意图(Intent)。另外，还可以在UI线程(应用程序的主线程)中运行测试方法，并且可以给应用程序UI发送按键及触摸事件。

3) Assert类

Android还继承了JUnit的Assert类，其中有两个子类，即MoreAsserts和ViewAsserts。MoreAsserts类包含更多强大的断言方法，如assertContainsRegex(String, String)可以用于正则表达式的匹配。

ViewAsserts类包含关于Android View的有用断言方法，如assertHasScreenCoordinates(View, View, int, int)可以测试View在可视区域的特定X、Y位置。这些Assert简化了UI中几何图形和对齐方式的测试。

4) Mock对象类

Android有一些类可以方便地创建模拟的系统对象，如Application、Context、Content Resolver和Resource对象。Android还在一些测试类中提供了一些方法来创建模拟意图。因为这些模拟的对象比实际对象更容易使用，因此，使用它们能简化依赖注入。可以在Android.test和android.test.mock中找到这些类。

(1) IsolatedContext——模拟一个Context对象，这样应用程序可以孤立运行。与此同时，还有大量的代码帮助测试人员完成与Context对象的通信。这个类在单元测试时很有用。

(2) RenamingDelegatingContext——当修改默认的文件和数据库名时，可以委托大多数的函数到一个存在的、常规的 Context 对象上。使用这个类来测试文件和数据库与正常的系统 Context 对象之间的操作。

MockApplication、MockContentResolver、MockContext、MockDialogInterface、MockPackageManager、MockResources——创建模拟的系统对象的类。它们只暴露那些对对象的管理有用的方法。这些方法的默认实现只是抛出异常，需要继承这些类并重写这些方法。

5) Instrumentation TestRunner

Android 提供了自定义的运行测试用例的类，叫做 InstrumentationTestRunner。这个类控制应用程序处于测试环境中，在同一个进程中运行测试程序和主程序，并且将测试结果输出到合适的地方。IntrumentationTestRunner 在运行时对整个测试环境的控制能力的关键是使用 Instrumentation。注意，如果测试类不使用 Instrumentation，也可以使用 TestRunner。

当运行一个测试程序时，首先会运行一个系统工具——活动管理器(Activity Manager)。Activity Manager 使用 Instrumentation 框架来启动和控制 TestRunner，而 TestRunner 反过来又使用 Intrumentation 来关闭任何主程序的实例，然后启动测试程序及主程序(同一个进程中)。这样就能确保测试程序与主程序间的直接交互。

在测试环境中，对 Android 程序的测试都包含在一个测试程序里，它本身也是一个 Android 应用程序。测试程序以单独的 Android 工程存在，与正常的 Android 程序有着相同的文件和文件夹。测试工程通过在 manifest 文件中指定要测试的应用程序。每个测试程序包含一个或多个针对特定类型组件的测试用例。测试用例里定义了测试应用程序某些部分的测试方法。运行测试程序时，Android 会在相同进程里加载主程序，然后触发每个测试用例里的测试方法。

2. 测试工程

为了测试一个 Android 程序，需要使用 Android 工具创建一个测试工程。Android 工具会创建工程文件夹、文件和所需的子文件夹，还会创建一个 manifest 文件，指定被测试的应用程序。

一个测试程序包含一个或多个测试用例，它们都继承自 Android TestCase 类。选择什么样的测试用例类取决于要测试的 Android 组件的类型以及要做什么样的测试。一个测试程序可以测试不同的组件，但每个测试用例类在设计时只能测试单一类型的组件。一些 Android 组件有多个关联的测试用例类。在这种情况下，在可选择的类中，需要判断要进行的测试类型。例如，对于 Activity 来说，可选择 ActivityInstrumentationTestCase2 类和 ActivityUnitTestCase 类。

ActivityInstrumentationTestCase2 设计用于进行一些功能性的测试，因此，它在一个正常的系统环境中测试 Activity。可以注入模拟的意图，但不能注入模拟的 Context 对象。一般来说，不能模拟 Activity 间的依赖关系。相比而言，ActivityUnitTestCase 设计用于单元测试，因此，它在一个孤立的系统环境中测试 Activity。换句话说，当使用 ActivityUnitTestCase 测试类时，当前被测试的 Activity 不能与其他 Activity 交互。如果要测试 Activity 与 Android 的交互，使用 ActivityInstrumentationTestCase2；如果要对一个 Activity 进行回归测试，则使用 ActivityUnitTestCase。

每个测试用例类提供了可以建立测试环境和控制应用程序的方法。例如，所有的测试用例类都提供了 JUnit 的 setUp 方法来搭建测试环境。另外，可以添加方法来定义单独的测试。当运行测试程序时，每个添加的方法都会运行一次。如果重写了 setUp 方法，它会在每个方法运行前运行。相似的，tearDown 方法会在每个方法之后运行。测试用例类提供了大量的对组件启动和停止控制的方法，因此在运行测试之前，需要明确告诉 Android 启动一个组件。例如，可以使用 getActivity 来启动一个 Activity，在整个测试用例期间，只能调用这个方法一次，或者每个测试方法调用一次；甚至可以在单个测试方法中，调用 getActivity 的 finishing来销毁 Activity，然后再调用 getActivity 重新启动一个测试程序。

最后运行测试并查看结果，即编译完测试工程后，可以使用系统工具 Activity Manager 来运行测试程序。给 Activity Manager 提供 TestRunner 的名字（一般是 Instrumentation-TestRunner，在程序中指定），包括被测试程序的包名称和 TestRunner 的名称，通过 ActivityManager 加载并启动测试程序，然后在测试程序的同一个进程里加载主程序，并传递测试程序的第一个测试用例。此时，TestRunner 会接管这些测试用例，运行里面的每个测试方法，直到所有的方法运行结束。如果使用 Eclipse，测试结果会在 JUnit 的面板中显示；如果使用命令行，测试结果将输出到 STDOUT 上。

6.2.1　仪表盘技术

Android 的仪表盘对象是 Android 系统中的一些控制函数，这些函数在每次的应用启动之前，就会被系统创建而成，用来监视 Android 系统和应用之间的交互。另外，仪表盘对象通过向应用动态插入跟踪代码、调试技术、性能计数器和事件日志的方式来操控应用。

一般而言，一个 Android 组件的生命周期由系统决定。控制函数一方面控制 Android 加载应用的方法，另一方面控制着 Android 组件的生命周期。比如一个简单的活动对象的生命周期最开始由于有响应时间而被激活，然后调用活动的 onCreate 函数，接着调用 onResume。如果再启动其他应用，对应的 onPause 函数就会被调用；而如果活动中的程序代码调用了 finish 函数，那么相应的 onDestroy 函数也会被调用。在 Android 系统中，没有提供直接的 API 来让程序调用这些回调函数，但是可以通过仪表盘对象在测试代码中调用到它们，这样一来就允许测试人员监控组件生命周期的各个阶段。

对于 Android 系统里面的所有组件，都需要在 Androidmanifest. xml 文件中通过 <instrumentation>标签声明仪表盘对象，例如代码清单 6-1 就是仪表盘的声明。

代码清单 6-1　仪表盘在清单文件里的声明

```
<instrumentation android: name="android. test. InstrumentationTestRunner"
android: targetPackage="com. android. example. spinner"
android: label="Tests for com. android. example. spinner"/>
```

“targetPackage”属性指明了要监视的应用，“name”属性是执行测试用例的类名，而“label”则是测试用例的显示名称。

代码清单 6-2 演示了测试活动保存和恢复状态的方法，其首先设置下拉框到一个指定的状态（分别是“TEST_STATE_DESTROY_POSITION”和“TEST_STATE_DESTROY_SELECTION”），接着通过重启活动来验证活动是否能正确保存和恢复重启前下拉框的状态。

代码清单 6-2　调用 Activity 类的 API 来测试活动回调函数

```
public void testStateDestroy(){
/*
 * 指定活动里下拉框的值和位置，以便后续验证中使用
 * 测试执行时，系统会将测试用例应用和待测应用放在同一个进程中
 */
mActivity.setSpinnerPosition(TEST_STATE_DESTROY_POSITION);
mActivity.setSpinnerSelection(TEST_STATE_DESTROY_SELECTION);

//通过调用 this.finish()关闭活动
this.finish();
//调用 ActivityInstrumentationTestCase2.getActivity()来重启活动
mActivity=this.getActivity();

/*
 * 再次获取活动中下拉框的值和位置
 */
int currentPosition=mActivity.getSpinnerPosition();
String currentSelection=mActivity.getSpinnerSelection();
//测试重启前后的值是相同的
assertEquals(TEST_STATE_DESTROY_POSITION, currentPosition);
assertEquals(TEST_STATE_DESTROY_SELECTION, currentSelection);
}
```

代码清单 6-2 是通过调用 Activity 类公开的函数控制 Activity 等 Android 应用组件的生命周期，也可以用 Instrument 类型提供的辅助 API 调用活动的 onPause 和 onResume 等回调函数。

代码清单 6-2 里面的关键函数是仪表盘对象里的 API getActivity 函数，只有调用了这个函数，待测活动才会启动。在测试用例里，可以在测试准备函数中做好初始化操作，然后再在用例中调用它启动活动。

通过以上代码可以看到，仪表盘技术可以将测试用例程序和待测应用放在同一个进程中，通过这种方式，测试用例可以随意调用组件的函数，并查看和修改组件内部的数据。如代码清单 6-3 同是“SpinnerTest”中的示例代码，该代码演示了调用回调函数的操作方法。

代码清单 6-3　调用仪表盘 API 来测试活动回调函数

```
/*
 * 验证待测活动在中断并恢复执行后依然能恢复下拉框的状态
 *
 * 首先调用活动的 onResume 函数，接着通过改变活动的视图
 * 来修改下拉框的状态。这种做法要求整个测试用例必须运行在 UI
 * 线程中，其在 runOnUiThread 函数中执行测试代码
 * 本例直接在测试用例函数上增加@UiThreadTest 属性
```

```
*/
@UiThreadTest
public void testStatePause(){
//获取进程中的仪表盘对象
Instrumentation instr=this.getInstrumentation();

//设置活动中下拉框的位置和值
mActivity.setSpinnerPosition(TEST_STATE_PAUSE_POSITION);
mActivity.setSpinnerSelection(TEST_STATE_PAUSE_SELECTION);

//通过仪表盘对象调用正在运行的待测活动的 onPause 函数。它的
//作用跟 testStateDestroy 里的 finish 函数的调用是完全一样的
instr.callActivityOnPause(mActivity);

//设置下拉框的状态
mActivity.setSpinnerPosition(0);
mActivity.setSpinnerSelection("");

//调用活动的 onResume 函数，这样强制活动恢复其前面的状态
instr.callActivityOnResume(mActivity);

//获取恢复的状态并执行验证
int currentPosition=mActivity.getSpinnerPosition();
String currentSelection=mActivity.getSpinnerSelection();
assertEquals(TEST_STATE_PAUSE_POSITION, currentPosition);
assertEquals(TEST_STATE_PAUSE_SELECTION, currentSelection);
}
```

在 Android 系统中，ActivityOnPause 函数是属于被保护的(Protected)，除了 Activity 类自己和其子类的代码，其他代码都无法调用到这个函数，因此程序里面使用了通过 Instrumentation.callActivityOnPause 函数调用了待测活动的 onPause 函数。一般情况下，onPause 函数用来保存活动在编辑时的中间状态，以便在活动置于后台时，万一系统资源不够时将活动杀掉，当用户再次重启活动时，不会丢失之前编辑的数据。这个函数也经常会用来停止一些消耗资源的操作(例如动画)，以及释放独占性的资源(例如相机的访问)。可以看出，ActivityOnPause 函数和 ActivityOnResume 函数对用户体验来说都是很关键的函数，而 Android 的 API 并没有提供一个直接的调用方式，因此只能通过仪表盘 API 来触发并测试它们。

6.2.2　使用仪表盘技术编写测试用例

在 6.2.1 小节提到，Android 中应用的每个界面都是单独的活动，这样一来 Android 应用可以看成一个由活动(Activity)组成的堆栈，每个活动自身由一系列的 UI 元素组成，并且具有独立的生命周期，因此应用中的每个活动都可以被单独拿来测试。ActivityInstrumentation

TestCase2就是用来做这种测试的，它提供了活动级别的操控和获取 GUI 资源的能力。仪表盘测试用例的流程如图 6-1 所示。

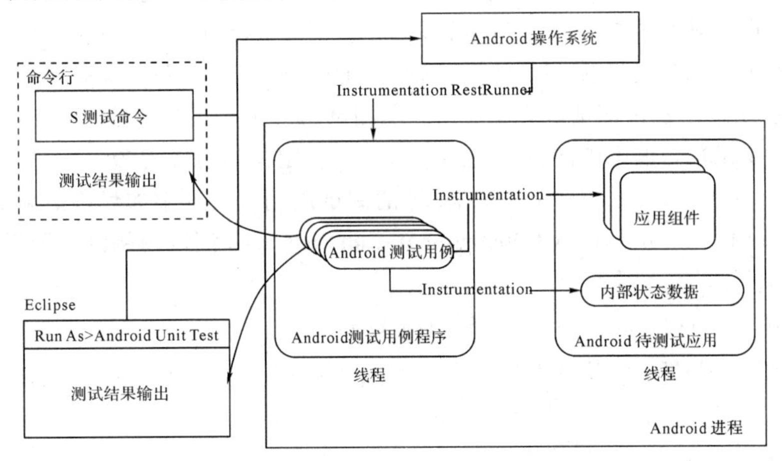

图 6-1　Android 仪表盘测试用例流程

当用户在命令行或者从 Eclipse 中运行测试用例时，首先要把测试用例程序和待测应用部署到测试设备或模拟器上，再通过 InstrumentationTestRunner 这个对象依次执行测试用例程序中的测试用例。InstrumentationTestRunner 支持很多参数，用来执行一部分的测试用例，每个测试用例都是通过仪表盘技术来操控待测应用的各个组件以实现测试的目的。测试用例和待测应用是运行在同一个进程的不同线程上的。

Android 仪表盘框架是基于 JUnit 的，ActivityInstrumentationTestCase2 是从 JUnit 的核心类 TestCase 中继承下来的，这样做的好处就是可以复用 JUnit 的 Assert 功能来验证由用户交互和事件引发的 GUI 行为，而且也使有多年 JUnit 编程经验的程序员容易上手。仪表盘测试框架的各个测试类型与 JUnit 核心类 TestCase 之间的继承结构如图 6-2 所示。

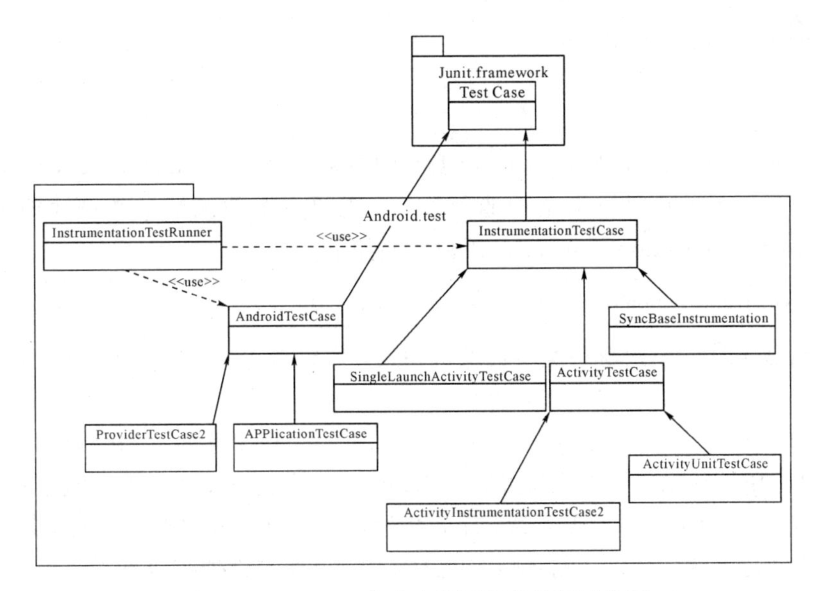

图 6-2　Android 仪表盘测试框架的测试类图

可以看到，基本上所有的测试用例都是通过InstrumenationTestRunner执行的，而各个测试类型被设计来执行特定的测试。在本章中，主要讲解ActivityInstrumentationTestCase2的用法，其他的类型将放在后续章节里讲解。ActivityInstrumentationTestCase2这个类型是用来针对单个活动执行功能测试的，它通过InstrumentationTestCase. launchActivity函数使用系统API来创建待测活动，可以在这个测试用例里直接操控活动，在待测应用的UI线程上执行测试函数，也可以向待测应用注入一个自定义的意图对象。

一个ActivityInstrumentationTestCase2的测试用例源码框架如代码清单6-4所示。

代码清单6-4 ActivityInstrumentationTestCase2测试用例的源码框架

```
public class SpinnerActivityTest extends
ActivityInstrumentationTestCase2<SpinnerActivity>{
    publicSpinnerActivityTest(){
        super(SpinnerActivity. class);}
    }

    Override
    protected void setUp() throws Exception{
        super. setUp();
        //添加自定义的初始化逻辑
    }

    Override
    protected void tearDown()throws Exception{
        super. tearDown();
    }

    public void throws Exception{
    //...
}
```

ActivityInstrumentationTestCase2泛型类的参数类型是MainActivity，可以指定测试用例的待测活动，而且它只有一个构造函数——需要一个待测活动类型才能创建测试用例。ActivityInstrumentationTestCase2函数声明如下：

```
ActivityInstrumentationTestCase2(Class<T> activityClass)
```

传递的活动类型应该跟泛型类参数保持一致，代码清单6-4中的第1～5行就演示了这个要求。

在Android SDK示例工程“SpinnerTest”中，有一个很完整的ActivityInstrumentation-TestCase2测试用例的示例，该示例演示了Android仪表盘测试用例的一些最佳实践，如代码清单6-5所示。为了方便读者阅读，作者将该代码清单中的注释用中文翻译过来：

(1) 在启动待测活动之前，先将触控模式禁用，以便控件能接收到键盘消息。这是因为在Android系统里，如果打开触控模式，有些控件是不能通过代码的方式设置输入焦点的，手指戳到一个控件后该控件自然而然就获取到输入焦点了，例如戳一个按钮除了导致其获取输入焦点以外，还触发了其单击事件。而如果设备不支持触摸屏，例如老式的手机，则需要先用方向键导航到按钮控件使其高亮显示，然后再按主键来触发单击事件。在 Android 系统中，出于多种因素的考虑，在触控模式下，除了文本编辑框等特殊的控件，可触控的控件如按钮、下拉框等无法设置其具有输入焦点。这样在自动化测试时，就会导致一个严重的问题，因为无法设置输入焦点，在发送按键消息时，就没办法知道哪个控件最终会接收到这些按键消息。一个简单的方案就是，在测试执行之前，强制待测应用退出触控模式，这样才能在代码中设置具有输入焦点的控件。

(2) 在测试集合中，应该有一个测试用例验证待测活动是否正常初始化，如 69～78 行之间的 testPreconditions 函数。

(3) 对界面元素的操作必须放在 UI 线程中执行，如 90～97 行的代码块。

代码清单 6-5　Android 示例工程 SpinnerTest 里的最佳实践

```
package com.android.example.spinner.test;


import com.android.example.spinner.SpinnerActivity;


import android.test.ActivityInstrumentationTestCase2;
import android.view.KeyEvent;
import android.widget.Spinner;
import android.widget.SpinnerAdapter;
import android.widget.TextView;
public class SpinnerActivityTest
extends ActivityInstrumentationTestCase2<SpinnerActivity>{
   //下拉框选项数组 mLocalAdapter 中的元素个数 dpublic static final int ADAPTER_COUNT=9;

   //Saturn 这个字符串在下拉框选项数组 mLocalAdapter 中的位置(从 0 开始计算)
   public static final int TEST_POSITION=5;

   //下拉框的初始位置应该是 0
   public static final int INITIAL_POSITION=0;

   //待测活动的引用
   private SpinnerActivity mActivity;

   //待测活动上下拉框当前显示的文本
   private String MySelection;

   //下拉框当前选择的位置
   private int MyPos;

   //待测活动里的下拉框对象的引用，通过仪表盘 API 来操作
   private Spinner mySpinner;
```

```
  //待测活动里下拉框的数据来源对象
private SpinnerAdapter mPlanetData;
  /*
   * 创建测试用例对象的构造函数，必须在构造函数里调用基类
   * ActivityInstrumentationTestCase2 的构造函数，传入
   * 待测活动的类型，以便系统到时可以启动活动
 */
  public SpinnerActivityTest(){
    super(SpinnerActivity.class);
  }

  @Override
  protected void setUp() throws Exception{
    //JUnit 要求 TestCase 子类的 setUp 函数必须
    //调用基类的 setUp 函数
    super.setUp();

    //关闭待测应用的触控模式，以便向下拉框发送按键消息
    //这个操作必须在 getActivity 之前调用
    setActivityInitialTouchMode(false);

    //启动待测应用并打开待测活动
    mActivity=getActivity();

    //获取待测活动里的下拉框对象，这样也可以确保待测活动
    //正确初始化
    mySpinner=(Spinner)mActivity.findViewById(
    com.android.example.spinner.R.id.Spinner01);
    MySpinnerPlanetData=mySpinner.getAdapter();
  }

  //测试待测应用的一些关键对象的初始值，以此确保待测应用
  //的状态在测试过程中是有意义的，如果这个测试用例(函数)
  //失败了，基本上可以忽略其他测试用例的测试结果
  public void testPreconditions(){
    //确保待测下拉框的选择元素的回调函数被正确设置
    assertTrue(mySpinner.getOnItemSelectedListener()!= null);

    //验证下拉框的选项数据初始化正常
    assertTrue(MySpinnerPlanetData != null);

    //验证下拉框的选项数据的元素个数是正确的
    assertEquals(MySpinnerPlanetData.getCount(), ADAPTER_COUNT);
```

```
  }

  //通过向待测活动的界面发送按键消息，验证下拉框的状态
  //是否与期望的一致
  public void testSpinnerUI(){
    //设置待测下拉框控件具有输入焦点，并设置它的初始位置
    //因为这段代码需要操作界面上的控件，因此需要运行在
    //待测应用的线程中，而不是运行在测试用例中

    //只需要将要在线程上执行的代码作为参数传入 handler
    //函数里就可以了，代码块放在 Runnable 匿名对象
    //的 run 函数里
    mActivity. runOnUiThreadl
    new Runnable(){
      public void run(){
        mySpinner. requestFocus();
        mySpinner. setSelection(INITIAL_POSITION);
      }
     }
    };
    //使用手机物理键盘上方向键的主键激活下拉框
    this. sendKeys(KeyEvent. KEYCODE_DPAD_CENTER);
    //向下拉框发送五次向"下"按键消息
    //即高亮显示下拉框的第五个元素
    for (int i=1; i <= TEST_POSITION; i++){
      this. sendKeys(KeyEvent. KEYCODE_DPAD_DOWN);
    }
    //选择下拉框当前高亮的元素
    this. sendKeys(KeyEvent. KEYCODE_DPAD_CENTER);
    //获取被选元素的位置
    MyPos=mySpinner. getSelectedIteMyPosition();
    //从下拉框的选项数组 mLocalAdapter 中获取被选元素的数据
    //(是一个字符串对象)
    MySelection=(String)mySpinner. getItemAtPosition(MyPos);

    //获取界面上显示下拉框被选元素的文本框对象
    TextView resultView=(TextView) mActivity. findViewById(
    com. android. example. spinner. R. id. SpinnerResult);

    //获取文本框的当前文本
    resultText=(String) resultView. getText();

    //验证下拉框显示的值的确是被选的元素
    assertEquals(resultText, MySelection);
    }
  }
```

6.2.3 执行仪表盘测试用例

除了通过Eclipse，还可以在如下命令行用Android系统自带工具am执行仪表盘测试用例。如果不带参数调用，该工具则会执行除性能测试以外的所有测试用例。

```
$ adb shell am instrument -w <测试用例信息>
```

<测试用例信息>的格式一般是“测试用例包名/android.test.InstrumentationTestRunner”，例如要执行本章的示例来进行测试，首先需要将其和待测应用安装到设备或模拟器上，在虚拟机的命令行中输入下面的命令即可执行所有的测试用例：

```
$ adb shell am instrument -w
cn.hzbook.android.test.chapter3.test/android.test.InstrumentationTestRunner
```

测试用例的执行结果直接输出在终端上，如上面命令执行完毕后测试用例的输出结果如下：

```
#测试应用中的第一个测试类型
cn.hzbook..android.test.chapter3.test.InstrumentationLimitSampleTest:
#有一个测试用例执行失败，同时输出其堆栈信息
Error in test 添加书籍:
java.lang.NullPointerException
at
cn.hzbook.android.test.chapter3.test.InstrumentationLimitSampleTest$2
.run(InstrumentationLimitSampleTest.java:49)
at
android.test.InstrumentationTestCase$1.run(InstrumentationTestCase.java:138)
at android.app.Instrumentation$SyncRunnable.run(Instrumentation.java:1465)
at android.os.Handler.handleCallback(Handler.java:587)
at android.os.Handler.dispatchMessage(Handler.java:92)
at android.os.Looper.loop(Looper.java:123)
at android.app.ActivityThread.main(ActivityThread.java:4627)
at java.lang.reflect.Method.invokeNative(Native Method)
at
com.android.internal.os.ZygoteInit$MethodAndArgsCaller.run(ZygoteInit.java:868)
at com.android.internal.os.ZygoteInit.main(ZygoteInit.java:626)
at dalvik.system.NativeStart.main(Native Method)
#测试应用中的第二个测试类型
cn.hzbook.android.test.chapter3.test.InstrumentationSampleTest:.
#所有的测试用例都正常运行，没有结果就是好结果
Test results for InstrumentationTestRunner=.E.
Time: 11.564
#总结测试结果，总共运行了两个用例，失败了一个
FAILURES!!!
Tests run: 2, Failures: 0, Errors: 1
```

如果给 InstrumentRunner 指定“-e func true”这些参数，则会运行所有的功能测试用例(功能测试用例都是从基类 InstrumentationTestCase 继承而来的)。其格式如下：

```
$ adb shell am instrument -w -e func true<测试用例信息>
```

如果为 InstrumentRunner 指定“-e unit true ”这些参数，则会运行所有的单元测试用例(所有不是从 InstrumentationTestCase 继承的非性能测试用例都是单元测试用例)。其格式如下：

```
$ adb shell am instrument -w -e unit true<测试用例信息>
```

如果为 InstrumentRunner 指定“-e class<类名>”这些参数，则会运行指定测试类型里的所有测试用例。如下面的代码就会运行所有的测试用例：

```
$ adb shell am instrument -w
com. android. foo/android. test. InstrumentationTestRunner
```

执行所有的小型测试，小型测试用例是指那些在测试函数上标有 SmallTest 标签(annotation)的测试用例：

```
$ adb shell am instrument -w -e size small
com. android. foo/android. test. InstrumentationTestRunner
```

执行所有的中型测试，中型测试用例是那些标有 MediumTest 标签的测试用例：

```
$ adb shell am instrument -w -e size medium
com. android. foo/android. test. InstrumentationTestRunner
```

执行所有的大型测试，大型测试用例是那些标有 LargeTest 标签的测试用例：

```
$ adb shell am instrument -w -e size large
com. android. foo/android. test. InstrumentationTestRunner
```

也可只执行具有指定属性的测试用例，下面是只执行了标识有“ com. android. foo. MyAnnotation”的测试用例：

```
$ adb shell am instrument -w -e annotation
com. android. foo. MyAnnotation
com. android. foo/android. test. InstrumentationTestRunner
```

指定 “-e notAnnotation”参数来执行所有没有标识有 “com. android. foo. MyAnnotation”的测试用例：

```
$ adb shell am instrument -w -e notAnnotation
com. android. foo. MyAnnotation
com. android. foo/android. test. InstrumentationTestRunner
```

如果同时指定了多个选项，那么 InstrumentationTestRunner 会执行两个选项指定的测试集合的并集，例如指定参数 “-e size large -e annotation com. android. foo. MyAnnotation”会同时执行大型测试用例和标识有“com. android. foo. MyAnnotation”的测试用例。下面的命令执行单个测试用例 testFoo：

```
$ adb shell am instrument -w -e class com. android. foo. FooTest# testFoo
com. android. foo/android. test. InstrumentationTestRunner
```

下例中执行 com. android. foo. FooTest 和 com. android. foo. TooTest 类型里面的所有

测试用例：

```
$ adb shell am instrument -w -e class
com.android.foo.FooTest, com.android.foo.TooTest
com.android.foo/android.test.InstrumentationTestRunner
```

只执行一个 Java 包里的测试用例：

```
$ adb shell am instrument -w -e package com.android.foo.subpkg
com.android.foo/android.test.InstrumentationTestRunner
```

执行性能测试：

```
$ adb shell am instrument -w -e perf true
com.android.foo/android.test.InstrumentationTestRunner
```

在调试测试用例的时候，可以提前设置好断点，传入参数"-e debug true"，该参数在评估一个 Instrumentation 命令将要执行的测试用例列表时很有用。在"日志模式"下指定参数"-e log true"执行所有的测试用例，其他选项指明的所有测试类型和函数将在程序中加载并遍历，但是在实际情况下程序并不执行它们。另外，参数"-e coverage true"可以帮助测试人员获取 EMMA 代码覆盖率。

6.3 monkey 工具及其使用

本节讲解使用两个名字很相近的工具 monkey 和 monkeyrunner 在没有源代码的情况下对应用执行黑盒测试的方法。

之前所讲解的自动化测试技术都是白盒测试，都需要对测试程序有一定的了解才能够去执行。在现实中，测试团队并没有权限去访问源代码，而且通过 Java 反射技术或者反编译手段分析到待测应用的一些内部逻辑也会因为待测应用使用了签名保护，即使使用前面介绍的方法将待测应用重新签名后，发现待测应用仍无法启动。例如对于腾讯公司的Android版微信，在去掉签名并安装后，启动时程序就崩溃了，如图 6-3 所示。logcat 中就会打印图 6-3 所示的异常信息，从加粗的错误消息来看，微信是因为无法正常加载其所需要的资源文件而崩溃的，这有可能是因为其将一些资源用打包密钥加了密，在应用启动时，由于原来的密钥已经被删除，导致无法正常解密资源。代码清单 6-6 为微信重新签名后启动时 logcat 的输入。

图 6-3 微信去掉签名后启动崩溃

代码清单 6-6　微信重新签名后启动时 logcat 的输入

```
I/ActivityManager(59): Start proc com. tencent. mobileqq for activity
com. tencent; - mobileweixin/. activity. SplashActivity: pid = 287 uid = 10034 gids = {3003,
1006, 1015}
D/AndroidRuntime(287): Shutting down VM
W/dalvikvm(287): threaded=1: thread exiting with uncaught exception
(group=0x4001d8580)
E/AndroidRuntime(287): FATAL EXCEPTION: main
E/AndroidRuntime(287): java. lang. RuntimeException: Unable to create application
com. tencent. mobileweixin. app. weixinaplication:
android. content. res. Resources $ NotFoundException: File res/raw/rasg. mp3 from
dzawable resource ID#0x7f060000
E/AndroidRuntime(287): at
android. app. ActivityThread. handleBindAPPlication(ActivityThread. java: 4247)
E/AndroidRuntime(287): at
android. app. ActivityThread. accesss3000(ActivityThread. java: 125)
E/AndroidRuntime(287): at
android. app. ActivityThread. hand ActivityThread. java: 2071
E/AndroidRuntime(287): at
android. app. ActivityThread. hand ActivityThread. java: 125)
E/AndroidRuntime(287). handleMessage(ActivityThread. java: 2071)
at android. os. Handler. dispatchMessage(Handler. java: 99)
at android. os. Looper. loop(Looper. java: 123)
at android. app. ActivityThread. main(ActivityThread. java: 4627)
at java. lang. reflect. Method. invokeNative(Native Method)
at java. lang. reflect. Method. invoke(Method. java: 521)aC
com. android. internal. os. Zygotelnit $ MethodAndArgsCaller. run(ZygoteInit. java: 868)
E/AndroidRuntime(287): atat
com. android. internal. os. ZygoteInit. main(ZygoteInit. java: 626)
E/AndroidRuntime(287): at
com. android. internal. os. ZygoteInit. main(ZygoteInit. java: 556)
com. tencent. mobileweixin/. activity. SplashActivity
```

为了支持黑盒自动化测试的场景，Android SDK 提供了 monkey 和 monkeyrunner 两个测试工具，这两个工具除了名字类似外，还都可以向待测应用发送按键等消息，因此往往让很多初学者产生混淆。下面介绍一下这两个工具之间的不同点。

（1）monkey 运行在设备或模拟器上面，可以脱离 PC 运行；而 monkeyrunner 运行在 PC 上，需要通过服务器/客户端的模式向设备或模拟器上的 Android 应用发送指令来执行测试。

（2）普遍的做法是将 monkey 作为一个向待测应用发送随机按键消息的测试工具，验证待测应用在这些随机性的输入面前是否会闪退或崩溃；而 monkeyrunner 则接受一个明确的测试脚本（使用 Python 语言编写）。

(3) 虽然 monkey 也可以根据一个指定的命令脚本发送按键消息，但其不支持条件判断，也不支持读取待测界面的信息来执行验证操作；而 monkeyrunner 的测试脚本中有明确的条件判断等语句，可用来做功能测试。

下面主要介绍 monkey 工具。monkey 的命令列表和参数都比较多，但可以将这些选项归类成以下几大类：

(1) 基本参数设置，例如设定要发送的消息个数。

(2) 测试的约束条件，比如限定要测试的应用。

(3) 发送的事件类型和频率。

(4) 调试选项。

当 monkey 运行时，它随机生成并向系统发送各种事件，同时监视待测应用是否会碰到如下三种情况：

(1) 如果限定 monkey 只测试一个或几个特定包，monkey 会阻止待测应用跳转到其他包的任何尝试。

(2) 如果待测应用闪退或收到任何未处理的异常，monkey 就会终止并报告这个错误。

(3) 如果待测应用出现停止相应的错误，monkey 也会终止并报告这个错误。

monkey 命令的基本形式是：既可以从 PC 上通过 adb 启动 monkey，其还是在设备或模拟器上运行，也可以直接从设备或模拟器上启动它。如果没有指定命令选项，则 monkey 会运行在安静模式下，也就是不向控制台输出任何文本，随机启动系统中安装的任意应用并向其发送随机按键消息。执行 monkey 命令更普遍的做法是指明要测试的应用包名，以及随机生成的按键次数。比如下面的命令在 PC 上用 momkey 测试应用微信，并向其发送 100 次随机按键消息。

```
$ adb shell monkey -p com.tencent.mobileweixin 100
```

执行完命令后，微信很快就闪退了，由于前面的命令并没有指定日志相关的选项，因此 monkey 就采取默认的日志输出详细级别，也就是除了最终测试结果以外什么都不输出。可在上面的命令中加上“-v -v”，再运行一次，具体可参见代码清单 6-7。

前面都是从 PC 上通过 adb 启动 monkey 命令，也可以在设备上直接启动 monkey。由于 monkey 命令需要向系统的 UI 消息队列中插入随机按键消息，因此直接启动 monkey 需要 root 用户(根用户)权限。当通过 adb 执行时 monkey 会自动获取这个权限，然而要在设备上运行，就只能在 root 过的设备上执行，否则 monkey 会悄悄退出。

代码清单 6-7 用 monkey 向微信发送 100 次随机按键消息并输出详细信息

```
$adb shell monkey -p com.tencent.mobileweixin -v -v 100
#monkey 在使用伪随机数产生器生成事件序列时，使用的种子是 0，产生 100 个事件
:Monkey: seed=0 count=100
#指明只启动在"com.tencent.mobileweixin"包中的活动(界面)
:AllowPackage: com.tencent.mobileweixin
#指明只启动意图种类为"LAUNCHER"和"MONKEY"的活动
:IncludeCategory: android.intent.category.LAUNCHER
:IncludeCategory: android.intent.category.MONKEY
#monkey 找到"com.tencent.mobileweixin" 包中的"LAUNCHER"活动，也就是
#"SplashActivity"
```

```
#其对应的就是微信启动时显示的欢迎界面
//Selecting main activities from category android. intent. category. LAUNCHER
//Using mainactivitycom. tencent. mobileqq. activity. SplashActivity
//(from package com. tencent. mobileqq)
//Selecting main activities from category android. intent. category. MONKEY
//Seeded: 0
#显示将要产生的各种随机事件的比例，这个比例可以自定义
//Event percentages:
//0: 15.0%
//1: 10.0%
// ...
//9: 1.0%
//10: 13.0%
#下面就是各种随机事件的日志输出了，启动活动也是其中一种事件。这里首先启动主界面
#并发送一些随机消息
: Switch:
#Intent;action=android. intent. action. MAIN;category=android. intent. category.
LAUNCHER;launchFlags=0xl0200000;component=com. tencent. mobileqq/. activity.
SplashActivity;end
//Allowing start of Intent { act=android. intent. action. MAIN
cat=[android. intent. category. LAUNCHER]
cmp=com. tencent. mobilewixin/. activity.
SplashActivity } in package com. tencent. mobileweixin
#monkey 支持在发送各种消息之间有一个延迟，由于命令里没有设置这个延迟事件，因此
#其尽快发送消息
Sleeping for 0 milliseconds
: Sending Key (ACTION DOWN): 22// KEYCODE DPAD RIGHT
: Sending Key (ACTION_UP): 22//KEYCODE_DPAD_RIGHT
Sleeping for 0 milliseconds
: Sending Key (ACTION_DOWN): 21//KEYCODE_DPAD_LEFT
#这里启动了另外一个界面，即 weixinSettingActivity，从名字可以看出来是微信设置界面
//AllowingIntent{ cmp=com. tencent. mobilewixin/. activity. weixinSetting.
//Activity } in package com. tencent. mobileweixin
#微信崩溃了，monkey 会捕获到这个消息并打印出详细的堆栈信息
//CRASH: com. tencent. mobileweixin (pid 710)
//Short Msg: android. util. AndroidRuntimeException
//Long Msg: android. util. AndroidRuntimeException: requestFeature() must
//be called before adding content
//BuildLabel: generic/sdk/generic: 4. 1. l/JR003E/403059: eng/test
//Build Changelist: 403059
//Build Time: 1342212115462
```

```
//java. lang. RuntimeException: Unable to start activity componentInfo{com. tencent. mobileqq/
com. tencent. mobileqq. activity. weixinSettingActivity}:
#从堆栈和异常信息中可以看出，这个崩溃是可以理解的，因为还没有登录微信，无法进行任
#何设置
#这样启动设置界面也就没有任何意义
Android. util. AndroidRuntimeException: requestFeature() must be called before adding content
//at android. app. ActivityThread. performLaunchActivity(ActivityThread. java: 2059)
//at android. app. ActivityThread. handleLaunchActivity(ActivityThread. java: 2084)
//at android. app. ActivityThread. accesss600(ActivityThread. java: 130)
//at android. app. ActivityThreadsH. handleMessage(ActivityThread. java: 1195)
//at android. os. Handler. dispatchMessage(Handler. java: 99)
//at android. os. Looper. loop(Looper. java: 137)
//at android. app. ActivityThread. main (ActivityThread. java: 4745)
//at java. Iang. reflect. Method. invokeNative(Native Method)
//at java. lang. reflect. Method. invoketMethod. java: 511)
//at com. android. internal. os. ZygoteInit $ MethodAndArgsCaller. run(ZygoteInit. java: 786)
//at com. android. internal. os. ZygoteInit. main(ZygoteInit. java: 553)
//at dalvik. system. NativeStart. main(Native Method)
//Caused by: android. util. AndroidRuntimeException: requestFeature()
//must be called before adding content
//at com. android. internal. policy. irapl. PhoneWindow. requestFeature(PhoneWindow. java:
//215)
//at android. app. Activity. requestWindowFeature(Activity. java: 3225)
//at com. tencent. mobileweixin. activity. weixinSettingActivity. setContentView(ProGuard:
//206)
//at android. preference. PreferenceActivity. onCreate(PreferenceActivity. java: 585)
//at com. tencent. mobilegq. activity. weixinSettinqActivity. onCreate(ProGuard: 53. java: 2023)
//…11 more
#由于待测应用已经崩溃，没有继续测试的必要，monkey 终止运行。可以通过向 monkey
#指定
#-- ignore - crashes 参数来修改这个行为
* * Monkey aborted due to error.
#下面就是一些统计信息和最终测试报告了
Events injected: 56
: Sending rotation degree=0, persist=false
: Dropped: keys=0 pointers=0 trackballs=0 flips=0 rotations=0
# # Network stats: elapsed time=7718ms (7718ms mobile, Oms wifi, Oms not connected)
* * System appears to have crashed at event 33 of 100 using seed 0
```

6.3.1 monkey 工具命令

monkey 工具的各种命令介绍如下。

1）-- help

打印帮助消息。

2）- v

命令行的每一个 - v 将增加反馈信息的级别。Level0（默认值）除启动提示、测试完成和最终结果之外，提供较少的信息；Level1 提供较为详细的测试信息，如逐个发送到 Activity 的事件；Level2 提供更加详细的设置信息，如测试中被选中的或未被选中的 Activity。

3）- s<seed>

伪随机数生成器的种子（seed）值。如果用相同的 seed 值再次运行 monkey，它将生成相同的事件序列。

4）-- throttle<milliseconds>

在事件之间插入固定延迟。通过这个选项可以减缓 monkey 的执行速度。如果不指定该选项，monkey 将不会被延迟，事件将尽可能快地被产生。

5）-- pct - touch<percent>

调整触摸事件的百分比（触摸事件是一个 down - up 事件，它发生在屏幕上的某一位置）。

6）-- pct - motion<percent>

调整动作事件的百分比（动作事件由屏幕上某处的一个 down 事件、一系列的伪随机事件和一个 up 事件组成）。

7）-- pct - trackball<percent>

调整轨迹事件的百分比（轨迹事件由一个或几个随机的移动轨迹组成，有时还伴随有点击）。

8）-- pct - nav<percent>

调整“基本”导航事件的百分比（导航事件由来自方向输入设备的 up/down/left/right 组成）。

9）-- pct - majornav<percent>

调整“主要”导航事件的百分比（这些导航事件通常引发图形界面中的动作，如回退按键、菜单按键）。

10）-- pct - syskeys<percent>

调整“系统”按键事件的百分比（这些按键通常被保留，由系统使用，如 Home、Back、Start Call、End Call 及音量控制键）。

11）-- pct - appswitch<percent>

调整启动 Activity 的百分比。在随机间隔里，monkey 将执行一个 startActivity 调用，作为最大程度覆盖包中全部 Activity 的一种方法。

12）-- pct - anyevent<percent>

调整其他类型事件的百分比。它包罗了所有其他类型的事件，如按键、其他不常用的设备按钮等。

13）-p<allowed-package-name>

如果用此参数指定了一个或几个包，monkey 将只允许系统启动这些包里的 Activity。如果你的应用程序还需要访问其他包里的 Activity（如选择一个联系人），那些包也需要在此同时指定。如果不指定任何包，monkey 将允许系统启动全部包里的 Activity。要指定多个包，需要使用多个-p 选项，每个-p 选项只能用于一个包。

14）-c<main-category>

如果用此参数指定了一个或几个类别，monkey 将只允许系统启动被这些类别中的某个类别列出的 Activity。如果不指定任何类别，monkey 将选择 Intent. CATEGORY_LAUNCHER 或 Intent. CATEGORY_MONKEY 类别中列的 Activity。要指定多个类别，需要使用多个-c 选项，每个-c 选项只能用于一个类别。

15）--dbg-no-events

设置此选项，monkey 将执行初始启动，进入到一个测试 Activity，之后不会再进一步生成事件。为了得到最佳结果，把它与-v、一个或几个包约束以及一个保持 monkey 运行 30 s 或更长时间的非零值联合起来，从而提供一个环境，可以监视应用程序所调用的包之间的转换。

16）--hprof

设置此选项，将在 monkey 事件序列之前和之后立即生成 profiling 报告。该选项将会在 data/misc 中生成大文件（约 5Mb），所以使用它要谨慎。

17）--ignore-crashes

通常，当应用程序崩溃或发生任何失控异常时，monkey 将停止运行。如果设置此选项，monkey 将继续向系统发送事件，直到计数完成。

18）--ignore-timeouts

通常，当应用程序发生任何超时错误（如“Application Not Responding”对话框）时，monkey 将停止运行。如果设置此选项，monkey 将继续向系统发送事件，直到计数完成。

19）--ignore-security-exceptions

通常，当应用程序发生许可错误（如启动一个需要某些许可的 Activity）时，monkey 将停止运行。如果设置了此选项，monkey 将继续向系统发送事件，直到计数完成。

20）--kill-process-after-error

通常，当 monkey 由于一个错误而停止时，出错的应用程序将继续处于运行状态。当设置了此选项时，将会通知系统停止发生错误的进程。注意：正常的（成功的）结束并没有停止启动的进程，设备只是在结束事件之后，简单地保持在最后的状态。

21）--monitor-native-crashes

监视并报告 Android 系统中本地代码的崩溃事件。如果设置了“--kill-process-after-error”选项，系统将停止运行。

22）--wait-dbg

停止执行中的 monkey，直到有调试器和它相连接。

6.3.2　monkey 脚本

除了生成随机的事件序列，monkey 也支持接受一个脚本解释执行命令，而且既可以直接为 monkey 命令指定脚本文件路径来执行(通过“-f”选项指定)，也可以以客户端/服务器的方式执行(“-- port”选项)。这两种方式所使用的参数都没有出现在 Android 的官网文档上，但在用“-help”选项查看 monkey 的帮助时，又可以看到它们，不知道 Google 是出于何种考虑雪藏了这两个选项。

先来看看“-f”选项，其后面需要跟一个脚本文件在设备上的路径，因此在执行之前需要先将脚本文件上传到设备上。monkey 脚本的格式如代码清单 6-8 所示。

代码清单 6-8　monkey 脚本格式

```
#控制 monkey 发送消息的一些参数
count=10
speed=1.0
start data>>
#monkey 命令
#…
```

在以上脚本中，以“start data>>”这一个特殊行作为分隔行，将控制 monkey 的一些参数设置和具体的 monkey 命令分隔开来了，而所有以“#”开头的行都被当做注释处理。与大部分脚本语言不同的是，注释不能和命令放在同一行。代码清单 6-9 演示了如何使用 monkey 在微信的登录界面中输入用户名和密码。

(1) 首先将脚本上传到 monkey 设备的“sdcard”目录上：

```
$ adb push ./qqtest.mks /sdcard/
```

(2) 再执行 monkey 命令，由于脚本中已经有启动待测应用的命令，因此不需要向 monkey 命令传入-p 参数：

```
$ adb shell monkey -f /sdcard/qqtest.mks
```

代码清单 6-9　操控微信的 monkey 脚本

```
#下面这个 count 选项，monkey 并没有用到，可以忽略它
count=1
#speed 选项是用来调整两次按键的发送频率的
speed=1.0
#"start data >>"是大小写敏感的，而且单词的间隔只能有一个空格!
start data>>
LaunchActivity(com.tencent.mobileweixin, com.tencent.mobileweixin.activity.SplashActivity)
UserWait(10000)
#输入微信号："2319251313"
#命令中的 KEYCODE 可以在下面的链接中寻找
#http://developer.android.com/reference/android/view/KeyEvent.html
DispatchPress(KEYCODE_2)
UserWait(200)
```

```
DispatchPress(KEYCODE_3)
UserWait(200)
DispatchPress(KEYCODE_1)
UserWait(200)
DispatchPress(KEYCODE_9)
UserWait(200)
DispatchPress(KEYCODE_2)
UserWait(200)
DispatchPress(KEYCODE_5)
UserWait(200)
DispatchPress(KEYCODE_1)
UserWait(200)
DispatchPress(KEYCODE_3)
UserWait(200)
DispatchPress(KEYCODE_1)
UserWait(200)
Dispatchpress(KEYCODE_3)
UserWait(200)
#单击"密码"文本框
DispatchPointer(5109520, 5109520, 0, 128, 235, 0, 0, 0, 0, 0, 0, 0)
DispatchPointer(5109521, 5109521, 1, 128, 235, 0, 0, 0, 0, 0, 0, 0)
UserWait(200)
#输入密码: "515508"
DispatchPress(KEYCODE_5)
UserWait(200)
DispatchPress(KEYCODE_1)
UserWait(200)
DispatchPress(KEYCODE_5)
UserWait(200)
DispatchPress(KEYCODE_5)
UserWait(200)
DispatchPress(KEYCODE_0)
UserWait(200)
Dispatchpress(KEYCODE_8)
UserWait(200)
#单击"登录"按钮
DispatchPointer(5109520, 5109520, 0, 353, 325, 0, 0, 0, 0, 0, 0, 0)
DispatchPointer(5109521, 5109521, 0, 353, 325, 0, 0, 0, 0, 0, 0, 0)
UserWait(200)
WriteLog()
```

在 Android 官网上是找不到 monkey 所支持的命令列表的，只能通过阅读 monkey 的源码才能获取，最新的 monkey 4.2 支持如下的命令，有些命令是在后来版本里添加的。如果要在 Android 2.2 中使用 monkey 脚本，需要查阅 Android 2.2 的源代码。源代码的位置为 “./development/cmds/monkey/src/com/android/commands/monkey/MonkeySourceScript.java”。monkey 4.2 支持的命令介绍如下。

1）DispatchPointer

DispatchPointer 命令用于向一个指定位置发送单个手势消息。其命令形式如下，共 12 个参数：

DispatchPointer(downTime，eventTime，action，x，y，pressure，size，metaState，xPrecision，yPrecision，device，edgeFlags)

关键参数是下面 5 个：

- downTime：发送消息的时间，只要是合法的长整型数字即可。
- eventTime：主要用于指定发送两个事件之间的停顿。
- action：消息是按下还是抬起，0 表示按下，1 表示抬起。
- x：x 坐标。
- y：y 坐标。

其余 7 个参数均可以设置为 0。例如，要发送一个单击消息，需要调用两次这个函数，分别模拟手指按下和抬起两个事件：

```
#发送按下事件，downTime 和 eventTime 是一样的，0 代表按下事件
DispatchPointer(5109520，5109520，0，353，325，0，0，0，0，0，0，0)
#发送抬起事件，downTime 和 eventTime 是一样的，但是比前个事件的值多了点时间
#表示手指在这个位置上的停顿
DispatchPointer(5109521，5109521，1，353，325，0，0，0，0，0，0，0>
```

2）DispatchTrackball

DispatchTrackball 命令用于向一个指定位置发送单个跟踪球消息。其使用方式和 DispatchPointer的完全相同。

3）RotateScreen

RotateScreen 命令用于发送屏幕旋转事件。其命令形式如下，共两个参数：

RotateScreen(rotationDegree，persist)

- rotationDegree：旋转的角度，参考 android.view.Surface 里的常量。
- persist：是否保持旋转后的状态，0 为不保持，非 0 值为保持。

4）DispatchKey

DispatchKey 命令用于发送按键消息。其命令形式如下，共 8 个参数：

DispatchKey(downTime，eventTime，action，code，repeat，metaState，device，scancode)

关键参数是下面 5 个：

- downTime：发送消息的时间，只要是合法的长整型数字即可。
- eventTime：主要用于在指定发送两个事件之间的停顿。
- action：消息是按下还是抬起，0 表示按下，1 表示抬起。
- code：按键的值，参见 KeyEvent 类。

• repeat：按键重复的次数。
• 其他参数均可以设置为0。

5）DispatchFlip

DispatchFlip命令用于打开或关闭软键盘。其命令形式如下：

DispatchFlip(keyboardOpen)

• keyboardOpen：为true表示打开键盘，为false表示关闭键盘。

6）DispatchPress

DispatchPress命令用于模拟敲击键盘事件。其命令形式如下：

DispatchPress(keyName)

• keyName：要敲击的按键，具体的值参见KeyEvent。

7）LaunchActivity

LaunchActivity命令用于启用任意应用的一个活动(界面)。其命令形式如下：

LaunchActivity(pkg_name，cl_name)

• pkg name：要启动的应用包名。
• cl_name：要打开的活动的类名。

8）LaunchInstrumentation

LaunchInstrumentation命令用于运行一个仪表盘测试用例。其命令形式如下：

LaunchInstrumentation(test_name，runner_name)

• test_name：要运行的测试用例名。
• runner_name：运行测试用例的类名。

9）UserWait

UserWait命令用于让脚本中断一段时间。其命令形式如下：

UserWait(sleepTime)

• sleepTime：要休眠的时间，以毫秒为单位。

10）LongPress

LongPress命令用于模拟长按事件，长按2 s。其命令形式如下：

LongPress()

11）PowerLog

PowerLog命令用于模拟电池电量信息。其命令形式如下：

PowerLog(power_log_type，test_case_status)

• power_log_type：可选值有AUTOTEST_SEQUENCE_BEGIN，AUTOTEST_TEST_BEGIN，AUTOTEST_TEST_BEGIN_DELAY，AUTOTEST_TEST_SUCCESS，AUTOTEST_IDLE_SUCCESS。

• test_case_status：不明。从源码的注释里，这个命令主要是发送给电量自动管理框架使用的，具体用法尚不清楚。

12）WriteLog

WriteLog命令用于将电池电量信息写入SD卡。其命令形式如下：

WriteLog()

13）RunCmd

RunCmd 命令用于在设备上运行 shell 命令。其命令形式如下：

RunCmd(cmd)

- cmd：要执行的 shell 命令。

14）Tap

Tap 命令用于模拟一次手指单击事件。其命令形式如下：

Tap(x，y，tapDuration)

- x：x 坐标。
- y：y 坐标。
- tapDuration：可选，单击的持续时间。

15）ProfileWait

ProfileWait 命令用于等待 5 s。其命令形式如下：

ProfileWait()

16）DeviceWakeUp

DeviceWakeUp 命令用于唤醒设备并解锁。其命令形式如下：

DeviceWakeUp()

17）DispatchString

DispatchString 命令用于向 shell 输入一个字符串。其命令形式如下：

DispatchString(input)

18）PressAndHold

PressAndHold 命令用于模拟一个长按事件，持续时间可指定。其命令形式如下：

PressAndHold(x，y，pressDuration)

- x：x 坐标。
- y：y 坐标。
- pressDuration：持续的时间，以毫秒为单位计时。

19）Drag

Drag 命令用于模拟一个拖拽操作。其命令形式如下：

Drag (xStart，yStart，xEnd，yEnd，stepCount)

- xStart：拖拽起始的 x 坐标。
- yStart：拖拽起始的 y 坐标。
- xEnd：拖拽终止的 x 坐标。
- yEnd：拖拽终止的 y 坐标。
- stepCount：拖拽实际上是一个连续的事件，这个参数指定由多少个连续的小事件组成一个完整的拖拽事件。

20）PinchZoom

PinchZoom 命令用于模拟缩放手势。其命令形式如下：

PinchZoom（ptlxStart， ptlyStart， ptlxEnd， ptlyEnd， pt2xStart， pt2yStart， pt2xEnd，pt2yEnd，stepCount）

- ptlxStart：第一个手指的起始 x 位置。
- ptlyStart：第一个手指的起始 y 位置。
- ptlxEnd：第一个手指的结束 x 位置。
- ptlyEnd：第一个手指的结束 y 位置。
- pt2xStart：第二个手指的起始 x 位置。
- pt2yStart：第二个手指的起始 y 位置。
- pt2xEnd：第二个手指的结束 x 位置。
- pt2yEnd：第二个手指的结束 y 位置。
- stepCount：细分为多少步完成缩放操作。

21）StartCaptureFramerate

StartCaptureFramerate 命令用于获取帧率。在执行这个命令之前，需要设置系统变量“viewancestor. profile_rendering”的值为 true，以便强制当前窗口的刷新频率保持在60 Hz。其命令形式如下：

StartCaptureFramerate()

22）EndCaptureFramerate

EndCaptureFramerate 结束获取帧率，将结果保存在“/sdcard/avgFrameRateOut. txt”文件里。其命令形式如下：

EndCaptureFramerate(input)

- input：测试用例名。调用结束后，会在“avgFrameRateOut. txt”文件中加上格式为“<input>：<捕获的帧率>”的一行新日志。

23）StartCaptureAppFramerate

StartCaptureAppFramerate 命令用于获取指定应用的帧率。在执行这个命令之前，需要设置系统变量“viewancestor. profile_rendering”的值为 true，以便强制当前窗口的刷新频率保持在 60 Hz。其命令形式如下：

StartCaptureAppFramerate(app)

- app：要测试的应用名。

24）EndCaptureAppFramerate

EndCaptureAppFramerate 命令用于结束获取帧率，将结果保存在“/sdcard/avgAppFrameRateOut. txt”文件中。其命令形式如下：

EndCaptureAppFramerate(app，input)

- app：正在测试的应用名。
- input：测试用例名。

6.3.3 monkey 服务器

除了支持解释脚本，monkey 还支持在设备上启动一个在线服务，可以通过 Telent 的

方式从 PC 远程登录到设备上，以交互的方式执行 monkey 命令，这需要用到 monkey 的“-- port”参数。一般的习惯是将 1080 端口分配给 monkey 服务，不过也可以根据读者自己的喜好和实际情况使用其他端口，接着再把模拟器上的端口重新映射到 PC 宿主机的端口：

```
$ adb -e forward tcp: 1080 tcp: 1080
```

之后就可以使用 Telnet 连接到 monkey 服务器上执行命令了。很遗憾，monkey 服务器理解的命令格式和 monkey 脚本的命令格式完全不一样，而且支持的命令集合也不一样。完整的命令读者可自行参阅 Android monkey 关于服务器处理的源代码：/development/cmds/ monkey/src/com/android/commands/monkey/MonkeySourceNetwork. java。

与可以在 monkey 脚本中启动应用不同的是，monkey 服务器没有办法启动应用。因此在通过服务器执行命令时，需要事先手动启动待测应用，或者使用 am 命令启动。如代码清单 6-10 就是启动腾讯微信应用后，通过 monkey 服务器执行命令的例子(其中以字符“#”开头的行是本书添加的注释，不是 Telent 或 monkey 服务器的输出)。

代码清单 6-10　在 monkey 服务器模式下操作腾讯微信

```
#使用服务器方式交互的时候，可以不指定待测的应用包
student@student: ~/d $ adb -e shell monkey -- port 1080 &
student@student: ~/d $ adb forward tcp: 1080 tcp: 1080
#启动待测应用，这里启动的是腾讯的微信
student@student: ~/bookpulic/chapter4 $ adb shell am start -n
com. tencent. mobileqq/com. tencent. mobileqq. activity. SplashActivity &
Starting: Intent { cmp=com. tencent. mobileqq/. activity. SplashActivity }
#通过 Telnet 连接到 monkey 服务器
student@student: ~/d $ telnet localhost 1080
Trying 127. 0. 0. 1...
Connected to localhost.
Escape character is '^]'.
#输入一个字符串"12"
type 12
# monkey 服务器返回状态消息
OK
#单击位置"128, 235"，其中 128 是 x 坐标，235 是 y 坐标
tap 128 235
OK
#单击键盘的 DEL 键
pressDEL
OK
#按"ctrl+]"键退出这次会话
^]
#再按"ctrl+d"退出 Telnet
```

下面是最新的 Android 4.2 版本中 monkey 服务器支持的命令。

1）flip

flip 命令用于打开或关闭键盘。

例如：

flip open　打开键盘

flip closed　关闭键盘

2）touch

touch 用于模拟手指按下界面的操作。其命令形式如下：

touch [down|up|move] [x][y]

例如，命令“touch down 120 120”的意思是发送手指按下位置“120，120”的事件。**注意**，手指单击事件包括两个，先是按下(down)事件，再接着是一个抬起(up)事件；而手指移动事件包括至少三个，先是按下事件，接着是一系列的移动(move)事件，最后才是抬起事件。

3）trackball

trackball 命令用于发送一个跟踪球操作事件。其命令形式如下：

trackball [dx] [dy]

例如：

trackball 1　0　向右移动

trackball -1　0　向左移动

4）key

key 命令用于发送一个按键事件。一个单击按键事件包括两个事件，先是按下事件，再接着是一个抬起事件。其命令形式如下：

key [down|up] [keycode]

例如：

key down 82　按下 ASCII 码值为 82 的按键

key up 82　抬起 ASCII 码值为 82 的按键

5）sleep

sleep 命令用于让 monkey 服务器暂停 2 s。例如：

sleep 2000

6）type

type 命令用于向当前 Android 应用发送一个字符串。其命令形式如下：

type [字符串]

7）wake

wake 命令用于唤醒设备，给设备解锁。

8）tap

tap 命令用于发送一个单击坐标位置是“x，y”的事件。其命令形式如下：

tap [x][y]

9）press

press 命令用于按下一个按键。其命令形式如下：

press [keycode]

10）deferreturn

deferreturn 命令用于执行一个“command”命令，在指定“timeout”的超时时间之内，等待一个 “event” 事件。例如，“deferreturn screenchange 1000 press KEYCODE_HOME”的意思是，单击“HOME”键，并在 1 s 内等待“screenchange”这个事件。其命令形式如下：

deferreturn [event] [timeout (ms)] [command]

11）listvar

listvar 命令用于列出在 Android 系统中可以查看的系统变量，这些系统变量的值可以从 Android 的文档中找到说明。listvar 命令和后面的 getvar 命令的源码均可从/development/cmds/monkey/src/com/android/commands/monkey/MonkeySourceNetworkVars. java 中找到。

listvar 命令调用示例如下：

```
listvar
OK：am. current. action am. current. categories am. current. comp. class am. current.
comp. package am. current. data am. current. package build. board build. brand build. cpu_
abi build. device build. display build. fingerprint build. host build. id build. manufacturer
build. model build. product build. tags build. type build. user build. version. codename
build. version. incremental build. version. release build. version. sdk clock. millis clock,
realtime clock. uptime display. density display. height display. width
```

12）getvar

getvar 命令用于获取一个 Android 系统变量的值，可选的变量由 listvar 命令列出。其命令形式如下：

getvar [variable name]

getvar 命令调用示例如下：

```
getvar build. brand
OK：1277931480000
```

13）listviews

listviews 命令用于列出待测应用里所有视图的 id，不管这个视图当前是否可见。**注意**，不是所有的 Android 都支持这个命令，例如 Android 2.2 就不支持它。

listviews 命令及下面的 getrootview 命令和 getview 等命令的源码均可从 /development/cmds/monkey/src/com/android/commands/monkey/MonkeySourceNetworkViews. java 中找到

14）getrootview

getrootview 命令用于获取待测应用的最上层控件的 id。

15）getviewswithtext

getviewswithtext 命令用于返回所有包含指定文本的控件的 id，如果有多个控件包含指定的文本，则这些控件的id使用空格分隔并返回。其命令形式如下：

getviewswithtext [text]

16) queryview

queryview命令用于根据指定的id类型以及id来查找控件，id类型只能是"viewid"或"accessibilityids"，如果id类型是"viewid"，则id是在源码中对控件的命名，如"queryview viewid button1 gettext"；如果id类型是"accessibilityids"，则需要两个id，而且只能是数字，如"queryview accessibilityids 12 5 getparent"。这两种类型命令的形式如下：

queryview viewid [id] [command]

queryview accessibilityids [idl] [id2] [command]

可使用的"command"如下：

getlocation，获取控件的x、y、宽度和高度信息，以空格分隔，如queryview viewid button1 getlocation。

gettext，获取控件上的文本，如queryview viewid buttonl gettext。

getclass，获取控件的类名，如queryview viewid buttonl getclass。

getchecked，获取控件选中的状态，如queryview viewid buttonl getchecked。

getenabled，获取控件的可用状态，如queryview viewid buttonl getenabled。

getselected，获取控件的被选择状态，如queryview viewid buttonl getselected。

setselected，设置控件的被选择状态，接受一个布尔值的参数，其命令形式是：

queryview [id type] [id] setselected [boolean]

如queryview viewid buttonl setselected true。

getfocused，获取控件的输入焦点状态，如queryview viewid buttonl getfocused。

setfocused，设置控件的输入焦点状态，接受一个布尔值的参数，其命令形式是：

queryview [id type] [id] setfocused [boolean]

如queryview viewid buttonl setfocusedfalse。

getaccessibilityids，获取一个控件的辅助访问id，如queryview viewid button1 getaccessibilityids。

getparent，获取一个控件的父级节点，如queryview viewid button1 getparent。

getchildren，获取一个控件的子孙控件，如queryview viewid button1 getchildren。

虽然monkey命令都是通过Telnet与monkey服务器交互的，但是在Linux机器上，可以将要执行的命令保存到一个文本文件中，使用nc命令逐行向monkey服务器发送，如：

```
$ nc localhost 1080 < monkey. txt
```

6.3.4 编写monkeyrunner用例

monkeyrunner工具提供了一个API，使用此API写出的程序可以在Android代码之外控制Android设备和模拟器。通过monkeyrunner，可以写出一个Python程序去安装一个Android应用程序或测试包，运行它，向它发送模拟击键，截取它的用户界面图片，并将截图存储于工作站上。monkeyrunner工具的主要设计目的是用于测试功能/框架水平上的

应用程序和设备，或用于运行单元测试套件，当然测试人员也可以将其用于其他目的。

monkeyrunner 工具与用户界面/应用程序测试工具(也称为 monkey 工具)并无关联。monkey 工具是直接运行在设备或模拟器的 adbshell 中，生成用户或系统的伪随机事件流；而 monkeyrunner 工具则是在工作站上通过 API 定义的特定命令和事件控制设备或模拟器。

1. monkeyrunner 的特性

1) 多设备控制

monkeyrunner API 可以跨多个设备或模拟器实施测试套件。可以在同一时间接上所有的设备或一次启动全部模拟器，依据程序依次连接到每一个设备或模拟器，然后运行一个或多个测试；也可以用程序启动一个配置好的模拟器，运行一个或多个测试，然后关闭模拟器。

2) 功能测试

monkeyrunner 可以为一个应用自动贯彻一次功能测试。测试人员可提供按键或触摸事件的输入数值，然后观察输出结果的截屏。

3) 回归测试

monkeyrunner 可以运行某个应用，并将其结果截屏与既定已知正确的结果截屏相比较，以此测试应用的稳定性。

4) 可扩展的自动化

由于 monkeyrunner 是一个 API 工具包，可以基于 Python 模块和程序开发一整套系统，以此来控制 Android 设备。除了使用 monkeyrunner API 之外，还可以使用标准的 Python OS 和 subprocess 模块来调用如 adb 这样的 Android 工具；也可以向 monkeyrunner API 中添加自己的类，这一点将在使用插件扩展 monkeyrunner 一节中将进行详细的讨论。

2. 运行 monkeyrunner

monkeyrunner 实际上是一个 Python 解释器，它的使用形式与 Python 命令类似，只不过它在启动时事先设置好了一些 Android 类库的路径。如果启动 monkeyrunner 时指定了要运行的 Python 脚本，则会逐行解释这个脚本；如果只执行 monkeyrunner 命令，就会显示一个交互的解释器，在开发测试脚本的时候，可以先在里面尝试一些 API 的使用。例如，在启动模拟器之后，可以尝试代码清单 6-11 所示的脚本(其中以字符“#”开头的行都是作者的注释)。

代码清单 6-11　一个简单的 monkeyrunner 程序实例

```
#导入此程序所需的 monkeyrunner 模块
from com.android.monkeyrunner import MonkeyRunner, MonkeyDevice
#连接当前设备，返回一个 MonkeyDevice 对象
device=MonkeyRunner.waitForConnection()
#安装 Android 包。注意，此方法的返回值为 boolean 类型，由此可以判断安装过程是否正常
device.installPackage('myproject/bin/MyApplication.apk')
#运行此应用中的一个活动
device.startActivity(component='com.android.settings/.settings')
#按下菜单按键
```

```
device.press('KEYCODE_MENU', 'DOWN_AND_UP')
#截取屏幕截图
result=device.takeSnapShot()
#将截图保存至文件
result.writeToFile('myproject/shot1.png', 'png')
#获取指定区域的图像，注意两个括号
result_static=result.getSubImage((200, 400, 200, 400))
#获取 d:\shotbegin.png 这张图片
picture=MonkeyRunner.loadImageFromFile('d:\shotbegin.png', 'png')
#第二截图并获取相同的局部图像
result_static2=picture.getSubImage((200, 400, 200, 400))
#使用.sameAs()对比两张图片，并输出对比结果 true 或 false
end=result_static.sameAs(result_static2, 1.0) print end
```

monkeyrunner 执行测试时使用 takeSnapShot 截图，默认截取整个屏幕，包含了系统的状态栏。真实手机状态栏中包含如电量/信号量/消息提示等变量，使用 sameAs 对比整个屏幕的截图时就很容易出现错误，而使用 getSubImage 获得局部图像，然后再进行对比，就减少了 monkeyrunner 执行结果出错的概率。result.getSubImage((200，400，200，400))中的指定区域值使用 Pixel Perfect 获取坐标点，或者截图到本地后获取，先获取区域左上角和右下角坐标，前两个值是左上角坐标，后两个值是右下角减左上角的坐标。

3. 手工编写 monkeyrunner 代码

虽然 monkeyrunner 脚本使用 Python 语言编写，但它实际上是通过 Jython 来解释执行的。Jython 是 Python 的 Java 实现，它将 Python 代码解释成 Java 虚拟机上的字节码并执行，这种做法允许在 Python 中继承一个 Java 类型，可以调用任意的 Java API，也可以复用 Java 虚拟机自带的垃圾回收等机制。由于大部分 Android API 都是使用 Java 语言编写的，因此使用 Jython 为调用这些 API 提供了极大的便利。一般来说，一个 monkeyrunner 脚本格式如代码清单 6-12 所示。

代码清单 6-12 monkeyrunner 脚本的一般格式

```
#在程序中引入 monkeyrunnr 模块
from com.android.monkeyrunner import MonkeyRunner, MonkeyDevice
#连接到正在运行的设备或者模拟器上，返回一个 MonkeyDevice 对象
device=MonkeyRunner.waitForConnection()
#安装待测应用，应用包的路径是 PC 上的文件夹路径
#installPackage 函数返回一个布尔值，以说明应用是否成功安装
device.installPackage('myproject/bin/MyApplication.apk')
package='com.example.android.myapplication'
activity='com.example.android.myapplication.MainActivity'
#设置要启动的活动类名，由包名和活动类型全名组成
runComponent=package + '/' + activity
#启动活动组件
device.startActivity(component=runComponent)
```

```
#单击菜单按钮
device.press('KEYCODE_MENU', MonkeyDevice.DOWN_AND_UP)
#给设备截图
result=device.takeSnapShot()
#将截图保存下来
result.writeToFile('myproject/shotl.png', 'png')
```

monkeyrunner API 于 com.android.monkeyrunner 包中包含两个模块：

（1）MonkeyRunner：一个为 monkeyrunner 程序提供工具方法的类。这个类提供了用于连接 monkeyrunner 至设备或模拟器的方法。它还提供了用于创建一个 monkeyrunner 程序的用户界面以及显示内置帮助的方法。

（2）MonkeyDevice：表示一个设备或模拟器。这个类提供了安装和卸载程序包、启动一个活动以及发送键盘或触摸事件到应用程序的方法。测试人员也可以用这个类来运行测试包。

Python 程序中是以 Python 模块的形式使用这些类的。monkeyrunner 工具不会自动导入这些模块，必须使用类似如下的 from 语句：

From com.android.monkeyrunner import MonkeyRunner，MonkeyDevice，MonkeyImage 可以在一个 from 语句中导入模块，以逗号分隔。另外，waitForConnection 函数的参数说明如表 6-1 所示。

表 6-1　waitForConnection 函数的参数说明

参　数	说　明
timeout	连接设备的超时时间，默认一直等下去
deviceId	连接的设备或模拟器序列号，可用正则表达式匹配
返回值	返回连接上的设备和模拟器的 MonkeyDevice 对象

4. MonkeyDevice 类的方法介绍

（1）BroadcastIntent(string uri，string action，string data，string mimetype，iterable categories，dictionary extras，component component，iterable flages)：对设备发送一个广播信号。

（2）Drag(tuple start，tuple end，float duration，integer steps)：拖动屏幕，也就是划屏的一些操作。

（3）GetProperty(string key)：得到手机上的一些属性。

（4）GetSystemProperty(string key)：得到一些系统属性。

（5）InstallPackage(string path)：将一个 apk 安装到手机里面。

（6）Instrument(string className.dictionary args)：运行测试设备的指定包。

（7）Press(string name，dictionary type)：按键(一些物理按键)。

（8）Reboot(string into)：重启手机。

（9）RemovePackage(string package)：删除一些 apk。

（10）Shell(string cmd)：执行 adb shell 命令并返回结果。

（11）TakeSnapShot()：截图。

（12）Touch(integer x，integer y，integer type)：触摸。

（13）Type(string message)：输入一些字符串。

（14）Wake()：唤醒手机点亮屏幕。

启动一个活动（注意不是启动一个应用，因为 Android 里的活动都是可以单独启动的）最常用的参数是 component 参数，因为 Python 并不要求在调用函数时传入所有参数，因此可以使用类似代码清单里的方式，使用“startActivity("component=")”的方式启动活动。startActivity 函数其他参数的使用方式需要意图的一些高级用法，读者可以阅读其他 Android编程书籍来了解，本书不再详述。下面则是 startActivity 函数的参数说明：

action：启动活动的意图对象的动作，详情参看 Intent. setAction 函数。

data：启动活动的意图对象的数据 URI，详情参看 Intent. setData 函数。

mimetype：启动活动的意图对象的 MIME 类型，详情参看 Intent. setType 函数。

categories：意图对象种类集合，详情参看 Intent. addCategory 函数。

extras：根据启动的活动的要求，意图对象所需携带的额外数据。

component：要启动的组件的全名，组件全名由应用的包名和组件的类名组成。

flags：意图对象的标志集合。

5. 使用插件扩展 monkeyrunner

可以用 Java 语言创建新的类，并打包成一个或多个 jar 文件，以此来扩展 monkeyrunner API。可以使用自己写的类或者继承现有的类来扩展 monkeyrunner API；还可以使用此功能来初始化 monkeyrunner 环境。为了使 monkeyrunner 加载一个插件，应当使用- plugin 参数来调用 monkeyrunner 命令。

在编写的插件中，可以导入或继承位于 com. android. monkeyrunner 包中的几个主要的 monkeyrunner 类：MonkeyDevice、MonkeyImage 和 MonkeyRunner。**注意**，插件无法访问 Android 的 SDK，也不能导入 com. android. app 等包。这是因为 monkeyrunner 是在框架 API 层次之下与设备或模拟器进行交互的。插件启动类用于插件的 jar 文件可以指定一个类，使其在脚本执行之前就实例化。如欲指定这个类，需要在 jar 文件的 manifest. txt 中添加键 MonkeyRunnerStartupRunner，其值为启动时运行的类的名称。代码清单 6 - 13 显示了如何在一个 ant 构建脚本达到这样的目的，如欲访问 monkeyrunner 的运行时环境，启动类 com. google. common. base. Predicate 就可以实现。

代码清单 6 - 13　monkeyrunner 插件清单文件 manifest. txt 源代码

```
package cc. iqa. iquery. mr;
//省略诸多的 import 语句
//使用 MonkeyRunnerExported 属性，可以使 monkeyrunner 发现插件中存在的可在
//Python 中使用的类型，其中 doc 属性的文本可以在 Python 中查询类型的说明
@MonkeyRunnerExported (doc='QueryableDevice 是一个支持使用 iQuery 语句查找和单击控
件的 Device')
public class QueryableDevice extends PyObject implements ClassDictInit{
    private static final Set<String> EXPORTED_METHODS=JythonUtils
    getMethodNames(QueryableDevice. class);
```

```
private MonkeyDevice _device;
private String _viewServerHost;
private int _viewServerPort;
//Jython 通过下面这个函数获取类型中导出到 Python 的 Java 函数列表
public static void classDictInit(PyObject dict){
    JythonUtils.convertDocAnnotationsForClass(QueryableDevice.class, dict);
}
//使用 MonkeyRunnerExported 标注出可在 Python 中使用的函数
//其中 args 属性标明了函数的参数列表
//而 argsDocs 则是参数的说明性文字，可以在 Python 中使用 docstring 的方式查看
//这是构造函数，在 Python 中，可以用下面的方式调用并创建一个 QueryableDevice 对象
//device=MonkeyRunner.waitForConnection()
//qdevice=QueryableDevice(device)
@MonkeyRunnerExported(doc ="根据一个 MonkeyDevice 实例创建 QueryableDevice.",
args={ "device" },
argDocs={ " 要扩展的 MonkeyDevice 实例." });
public QueryableDevice(MonkeyDevice device){
    //在获取 HierarchyViewer 引用的时候，会启动手机上的 ViewServer
    //因为 HierarchyViewer 这个类型提供的函数实在是太少了，基本上就抛弃这个类了
    //直接使 socket 与 view server 通信即可
    device.getImpl().getHierarchyViewer();
    _device=device;
}
//
//另一个导出到 Python 中的函数，调用形式：
//qdevice.connectViewServer(host='127.0.0.1', port=4939)
@MonkeyRunnerExported (doc ='连接到 ViewServer',
args={ 'host', 'port' },
argDocs={"要连接的 ViewServer 的地址",
"要连接的 ViewServer 的端口号！" })
public void connectViewServer(PyObject[] args, String[] kws)
throws IOException{
ArgParser ap=createArgParser(args, kws, QueryableDevice.class,
'connectViewServer');
int port=4939;
String host='127.0.0.1';
if (ap != null){
    host=ap.getString(0)
    port=ap.getInt(1);
}
viewServerHost=host;
viewServerPort=port;
}
```

iQuery 是笔者开发的一个用于移动 UI 测试的开源库，其主要目的是使用类似 jQuery 的语法以多种方式在应用的控件树上查找控件，比如可以根据控件之间的父子关系、控件的文本、控件的坐标等属性查询控件。

其使用方式和实现原理请参照如下 iQuery 文档：

（1）http：//www.cnblogs.comy/vowei/archive/2012/09/07/2674889.html。

（2）http：//www.cnblogs.comy/vowei/archive/2012/09/12/2682168.html。

（3）http：//www.cnblogs.comy/vowei/archive/2012/09/19/2693838.html。

写完代码之后，还需要一个插件主类型，它什么都不用做，只是为了遵循 Google 对 monkeyrunner 插件的开发规范。每个插件的主类型都必须实现 Predicate<PythonInterpreter> 这个接口。Predicate 范型接口在 guava 库中定义，由 Google 开发。插件主类型需要实现 apply 函数，它是 monkeyrunner 插件的入口函数；而 PythonInterpreter 是由 Jython 传入的接口，插件可以通过它读取 Python 变量和定义新的 Python 变量，详细的使用方法可参照 Jython 文档。monkeyrunner 插件主类型源代码如代码清单 6-14 所示。

代码清单 6-14 monkeyrunner 插件主类型源代码

```
public class Plugin implements Predicate<PythonInterpreter>{
    @Override
    public boolean apply(PythonInterpreter python){
        return true;
    }
}
```

上面就是插件主类型的所有源代码，需要添加一个 jar 清单文件 manifest.txt，以便 monkeyrunner 找到插件主类型。monkeyrunner 在加载插件时，会查询插件 jar 包的清单文件，并读取里面的 MonkeyRunnerStartupRunner 的属性，它的值是插件主类型的全名，然后再通过下面的命令将 manifest.txt 和编译好的 java class 文件合并到一个 jar 文件中。该命令在 bin 目录中创建了一个名为 iquery-mr.jar 的文件，如代码清单 6-15 所示。

代码清单 6-15 将清单文件合并到 monkeyrunner 插件的 jar 包

```
student@student：~/workspace/iquery-mr $ jar cvfm bin/iquery-mr.jar manifest.txt -
C bin
标明清单(manifest}
增加：00/(读入=0)(写出=0)(存储了 0%)
增加：cc/iqa/(读入=0)(写出=0)(存储了 0%)
增加：cc/iqa/iquery/(iA= 0)(写出=0)(存储了 0%>)
增加：00/iqa/iquery/mr/(读入=0)(写出=0)(存储了 0%)
增加：cc/iqa/iquery/mr/Plugin.class ( 读入= 721)(写出=386)(压缩了 46%)
增加：cc/iqa/iquery/mr/ControlHierarchy.class ( 读入= 2008)(写出=1021)(压缩了 49%)
增加：cc/iqa/iquery/mr/By.class ( 读入=2498)(写出=1146)(压缩了 54%)
增加：cc/iqa/iquery/mr/QueryableDevice.class ( 读入= 10917)(写出=5134)(压缩了 52%)
增加：iquery-mr.jar(aA= 7865)(写出=7598)(压缩了 3%)
```

现在插件就可以使用了，在正常情况下，可以通过“monkeyrunner-pluginxxx.jar”的方式执行插件，但遗憾的是，monkeyrunner 默认情况下只会加载 ANDROID_HOME/

tools/lib 里的 jar 包。如果插件中引用了其他包，比如 antlr. jar 文件就不是 Android 自带的 jar 包，monkeyrunner 就无法正常使用插件。其实 monkeyrunner 只是一个 shell 脚本，在背后其实际还是设置好 Java 虚拟机在运行时解析 class 依赖路径的 CLASS_PATH，设置成 Android SDK 自带 jar 包的文件夹，再调用 Java 这个程序运行 monkeyrunner. jar。由于例子 6－15 用到了非 Android SDK 包，要么将所有依赖包打包进插件的 jar 包，要么使用自定义的脚本，如代码清单 6－16 所示（其中 ANDROID_HOME 是一个自定义的 shell 变量，指向 Android SDK 的根目录）。

代码清单 6－16　将非 Android SDK 依赖包添加到搜索路径并运行 monkeyrunner

```
#设置 ANDROID_HOME 环境变量，设置为 AndroidSDK 的根目录
student@student：～$ export ANDROID_HOME=～/android－sdks/
#下面这个命令就是 monkeyrunner 脚本实际要执行的命令，这里为了引入非 AndroidSDK
#自带的 jar 包
#只能将命令从脚本中提取出来，显式将依赖包(这里是 antlr－runtime. jar)所在的文件夹
#加入进来
#注意下面的参数
'Djava. ext. dirs= $ ANDROID_HOME/tools/lib; $ ANDROID_HOME/tools/lib/ x86：.'
#中的字符'.'，表示将当前执行命令的目录也添加进 monkeyrunner 搜寻扩展及依赖 jar 包
的搜
#索路径中
student@student：～$ exec java－Xmxl28M－
Djava. ext. dirs= $ ANDROID_HOME/tools/lib： $ ANDROID_HOME/tools/lib/x86：.－
Djava. library. path= $ ANDROID_HOME/tools/lib－
Dcom. android. monkeyrunner. bindir= $ ANDROID_HOME/tools－jar
$ AN DROID_HOME/tools/lib/monkeyrunner. jar－plugin iquery－mr. jar
#monkeyrunner 启动了，可以在其中使用刚刚开发的插件里的类型
#
Jython2. 5. 0 (Release_2_5_0：6476，Jun 16 2009，13：33：26)
[OpenJDK Server VM (Sun Microsystems Inc. >] on javal. 6. 0_24
>>> from com. android. monkeyrunner import MonkeyRunner，MonkeyDevice
>>> from cc. iqa. iquery. mr import QueryableDevice，By 》> dir (By)
>>> dir(By)
["_class_'，'_delatter_'，'_doc_'，'_getattribute_'，'_hash_'，'_init_'，'_new_'，'_reduce_'，'_
reduce_ex_'，'_repr_'，'_setattr_'，'_str_'，'_connectViewServer_'，'_getActivityId_'，'_get-
Layout_'，'_touch_']
#打印类 SQueryableDevice 的帮助文档，这个帮助文档就是在如 QueryableDevice
#上 MonkeyRunnerExported
#标注中定义的说明文字
#
>>>print QueryableDevice. _doc_
QueryableDevice 是一个支持使用 iQuery 语句查找和单击控件的 Device
```

monkey 可以直接在 WindowsXP/Win7 上运行，只要 WindowsXP/Win7 上能用 adb，即可使用。monkey 测试是 Android 平台自动化测试的一种手段，通过 monkey 程序模拟用

户触摸屏幕、滑动 trackball、按键等操作来对设备上的程序进行压力测试，检测程序多久的时间会发生异常。monkey 测试是一种为了测试软件的稳定性、健壮性的快速有效的方法。对于国内读者来说，还需要注意，在编写 monkeyrunner 脚本时，如果在脚本中会用到中文，要在脚本源文件中指明编码方式，一般采用 UTF-8 编码。另外，必须使用"u"来包括中文的字符串，否则在 Python 中用 print 命令打印字符串，即使可以看到字符显示正常，但在 Python 里还是会得到乱码！

课后练习

1. 介绍白盒测试和黑盒测试的特点和区别。
2. 介绍 Android 仪表盘测试用例流程。
3. 写出 monkey 工具命令参考。
4. 编写一个 monkeyrunner 用例。

第四部分　网络设备测试

第7章　网络测试概述与网络测试工具

7.1　网络测试概述

网络设备测试主要面向的测试对象是交换机、路由器、防火墙、无线AP等网络设备，其主要目的是验证网络设备是否能够达到既定功能和性能等。在此基础上，设备的安全性也尤为重要。现在一些黑客可以通过一些工具或自己开发的脚本对设备进行攻击，比如DDOS攻击、DNS攻击等。因此，网络安全测试也显得尤为重要。

网络测试通常可以分为手动测试和自动化测试。

1. 手动测试

手动测试是通过人为搭建网络拓扑环境进行设备连接，并手动输入网络设备命令，如“enable，config terminal”等一系列命令(不同的设备操作命令不同)；然后再配置被测试的协议或功能；最后通过show config命令或者其他命令来验证该设备是否能够满足此功能。

2. 自动化测试

自动化测试是在一定的网络拓扑结构下，通过诸如Active Tcl、Python、Ruby等自动化测试脚本并基于某测试平台(诸如IXIA、SigmationTF等)，经过自动化测试工程师将编写好的脚本(一般是“job”或“project”文件)提交给测试平台，一段时间后查看运行日志，来确认或者验证设备的功能是否实现。

学习本章内容时，读者需要具备一定的网络协议及设备配置管理等基础知识。

“工欲善其事，必先利其器”，进行网络测试，不免要与网络协议及报文打交道，使用合适、快捷的网络报文格式化、分析工具，将非常有利于我们了解网络中各类数据包的收发情况以及某协议状态的变迁过程。

Wireshark(前身为Ethereal)和TCPDump均为网络报文分析软件。网络报文分析软件的功能是捕获网络报文，并尽可能显示出最详细的网络报文资料。网络报文分析软件的功能可想象成“电工技师使用电表来测量电流、电压、电阻”的工作——只是将场景移植到网络上，并将电线替换为网线。

在过去，网络报文分析软件是非常昂贵，或是专门属于盈利用的软件。Wireshark的出现改变了这一切。在GNU GPL通用许可证的保障下，使用者可以免费取得网络报文分析软件和其代码，并拥有针对其源代码修改及自订化的权利。Wireshark是目前全世界最广泛的网络报文分析软件之一。

以下是一些使用网络报文分析软件的例子：

- 网络管理员使用网络报文分析软件来检测网络问题。
- 网络安全工程师使用网络报文分析软件来检查信息安全等相关问题。

- 开发者使用网络报文分析软件来为新的通信协议除错。
- 普通使用者使用网络报文分析软件来学习网络协议的相关知识。

针对网络报文分析软件，还有以下两点说明：

(1) 网络报文分析软件不是入侵侦测软件(Intrusion Detection Software，IDS)，对于网络上的异常流量行为，不会产生警告或是任何提示。然而，仔细分析网络报文分析软件捕获的报文能够帮助使用者对于网络行为有更清楚的了解。

(2) 网络报文分析软件不会对网络报文产生内容上的修改，它只会反映出目前流通的报文信息。此外，网络报文分析软件本身也不会送出报文到网络上。

7.2　Wireshark

Wireshark 是世界上最流行的网络分析工具。这个强大的工具可以捕捉网络中的数据，并为用户提供关于网络和上层协议的各种信息。

7.2.1　Wireshark 发展简史

1997 年底，Gerald Combs 需要一个能够追踪网络流量的工具软件作为其工作的辅助，因此他开始编写 Ethereal 软件。

1998 年底，一位在教授 TCP/IP 课程的讲师 Richard Sharpe，看到了这套软件的发展潜力，而后开始参与该软件的开发，并为该软件加入新功能。在当时，新的通信协议的制定并不复杂，因此开始他在 Ethereal 上新增的报文捕获功能中，几乎包含了当时所有的通信协议。

自此以后，数以千计的人开始参与 Ethereal 的开发，人们多半是因为希望能让 Ethereal 捕获特定的、尚未包含在 Ethereal 预设的网络协议中的报文。

2006 年 6 月，因为商标的问题，Ethereal 更名为 Wireshark。

与很多其他网络工具一样，Wireshark 也使用 pcap network library 来进行封包捕捉。

Wireshark 的优势主要体现在以下三个方面：① 安装方便；② 具有简单易用的界面；③ 提供丰富的功能。

7.2.2　使用默认设置运行 Wireshark

使用默认设置运行 Wireshark 的操作步骤如下：

(1) 运行 Wireshark 或者 Ethereal：# wireshark，界面如图 7-1 所示。

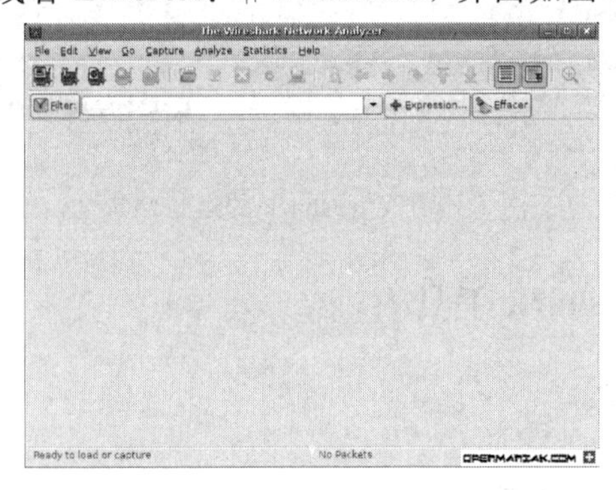

图 7-1　Wireshark 主界面

(2) 选择需要捕捉的设备。选择“Capture”→“Options”选项，在弹出的窗口中选择想要捕捉的设备后单击“Start”按钮，如图 7－2 所示。

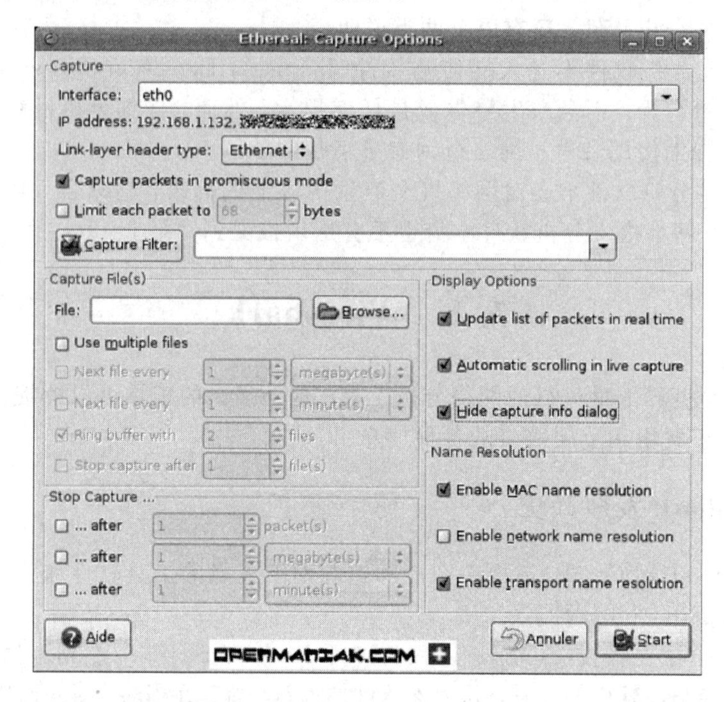

图 7－2　Wireshark Capture Options

(3) Wireshark 的运行结果如图 7－3 所示。

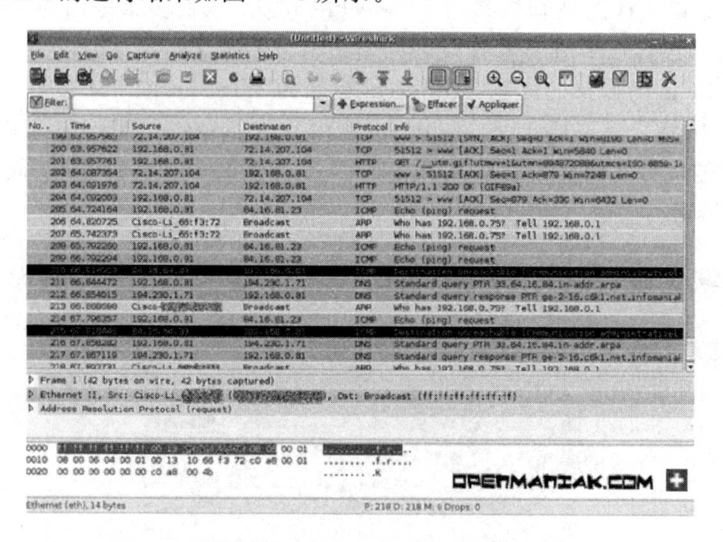

图 7－3　Wireshark 的运行结果

7.2.3　深入了解 Wireshark 工具

Wireshark 工具主要有：

- Menus(菜单)。
- Display Filter(显示过滤器)。

- Packet List Pane(封包列表)。
- Packet Detalts Pane(封包详细信息)。
- Dissector Pane(十六进制数据)。
- Miscellanous(杂项)。

1. Menus(菜单)

Wireshark 主菜单如图 7-4 所示。该主菜单下的八个菜单项用于对 Wireshark 进行配置，具体见表 7-1。

图 7-4　Wireshark 主菜单

表 7-1　Wireshark 主菜单

菜 单 项	说　明
File(文件)	打开或保存捕获的信息
Edit(编辑)	查找或标记封包。进行全局设置
View(查看)	设置 Wireshark 的视图
Go(转到)	跳转到捕获的数据
Capture(捕获)	设置捕捉过滤器并开始捕捉
Analyze(分析)	设置分析选项
Statistics(统计)	查看 Wireshark 的统计信息
Help(帮助)	查看本地或者在线支持

2. Display Filter(显示过滤器)

显示过滤器用于查找捕捉记录中的内容。Wireshark 的显示过滤器如图 7-5 所示。

图 7-5　Wireshark 的显示过滤器

3. Packet List Pane(封包列表)

封包列表中显示所有已经捕获的封包，如图 7-6 所示。在这里可以看到发送或接收方的 MAC/IP 地址、TCP/UDP 端口号、协议或者封包的内容。

Time	Source	Destination	Port	Protocol	Info
[illegible]	192.168.1.2	84.16.81.23	80	HTTP	GET /image/[illegible] HTTP/1.1
4.384927	84.16.81.23	192.168.1.2	3296	HTTP	HTTP/1.1 304 Not Modified
4.397701	84.16.81.23	192.168.1.2	3293	HTTP	HTTP/1.1 304 Not Modified
[illegible]	192.168.1.2	84.16.81.23	80	HTTP	GET /image/carre.gif HTTP/1.1
[illegible]	192.168.1.2	84.16.81.23	80	HTTP	GET /image/carre_blanc.gif HTTP/1.1
4.444310	84.16.81.23	192.168.1.2	3296	HTTP	HTTP/1.1 304 Not Modified
[illegible]	192.168.1.2	84.16.81.23	80	HTTP	GET [illegible]
4.457367	84.16.81.23	192.168.1.2	3293	HTTP	HTTP/1.1 304 Not Modified
4.474045	84.16.81.23	192.168.1.2	3296	TCP	[TCP segment of a reassembled PDU]
4.477516	84.16.81.23	192.168.1.2	3296	TCP	[TCP segment of a reassembled PDU]
185.	Cisco-Li_2a:fb:9b	3Com_9b:47:f7		ARP	Who has 192.168.1.2? Tell 192.168.1.1
185.	3com_9b:47:f7	Cisco-Li_2a:fb:9b		ARP	192.168.1.2 is at 00:04:75:9b:47:f7

图 7-6　封包列表

如果捕获的是一个 OSI Layer 2 的封包，在“Source”和“Destination”列中看到的将是 MAC 地址，当然，此时“Port”列将会为空。

如果捕获的是一个 OSI Layer 3 或者更高层的封包，在“Source”和“Destination”列中看到的将是 IP 地址。“Port”列仅会在这个封包属于第四或者更高层时才会显示。

可以在封包列表中添加/删除列或者改变各列的颜色，操作为选择“Edit”→“Preferences”选项。

4. Packet Details Pane(封包详细信息)

封包详细信息如图 7-7 所示，图中显示的是在封包列表中被选中项目的详细信息。

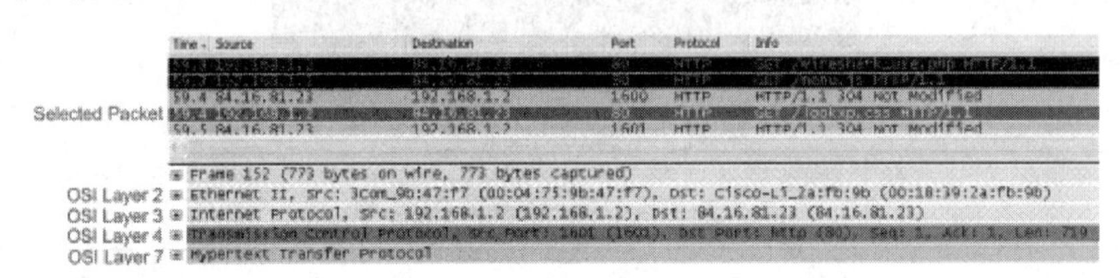

图 7-7 封包详细信息

封包信息按照不同的 OSI Layer 进行了分组，可以展开每个项目查看。

5. Dissector Pane(十六进制数据)

“解析器”在 Wireshark 中也被叫做“十六进制数据查看面板”。这里显示的内容与“封包详细信息”中的相同，只是改为以十六进制的格式表述。

6. Miscellanous(杂项)

在程序的最下端，可以获得如下信息：

- 正在进行捕捉的网络设备。
- 捕捉是否已经开始或已经停止。
- 捕捉结果的保存位置。
- 已捕捉的数据量。
- 已捕捉封包的数量。(Packet)
- 显示的封包数量。(Displayed)(经过显示过滤器过滤后仍然显示的封包)
- 被标记的封包数量。(Marked)

7.2.4 Wireshark 过滤器

1. 过滤器的重要性

当使用默认设置时，会得到大量冗余信息，以至于很难找到需要的部分。过滤器可以帮助我们在庞杂的结果中迅速找到需要的信息。

2. 过滤器种类

捕捉过滤器：用于决定将什么样的信息记录在捕捉结果中，需要在开始捕捉前设置。

显示过滤器：在捕捉结果中进行详细查找。显示过滤器可以在得到捕捉结果后随意修改。

3. 两种过滤器介绍

两种过滤器的目的是不同的，使用的语法也是完全不同的。

捕捉过滤器是数据经过的第一层过滤器，它用于控制捕捉数据的数量，以避免产生过大的日志文件；而显示过滤器是一种更为强大(复杂)的过滤器，它允许在日志文件中迅速准确地找到所需要的记录。

1) 捕捉过滤器介绍

捕捉过滤器的语法与其他使用 Lipcap(Linux)或者 Winpcap(Windows)库开发的软件一样，比如 TCPDump。捕捉过滤器必须在开始捕捉前设置完毕，这一点跟显示过滤器是不同的。

设置捕捉过滤器的步骤如下：

(1) 选择"Capture"→"Options"选项。

(2) 在"Capture Filter"文本框中输入名字或者单击"Capture Filter"按钮，为过滤器起一个名字并保存，以便在今后的捕捉中继续使用这个过滤器。

(3) 单击"Start"按钮进行捕捉，可参考图 7-2 所示。

设置捕捉过滤器具体的语法如表 7-2 所示。

表 7-2　设置捕捉过滤器的语法

语法	Protocol	Direction	Host(s)	Value	Logical Operations	Other expression
例子	tcp	dst	10.1.1.1	80	and	tcp dst10.2.2.2 3128

(1) Protocol(协议)。

可能的值：ether，fddi，ip，arp，rarp，decnet，lat，sca，moprc，mopdl，tcp and udp。如果没有特别指明是什么协议，则默认使用所有支持的协议。

(2) Direction(方向)。

可能的值：src，dst，src and dst，src or dst。如果没有特别指明来源或目的地，则默认使用"src or dst"作为关键字。

例如，"host 10.2.2.2"与"src or dst host 10.2.2.2"是一样的。

(3) Host(s)。

可能的值：net，port，host，portrange。如果没有指定此值，则默认使用"host"关键字。

例如，"src 10.1.1.1"与"src host 10.1.1.1"是相同的。

(4) Value。

属于协议过滤语法，可以对捕捉到的数据包依据协议或包的内容进行过滤，比如可以设置协议的端口号以及其他参数等。

(5) Logical Operations(逻辑运算)。

可能的值：not，and，or。"not"具有最高的优先级，"or"和"and"具有相同的优先级，运算时从左至右进行。

例如，

"not tcp port 3128 and tcp port 23"与"(not tcp port 3128) and tcp port 23"相同。

"not tcp port 3128 and tcp port 23"与"not (tcp port 3128 and tcp port 23)"不同。

(6) Other expressron。

其他的一些表达式，可以与前面的 Logical Operations 配合使用。

例如，

tcp dst port 3128：显示目的 TCP 端口为 3128 的封包。

ip src host 10.1.1.1：显示来源 IP 地址为 10.1.1.1 的封包。

host 10.1.2.3：显示目的或来源 IP 地址为 10.1.2.3 的封包。

src portrange 2000 - 2500：显示来源为 UDP 或 TCP，并且端口号在 2000～2500 范围内的封包。

not icmp：显示除了 icmp 以外的所有封包。（icmp 通常被 ping 工具使用）

src host 10.7.2.12 and not dst net 10.200.0.0/16：显示来源 IP 地址为 10.7.2.12，但目的地不是 10.200.0.0/16 的封包。

（src host 10.4.1.12 or src net 10.6.0.0/16）and tcp dst portrange 200 - 10000 and dst net 10.0.0.0/8：显示来源 IP 为 10.4.1.12 或者来源网络为 10.6.0.0/16，目的地 TCP 端口号在 200～10000 之间，并且目的位于网络 10.0.0.0/8 内的所有封包。

注意：

（1）当使用关键字作为值时，需使用反斜杠“\”。

（2）“ether proto \ip”与关键字“ip”相同，这样写将会以 IP 协议作为目标。

（3）“ip proto \icmp”与关键字“icmp”相同，这样写将会以 ping 工具常用的 icmp 作为目标。

（4）可以在“ip”或“ether”后面使用“multicast”及“broadcast”关键字。当想排除广播请求时，“no broadcast”就会非常有用。

2）显示过滤器介绍

通常经过捕捉过滤器过滤后的数据还是很复杂，此时可以使用显示过滤器进行更加细致的查找。

显示过滤器的功能比捕捉过滤器的更为强大，而且在修改过滤器条件时，并不需要重新捕捉一次。其语法如表 7 - 3 所示。

表 7 - 3 显示过滤器语法

语法	Protocol	String 1	String 2	Comparison operator	Value	Logical Operations	Other expression
例子	ftp	passive	ip	==	10.2.3.4	xor	icmp.type

（1）Protocol（协议）。

可以使用大量位于 OSI 模型第 2～7 层的协议。单击图 7 - 1 中的“Expression”按钮后，可以看到它们，比如 IP、TCP、DNS、SSH。

（2）Comparison operator（比较运算符）。

可以使用六种比较运算符，如表 7 - 4 所示。

（3）LogicalOperations（逻辑运算符）。

逻辑运算符如表 7 - 5 所示。

表 7－4　比较运算符

英文写法	C 语言写法	含义
eq	==	等于
ne	!=	不等于
gt	>	大于
lt	<	小于
ge	>=	大于等于
le	<=	小于等于

表 7－5　逻辑运算符

<table>
<tr><th>英文写法</th><th>C 语言写法</th><th>含义</th></tr>
<tr><td>and</td><td>&&</td><td>逻辑与</td></tr>
<tr><td>or</td><td>||</td><td>逻辑或</td></tr>
<tr><td>xor</td><td>^^</td><td>逻辑异或</td></tr>
<tr><td>not</td><td>!</td><td>逻辑非</td></tr>
</table>

逻辑异或是一种排除性的或。当其被用在过滤器的两个条件之间时，只有当且仅当其中的一个条件满足时，结果才会被显示在屏幕上。

例如，“tcp. dstport 80 xor tcp. dstport 1025”表明只有当目的 TCP 端口为 80 或者来源于端口 1025(但又不能同时满足这两点)时，封包才会被显示。

又例如，

snmp || dns || icmp：显示 SNMP 或 DNS 或 ICMP 封包。

ip. addr ==10. 1. 1. 1：显示来源或目的 IP 地址为 10. 1. 1. 1 的封包。

ip. src !=10. 1. 2. 3 or ip. dst != 10. 4. 5. 6：显示来源不为 10. 1. 2. 3 或者目的不为 10. 4. 5. 6 的封包。显示的封包将会为：

来源 IP：除了 10. 1. 2. 3 以外任意；目的 IP：任意。

来源 IP：任意；目的 IP：除了 10. 4. 5. 6 以外任意。

ip. src !=10. 1. 2. 3 and ip. dst != 10. 4. 5. 6：显示来源不为 10. 1. 2. 3 并且目的 IP 不为 10. 4. 5. 6 的封包。

显示的封包将会为：

来源 IP：除了 10. 1. 2. 3 以外任意；同时须满足，目的 IP：除了 10. 4. 5. 6 以外任意。

tcp. port == 25：显示来源或目的 TCP 端口号为 25 的封包。

tcp. dstport == 25：显示目的 TCP 端口号为 25 的封包。

tcp. flags：显示包含 TCP 标志的封包。

tcp. flags. syn == 0x02：显示包含 TCP SYN 标志的封包。

注：如果过滤器的语法是正确的，表达式的背景呈绿色；如果呈红色，则说明表达式有误。

7.3　TCPDump

TCPDump 是一种 Linux 系统下常用的网络报文分析工具，可以根据自己的需要指定各种过滤条件，从而在网络中获取想要关注的报文。TCPDump 还具有网络协议分析功能，分析捕获的报文的结构，从而提取出具体需要关注的信息。

7.3.1　命令格式

TCPDump的命令格式为：

Tcpdump [-a] [-c] [-F] [-i] [-r] [-s] [-T 类型] [-w] [表达式]

注：该工具和实例是基于CentOS 4.1的，不同的Linux版本之间的命令可能不同。

选项说明：

-i：指定监听的网络接口。

-v：输出一个详细的信息，如TTL、协议类型、报文长度等。

-c：TCPDump收到指定的包数后停止捕获报文。

-e：在输出行中打印数据链路层信息，如MAC地址。

-w：直接将包写入文件中，并不分析和打印出来。

-r：从指定的文件中读取报文(这些报文一般通过-w选项产生)。

-a：将网络地址和广播地址转变成名字。

7.3.2　表达式中的关键字

TCPDump命令格式中表达式的关键字为：类型关键字、传输方向关键字、协议关键字、其他关键字。

1. 类型关键字

TCPDump表达式中的类型关键字包括Host、Net、Port三种。

(1) Host指定截获某个主机地址相关的报文。例如：

```
# tcpdump -i eth 1 host 5.5.5.1
```

(2) Net指定截获某个网段的相关报文。例如：

```
# tcpdump -i eth 1 net 5.5.5.0/24
```

(3) Port指定截获某一特定端口的报文。例如：

```
# tcpdump -i eth 1 port 23
```

2. 传输方向关键字

TCPDump表达式中的传输方向关键字包括src、dst、src or dst、src and dst四种。

(1) src指定截获源IP为某一特定地址的报文。例如：

```
# tcpdump -i eth 1 src 5.5.5.1
```

(2) dst指定截获目的IP为某一特定地址的报文。例如：

```
# tcpdump -i eth 1 dst 5.5.5.5
```

(3) src or dst。如果没有指明传输方向关键字，默认为src or dst。

(4) src and dst指定截获源IP为src到目的IP为dst的报文。例如：

```
# tcpdump -i eth 1 src 5.5.5.1 and dst 5.5.5.5
```

3. 协议关键字

TCPDump的协议关键字主要包括IP、RP、TCP、UDP、RARP、FDDI等。如果没有指定任何协议关键字，TCPDump将监听所有协议类型的报文。例如：

```
# tcpdump -i eth 1 tcp
# tcpdump -i eth 1 udp
```

4. 其他关键字

其他关键字包括 gateway、broadcast、less、greater 以及三种逻辑关键字，即或(or、||)、与(and、&&)、非(not、|)。

例如，截获主机 1.1.1.1 和 1.1.1.2 之间的通信数据包，可以使用：

```
# tcpdump host 1.1.1.1 and 1.1.1.2
# tcpdump host 1.1.1.1 && 1.1.1.2
```

7.3.3　输出举例

TCPDump 的几种协议报文输出介绍如下。

1. TCP 报文

TCP 报文输出：

```
[root@cd6 ~]# tcpdump -i eth 1 tcp
16:28:59.931444 IP 5.5.5.1.32894 > 5.5.5.5.telnet: P 1:2(1) ack 3 win 1460 <nop, nop, timestamp 107220601 522674459>
16:28:59.931598 IP 5.5.5.5.telnet > 5.5.5.1.32894: P 3:4(1) ack 2 win 1448 <nop, nop, timestamp 522675547 107220601>
```

分析：输出信息表明抓取的是 IP 地址在 5.5.5.1 与 5.5.5.5 之间的 Telnet 报文(TCP 报文)。地址 5.5.5.1 使用的端口号为 32894，而地址 5.5.5.5 使用的端口号为默认的 23。输出信息中已翻译为对应的协议名。

2. UDP 报文

UDP 报文输出：

```
[root@cd6 ~]# tcpdump -i eth 1 udp
16:31:01.106532 IP 5.5.5.5.netbios-dgm > 5.5.5.255.netbios-dgm: NBT UDP PACKET (138)
16:31:01.106564 IP 5.5.5.5.netbios-dgm > 5.5.5.255.netbios-dgm: NBT UDP PACKET (138)
16:31:01.107637 IP 5.5.5.5.netbios-dgm > 5.5.5.255.netbios-dgm: NBT UDP PACKET (138)
```

分析：输出信息表明抓取的是 IP 地址从 5.5.5.1 到 5.5.5.5 之间的 UDP 报文。

3. ARP 报文

ARP 报文输出：

```
[root@cd6 ~]# tcpdump -v -i eth 1 arp
tcpdump: listening on eth1, link-type EN10MB(Ethernet), capture size 96 bytes
16:26:42.118788 arp who-has 5.5.5.1 tell 5.5.5.5
16:26:42.118917 arp reply 5.5.5.1 is-at 00:13:8f:6b:9a:a8
```

分析：表明 IP 地址为 5.5.5.5 的主机发送了一个 ARP 报文，询问 IP 为 5.5.5.1 的主机是谁。之后收到 MAC 地址为 00：13：8f：6b：9a：a8 的主机的 ARP 应答，表明其 IP 为 5.5.5.1。

4. ICMP 报文

ICMP 报文输出：

```
[root@cd6 ~]# tcpdump -i eth 1 icmp
16：29：24.691713 IP 5.5.5.1 > 5.5.5.5：icmp 64：echo request seq 0
16：29：24.691743 IP 5.5.5.5 > 5.5.5.1：icmp 64：echo reply seq 0
```

分析：主机 5.5.5.1 发送一个 ping 包(ICMP 回显请求报文)到主机 5.5.5.5，主机 5.5.5.5 回应了 ping 包(ICMP 应答报文)到主机 5.5.5.1。

课后练习

1. 从装有 Wireshark 和 TCPDump 软件的主机 ping 其他主机，用两种工具软件捕获报文，并分析报文结构。

2. 从装有 Wireshark 和 TCPDump 软件的主机访问 Web 页面，用两种工具软件捕获报文，并结合网络知识分析交互过程。

3. 结合网络知识，利用 Wireshark 和 TCPDump 软件捕获网络上的 IP、ARP、SNMP、DHCP、DNS、FTP 报文各一，并分析报文结构。

4. 如果网络管理员许可，在自用的封闭局域网内制造广播风暴，并用网络分析软件捕获报文来分析原因和排除故障。

第 8 章　以太网协议测试

8.1　以太网技术介绍

8.1.1　以太网帧的格式

以太网帧是 OSI 参考模型数据链路层的封装，网络层的数据包被加上帧头和帧尾，构成可由数据链路层识别的数据帧。虽然帧头和帧尾所用的字节数是固定不变的，但根据被封装数据包大小的不同，以太网帧的长度也随之变化，变化的范围是 64～1518 B(不包括 8 B的前导字)，如图 8－1 所示。

7	1	6	6	2	46~1500	0~46	4
前导码 PA	帧首定界符 SFD	目的地址 DA	源地址 SA	类型 TYPE	数据 DATA	帧填充 PAD	帧校验 FCS

图 8－1　以太网帧的格式

字段说明：

· 前导码：7 B 的 10101010，产生固定频率的方波信号(如 1000 MHz)，持续 5～6 μs，使收发双方的时钟同步。

· 帧首定界符：1 B 的 10101011，标志着帧的开始。

· 目的地址：接收端的 MAC 地址，6 B。

· 源地址：发送端的 MAC 地址，6 B。

· 类型：说明上层使用的协议，如 IP(0800)、IPX 等。

· 数据：被封装的数据包，46～1500 B。

· 帧填充：填充位。由于以太网帧的长度不能小于 64 B，除去以太网帧头与帧尾(DA、SA、TYPE、FCS 共 18B)，还必须传输 46 B 的数据。当数据段的数据不足 46 B 时，后面补 000000.....，这些填充的“0”即为 PAD。

· 帧校验：采用 32 位的循环冗余校验法。校验内容包括除 PA、SFD 和 FCS 以外的其他字段。

8.1.2　MAC 地址的分类

MAC 地址的分类如下：

(1) 广播地址：硬件地址为 ff：ff：ff：ff：ff：ff，如果目的地址为广播地址，则意味着这个数据帧将会被发送到整个广播域的每一个节点。

（2）组播地址：为了指明一个多播地址，任何一个以太网地址的首字节必须是01。为了与IP多播相对应，相应的以太网地址范围是从01：00：5e：00：00：00～01：00：5e：7f：ff：ff，它代表局域网中同属一个多播组的所有节点。

（3）单播地址：一般情况下PC和网络设备默认的硬件地址都是单播地址，它在网络中标识着一个节点。

8.1.3 交换机转发数据帧的规则

就网络交换机而言，转发就是指数据帧的转发，它是根据"学习"过程中建立的MAC地址表来进行的转发。正因为它是按地址进行的转发，故交换机只将数据转发到真正的数据接收者，而不是像Hub一样，将数据广播到全部网络接口上去。因此，交换机相对于Hub而言大大地提高了网络利用效率，并提供了一部分网络安全。

按MAC地址表进行帧转发的具体实现过程如下：

（1）从交换机的Port1和VLANX收到数据帧后，先进行有效性检查和源MAC学习。

（2）然后从此帧中提出目的MAC地址。

（3）如目的MAC地址为广播地址，则将其转发到VLANX的全部端口。

（4）如目的MAC地址为多播地址，默认处理将其转发到VLANX的全部端口（未启用IGMP snooping的情况下）。

（5）如目的MAC地址为单播地址，则查找MAC地址表中匹配VLANX＋MAC的表项。

（6）如找到相关项，则转发到对应端口（对于这类找到匹配项的单播帧，将其称为已知单播帧，Known Unicast Frame）。

（7）如没有找到相关项，默认将其转发到VLANX的全部端口（对于这类没有找到匹配项的单播帧，将其称为未知单播帧，Unknown Unicast Frame）。

图8－2～图8－6为网络交换机对不同数据帧的转发机制。

图8－2是网络交换机对广播帧的转发机制。

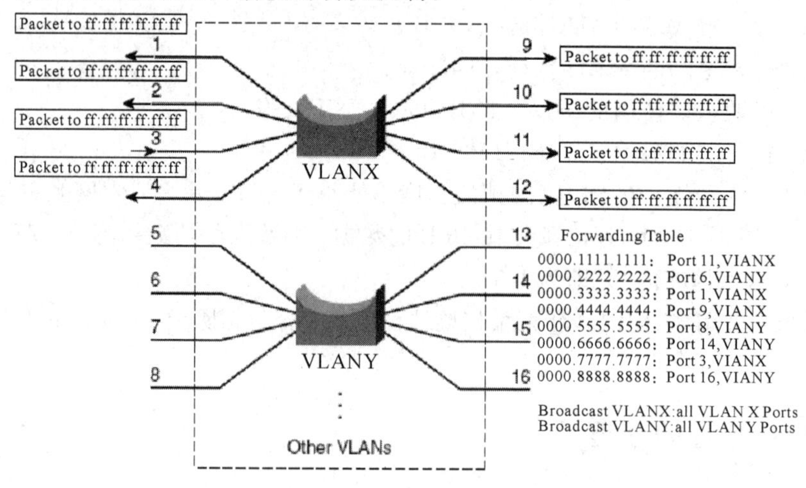

图8－2 交换机对广播帧的转发机制

图 8 - 3 是网络交换机对未知单播帧的转发机制。

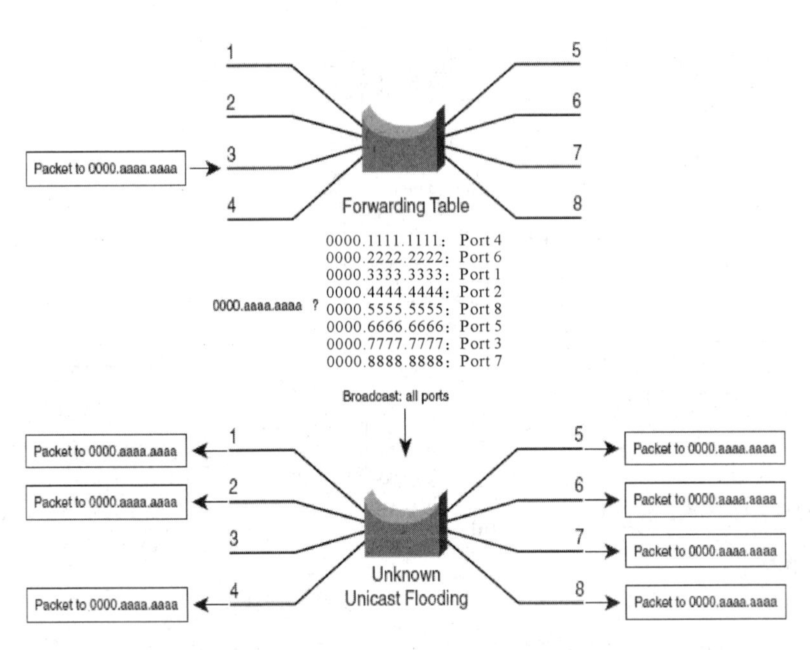

图 8 - 3　交换机对未知单播帧的转发机制

图 8 - 4 是网络交换机对已知单播帧的转发机制。

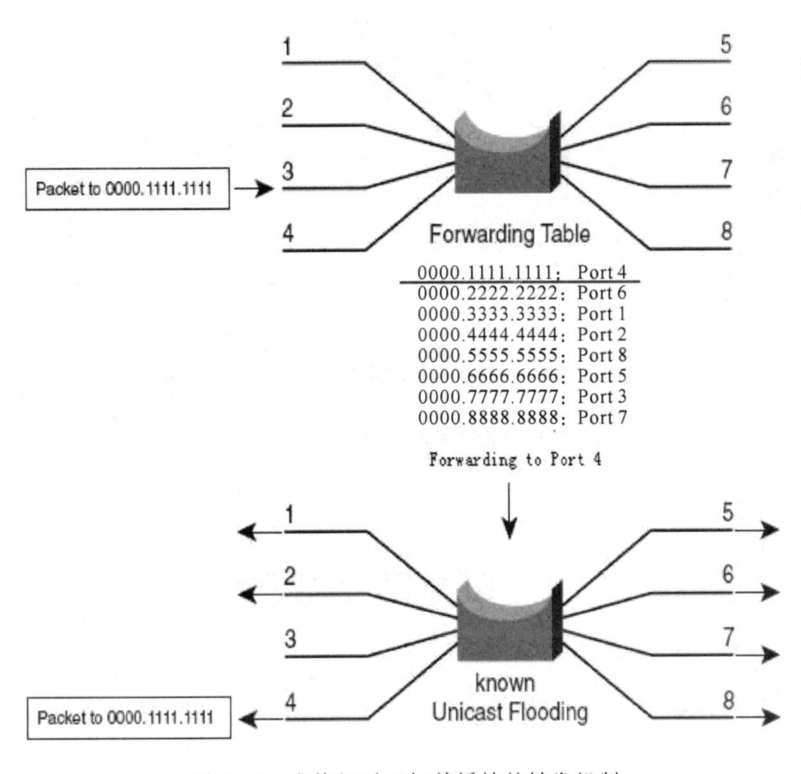

图 8 - 4　交换机对已知单播帧的转发机制

图 8 - 5 是网络交换机默认情况对多播帧(Multicast Frame)的转发机制：

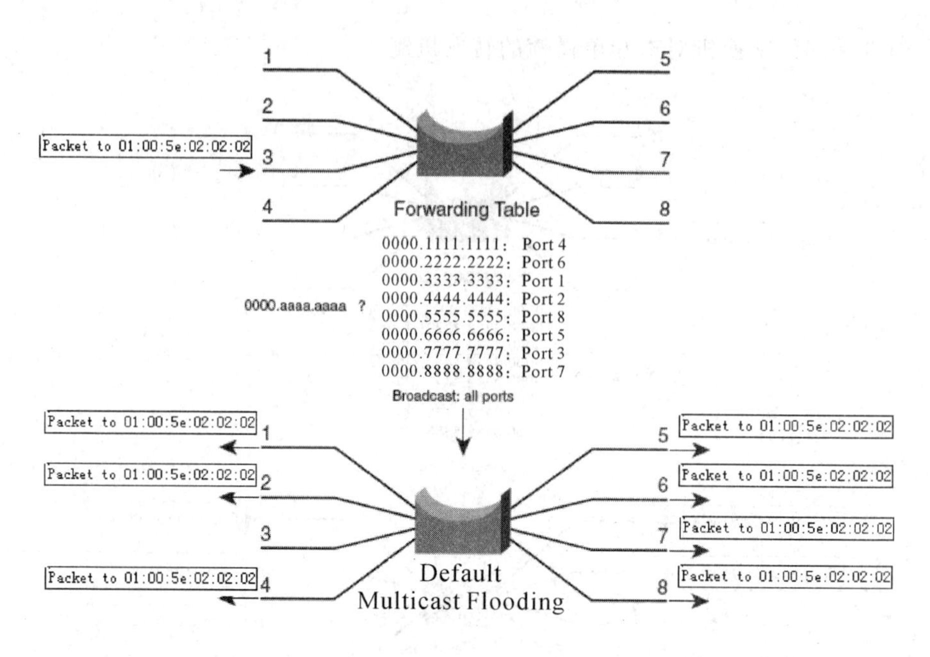

图 8-5 交换机默认情况对多播帧的转发机制

图 8-6 是在网络交换机启用 IGMP snooping 时对多播帧的转发机制。

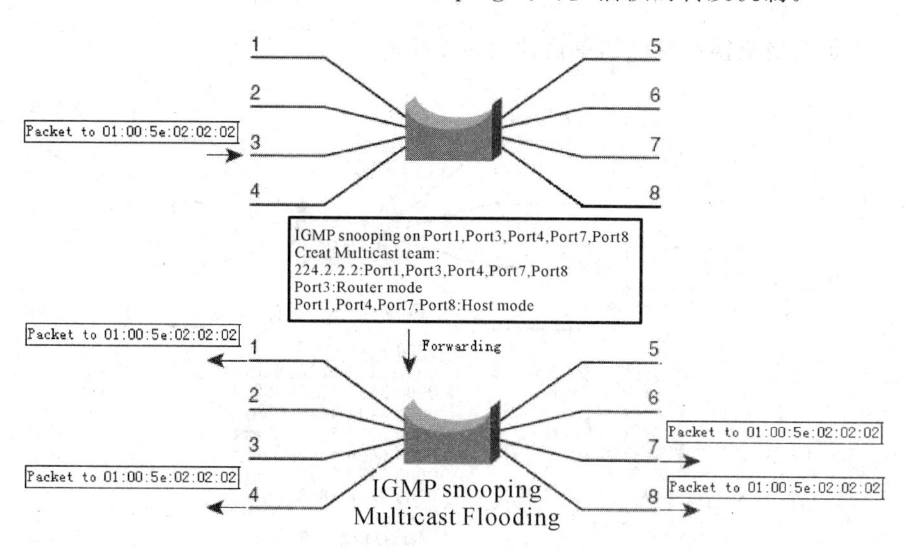

图 8-6 交换机启用 IGMP snooping 时对多播帧的转发机制

8.2 以太网测试实践

8.2.1 测试拓扑介绍

1. 测试环境拓扑结构

本节将以如图 8-7 所示拓扑结构设计交换机转发数据帧的测试用例。

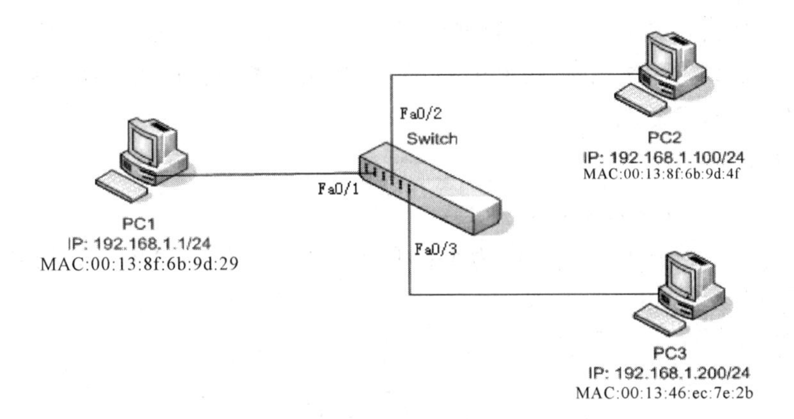

图 8 - 7　以太网帧测试环境拓扑图

2. 测试环境所需配置

1）硬件配置

① PC：PC2 为 Windows 操作系统，PC1 和 PC3 为 Linux 操作系统。

② Switch：一台二层交换机。

③ 网线若干。

2）测试工具

① 发包工具：Sendip、Tcpreplay、Helix Server 以及 Vsftp 安装包。

② 抓包工具：Ethereal 或者 TCPDump。

此外，还有 Linux 系统自带的网络调式命令(比如 ping、arp 等)。

8.2.2　功能测试

功能测试可以分以下几方面来进行测试：

(1) 基本功能测试。进行组合测试，在配置各种有效的取值后，设备均能按设计标准工作；也可以通过 CLI 或网管软件，查询其状态，测试其显示的结果与配置参数一致，如：

(a) 使用 Cut - through 交换方式时，测试小于 64 B 的帧能通过设备。

(b) 使用 Fragment Free 交换方式时，测试小于 64 B 的帧不能通过设备。

(c) 使用 Store - and - Forward 交换方式时，测试小于 64 B 的帧不能通过设备。

(d) 使用 Cut - through 交换方式时，测试 FCS 错误的帧能通过设备。

(e) 使用 Fragment Free 交换方式时，测试 FCS 错误的帧不能通过设备。

(f) 使用 Store - and - Forward 交换方式时，测试 FCS 错误的帧不能通过设备。

(2) 使用 Cut - through 交换方式时，测试不同长度的帧通过设备的时延，验证帧的长度不会影响时延。

(3) 使用 Fragment Free 交换方式时，测试不同长度的帧通过设备的时延，验证帧的长度不会影响时延。

(4) 使用 Store - and - Forward 交换方式时，测试不同长度的帧通过设备的时延，验证帧的长度增加，时延也会增加。

如前面一节所讲，交换机是根据数据帧所封装的目的 MAC 转发的，所以可以依据以下思路设计功能测试的测试用例(用例中部分指令使用了杰华公司的自动化测试平台命令，读者可根据其原理来参考理解)。

★ 测试用例一

(1) 测试名称：广播数据帧的转发。

(2) 测试描述：测试目的 MAC 为 ff：ff：ff：ff：ff：ff 的 ARP 请求能转发给同一 VLAN 的所有 PC。

(3) 测试拓扑：如图 8-7 所示。

(4) 测试步骤：

(a) 按照图 8-7 连接物理拓扑，并将三台 PC 划分到同一 VLAN。

(b) 三台 PC 互相 ping，保证互相之间能通信。

(c) PC1 上清空 ARP 表以及执行“arp -d 192.168.1.100”命令，并在 PC1、PC2 和 PC3 上开启 Ethereal 或者 TCPDump 开始抓包。

(d) 在 PC1 上执行“ping 192.168.1.100”命令。

(5) 期望结果：

(a) PC1、PC2 和 PC3 上都能抓到 PC1 发送的 ARP 请求报文，并验证其目的 MAC 是否为 ff：ff：ff：ff：ff：ff。

(b) PC1 能收到 PC2 给予的 ARP 回应，并且本地 ARP 缓存有 PC2 的 IP 地址和 MAC 地址。

★ 测试用例二

(1) 测试名称：广播数据帧的转发。

(2) 测试描述：测试目的 MAC 为 ff：ff：ff：ff：ff：ff 的免费 ARP 请求能转发给同一 VLAN 的所有 PC。

(3) 测试拓扑：如图 8-7 所示。

(4) 测试步骤：

(a) 按照图 8-7 连接物理拓扑，并将三台 PC 划分到同一 VLAN。

(b) 三台 PC 互相 ping，保证互相之间能通信。

(c) 从 PC2 和 PC3 上清空 ARP 表以及执行“arp -d 192.168.1.111”命令，并在 PC1、PC2 和 PC3 上开启 Ethereal 或者 TCPDump 开始抓包。

(d) 在 PC1 上添加静态 IP 地址“192.168.1.111”。

(5) 期望结果：

(a) PC1、PC2 和 PC3 都能够抓到 PC1 发送的免费 ARP 请求，并验证其目的 MAC 是否为 ff：ff：ff：ff：ff：ff。

(b) PC2 和 PC3 执行“arp -n”命令，并能看到 IP 为“192.168.1.111”和其所对应的 MAC 地址为 PC1 的 MAC 地址。

★ 测试用例三

(1) 测试名称：未知单播数据帧的转发。

(2) 测试描述：测试目的 MAC 为未知单播 MAC 时，交换机将会发送给同一 VLAN

的所有 PC。

(3) 测试拓扑：如图 8－7 所示。

(4) 测试步骤：

(a) 按照图 8－7 连接物理拓扑，并将三台 PC 划分到同一 VLAN。

(b) 三台 PC 互相 ping，保证互相之间能通信。

(c) 在 PC1 上将 PC2 的 IP 地址和 MAC 地址静态地绑定以及执行“arp－s 192.168.1.110 00：13：85：6b：9d：4f”命令。

(d) 清除交换机上的“mac－learn”表或者“arp－table”上的所有记录。

(e) 分别在 PC1、PC2 和 PC3 上启用 Ethereal 或者 TCPDump 开始抓包。

(f) PC1 上用 Sendip 发包，即“sendip－p ipv4－is 192.168.1.1－id 192.168.1.100－ip 6－p tcp－ts 10000－td 23－tfs 192.168.1.100”。

(5) 期望结果：

(a) PC1、PC2 和 PC3 上都能抓到 PC1 发送给 PC2 的 tcp syn 报文。

(b) 交换机的“mac－learn”表或者“arp－table”能够正确地看到 PC1 的 MAC 地址及其所对应的物理端口。

★ 测试用例四

(1) 测试名称：已知单播数据帧的转发。

(2) 测试描述：测试目的 MAC 为已知单播 MAC 时，交换机将会发送到其 MAC 学习表所对应的接口上。

(3) 测试拓扑：如图 8－7 所示。

(4) 测试步骤：

(a) 按照图 8－7 连接物理拓扑，并将三台 PC 划分到同一 VLAN。

(b) 三台 PC 互相 ping，保证互相之间能通信。

(c) 在 PC1 上将 PC2 的 IP 地址和 MAC 地址静态地绑定以及执行“arp－s 192.168.1.110 00：13：8f：6b：9d：4f”命令。

(d) 清空交换机的 MAC 学习表的所有条目，并将 PC2 的 MAC 地址和其所对应的物理接口在交换机上静态地绑定。

(e) 分别在 PC1、PC2 和 PC3 上启用 Ethereal 或者 TCPDump 开始抓包。

(f) 在 PC1(IP 为 192.168.1.1)上向 PC2(IP 为 192.168.1.100)上的 Telnet 服务(23 号端口)发起 TCP 连接请求包。

(g) 查看交换机的 MAC 学习表。

(5) 期望结果：

(a) PC1、PC2 上能抓到 PC1 发送给 PC2 的 tcp syn 报文，但 PC3 上抓不到这个报文。

(b) PC2 回复 PC1 tcp syn－ack 报文。

(c) 交换机能学习到 PC1 和 PC2 的 MAC 地址及其所对应的物理接口，但不会学习到 PC3 的 MAC 地址。

★ 测试用例五

(1) 测试名称：单播数据帧和广播数据帧的转发。

(2) 测试描述：测试目的 MAC 为单播和广播时，交换机能正确地转发数据帧. 。

(3) 测试拓扑：如图 8-7 所示。

(4) 测试步骤：

(a) 按照图 8-7 连接物理拓扑，并将三台 PC 划分到同一 VLAN。

(b) 三台 PC 互相 ping，保证互相之间能通信。

(c) 清空所有的 PC 和交换机的 ARP 缓存和 MAC 学习表。

(d) 在 PC1、PC2 和 PC3 上执行 Ethereal 和 TCPDump 开始抓包。

(e) 在 PC1 上执行"ping 192.168.1.110 -c 1"命令。

(5) 期望结果：

(a) PC1、PC2 和 PC3 上都能抓到 PC1 发给 PC2 的 ARP 请求报文。

(b) 只有 PC1 和 PC2 上能抓到 PC2 回应 PC1 的 ARP 回应报文以及 icmp request 和 icmp reply 报文，PC3 上抓不到这些报文。

(c) PC1 能学到 PC3 的 MAC 地址，PC3 也能学到 PC1 的 MAC 地址。

(d) 交换机能正确地学习到 PC1 和 PC2 的 MAC 地址以及其对应的物理接口，不能学到 PC3 的 MAC 地址。

★ 测试用例六

(1) 测试名称：组播数据帧的转发。

(2) 测试描述：在默认情况下，测试目的 MAC 为组播地址时，交换机能正确地转发数据帧。

(3) 测试拓扑：如图 8-7 所示。

(4) 测试步骤：

(a) 按照图 8-7 连接物理拓扑，并将三台 PC 划分到同一 VLAN。

(b) 三台 PC 互相 ping，保证互相之间能通信。

(c) 在 PC1、PC2 和 PC3 上执行 Ethereal 和 TCPDump 开始抓包。

(d) PC1 上执行"sendip -p ipv4 -is 2.2.2.100 -id 224.2.2.2 -ip 2 224.2.2.2"命令。

(5) 期望结果：

(a) PC1 发送的报文中的目的 MAC 为 01：00：5e：02：02：02。

(b) PC1、PC2 和 PC3 上都能抓到 PC1 发送的组播报文。

★ 测试用例七

(1) 测试名称：组播数据帧的转发。

(2) 测试描述：当交换机启用 IGMP snooping 时，测试目的 MAC 为组播地址时，交换机能正确地在指定的端口转发数据帧。

(3) 测试拓扑：如图 8-7 所示。

(4) 测试步骤：

(a) 按照图 8-7 连接物理拓扑，并将三台 PC 划分到同一 VLAN。

(b) 三台 PC 互相 ping，保证互相之间能通信。

(c) 在交换机 Fa0/1 和 Fa0/3 上启用 IGMP snooping，其中 Fa0/3 为路由器端口，Fa0/1 为主机通告端口。

(d) 在 PC3 上用 tcpreplay 重放“igmp_query. cap”报文，在 PC1 上用 tcpreplay 重放“igmp_report. cap”报文，如图 8－8 所示。

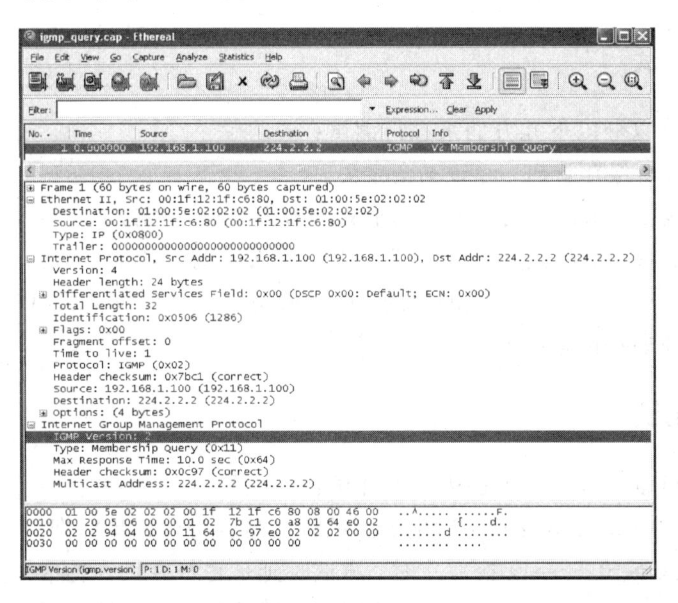

图 8－8　PC3 上用 tcpreplay 重放“igmp_qvery. cap”报文

(e) 清空交换机上的 MAC 学习表。

(f) 在 PC1、PC2 和 PC3 上执行 Ethereal 和 TCPDump 开始抓包。

(g) 在 PC1 上再次用 tcpreplay 重放“igmp_report. cap”报文，如图 8－9 所示。

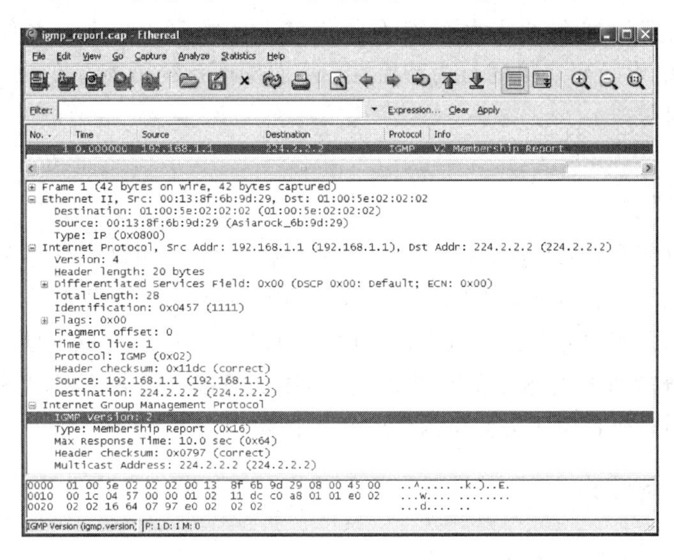

图 8－9　PC1 上用 tcpreplay 重放“igmp_report. cap”报文

(5) 期望结果：

(a) 交换机应当创建组播“224. 2. 2. 2”以及其所对应的端口 Fa0/1 和 Fa0/3。

(b) 只有 PC1 和 PC3 上能抓到目的 MAC 为“01：00：5e：02：02：02”的帧(及 igmp report报文)，PC2 上应当抓不到此数据帧。

(c) 交换机应当能学习到PC1和PC3的MAC地址及其所对应的端口Fa0/1和Fa0/3，而不能学习到PC2的MAC地址。

8.2.3 负面测试

这部分特性可以分以下几方面来进行测试：

(1) 修改配置后保存重启，配置不会丢失。

(2) 在数据线速传输时，测试能成功地对交换模式进行修改。

(3) 当交换机收到的帧的目的MAC是非法或无效的，以及帧结构封装错误(碎片帧)或者校验和不正确时应当进行正确的处理。一般使用专用发包设备(IXIA，Smartbits等)才能构造出错误的或非法的数据帧。

8.2.4 性能测试

这部分特性可以分以下几方面来进行测试：

(1) 使用Cut-through交换方式时，测试时延是否符合设计标准。

(2) 使用Fragment Free交换方式时，测试时延是否符合设计标准。

(3) 使用Store-and-Forward交换方式时，测试时延是否符合设计标准。

8.2.5 负载测试

负载测试是模拟交换机所能承受的负载条件的系统负载，通过不断加载(如逐渐增加数据帧的流量)或其他加载方式来观察不同负载下的数据吞吐量、系统占用的资源(如CPU、内存)等，以检验交换机的行为和特性，从而发现系统可能存在的性能瓶颈、内存泄漏、系统崩溃等问题。

8.2.6 压力测试

压力测试是在强负载(大数据量、大量并发应用等)下的测试，查看交换机在峰值使用情况下的操作行为，从而有效地发现系统的某项功能隐患、系统是否具有良好的容错能力和可恢复能力。压力测试分为高负载下的长时间(如24 h以上)的稳定性压力测试和极限负载情况下导致系统崩溃的破坏性压力测试。压力测试可以被看做是负载测试的一种，即高负载下的负载测试，或者说压力测试采用负载测试技术。

8.2.7 用户环境测试

用户环境测试用例设计如下：

(1) 测试名称：用户环境测试。

(2) 测试描述：模拟用户真实的使用环境，确定交换机能正常转发流量以及PC之间访问和传输数据的流畅，本测试用例使用的是流媒体以及FTP传输数据，仅供参考。

(3) 测试拓扑：如图8-7所示。

(4) 测试步骤：

(a) 按照图 8－7 连接物理拓扑，并将三台 PC 划分到同一 VLAN。

(b) 三台 PC 互相 ping，保证互相之间能通信。

(c) PC3 上搭建 Helix server (流媒体服务器) 以及 FTP 服务器。

(d) 在 PC2 上使用 Realplayer 设置，并访问 PC3 上的视频文件。

(e) 在 PC1 上访问"ftp：//192.168.1.200"，并且上传或者下载大文件。

(5) 期望结果：

(a) PC2 能正常地访问 PC3 上的视频文件，并且能顺畅地欣赏视频。

(b) PC1 用 FTP 能正常地访问 PC3 上的文件，并且能顺畅地上传和下载文件。

(c) 交换机上能学习到 PC1、PC2 和 PC3 的 MAC 地址及其相对应的物理接口。

总结：交换机是依据 MAC 学习表和数据帧的目的 MAC 地址转发数据的，转发方式可分为组播转发(开启 IGMP snooping)、单播转发和广播转发。其中 MAC 地址的学习可以为手工静态设置，也可以为动态学习，还可以关闭交换机动态学习 MAC 地址(交换机对每一个数据帧都进行广播转发)。交换机转发数据帧的能力是体现交换机性能和质量的一个非常重要的指标。

课后练习

1. 以太网帧的封装结构是怎样的？交换机是依据什么转发数据帧的？

2. 广播地址是多少？组播 MAC 地址范围是多少？它与组播 IP 地址是怎样对应的？

3. 交换机转发广播、单播、组播数据帧的规则分别是什么？

4. 交换机如果遭遇碎片帧或者非法数据帧会怎样处理？(需查询其他资料或者有条件的可以试一下)

5. 交换机转发数据帧的功能需要进行哪些方面的测试？

6. 完成表 8－1～表 8－3 所示用例的手工执行。

表 8－1　MAC_learning_001

用例 ID	MAC_learning_001
用例描述	发送一个正确的以太网帧，其源 MAC 合法且帧的 FCS 正确，然后在 DUT 上通过 CLI 查看，以验证 DUT 能学习到正确的 MAC 信息(一致性测试)。 MAC 地址学习(MAC 地址表的维护)的具体实现过程： (1) 如在交换机端口 Port1 收到以太网帧后，首先会检查帧的有效性，如长度是否有效、FCS 是否正确； (2) 如帧是无效的就直接丢弃； (3) 如帧是有效的，则提出其源 MAC 地址为 MAC1； (4) 查找 MAC 地址表，是否有 Port1＋MAC1 的项； (5) 如果没有，交换机将记录该 MAC 地址和接收该数据帧的端口，并激活一个定时器
复杂度	Low
优先级	High

续表

预计执行时间	15 min	
测试拓扑	Port1 PC1 DUT	
前置条件	按拓扑建立测试环境，设备都已正常启动并使用默认配置。DUT 为交换机	
输入数据(可选)		
测 试 过 程		
测试步骤	描　　述	预 期 结 果
	环境准备	
(1)	DUT 上查看 Port1 配置，并清空	Port1 上无配置
(2)	启用 DUT Port1	Port1 状态能变为 up
(3)	DUT 上查看 MAC 地址表	Port1 上没有学习到 MAC 地址“0000.0000.xxxx”
	FCS 错误的报文会直接丢弃	
(4)	PC1 发送 100 个报文，指定其源 MAC 为“0000.0000.xxxx”(每个报文源 MAC 不一样)，并指定其 FCS 为错误的	
(5)	从 DUT 上查看 MAC 地址表	Port1 上没有学习到 MAC 地址“0000.0000.xxxx”
	动态学习到的报文字段正确	
(6)	PC1 发送 100 个报文，指定其源 MAC 为“0000.0000.xxxx”(每个报文源 MAC 不一样)，并指定其 FCS 正确	
(7)	从 DUT 上查看 MAC 地址表	Port1 上会学习到 100 个不同的 MAC 地址“0000.0000.xxxx”，MAC 地址与发送包的源 MAC 一致，学习接口为 Port1，类型是动态

表 8-2　MAC_learning_002

用例 ID	MAC_learning_002
用例描述	当 DUT 学习到 MAC 后，观察它会在老化时间到后进行自动清除，但每次收到新的帧后，其会更新相关的 MAC 的老化时间。 DUT 也可通过 CLI 进行手动清除 MAC 表(一致性测试)
复杂度	Low
优先级	High

续表

预计执行时间	30 min	
测试拓扑	Port1 PC1 DUT	
前置条件	按拓扑建立测试环境，设备都已正常启动并使用默认配置。DUT 为交换机	
输入数据(可选)		
测 试 过 程		
测试步骤	描　　述	预 期 结 果
	测试老化时间的默认值	
(1)	DUT 上查看 Port1 配置，并清空	Port1 上无配置
(2)	启用 DUT Port1	Port1 状态能变为 up
(3)	DUT 上查看 MAC 地址表	Port1 上没有绑定 MAC 地址“0000.0000.xxxx”
(4)	PC1 发送 100 个报文，指定其源 MAC 为“0000.0000.xxxx”(每个报文源 MAC 不一样)，并指定其 FCS 正确	
(5)	从 DUT 上查看 MAC 地址表	Port1 上新学习到 100 个 MAC 地址，MAC 地址与发送包的源 MAC 一致，学习接口为 Port1，类型是动态
(6)	不断上查看 MAC 表	大约会在 300 s 后，表项内容消失(因为默认老化时间是 300 s)
	测试可以在老化时间未到时进行手动清除	
(7)	PC1 发送 100 个报文，指定其源 MAC 为“0000.0000.xxxx”(每个报文源 MAC 不一样)，并指定其 FCS 正确	
(8)	DUT 上查看 MAC 地址表	Port1 上新学习到 100 个 MAC 地址，MAC 地址与发送包的源 MAC 一致，学习接口为 Port1，类型是动态
(9)	DUT 使用 CLI 进行手工清除 MAC	
(10)	DUT 上查看 MAC 地址表	Port1 上没有绑定 MAC 地址“0000.0000.xxxx”
	测试可手工配置 MAC 老化时间并验证其生效	

续表

测试步骤	描 述	预 期 结 果
(11)	修改 MAC 老化时间为 10 s 并查看	配置成功
(12)	PC1 发送 100 个报文，指定其源 MAC 为“0000.0000.xxxx”(每个报文源 MAC 不一样)，并指定其 FCS 正确	
(13)	从 DUT 上查看 MAC 地址表	Port1 上新学习到 100 个 MAC 地址，MAC 地址与发送包的源 MAC 地址一致，学习接口为 Port1，类型是动态
(14)	不断上查看 MAC 表	大约会在 10 s 后，表项内容消失
	测试 MAC 表项老化时间会在学习到相同 MAC 后进行刷新	
(15)	PC1 持续发送报文，指定其源 MAC 为“0000.0000.xxxx”(每个报文源 MAC 不一样)，并指定其 FCS 正确)	
(16)	从 DUT 上不断查看 MAC 地址表	表项内容不会消失
(17)	PC1 停止发包	
(18)	从 DUT 上查看 MAC 地址表	大约会在 10 s 后，表项内容消失

表 8-3 MAC_learning_003

用例 ID	MAC_learning_003
用例描述	测试可建立或删除静态 MAC 地址表，测试 DUT MAC 学习为 IVL 方式。 IVL：Independent VLAN Learning，独立式 VLAN 学习； SVL：Shared VLAN Learning，共享式 VLAN 学习。 这是交换机内 MAC 表存在的两种方式(IEEE 802.1Q 定义)。简单来说，IVL 就是每个 VLAN 有一个 MAC-端口映射表，同一个 MAC 可以出现在多个表里面；而 SVL 是在交换机内建一张大表，映射关系是 MAC-VLAN-端口，而且一个 MAC 在表中只出现一次，只属于一个 VLAN(一致性测试)
复杂度	Low
优先级	High
预计执行时间	15 min
测试拓扑	Port1 PC1 DUT
前置条件	按拓扑建立测试环境，设备都已正常启动并使用默认配置。DUT 为交换机
输入数据(可选)	

续表

测试过程		
测试步骤	描　　述	预 期 结 果
	环境准备	
(1)	DUT 上查看 Port1 配置，并清空	Port1 上无配置
(2)	DUT 上配置 VLAN2～VLAN10，并设置 Port1 为 Trunk Port	Port1 上无配置
(3)	启用 DUT Port1	Port1 状态能变为 up
(4)	从 DUT1 上查看 MAC 地址表	Port1 上没有学习到 MAC 地址"0000.0000.xxxx"
	配置静态 MAC 表项	
(5)	DUT 按以下配置： Config terminal mac - address - table static 0000.0000.0001 vlan 1 interfaceport1 mac - address - table static 0000.0000.0001 vlan2 interface port1 mac - address - table static 0000.0000.0001 vlan3 interface port1 … mac - address - table static 0000.0000.0001 vlan 10 interface port1	配置成功
(6)	从 DUT 上查看 MAC 地址表	有 Port1 和配置的 MAC 地址绑定的表项，表项的类型为静态配置，MAC 地址"0000.0000.0001"被多次绑定在同一接口上
	删除静态 MAC 表项	
(7)	DUT 按以下配置： Config terminal No mac - address - table static 0000.0000.0001 vlan1 interface port1 No mac - address - table static 0000.0000.0001 vlan2 interface port1 No mac - address - table static 0000.0000.0001 vlan3 interface port1 … No mac - address - table static 0000.0000.0001 vlan10 interface port1	
(8)	从 DUT 上查看 MAC 地址表	Port1 上没有学习到 MAC 地址"0000.0000.xxxx"

第9章　VLAN测试

9.1　VLAN基础技术介绍

VLAN(虚拟局域网)是指网络中的站点不拘泥于所处的物理位置，而可以根据需要灵活地加入不同的逻辑子网中的一种网络技术。

在交换式以太网中，利用VLAN技术，可以将由交换机连接成的物理网络划分成多个逻辑子网。也就是说，一个VLAN中的站点所发送的广播数据包将仅转发至属于同一VLAN的站点。

在交换式以太网中，各站点可以分别属于不同的VLAN。构成VLAN的站点不拘泥于所处的物理位置，它们既可以挂接在同一个交换机中，也可以挂接在不同的交换机中。本节将讨论挂接在同一交换机中的VLAN，挂接在不同交换机中的情况在VLAN Trunk的介绍中讨论。

VLAN技术使得网络的拓扑结构变得非常灵活，例如，位于不同楼层的用户或者不同部门的用户可以根据需要加入不同的VLAN，如图9-1所示。

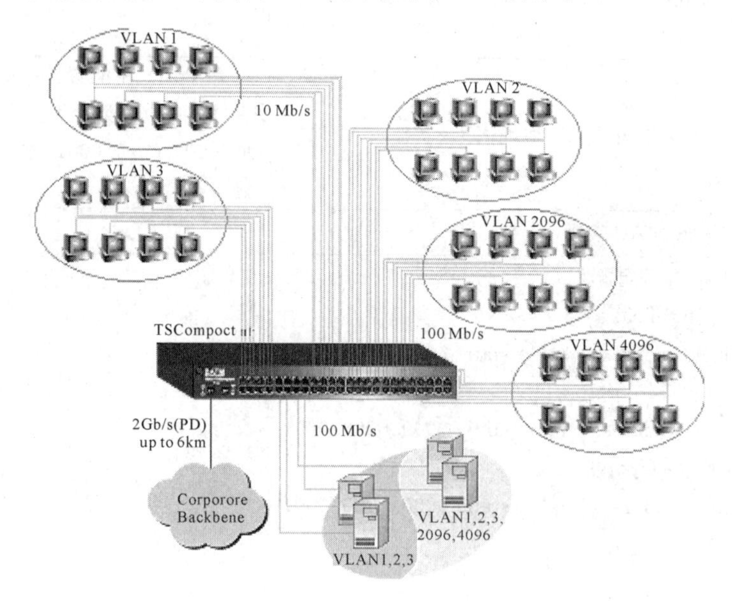

图9-1　VLAN的划分

9.1.1　VLAN 在交换机上的实现方法

VLAN 在交换机上的实现方法可以大致划分为以下五类。

1. 基于端口划分 VLAN

这种划分 VLAN 的方法是根据以太网交换机的端口来划分的，比如交换机的 1～4 端口为 VLAN10，5～17 端口为 VLAN20，18～24 端口为 VLAN30。当然，这些属于同一 VLAN 的端口可以不连续，至于如何配置，是由管理员决定的。这种划分方法的优点是定义 VLAN 成员时非常简单，只要将所有的端口都定义就可以了；缺点是如果 VLAN 的用户离开了原来的端口，到了一个新的交换机的某个端口，那么就必须重新定义。

2. 基于 MAC 地址划分 VLAN

这种划分 VLAN 的方法是根据每个主机的 MAC 地址来划分的，即对每个 MAC 地址的主机都配置其属于某个组。这种划分 VLAN 的方法的最大优点就是当用户物理位置移动时，即从一个交换机换到其他的交换机时，VLAN 不用重新配置，所以，可以认为这种根据 MAC 地址的划分方法是基于用户的 VLAN。

这种方法的缺点是初始化时，所有的用户都必须进行配置，如果有几百个甚至上千个用户的话，配置是非常累的；而且这种划分的方法也导致了交换机执行效率的降低，因为在每一个交换机的端口都可能存在很多个 VLAN 组的成员，这样就无法限制广播包。另外，对于使用笔记本电脑的用户来说，他们的网卡可能经常更换，这样，VLAN 就必须不停地配置。

3. 基于网络层划分 VLAN

这种划分 VLAN 的方法是根据每个主机的网络层地址或协议类型(如果支持多协议)来划分的。虽然这种划分方法是根据网络地址，比如 IP 地址，但它不是路由，它需要根据生成树算法进行桥交换来查看每个数据包的 IP 地址。

这种方法的优点是用户的物理位置改变了，不需要重新配置所属的 VLAN，而且可以根据协议类型来划分 VLAN，这对网络管理者来说很重要；还有，这种方法不需要附加的帧标签来识别 VLAN，这样可以减少网络的通信量。

这种方法的缺点是效率低，因为检查每一个数据包的网络层地址是需要消耗处理时间的(相对于前面两种方法)。一般的交换机芯片都可以自动检查网络上数据包的以太网帧头，但要让芯片能检查 IP 帧头，则需要更高的技术，同时也更费时。

4. 根据 IP 组播划分 VLAN

IP 组播实际上也是一种 VLAN 的定义，即认为一个组播组就是一个 VLAN。这种划分的方法将 VLAN 扩大到了广域网，因此这种方法具有更大的灵活性，而且也很容易通过路由器进行扩展。当然，这种方法不适合局域网，主要是效率不高。

5. 基于策略划分 VLAN

基于策略划分 VLAN 也称为基于策略的 VLAN。这是最灵活的 VLAN 划分方法，具有自动配置的能力，能够把相关的用户连成一体，在逻辑划分上称为“关系网络”。网络管理员只需在网管软件中确定划分 VLAN 的规则(或属性)，那么当一个站点加入网络中时，将会被“感知”，并被自动地包含进正确的VLAN中；同时，对站点的移动和改变也可自动识别和跟踪。

采用这种方法，整个网络可以非常方便地通过路由器扩展网络规模。有的产品还支持一个端口上的主机分别属于不同的VLAN，这在交换机与共享式Hub共存的环境中显得尤为重要。自动配置VLAN时，交换机中的软件自动检查进入交换机端口的广播信息的IP源地址，然后软件自动将这个端口分配给一个由IP子网映射成的VLAN。

9.1.2　使用VLAN交换机的MAC学习方法

VLAN MAC的学习机制如下：

(1) SVL(Shared VLAN Learning，共享VLAN学习)：交换机将所有VLAN中的端口学习到的MAC地址表项全部记录到一张共享的MAC地址转发表内，从任意VLAN内的任意端口接收的报文都参照此表中的信息进行转发。交换机维护一张映射表，维护三个元素端口、VLAN ID和MAC。

(2) IVL(Independent VLAN Learning，独立VLAN学习)：交换机为每个VLAN维护独立的MAC地址转发表。由某个VLAN内的端口接收的报文，其源MAC地址只被记录到该VLAN的MAC地址转发表中，且报文的转发只以该表中的信息作为依据。交换机需要维护多张映射表。

9.1.3　VLAN中数据帧的转发

当交换机端口是Access时，它只能接收没有VLAN ID的数据帧。收到这种数据帧后，交换机给这个数据帧添加上PVID，即端口VID，然后交换机开始转发这个数据帧。转发方式有直接转发、存储转发，区别在于存储转发有一个CRC检查，而直接转发则没有。

交换机将读取帧的目的MAC，查找映射表。如果没有目的MAC，这个帧被广播到本VLAN里所有其他的端口；如果有这个目的MAC，这个数据帧将直接被转发到这个MAC的端口上。

端口发送数据帧时，如果端口是Access，则它将剥离PVID之后再发送出去。

当端口是Trunk时，将在9.1.6小节的“Trunk”中讨论。

9.1.4　VLAN的优点

VLAN主要有以下优点：

(1) 减少移动和改变的代价。此特点即所说的动态管理网络，也就是当一个用户从一个位置移动到另一个位置时，他的网络属性不需要重新配置，而是动态地完成。这种动态管理网络给网络管理者和使用者都带来了极大的好处，它可使用户无论到哪里，都能不做任何修改地接入网络，这种前景是非常美好的。当然，并不是所有的VLAN定义方法都能做到这一点。

(2) 建立虚拟工作组。VLAN的最具雄心的目标就是建立虚拟工作组模型。例如，在校园网中，同一个系的就好像在同一个LAN上一样，很容易互相访问、交流信息。同时，所有的广播包也都限制在该虚拟LAN上，而不影响其他VLAN上的用户。用户如果从一

个办公地点换到另外一个地点，而他仍然在该系，那么，他的配置无须改变；同时，如果用户的办公地点没有变，但他换了一个系，那么，只需网络管理者进行必要的配置就可以了。这个功能的目标就是建立一个动态的组织环境，当然，这只是一个远大的目标，要实现它，还需要一些其他包括管理等方面的支持。

(3) 限制广播包。按照 802.1D 透明网桥的算法，如果一个数据包找不到路由，那么交换机就会将该数据包向所有的其他端口发送，这就是桥的广播方式的转发，这样毫无疑问极大地浪费了带宽。如果配置了 VLAN，那么，当一个数据包没有路由时，交换机只会将此数据包发送到所有属于该 VLAN 的其他端口，而不是所有的交换机的端口，这样就将数据包限制到了一个 VLAN 内，在一定程度上可以节省带宽。

(4) 确保安全性。配置了 VLAN 后，一个 VLAN 的数据包不会发送到另一个 VLAN 上，这样其他 VLAN 的用户的网络上是收不到任何该 VLAN 的数据包的，确保了该 VLAN 的信息不会被其他 VLAN 的人窃听，从而实现了信息的保密性。

9.1.5　VLAN 的配置及查看

1. VLAN 成员类型

可以通过配置一个端口的 VLAN 成员类型，来确定这个端口能通过怎样的帧，以及这个端口可以属于多少个 VLAN。VLAN 成员类型的详细说明如表 9-1 所示。

表 9-1　VLAN 成员类型说明

VLAN 成员类型	VLAN 端口特征
Access	一个 Access 端口，只能属于一个 VLAN，并且是通过手工设置指定 VLAN 的
Trunk(802.1Q)	一个 Trunk 端口，在默认情况下是属于本设备所有 VLAN 的，它能够转发所有 VLAN 的帧，也可以通过设置许可 VLAN 列表(Allowed-VLANs)来加以限制

关于 Trunk 端口的概念及配置在后续章节会进行详细的介绍。

2. 配置 VLAN

一个 VLAN 是以 VLAN ID 来标识的。在设备中，可以添加、删除、修改 VLAN2～VLAN4094，而 VLAN1 是由设备自动创建的，并且不可被删除。可以使用接口配置模式来配置一个端口的 VLAN 成员类型或加入、移出一个 VLAN。

1) 默认的 VLAN 配置

默认的 VLAN 配置如表 9-2 所示。

表 9-2　默认的 VLAN 配置

参　数	默认值	范　围
VLAN ID	1	1～4094
VLAN Name	VLANxxxx，xxxx 是 VLAN 的 ID 数	无范围
VLAN State	Active	Active，Inactive

2）创建及修改 VLAN

在特权模式下，可以创建或者修改一个 VLAN，如表 9－3 所示。

表 9－3　创建或修改 VLAN 配置

命　令	作　　用
Ruijie(config)＃**vlan** *vlan－id*	输入一个 VLAN ID。如果输入的是一个新的 VLAN ID，则设备会创建一个 VLAN；如果输入的是已经存在的 VLAN ID，则修改相应的 VLAN
Ruijie(config－vlan)＃ **name** *vlan－name*	（可选）为 VLAN 取一个名字。如果没有进行这一步，则设备会自动为它起一个名字 VLANxxxx，其中 xxxx 是用 0 开头的四位 VLAN ID 号。比如，VLAN0004 就是 VLAN4 的默认名字

如果需要把 VLAN 的名字改回默认名字，只需输入“no name”命令即可。

下面是一个创建“vlan 888”，将它命名为“test888”，并且保存进配置文件的例子。

```
Ruijie# configure terminal
Ruijie(config)# vlan 888
Ruijie(config-vlan)# name test888
Ruijie(config-vlan)# end
```

3）删除 VLAN

不能删除默认的 VLAN(VLAN1)。

在特权模式下删除一个 VLAN 的命令，如表 9－4 所示。

表 9－4　特权模式下删除一个 VLAN

命　令	作　用
Ruijie(config)＃**no vlan** *vlan－id*	输入一个 VLAN ID，删除它

4）向 VLAN 分配 Access 端口

如果把一个接口分配给一个不存在的 VLAN，那么这个 VLAN 将自动被创建。

在特权模式下，将一个端口分配给一个 VLAN 的命令如表 9－5 所示。

表 9－5　向 VLAN 分配 Access 端口

命　令	作　用
Ruijie(config－if)＃switchport mode access	定义该接口的 VLAN 成员类型（二层 Access 端口）
Ruijie(config－if)＃switchport access vlan *vlan－id*	将这个端口分配给一个 VLAN

下面这个例子把 Ethernet 1/10 作为 Access 端口加入了 VLAN20：

```
Ruijie# configure terminal
Ruijie(config)# interface fastethernet 1/10
Ruijie(config-if)# switchport mode access
Ruijie(config-if)# switchport access vlan 20
Ruijie(config-if)# end
```

下面这个例子显示了如何检查配置是否正确：

```
Ruijie(config)# show interfaces gigabitEthernet 3/1 switchport
Switchport is enabled
Mode is access port
Access vlan is 1, Native vlan is 1
Protected is disabled
Vlan lists is ALL
```

9.1.6　VLAN 中的 Trunk 链路

通常，较大规模的局域网建设中，需要跨交换机实现多 VLAN 的配置，实现不同交换机上相同 VLAN 号的主机为同一广播域，从而能够相互访问，也方便管理。但是交换机的端口在 Access 模式下只能属于一个 VLAN，此时多台交换机相连接的干线就只能传输同一 VLAN 的网络数据，不能实现多个 VLAN 的网络数据的传输。因此，为了解决这个问题，可以将多台交换机之间连接的干线所在端口重新设定为"Trunk"模式，以实现在一条链路上可以传输多个 VLAN 的数据。

一个"Trunk" 可以在一条链路上传输多个 VLAN 的流量，如图 9-2 所示。锐捷交换机的 Trunk 采用 IEEE 802.1Q 标准封装，而 Cisco 交换机的 Trunk 可以采用 IEEE 802.1Q 或 Cisco ISL(Cisco 专用)。

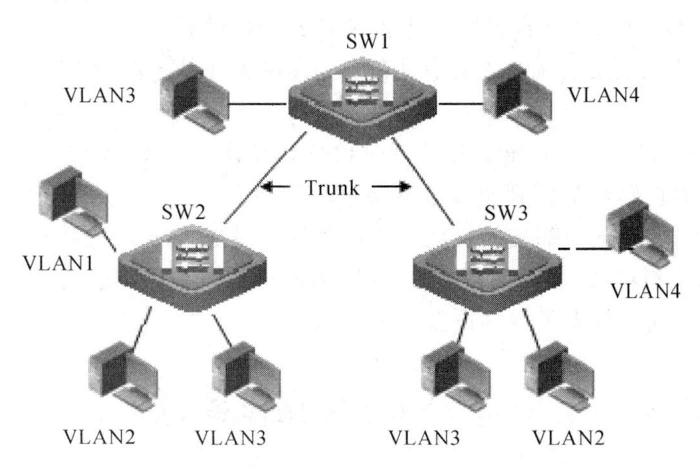

图 9-2　传输多 VLAN 的 Trunk 链路

1. Trunk 的优点

(1) 可以在不同的交换机之间传输多个 VLAN 的网络数据，也可以将 VLAN 扩展到整个网络中。

（2）Trunk 可以捆绑任何相关的端口，也可以随时取消设置，这样提供了很高的灵活性。

（3）Trunk 可以提供负载均衡能力以及系统容错。由于 Trunk 实时平衡各个交换机端口和服务器接口的流量，一旦某个端口出现故障，它会自动把故障端口从 Trunk 组中撤销，进而重新分配各个 Trunk 端口的流量，从而实现系统容错。

2. Trunk 工作介绍

在交换机的端口被设置成 Trunk 后，Trunk 链路不属于任何一个 VLAN，它为所有 VLAN 共享的链路，在交换机之间起着 VLAN 管道的作用，交换机会将该 Trunk 以外并且和 Trunk 中的端口处于一个 VLAN 中的其他端口的负载自动分配到该 Trunk 中的各个端口。在 Trunk 线路上传输不同 VLAN 的数据时，可使用以下两种方法识别不同的 VLAN 的数据：

（1）帧过滤。帧过滤法是根据交换机的过滤表检查帧的详细信息。每一个交换机要维护复杂的过滤表，同时对通过主干的每一个帧进行详细的检查，这种方法会增加网络延迟时间。目前这种方法在 VLAN 中已经不使用了。

（2）帧标记法。这是目前主要使用的方法。数据帧在中继线上传输的时候，交换机在帧头的信息中加标记来指定相应的 VLAN ID。当帧通过中继链路以后，在去掉标记的同时把帧交换到相应的 VLAN 端口。帧标记法被 IEEE 选定为标准化的中继技术机制。它至少有如下三种处理方法：

① 静态干线配置。静态干线配置最容易理解。干线上的每一台交换机都被设定发送及接收使用特定干线连接协议的帧。在这种配置下，端口通常被专用于干线连接，而不能用于连接端节点，至少不能连接那些不使用干线连接协议的端节点。当自动协商机制不能正常工作或不可用时，静态配置是非常有用的，其缺点是必须手工维护。

② 干线功能通告。交换机可以周期性地发送通告帧，表明它们能够实现某种干线连接功能。例如，交换机可以通告自己能够支持某种类型的帧标记 VLAN，因此，按照这个交换机通告的帧格式向其发送帧是不会有错的。交换机还可以通告它为哪个 VLAN 提供干线连接服务。

③ 干线自动协商。干线也能通过协商过程自动设置。在这种情况下，交换机周期性地发送指示帧，表明它们希望转到干线连接模式。如果另一端的交换机收到并识别这些帧，并自动进行配置，那么这两部交换机就会将这些端口设成 Trunk 连接模式。这种自动协商通常依赖于两台交换机(在同一网段上)之间已有的链路，并且与这条链路相连的端口要专用于干线的连接，这与静态干线的设置非常相似。

9.2　VLAN 测试实践

9.2.1　测试拓扑介绍

VLAN 测试环境拓扑如图 9－3 所示。

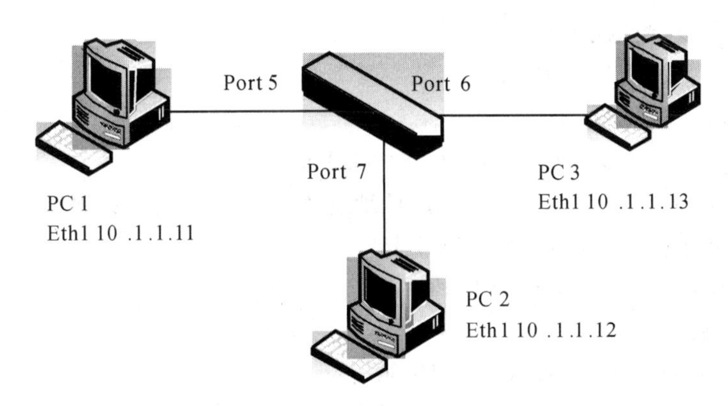

图 9-3　VLAN 测试环境拓扑图

9.2.2　功能测试

这部分特性可以分为以下几个方面来进行测试：

(1) 可配置性：比如测试可通过 CLI 或网管来配置 VLAN 。

(2) 状态的正确显示：通过 CLI 或网管软件，查询 VLAN 及其参数，测试其显示的结果与配置一致。

(3) 测试位于同一 VLAN 的接口能进行通信。

(4) 测试不同类型的接口可以加入、退出 VLAN。

(5) 测试一个接口只能成为一个 VLAN 的 Access 端口。

★ 测试用例一

(1) 测试名称：基于端口 VLAN 配置。

(2) 测试描述：测试基于交换机端口的 VLAN 配置，将多个端口分配到一个 VLAN。

(3) 测试拓扑：交换机一台，如图 9-3 所示。

(4) 测试步骤：

(a) 配置 VLAN ID 为 1～255。

(b) 配置交换机 Port1～Port5、Port10、Port15 到 VLAN25。

(c) 改变 Port10 到 VLAN1。

(d) 保存 VLAN 配置，重启测试设备。

(5) 期望结果：

(a) VLAN1～VLAN255 被创建成功。

(b) 查看 VLAN25 应该有 Port1～Port5、Port10 和 Port15；依次检查端口 Port1～Port5、Port10、Port15，它们应该都被划分到了 VLAN25。

(c) 查看 VLAN1 将有 Port10，其他的端口不变，在 VLAN25 中。

(d) 所有 VLAN 信息应该被保存且不会改变。

★ 测试用例二

(1) 测试名称：VLAN 数据帧的转发。

(2) 测试描述：如果收到的数据帧目的 MAC 不在本 VLAN 中的端口上，则交换机将广播这个未知目的 MAC 帧到本 VLAN 的所有端口。

(3) 测试拓扑：如图 9-3 所示。

(4) 测试步骤：

(a) 配置交换机 Port5、Port6、Port7 在 VLAN100 中。

(b) PC1 绑定 IP(10.1.1.15)静态 MAC 地址为 00：00：01：02：03：04。

(c) 运行网络抓包工具在 PC2 和 PC3 上。

(d) 运行"ping 10.1.1.15"命令在 PC1 上。

(5) 期望结果：

(a) 交换机 Port5～Port7 在 VLAN100 中。

(b) IP(10.1.1.15)静态 MAC 绑定成功在 PC1 上。

(c) 网络 Snoop 运行在 PC2 和 PC3 上。

(d) 由于 PC1 有 10.1.1.15 的 MAC 地址，ping 的 ICMP 报文将被发出到 Port5 上。

(e) 由于 VLAN100 里没有目的 MAC，这个报文将被广播到 PC2 和 PC3 上。这个报文在 PC2 和 PC3 上被 Snoop 工具捕获。

★ 测试用例三

(1) 测试名称：VLAN 数据帧的转发。

(2) 测试描述：如果收到的数据帧目的 MAC 不在本 VLAN 中的端口上，则交换机将广播这个未知目的 MAC 帧到本 VLAN 的所有端口，不会广播到其他 VLAN 端口。

(3) 测试拓扑：如图 9-3 所示。

(4) 测试步骤：

(a) 配置交换机 Port5、Port6 在 VLAN100 中，Port7 在 VLAN101。

(b) PC1 绑定 IP(10.1.1.15)静态 MAC 地址为 00：00：01：02：03：04。

(c) 运行网络抓包工具在 PC2 和 PC3 上。

(d) 运行"ping 10.1.1.15"命令在 PC1 上。

(5) 期望结果：

(a) 交换机 Port5～Port7 在 VLAN100 中。

(b) IP(10.1.1.15)静态 MAC 绑定成功在 PC1 上。

(c) 网络 Snoop 运行在 PC2 和 PC3 上。

(d) 因为 PC1 有 10.1.1.15 的 MAC 地址，ping 的 ICMP 报文将被发出到 Port5。在 VLAN100 里没有目的 MAC，这个报文将被广播到 PC2 和 PC3 上。这个报文在 PC2 和 PC3 上被 Snoop 工具捕获到。

★ 测试用例四

(1) 测试名称：VLAN 数据帧的转发。

(2) 测试描述：如果收到的数据帧目的 MAC 在本 VLAN 中的端口上，则交换机将直接转发这个帧到这个端口，不会广播。

(3) 测试拓扑：如图 9-3 所示。

(4) 测试步骤：

(a) 配置交换机 Port5、Port6 在 VLAN100 中。

(b) 运行网络抓包工具在 PC2 和 PC3 上。

(c) 运行“ping 10.1.1.13”命令在 PC1 上。

(d) 运行“ping 10.1.1.12”命令在 PC1 上。

(5) 期望结果:

(a) 交换机 Port5～Port7 在 VLAN100 中。

(b) 网络 Snoop 运行在 PC2 和 PC3 上。

(c) ICMP 报文被直接转发到 Port6 上的 PC3 上，因为这个报文目的 MAC 已经在 Port6 上。

(d) ICMP 报文被直接转发到 Port7 上的 PC2 上，因为这个报文目的 MAC 已经在 Port7 上。

★ 测试用例五

(1) 测试名称：VLAN 数据帧的 MAC 学习。

(2) 测试描述：当交换机学习到新的 MAC 帧后，交换机将学习帧的源 MAC 作为该端口的 MAC，更新到 MAC 和端口映射表。如果该端口收到新的源 MAC 帧，该端口的 MAC 将被更新。

(3) 测试拓扑：如图 9-3 所示。

(4) 测试步骤:

(a) 配置交换机 Port5～Port7 在 VLAN100 中。

(b) 清除交换机 Port5～Port7 所映射的 MAC 值。

(c) 运行“ping 10.1.1.15”命令在 PC1、PC2 和 PC3 上。

(5) 期望结果:

(a) 交换机端口在 VLAN100 中。

(b) 交换机 Port5～Port7 的映射 MAC 被清除。

(c) 交换机 Port5 学习到 PC1 的 MAC，Port6 学习到 PC3 的 MAC，Port7 学习到 PC2 的 MAC。

★ 测试用例六

(1) 测试名称：VLAN 对广播数据隔离。

(2) 测试描述：当交换机收到广播数据时，将在本 VLAN 中广播，不会广播到其他 VLAN。

(3) 测试拓扑：如图 9-3 所示。

(4) 测试步骤:

(a) 配置交换机 Port5、Port6 在 VLAN100 中，Port7 在 VLAN101 中。

(b) 运行协议分析(Ethereal)工具在 PC2 和 PC3 上。

(c) 运行“ping 10.1.1.15”命令在 PC1 上。

(5) 期望结果:

(a) VLAN 划分成功。

(b) 协议分析工具开始工作。

(c) PC1 将发送 ARP 广播请求，交换机将转发这个 ARP 广播在本 VLAN 里。

(d) PC3 将收到这个广播报文，PC2 在不同的 VLAN，将不能收到这个广播报文。

9.2.3 负面测试

这部分特性可以分以下几方面来进行测试：

(1) 测试位于不同 VLAN 的接口不能进行通信。

(2) 测试在通信过程中，修改相应接口所属 VLAN，设备应能按新的配置进行处理。

(3) 测试在通信过程中，删除相应接口所属 VLAN，设备应能按新的配置进行处理。

(4) 测试配置最大数目的 VLAN 后，保存配置重启，无配置丢失。

(5) 测试一个接口不能成为多个 VLAN 的 Access 端口。

(6) 测试当 VLAN 中有成员接口时，进行 VLAN 删除。

(7) 测试将交换机接口加入不存在的 VLAN 中。

9.2.4 性能测试

这部分特性可以分以下几方面来进行测试：

(1) 测试最大能配置的 VLAN 数目(VLAN 的容量)是否符合设计标准。

(2) 配置最大数目的 VLAN 且每个 VLAN 内都有相同速率的流量时，测试吞吐率。

(3) 配置最大数目的 VLAN 且每个 VLAN 内都有相同速率的流量时，测试时延。

(4) 能配置最大数目的 VLAN 后，以线速发送流量，且流量包括全部 VLAN，测试设备工作的稳定性。

课后练习

1. 设计基于 MAC 划分 VLAN 的测试用例。

2. 设计基于网络协议划分 VLAN 的测试用例。

3. 设计 VLAN 中丢包率和时延的测试用例。

4. 设计 VLAN 中 MAC 学习机制测试用例(包括 IVL 和 SVL)。在 SVL 中，交换机只建立一张映射表，用于记录端口、VLAN 和 MAC，MAC 维护在交换机中，也就是说整个交换机里不能有相同的 MAC，不同的 VLAN 之间也不能有相同的 MAC。在 IVL 中，交换机为每个 VLAN 建立一张映射表，MAC 维护在本 VLAN 中，即不同的 VLAN 可以有相同的 MAC。**注意**：SVL 一般提供在低端交换机中，IVL 则提供在高端交换机中。

5. 完成表 9-6、表 9-7 所示用例的手工执行。

表 9-6 VLAN_001

用例 ID	VLAN_001
用例描述	测试 DUT 支持至少 4090 个 VLAN(性能测试)
复杂度	Low
优先级	High

续表

预计执行时间	15 min	
测试拓扑	Port1 PC1 DUT	
前置条件	按拓扑建立测试环境，设备都已正常启动并使用默认配置(DUT 为交换机)	
输入数据(可选)		
测 试 过 程		
测试步骤	描　　述	预 期 结 果
	配置 VLAN	
(1)	DUT 上建立 VLAN2～VLAN4090	配置成功
(2)	DUT 上使用“show vlan”查看 VLAN	已建立 VLAN1～VLAN4090
	验证重启后配置没有丢失	
(3)	DUT 保存配置后进行重启	能成功重启
(4)	重启完成后，使用“show run” 查看配置	无配置丢失
(5)	DUT 上使用“show vlan”查看 VLAN	已建立 VLAN1～VLAN4090
	删除 VLAN	
(6)	DUT 上删除 VLAN1～VLAN4090	VLAN1 提示不能删除，其他 VLAN 被成功删除
(7)	DUT 上使用 “show vlan” 查看 VLAN	仅有 VLAN1
	验证重启后配置正确	
(8)	DUT 保存配置后进行重启	能成功重启
(9)	重启完成后，使用“show run”查看配置	无配置丢失
(10)	DUT 上使用“show vlan”查看 VLAN	仅有 VLAN1

表 9－7　VLAN_002

用例 ID	VLAN_002
用例描述	测试 PC(没有配置 VLAN 时) 间通过交换机通信时，仅有连接到交换机的 Access 端口的 Access VLAN 相同时才能成功(一致性测试)
复杂度	Low
优先级	High
预计执行时间	15 min

续表

测试拓扑	PC1 Port1 DUT Port2 PC2	
前置条件	按拓扑建立测试环境，设备都已正常启动并使用默认配置，DUT 为交换机	
输入数据(可选)		
测 试 过 程		
测试步骤	描　　述	预 期 结 果
	环境准备	
(1)	DUT 上查看 Port1&Port2 配置，并清空	Port1 上无配置
(2)	DUT 上查看 VLAN 默认配置	仅有 VLAN1，全部二层接口都属于 VLAN1
(3)	启用 DUT1 Port1&Port2	Port1 状态能变为 up
(4)	配置 PC1 连接 Port1 的接口 IP 为 192.168.1.1/24，并取得其 MAC 地址，记为 MAC1	
(5)	配置 PC2 连接 Port2 的接口 IP 为 192.168.1.2/24，并取得其 MAC 地址，并记为 MAC2	
(6)	DUT 上建立 VLAN10～VLAN20	
	默认配置下的通信	
(7)	PC2 开始报文捕获	
(8)	PC1 ping PC2	能 ping 通
(9)	PC2 停止报文捕获并查看	能收到 PC1 发出 ICMP 请求
	不同的 VLAN 会隔离二层流量	
(10)	PC2 开始报文捕获	
(11)	修改 Port1 属于 VLAN10 的 Access 端口并查看	Port1 所属于的 VLAN 组会变化，从 VLAN1 变成 VLAN10
(12)	PC1 ping PC2	不能通(为什么?)
(13)	PC2 停止报文捕获并查看	不能收到 PC1 发出任何报文(可通过帧的源 MAC 地址来区分)
(14)	修改 Port2 属于 VLAN10 的 Access 端口并查看	Port2 所属的 VLAN 组会变化，从 VLAN1 变成 VLAN10
(15)	PC1 ping PC2	能 ping 通

第 10 章　STP/ RSTP/ MSTP 测试

10.1　基础技术介绍

10.1.1　透明网桥的应用

对于一般的透明网桥来说，通常都具有以下的特点：

(1) 拓展 LAN 能力：通过透明网桥的应用，可以使原先只在小范围 LAN 上操作的站点能够在更大范围的 LAN 环境中工作。

(2) 透明网桥能够自主学习站点的地址信息，从而有效地控制网络中的数据包数量。

(3) 当网桥的某个端口上收到含有某个源 MAC 地址的数据帧时，它就把该 MAC 地址和接收该数据帧的端口号保存在 MAC 地址表中。MAC 地址表能够指明该 MAC 地址与透明网桥的哪个端口相连。当网桥收到一个数据帧时，会查找这张地址表，找到目的 MAC 所对应的端口，然后分下列三种情况进行处理：

· 如果目的端口是接收端口，则抛弃这个帧；如果不是接收端口，则从目的端口转发该帧。

· 如果收到的数据帧不能从该表中找到对应目的地址的端口，则要从除收到该数据之外的所有其他端口广播出去。

· 另外，如果网桥收到的是广播帧，也要把该帧从除接收端口以外的所有其他端口转发出去。

但问题是透明网桥毕竟不是路由器，它不会对报文做任何修改，报文中不会记录到底经过了几个网桥。如果网络中存在环路，报文有可能在环路中不断循环和增生，造成网络的拥塞，从而导致网络中“路径回环”问题的产生。

10.1.2　路径回环的产生

图 10 - 1 中是一个由于环路造成报文循环和增生的例子。假定 A 站点还没有发送过任何包，因此网桥 B1、B2 和 B3 的地址表中都没有 A 的地址的记录。当 A 发送了一个包，最初三个网桥都接收了这个包，记录 A 的地址在 LAN1 上，并排队等待将这个包转发到 LAN2 上。根据 LAN 的规则，其中的一个网桥将首先成功地发送包到 LAN2 上，假设这个网桥是 B1，那么 B2 和 B3 将会再次接收到这个包，因为 B1 对于 B2 和 B3 来说是透明的，这个包就好像是 A 在 LAN2 上发送的一样，于是 B2 和 B3 记录 A 在 LAN2 上，排队等待将这个新包转发到 LAN1 上，假设这时 B2 成功将最初的包转发到 LAN2 上，那么 B1 和 B3 都接收到这个包。B3 会认为 A 仍然在 LAN2 上，而 B1 又发现 A 已经转移到 LAN2 上

了，然后B1和B3都会排队等待转发新包到LAN1上。如此下去，包就在环路中不断循环，更糟糕的是每次成功的包发送都会导致网络中出现两个新包。

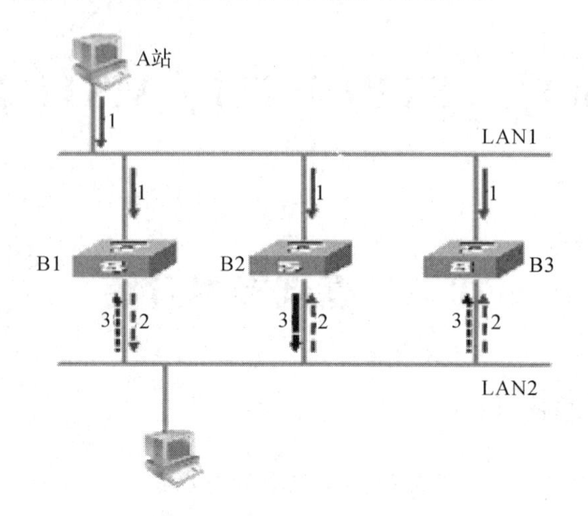

图10-1　路径回环的产生

10.1.3　生成树协议(STP)

1. STP的引入

尽管透明网桥存在这个隐患，但是它的应用还是相当有诱惑力的，因为透明网桥在无回路的网络中发挥的作用是无可指责的。那么是不是就认为不能组建有回路的网络呢？这显然是不合适的，因为回路的存在可以在拓扑结构的某条链路断开之后，仍然保证网络的连通性。

为此，我们找到了一种很好的算法，它通过阻断冗余链路将一个有回路的桥接网络修剪成一个无回路的树型拓扑结构，这样既解决了回路问题，又能在某条活动(active)的链路断开时，通过激活被阻断的冗余链路重新修剪拓扑结构以恢复网络的连通性。

图10-2中给出了一个应用生成树的桥接网络的例子，其中字符“Root”所标识的网桥是生成树的树根，实线是活动的链路，也就是生成树的枝条；而虚线则是被阻断的冗余链路，只有在活动链路断开时才会被激活。

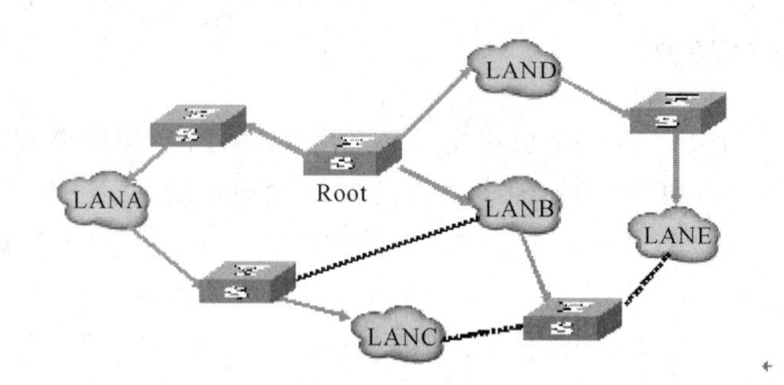

图10-2　STP的应用

2. STP的基本原理

生成树算法的基本原理也很简单，网桥之间彼此传递一种特殊的配置消息，802.1D协

议将这种配置消息称为“配置桥协议数据单元”或者“配置 BPDU”。配置消息中包含了足够的信息来保证网桥完成生成树的计算。交换机会根据 BPDU 消息来完成如下的工作：

(1) 在桥接网络的所有参与生成树计算的网桥中，选出一个作为树根(Root Bridge)。

(2) 计算出其他网桥到这个根网桥的最短路径。

(3) 为每一个 LAN 选出一个指定网桥，该网桥必须是离根网桥最近的；指定网桥负责将这个 LAN 上的包转发给根桥。

(4) 为每个网桥选择一个根端口，该端口给出的路径是本网桥到根网桥的最短路径。

(5) 选择包含在生成树上的端口，由根端口和 LAN 连接其指定网桥的那些端口(指定端口)组成。

3. 配置消息介绍

配置消息也被称做桥协议数据单元(BPDU)，它主要包括桥接网络中的根桥 ID、从指定网桥到根网桥的最小路径开销、指定网桥 ID 和指定端口 ID 四项内容。网桥之间通过传递这些内容就足以能够完成生成树的计算。为了叙述方便，可以用矢量形式(RootID、RootPathCost、DesignatedBridgeID、DesignatedPortID)来描述某个网桥所发出的 BPDU 内容。

最初，所有的网桥都发送以自己为根桥的配置消息，比如网桥 B 发送的配置消息为(B，0，B，PortID)；网桥将接收到的配置消息和自己的配置消息进行优先级比较，保留优先级较高的配置消息，并据此完成生成树的计算。

桥接网络中，每个网桥都有一个用来标识自己的唯一的 48 位地址，在 STP 中，使用网桥优先级和该 48 位地址的组合作为网桥的 ID，并在配置消息的数据部分中用来表示这个网桥。对每个网桥来说，这个网桥的所有端口可以使用端口优先级和端口索引值作为 ID 来表示，STP 使用这个 ID 在配置消息中唯一地表示网桥中的某个特定端口。

BPDU 配置消息是以以太网数据帧的格式进行传递的，它采用一个周知的多播 MAC 地址(01-80-C2-00-00-00)作为目的 MAC 地址，网络中所有的网桥收到该地址后都能够判断出该报文是 STP 的协议报文。源 MAC 地址域中填的是本网桥的 MAC 地址，数据链路层报头中的 SAP 值是 01000010(0x42)。

报文的数据域中携带了用于生成树计算的所有数据，它除了上面所提到的根桥 ID、到根桥的最小路径开销、指定网桥 ID 和指定端口 ID 外，还包含其他一些辅助信息的值。

4. 生成树比较及计算

那么如何根据优先级比较的结果计算生成树的呢？主要分如下的几个步骤进行：

(1) 首先，配置消息中最小的那个根网桥 ID 将成为生成树的根。

(2) 如果自己就是根网桥，则最短路径开销为 0；否则，将最优配置消息中的路径开销加上接收端口对应链路的路径开销就是本网桥到根的最短路径开销。

(3) 然后选择根端口，一般来说对应最短路径开销的那个端口就是根端口，但是如果对应最短路径开销的端口不止一个，则 ID 号最小的端口将成为根端口。

(4) 确定根和最短路径之后，网桥得到自己的配置消息，并将自己的配置消息与接收到的配置消息进行优先级比较，优先级高的一方作为指定网桥，而发送这个配置消息的端口就是指定端口。

(5) 最后，网桥从指定端口将自己的配置消息发送出去。

配置消息优先级比较的原则是：

（1）先比较根网桥的ID，数值较小的那个优先级较高。

（2）如果根网桥ID相同，则比较发送网桥到根桥的最短路径，数值较小的优先级较高。

（3）如果前两者都相同，则比较发送网桥的ID，数值较小的优先级较高。

（4）最后如果前三者都相同，则比较发送端口ID(即配置消息中的指定端口的ID)，同样是数值较小的优先级较高。

需要说明的是，如果前三者都相同，表明发送网桥的两个端口连接到一个物理LAN上。

5．配置消息举例

下面举个例子来说明这个过程。图10－3中网桥B81总共有五个端口，分别接收到这样的配置消息：

Port1：(32，0，32)。

Port2：(23，18，123)。

Port3：(23，14，321)。

Port4：(23，14，100)。

Port5：(23，15，80)。

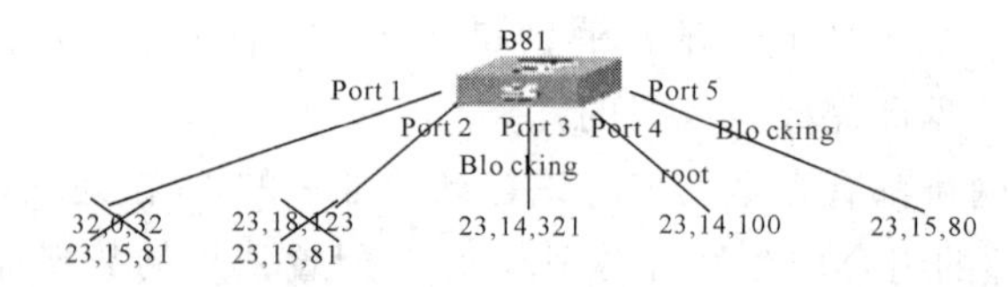

- 根据收到配置消息的优先级，选择Port 4为根端口，选择Port 1和Port 2为指定端口，同时阻塞Port 3和Port 5
- 从Port 1和Port 2发送新的配置消息(23,15,81)，其中：
  Rootid=23
  RootPathCost=14+1=15
  RootP ort=P ort 4

图10－3 一个接收并处理配置消息的例子

注意：在计算过程中，指定端口ID不影响根桥的选择，但会影响根端口的选择。在此，为简化起见，暂且不考虑指定端口ID。表示BPDU消息的优先级矢量用(RootID，RootPathCost，DesignatedBridgeID)来表示。

经过优先级比较，可以确定最好的根桥是23，而且本网桥到根桥的最短路径是14＋1＝15。网桥还必须从Port3和Port4中选出一个作为根端口，由于Port4的配置消息的发送桥ID为100，比Port3的321较小，所以Port4为根端口。

网桥B81将发送(23，15，81)的配置消息，该配置消息优于Port1和Port2收到的配置消息，因此网桥B81为Port1和Port2所连接的网段的指定网桥，并把自己的配置消息从Port1、Port2发送出去。这样就确定了，阻塞端口为Port3和Port5，Port4是根端口，Port1和Port2是指定端口。阻塞的端口不参与数据的转发，根端口或指定端口收到的需要转发的数据只能从其他的根端口或指定端口转发出去。从整个网络来看，就等于阻塞了某些链路，而其他的链路组成一个无回路的树型拓扑结构。

6．端口状态及转换

在802.1D的协议中，端口有这样几种状态：

(1) 关闭状态(Disabled)：表示该端口不可用，不接收和发送任何报文。这种状态可以是由于端口的物理状态导致的，也可能是管理者手工配置的。

(2) 阻塞状态(Blocking)：处于这个状态的端口不能够参与转发数据报文，不能发送配置消息，也不进行地址学习；但是可以接收配置消息，并交给 CPU 进行处理。

(3) 监听状态(Listening)：处于这个状态的端口不参与数据转发，不进行地址学习，但是可以接收并发送配置消息。

(4) 学习状态(Learning)：处于这个状态的端口同样不能转发数据，但是开始地址学习，并可以接收、处理和发送配置消息。

(5) 转发状态(Forwarding)：一旦端口进入该状态，就可以转发任何数据了，同时也可进行地址学习和配置消息的接收、处理和发送。

当一个被阻塞的端口要变成转发状态时，需要经历一定的延时。这个延时最起码必须是新的配置消息传播到整个网络所需时间的两倍。假设转发延时(Forward delay)是配置消息传遍整个网络的时间，可以设计一个中间状态，处于中间状态的端口只能够学习站点的地址信息，而不能参与数据转发。端口从阻塞状态经过转发延时的延时后进入中间状态，再经过转发延时延时后，才能开始转发数据。

从监听状态迁移到学习状态，或者从学习状态迁移到转发状态，都需要经过转发延时。通过这种延时迁移的方式，能够保证网络中需要迁移到丢弃状态(Discarding，即端口的学习状态和转发状态都不被允许)的端口已经完成了迁移，从而能够有效地避免临时环路的形成。

10.1.4　快速生成树协议(RSTP)

1. RSTP 介绍

快速生成树是从生成树算法的基础上发展而来的，也是通过配置消息来传递生成树信息，并通过优先级比较来进行计算。快速生成树能够完成生成树的所有功能，不同之处就在于：快速生成树在不会造成临时环路的前提下，减小了端口从阻塞到转发的时延，尽可能快得恢复网络连通性，提供更好的用户服务。

2. RSTP 改进

快速生成树从三个方面实现“快速”功能：

(1) 一个新的根端口从阻塞到转发：如果旧的根端口已经知道自己不再是根端口了，并进入阻塞状态，且此时新的根端口连接的网段的指定端口正处于转发状态，那么这个新的根端口就可以无延时地进入转发状态。

(2) 一个非边缘指定端口从阻塞到转发：“非边缘”的意思是这个端口连接着其他的网桥，而不是只连接到终端设备。等待进入转发状态的指定端口向下游发送一个握手请求报文，如果下游的网桥响应了一个赞同报文，则这个指定端口就可以无延时地进入转发状态。

(3) 边缘端口从阻塞到转发：这一点很好理解，所谓“边缘端口”是指那些直接和终端设备相连，不再连接任何网桥的端口。这些端口的状态并不影响整个网络的连通，也不会造成任何的环路。所以网桥启动以后，这些端口可以无延时地快速进入转发状态。

3. 端口角色及状态

每个端口都在网络中扮演一个角色(Port Role)，用来体现在网络拓扑中的不同作用。

· Root Port(根端口)：提供最短路径到根桥的端口。

· Designated Port(指定端口)：每个 LAN 通过该端口连接到根桥。

· Alternate Port(替换端口)：根端口的替换端口。一旦根端口失效，该端口就立刻变为根端口。

· Backup Port(备份端口)：指定端口的备份端口。当一个网桥有两个端口都连在一个 LAN 上，那么高优先级的端口为指定端口，低优先级的端口为备份端口。

· Disable Port(禁用端口)：当前不处于活动状态的端口，即操作状态为 down 的端口都被分配了这个角色。

各个端口角色的示意图如图 10－4 所示。

R＝Root Port D＝Designated Port A＝Alternate Port B＝Backup Port

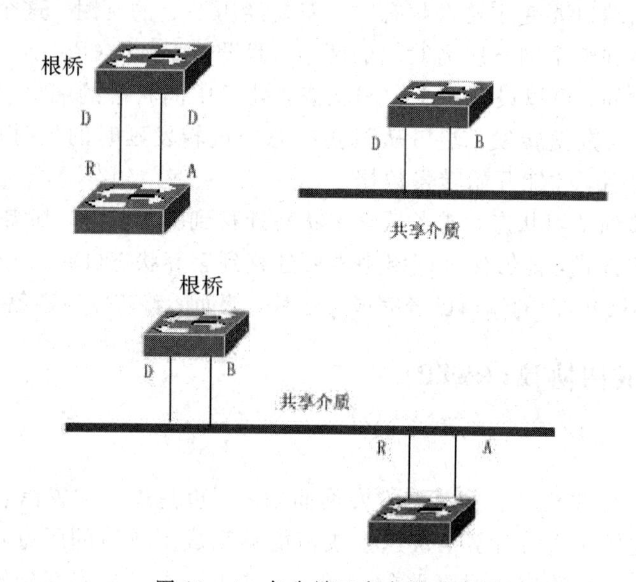

图 10－4　各个端口角色的示意图

10.1.5　MSTP

1. MSTP 简介

由于传统的 STP 与 VLAN 没有任何联系，因此在特定网络拓扑下就会产生以下问题：交换机 A、B 在 VLAN1 内，交换机 C、D 在 VLAN2 内，然后连成环路，如图 10－5 所示。

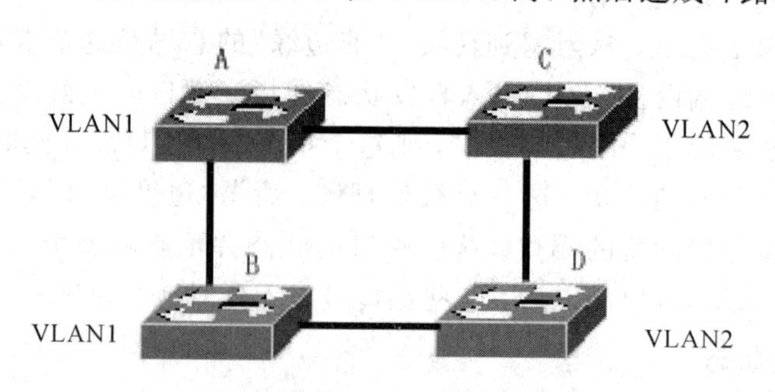

图 10－5　STP 示意图

在某种情况的配置下，会造成把交换机 A 和 B 间的链路给丢弃，如图 10－6 所示。由于交换机 C、D 不包含 VLAN1，无法转发 VLAN1 的数据包，这样交换机 A 的 VLAN1 就无法与交换机 B 的 VLAN1 进行通信。

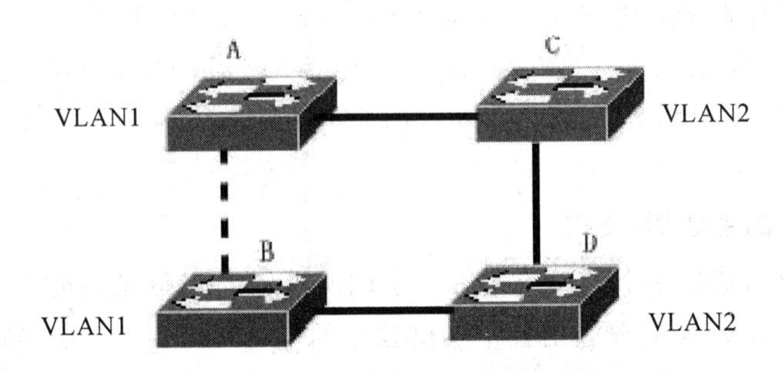

图 10－6　A 和 B 间的链路给丢弃的示意图

为了解决这个问题，MSTP 就产生了，它可以把一台交换机的一个或多个 VLAN 划分为一个实例(instance)，有着相同实例配置的交换机就组成一个域(MST 域)，运行独立的生成树(这个内部的生成树称为 IST，Internal Spanning Tree)。这个 MST 域组合就相当于一个大的交换机整体，与其他 MST 域再进行生成树算法运算，得出一个整体的生成树，称为 CST(Common Spanning Tree)。

按这种算法，以上网络就可以在 MSTP 算法下形成如图 10－7 所示的拓扑：交换机 A 和 B 都在 MSTP 域 1 内，MSTP 域 1 没有环路产生，所以没有链路丢弃；同理 MSTP 域 2 的情况也是一样的，然后域 1 和域 2 就分别相当于两个大的交换机，这两台“交换机”间有环路，因此根据相关配置选择一条链路丢弃。这样，既避免了环路的产生，也能让相同 VLAN 间的通信不受影响。

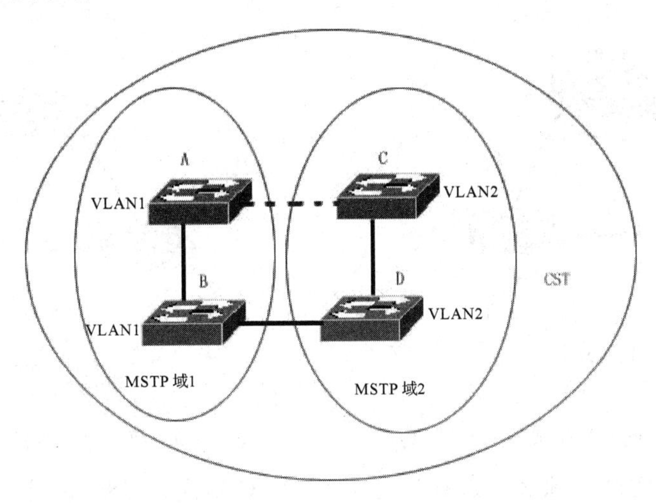

图 10－7　MSTP 算法下的拓扑

2. 如何划分 MSTP 域

根据以上描述，很明显，要让 MSTP 产生应有的作用，首先就要合理地划分 MSTP 域，相同 MSTP 域内的交换机“MST 配置信息”一定要相同。

MST 配置信息包括：

- MST配置名称：最长可用32 B的字符串来标识MSTP域。
- MST修正值：用一个16 b的修正值来标识MSTP域。
- MST实例和VLAN的对应表：每台交换机都最多可以创建64个实例。

实例0是强制存在的，用户还可以按需要分配1～4094个VLAN属于不同的实例，未分配的VLAN默认就属于实例0。这样，每个MSTI(MST实例)就是一个"VLAN组"，根据BPDU里的MSTI信息进行MSTI内部的生成树算法，不受CIST和其他MSTI的影响。

3. MSTP域内的生成树(IST)

划分好MSTP域后，每个域里就按各个实例所设置的网桥优先级(bridge priority)、端口优先级(port priority)等参数选出各个实例独立的根桥，以及每台交换机上各个端口的角色，然后就端口角色指定该端口在该实例内是转发还是丢弃的。这样，经过MSTP BPDU的交流，IST就生成了，而各个实例也独立地有了自己的生成树(MSTI)，其中实例0所对应的生成树称为CIST(Common Instance Spanning Tree)。也就是说，每个实例都为各自的"VLAN组"提供了一条单一的、不含环路的网络拓扑。

如图10-8所示，在域1内，交换机A、B、C组成环路。在CIST(实例0)中，因A的优先级最高，被选为域根，再根据其他参数，把A和C间的链路给丢弃。因此，对实例0的"VLAN组"来说，只有A到B、B到C的链路可用，从而打断了这个"VLAN组"的环路。

而对MSTI1(实例1)来说，如图10-9所示，B的优先级最高，被选为域根，再根据其他参数，把B和C间的链路给丢弃。因此，对实例1的"VLAN组"来说，只有A到B、A到C的链路可用，从而打断了这个"VLAN组"的环路。

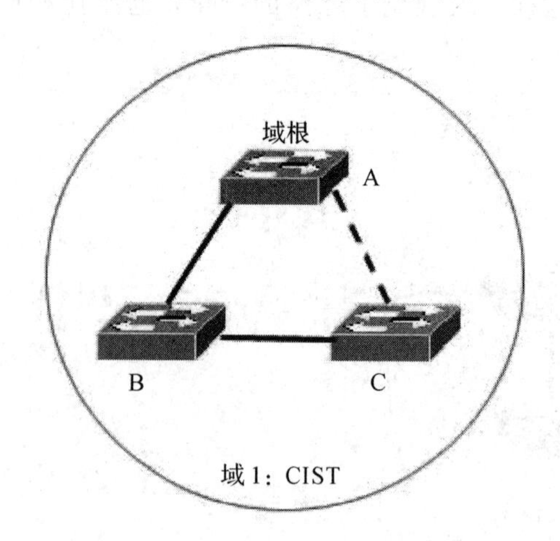

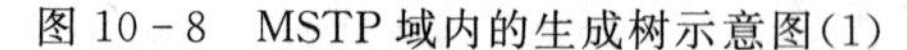
图10-8 MSTP域内的生成树示意图(1)

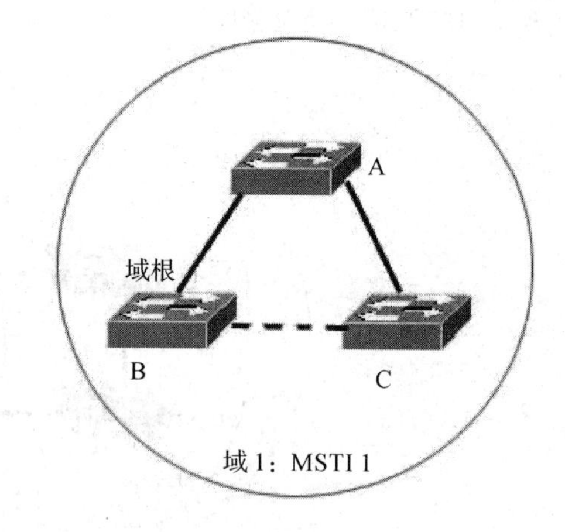

图10-9 MSTP域内的生成树示意图(2)

而对MSTI2(实例2)来说，如图10-10所示，C的优先级最高，被选为域根，再根据其他参数，把A和B间的链路给丢弃。因此，对实例2的"VLAN组"来说，只有B到C、A到C的链路可用，从而打断了这个"VLAN组"的环路。

MSTP本身不关心一个端口属于哪个VLAN，所以用户应该根据实际的VLAN配置情况来为相关端口配置对应的路径开销和优先级，以防MSTP打断了不该打断的环路。

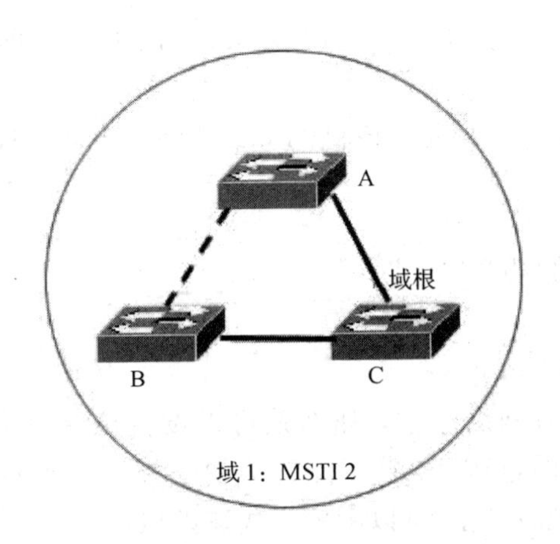

图 10-10　MSTP 域内的生成树示意图(3)

4. MSTP 域间的生成树(CST)

每个 MSTP 域对 CST 来说可以相当于一个大的交换机整体，不同的 MSTP 域也生成一个大的网络拓扑树。如图 10-11 所示，对 CST 来说，桥 ID 最小的交换机 A 被选为整个 CST 的根(CST Root)，同时也是这个域内的 CIST 区域根。在域 2 中，由于交换机 B 到 CST 根的最小路径开销最短，所以被选为这个域内的 CIST 区域根。同理，域 3 选交换机 C 为 CIST 区域根。

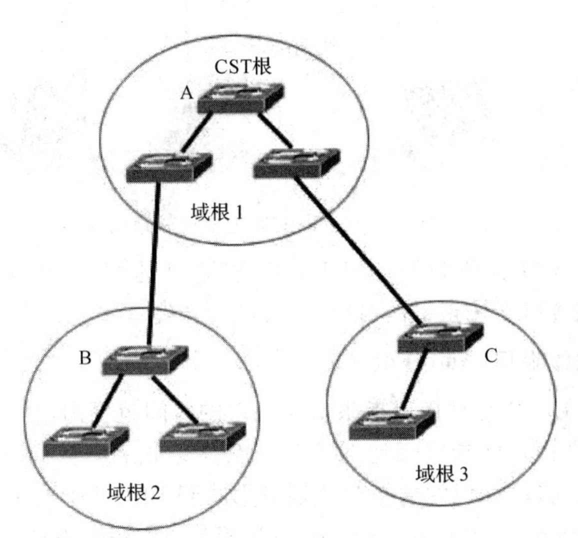

图 10-11　MSTP 域间的生成树示意图

CIST 区域根不一定是该域内桥 ID 最小的那台交换机，它是指该域内到 CST 根最小的路径开销的交换机。

同时，CIST 区域根的根端口对 MSTI 来说有了个新的端口角色，为主端口(Master Port)，作为所有实例对外的“出口”，它对所有实例都是丢弃的。为了使拓扑更稳定，建议每个域对 CST 根的“出口”尽量只在该域的一台交换机上！

5. MSTP 和 RSTP、STP 的兼容

(1) 对 STP 来说，MSTP 会像 RSTP 那样发 STP BPDU 来兼容它。

(2) 对 RSTP 协议来说，其本身会处理 MSTP BPDU 中 CIST 的部分，因此 MSTP 不必专门发 RSTP BPDU 以兼容它。

(3) 每台运行 STP 或 RSTP 的交换机都是单独的一个域，不与任何一个交换机组成同一个域。

10.1.6　生成树的其他特性

1. 快速端口(Port Fast)

如果设备的端口直连着网络终端，那么就可以设置该端口为快速端口，可直接转发，这样可免去端口等待转发的过程(如果不配置为快速端口，就要等待 30 s 才可转发)。图 10－12表示了一个设备的哪些端口可以配置为快速端口。

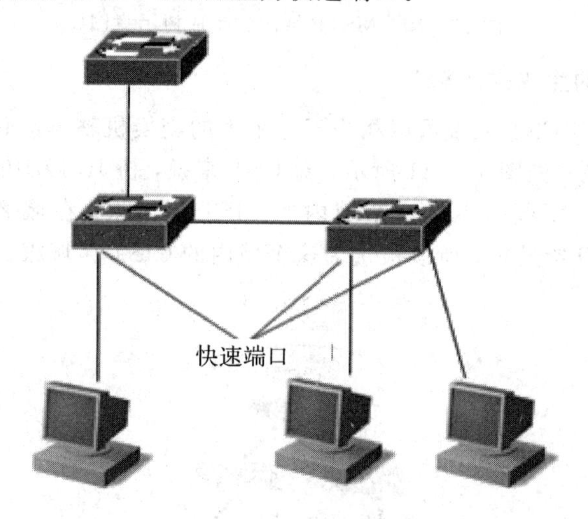

图 10－12　可以配置为快速端口的端口

如果设置快速端口后还收到 BPDU，则该端口的“Port Fast Operational State”为“disabled”，这时该端口会按正常的 STP 算法进行转发。

2. 自动识别边缘端口(Auto Edge)

自动识别边缘端口功能是指当指派口在一定的时间范围内(为 3 s)，如果收不到下游端口发送的 BPDU，则认为该端口相连的不是一台网络设备，从而设置该端口为边缘端口，直接进入转发状态。自动标识为边缘口的端口因收到 BPDU 而自动识别为非边缘口。

可以通过“spanning－tree autoedge disabled”命令取消边缘口的自动识别功能，该功能是默认打开的。

3. BPDU 防护

BPDU 防护功能既能全局开启，也能针对单个接口开启，这两者有些细小的差别。

可以在特权模式中用“spanning－tree portfast bpduguard default”命令打开全局的BPDU防护使能状态。在这种状态下，如果某个接口打开了快速端口或者该端口自动标识为边缘端口，而该接口收到了BPDU，该端口就会进入错误状态，以示配置错误。同时，整个端口被关闭，表示网络中可能被非法用户增加了一台网络设备，使网络拓扑发生改变。

也可以在接口配置模式下用“spanning－tree bpduguard enable”命令来打开单个接口的

BPDU 保护功能(与该端口是否是边缘端口无关)。在这种情况下，如果该接口收到了 BPDU，就进入到错误状态。

4. BPDU 过滤

BPDU 过滤功能既能全局开启，也能针对单个接口开启，这两者也有些细小的差别。

可以在特权模式中用“spanning - tree portfast bpdufilter default”命令打开全局的 BPDU过滤功能使能状态。在这种状态下，如果某个接口打开了快速端口或者该端口自动标识为边缘端口，则该接口将既不收 BPDU，也不发 BPDU，直连端口的主机也就收不到 BPDU。如果边缘端口因收到 BPDU 而使快速端口操作状态为不可用，BPDU 过滤功能也就自动失效。

也可以在接口配置模式下用“spanning - tree bpdufilter enable”命令设置单个接口的 BPDU 过滤功能(与该端口是否是边缘端口无关)。在这种情况下，该接口既不收 BPDU，也不发 BPDU，并且是直接转发的。

5. TC 保护

TC-BPDU 报文是携带 TC 标志的 BPDU 报文，交换机收到这类报文表示网络拓扑发生了变化，会进行 MAC 地址表的删除操作，对二层交换机，还会引发路由表删除操作，并改变 ARP 表项的端口状态。为避免交换机受到伪造 TC-BPDU 报文的恶意攻击时频繁进行以上操作，以至于负荷过重，影响网络稳定，可以使用 TC 保护功能进行保护。

TC 保护功能只能全局打开和关闭，默认情况下此功能为打开。

在打开相应功能时，收到 TC-BPDU 报文后的一定时间内(一般为 4 s)，只进行一次删除操作，同时监控该时间段内是否收到 TC-BPDU 报文。如果在该时间段内收到了 TC-BPDU报文，则设备在该时间超时后再进行一次删除操作。

6. TC 防护

TC 保护功能可以保证网络产生大量 TC 报文时减少动态 MAC 地址和 ARP 的删除，但在遇到 TC 报文攻击的时候还是会产生很多的删除操作，并且 TC 报文是可扩散的，将影响整个网络。使用 TC 防护功能，允许用户在全局或者端口上禁止 TC 报文的扩散。当一个端口收到 TC 报文的时候，如果全局配置了 TC 防护或者是端口上配置了 TC 防护，则该端口将屏蔽掉其接收或者是自己产生的 TC 报文，使得 TC 报文不会扩散到其他端口。这样能有效控制网络中可能存在的 TC 攻击，保持网络的稳定，尤其是在三层设备上，该功能能有效地避免接入层设备的振荡引起核心路由中断的问题。

注意：

(1) 错误地使用 TC 防护功能会使网络之间的通信中断。

(2) 建议在确认网络当中有非法的 TC 报文攻击的情况下再打开此功能。

(3) 打开全局的 TC 防护功能，则所有端口都不会对外扩散 TC 报文。该功能适合在桌面接入设备上开启。

(4) 打开接口的 TC 防护功能，则该接口产生的拓扑变化以及收到的 TC 报文将不向其他端口扩散。该功能适合在上行链口，尤其是汇聚接核心的端口开启。

7. BPDU 源 MAC 检查

BPDU 源 MAC 检查是为了防止通过人为发送 BPDU 报文来恶意攻击交换机而使 MSTP 工作不正常。当确定了某端口点对点链路对端相连的交换机时，可通过配置 BPDU 源 MAC 检查来达到只接收对端交换机发送的 BPDU 帧，丢弃所有其他的 BPDU 帧，从而达到防止恶意攻击的目的。可以在接口模式下来为特定的端口配置相应的 BPDU 源 MAC 检查的 MAC 地址，一个端口只允许配置一个过滤 MAC 地址，可通过"no bpdu src - mac - check"命令来禁止 BPDU 源 MAC 检查，此时端口接收任何 BPDU 帧。

8. BPDU 非法长度过滤

BPDU 的以太网长度字段超过 1500 B 时，该 BPDU 帧将被丢弃，以防止收到非法 BPDU 报文。

9. 根防护(Root Guard)

在网络设计中，常常将根桥和备份根桥划分在同一个域内，由于维护人员的错误配置或网络中的恶意攻击，根桥有可能收到优先级更高的配置信息，从而失去当前根桥的位置，引起网络拓扑错误的变动。根防护功能就是为了防止这种情况的出现。

当一个接口打开根防护功能时，将强制其在所有实例上的端口角色为指定端口，一旦该端口收到优先级更高的配置信息时，根防护功能会将该接口置为 root-inconsistent(阻塞)状态。如果指定端口在足够长的时间内没有收到更优的配置信息，则接口会恢复成原来的正常状态。

若由于本功能导致接口进入阻塞状态，并需要手动恢复为正常状态，则须关闭 Root Guard 功能或关闭接口的保护功能(在接口层配置"spanning - tree guard none")。

注意：

(1) 错误地使用根防护特性会导致网络链路的断开。

(2) 在非指派口上打开根防护功能会强制其为指派口，同时端口会进入到 BKN 状态(即阻塞状态，只是叫法不同)。

(3) 如果端口在 MST0 因收到更优的配置消息而进入到 BKN 状态，会强制端口在其他所有的实例中处于 BKN 状态。

(4) 端口的根防护和环路防护功能同一时刻只能有一个生效。

(5) 打开根防护功能的端口，边缘口的自动识别功能将失效。

10. 环路防护(Loop Guard)

由于单向链路的故障，根口或备份口由于收不到 BPDU 会变成指派口进入转发状态，从而导致了网络中环路的产生。环路防护功能就是为了防止这种情况的发生。

对于配置了环路保护的端口，如果收不到 BPDU，会进行端口角色的迁移，但端口状态将一直被设成丢弃状态，直到重新收到 BPDU 而进行生成树的重计算。

注意：

(1) 可以基于全局或接口打开环路防护特性。

(2) 端口的根防护和环路防护功能同一时刻只能有一个生效。

(3) 全局打开环路防护功能，则所有端口的边缘口的自动识别功能将失效。

(4) 端口打开环路防护功能，则该端口的边缘口的自动识别功能将失效。

10.1.7　配置 STP

1. 默认的生成树设置

下面列出生成树的默认配置，如表 10－1 所示。

表 10－1　生成树的默认配置

项　目	默认值
Enable State(使能状态)	Disable，不打开 STP
STP MODE(STP 模式)	MSTP
STP Priority(STP 优先级)	32 768
STP port Priority(STP 端口优先级)	128
STP port cost(STP 端口花费)	根据端口速率自动判断
Hello Time	2 s
Forward－Delay Time	15 s
Max－Age Time	20 s
Path Cost(路径花费)的默认计算方法	长整型
Link－type	根据端口双工状态自动判断
Maximum hop count	20
VLAN 与实例对应关系	所有 VLAN 属于实例 0，且只存在实例 0

可通过“**spanning－tree reset**”命令使生成树参数恢复到默认配置(不包括关闭 STP)。

2. 打开、关闭 STP

打开 STP，设备即开始运行 STP，一些设备运行的是 MSTP。设备的默认状态是关闭 STP。

进入特权模式，按以下步骤打开 STP，如表 10－2 所示。

表 10－2　打开 STP

命　令	作　用
Ruijie# **configure terminal**	进入全局配置模式
Ruijie(config)# **spanning－tree**	打开 STP
Ruijie(config)# **end**	退回到特权模式
Ruijie# **show spanning－tree**	核对配置条目
Ruijie# **copy running－config startup－config**	保存配置

如果要关闭 STP，可用“**no spanning－tree**”全局配置命令进行设置。

3. 配置生成树的模式

按 802.1 相关协议标准，STP、RSTP、MSTP 这三个版本的协议本来就无须管理员再多做设置，版本间自然会互相兼容。但考虑到有些厂家不完全按标准实现，可能会导致一些兼容性的问题，因此提供这么一条命令配置，以供管理员在发现其他厂家的设备与本设备不兼容时，能够切换到低版本的生成树模式，从而兼容。

注意：当从 MSTP 模式切换到 RSTP 或 STP 模式时，有关 MSTP 域的所有信息将被清空。

设备的默认模式是 MSTP 模式。

进入特权模式，按以下步骤打开 STP，如表 10－3 所示。

表 10－3　特权模式下打开 STP

命　　令	作　　用
Ruijie＃configure terminal	进入全局配置模式
Ruijie(config)＃spanning－tree mode mstp/rstp/stp	切换到生成树模式

如果要恢复 STP 的默认模式，可用"no spanning－tree mode"全局配置命令进行设置。

4. 配置设备优先级

设置设备的优先级关系着到底哪个设备为整个网络的根，同时也关系到整个网络的拓扑结构。建议管理员把核心设备的优先级设得高些(数值小)，这样有利于整个网络的稳定。可以给不同的实例分配不同的设备优先级，各个实例可根据这些值运行独立的 STP，而不同域间的设备只关心 CIST(实例 0)的优先级。

优先级的设置值有 16 个，都为 4096 的倍数，分别是 0、4096、8192、12 288、16 384、20 480、24 576、28 672、32 768、36 864、40 960、45 056、49 152、53 248、57 344、61 440，默认值为 32 768。

进入特权模式，按以下步骤配置设备优先级，如表 10－4 所示。

表 10－4　特权模式下配置设备优先级

命　　令	作　　用
Ruijie＃configure terminal	进入全局配置模式
Ruijie(config)＃spanning－tree [mst *instance－id*] priority *priority*	针对不同的实例配置设备的优先级，当没有实例参数时，即对 instance0 进行配置。*instance－id*，范围为 0～64；*priority*，取值范围为 0～61 440，按 4096的倍数递增，默认值为 32 768

如果要恢复到默认值，可用"no spanning－tree mst *instance－id* priority"全局配置命令进行设置。

5. 配置端口优先级

当两个端口都连在一个共享介质上，设备会选择一个高优先级(数值小)的端口进入转发状态，低优先级(数值大)的端口进入丢弃状态。如果两个端口的优先级一样，就选端口号小的那个进入转发状态。可以在一个端口上给不同的实例分配不同的端口优先级，各个实例可根据这些值运行独立的 STP。

和设备的优先级一样，可配置的优先级值也有 16 个，都为 16 的倍数，分别是 0、16、

32、48、64、80、96、112、128、144、160、176、192、208、224、240，默认值为 128。

进入特权模式，按以下步骤配置端口优先级，如表 10－5 所示。

表 10－5　特权模式下配置端口优先级

命　　令	作　　用
Ruijie# configure terminal	进入全局配置模式
Ruijie(config)# interface *interface－id*	进入该接口的配置模式，合法的接口包括物理端口和 Aggregate Link
Ruijie(config－if)# **spanning－tree** [**mst** *instance-id*] **port－priority** *priority*	针对不同的实例配置端口的优先级，当没有实例参数时，即对实例 0 进行配置。*instance－id*，范围为 0～64；*priority*，配置该实例的优先级，取值范围为 0～240，按 16 的倍数递增，默认值为 128
Ruijie(config－if)# **end**	退回到特权模式
Ruijie# **show spanning－tree** [**mst** instance－id] **interface** interface－id	核对配置条目

如果要恢复到默认值，可用"**no spanning－tree mst** *instance－id* **port－priority**"接口配置命令进行设置。

6. 配置端口的路径花费

设备是根据哪个端口到根桥的路径花费总和最小而选定根端口的，因此端口路径花费的设置关系到本设备的根端口。它的默认值是按接口的链路速率(The Media Speed)自动计算的，速率高的花费小，如果没有特别需要可不必更改它，因为这样算出的路径花费最科学。可以在一个端口上针对不同的实例分配不同的路径花费，各个实例可根据这些值运行独立的 STP。

进入特权模式，按以下步骤配置端口路径花费，如表 10－6 所示。

表 10－6　特权模式下配置端口路径花费

命　　令	作　　用
Ruijie# configure terminal	进入全局配置模式
Ruijie(config)# interface *interface－id*	进入该接口的配置模式，合法的接口包括物理端口和 Aggregate Link
Ruijie(config－if)# spanning－tree [mst *instance－id*] cost *cost*	针对不同的实例配置端口的优先级，当没有实例参数时，即对实例 0 进行配置。*instance－id*，范围为 0～64；*cost*，配置该端口上的花费，取值范围为 1～200 000 000。默认值为根据接口的链路速率自动计算
Ruijie(config－if)# end	退回到特权模式
Ruijie# show spanning－tree [mst *instance-id*] interface *interface－id*	核对配置条目

如果要恢复到默认值，可用“no spanning - tree mst cost”接口配置命令进行设置。

7. 配置路径花费的默认计算方法

当该端口路径花费为默认值时，设备会自动根据端口速率计算出该端口的路径花费。但 IEEE 802.1D 和 IEEE 802.1T 对相同的链路速率规定了不同的路径花费值，802.1D 的取值范围是短整型(1～65 535)，802.1T 的取值范围是长整型(1～200 000 000)。一定要统一好整个网络内路径花费的标准，其默认模式为长整型模式(IEEE 802.1T 模式)。

表 10 - 7 列出了两种方法对不同链路速率自动设置的路径花费。

表 10 - 7　对不同链路速率自动设置的路径花费

端口速率	接　口	IEEE 802.1D(短整型)	IEEE 802.1T(长整型)
10 Mb/s	普通端口	100	2 000 000
	Aggregate Link	95	1 900 000
100 Mb/s	普通端口	19	200 000
	Aggregate Link	18	190 000
1000 Mb/s	普通端口	4	20 000
	Aggregate Link	3	19 000

进入特权模式，按以下步骤配置端口路径花费的默认计算方法，如表 10 - 8 所示。

表 10 - 8　配置端口路径花费的默认计算方法

命　　令	作　　用
Ruijie# configure terminal	进入全局配置模式
Ruijie(config)# spanning - tree pathcost method long/short	配置端口路径花费的默认计算方法，设置值为长整型或短整型，默认值为长整型

如果要恢复到默认值，可用“no spanning - tree pathcost method”全局配置命令进行设置。

8. 配置 Hello - Time

配置设备定时发送 BPDU 报文的时间间隔，默认值为 2 s。

进入特权模式，按以下步骤配置 Hello - Time，如表 10 - 9 所示。

表 10 - 9　配置 Hello - Time

命　　令	作　　用
Ruijie# configure terminal	进入全局配置模式
Ruijie(config)# spanning - tree hello - time *seconds*	配置 Hello - Time，取值范围为 1～10 s，默认值为 2 s

如果要恢复到默认值，可用“no spanning - tree hello - time”全局配置命令进行设置。

9. 配置 Forward - Delay Time

配置端口状态改变的时间间隔，默认值为 15 s。

进入特权模式，按以下步骤配置 Forward - Delay Time，如表 10 - 10 所示。

表 10 - 10　配置 Forward - Delay Time

命　令	作　用
Ruijie# configure terminal	进入全局配置模式
Ruijie(config)# spanning - tree forward - time *seconds*	配置 Forward - Delay Time，取值范围为 4～30 s，默认值为 15 s

如果要恢复到默认值，可用“no spanning - tree forward - time”全局配置命令进行设置。

10. 配置 Max - Age Time

配置 BPDU 报文消息生存的最长时间，默认值为 20 s。

进入特权模式，按以下步骤配置 Max - Age Time，如表 10 - 11 所示。

表 10 - 11　配置 Max - Age Time

命　令	作　用
Ruijie# configure terminal	进入全局配置模式
Ruijie(config)# spanning - tree max - age *seconds*	配置 Max - Age Time，取值范围为 6～40 s，默认值为 20 s

如果要恢复到默认值，可用“no spanning - tree max - age”全局配置命令进行设置。

注意：

Hello - Time、Forward - Delay Time、Max - Age Time 除了有一个自身的取值范围外，这三个之间还有一个制约关系，就是：

2×(Hello - Time+1.0)≤Max - Age Time≤2×(Forward - Delay Time−1.0)

配置的这三个参数必须满足这个条件，否则有可能导致拓扑不稳定。

11. 配置 Tx - Hold - Count

配置每秒钟最多发送的 BPDU 个数，默认值为 3 个。

进入特权模式，按以下步骤配置 Tx - Hold - Count，如表 10 - 12 所示。

表 10 - 12　配置 Tx - Hold - Count

命　令	作　用
Ruijie# configure terminal	进入全局配置模式
Ruijie(config)# spanning - tree tx - hold - count *numbers*	配置每秒钟最多发送的 BPDU 个数，取值范围为 1～10 个，默认值为 3 个

如果要恢复到默认值，可用“no spanning - tree tx - hold - count”全局配置命令进行设置。

12. 配置 Link - Type

配置该端口的连接类型是不是“点对点连接”，这一点关系到 RSTP 是否能快速的收敛。请读者自行学习有关 RSTP 快速收敛的知识点。当不设置该值时，设备会根据端口的

"双工"状态来自动设置，即全双工的端口设 Link - Type 为 Point-to-Point，半双工设为 Shared；也可以强制设置 Link - Type 来决定端口的连接是不是"点对点连接"。

进入特权模式，按以下步骤配置端口的 Link - Type，如表 10 - 13 所示。

表 10 - 13　配置 Link - Type

命　　令	作　　用
Ruijie# configure terminal	进入全局配置模式
Ruijie(config)# interface *interface - id*	进入接口配置模式
Ruijie(config - if)# spanning - tree link - type point - to - point/shared	配置该接口的连接类型，默认值为根据端口"双工"状态来自动判断是不是"点对点连接"。全双工为"点对点连接"，即可以快速转发

如果要恢复到默认值，可用"no spanning - tree link - type"接口配置命令进行设置。

13. 配置 MSTP 域

要使多台设备处于同一个 MSTP 域，就需要使这几台设备有相同的名称、相同的修正值、相同的 MST 实例和 VLAN 的对应表。

可以配置 0～64 号实例包含哪些 VLAN，剩下的 VLAN 就自动分配给实例 0。一个 VLAN 只能属于一个实例。

建议在关闭 STP 的模式下配置 MST 实例和 VLAN 的对应表，配置好后再打开 MSTP，以保证网络拓扑的稳定和收敛。

进入特权模式，按以下步骤配置 MSTP 域，如表 10 - 14 所示。

表 10 - 14　配置 MSTP 域

命　　令	作　　用
Ruijie# configure terminal	进入全局配置模式
Ruijie(config)# spanning - tree mst configuration	进入 MST 配置模式
Ruijie(config - mst)# instance *instance - id* vlan *vlan - range*	把 VLAN 组添加到一个 MST 实例中， *instance - id*，范围为 0～64； *vlan - range*，范围为 1～4094； 举例来说： "instance 1 vlan 2 - 200"就是把 VLAN2 到 VLAN200 都添加到实例 1 中； "instance 1 vlan 2，20，200"就是把 VLAN2、VLAN20，VLAN200 添加到实例中。 同样，可以用"no"命令把 VLAN 从实例中删除，删除的 VLAN 自动转入实例 0
Ruijie(config - mst)# name *name*	指定 MST 配置名称，该字符串最多可以有 32B
Ruijie(config - mst)# revision *version*	指定 MST 修正值，范围为 0～65 535。默认值为 0

要恢复默认的 MST 域配置，可以用“no spanning－tree mst configuration”全局配置命令，也可以用“no instance *instance－id*”命令来删除该实例。

同样，“no name”、“no revision”命令可以分别把 MST 名称、MST 修订号恢复到默认值。以下为配置实例：

```
Ruijie(config)# spanning-tree mst configuration
Ruijie(config-mst)# instance 1  vlan 10 -20
Ruijie(config-mst)# name region1
Ruijie(config-mst)# revision 1
Ruijie(config-mst)# show
Multi spanning tree protocol : Enable Name [region1] Revision 1
Instance Vlans Mapped
-------- --------------------
0 1-9, 21-4094
1 10-20
-------------------------------
Ruijie(config-mst)# exit
Ruijie(config)#
```

注意：

在配置 VLAN 和实例的映射关系前务必确保所配置的 VLAN 已经被创建，否则在部分产品上有可能会出现 VLAN 和实例关联失败。

14. 配置 Max－Hops Count

配置 Max－Hops Count，用于指定 BPDU 在一个域内经过多少台设备后被丢弃。它对所有实例有效。

进入特权模式，按以下步骤配置 Max－Hops Count，如表 10－15 所示。

表 10－15　配置 Max－Hops Count

命　　令	作　　用
Ruijie# configure terminal	进入全局配置模式
Ruijie(config)# spanning－tree max－hops *hop－count*	配置 Max－Hops Count，范围为 1～40，默认值为 20

如果要恢复到默认值，可用“no spanning－tree max－hops”全局配置命令进行设置。

10.2　生成树测试实践

10.2.1　测试拓扑介绍

本测试实验的图如图 10－13 和图 10－14 所示。

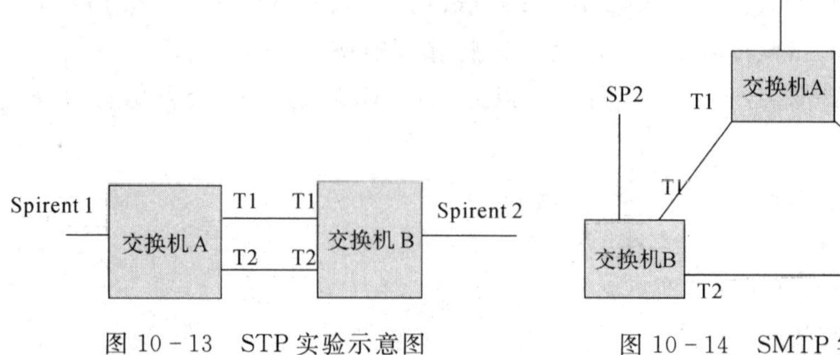

图 10－13　STP 实验示意图　　图 10－14　SMTP 实验示意图

10.2.2　功能测试

测试用例一： STP 根桥的选定，如表 10－16 所示。

表 10－16　STP 根桥的选定

用例 ID	用 例 描 述	结　　果
功能 01	检查 STP 能够正确地选定出根桥	
测 试 步 骤		
如图 10－13： (1) 在交换机 A 和 B 上，全局分别使能 STP；在交换机 A 上，配置交换机优先级为 4096，使之小于交换机 B 的优先级； (2) 进入交换机 A 和 B，在 T1 和 T2 对应的接口上，分别使能 STP； (3) 分别 undo shutdown T1 和 T2 对应的接口，检查 STP，有预期结果		
预期结果：交换机 A 选定为根桥		
说明： 交换机的默认优先级为 32 768		

测试用例二： BPDU 最大生存期的验证，如表 10－17 所示。

表 10－17　BPDU 最大生存期的验证

用例 ID	用 例 描 述	结　　果
功能-02	检查改变根桥的"max－age"参数，能够影响到非根桥	
测 试 步 骤		
如图 10－13 所示： (1) 在交换机 A 和 B 上，全局分别使能 STP；在交换机 A 上，配置交换机优先级为 4096，使之小于交换机 B 的优先级； (2) 进入交换机 A 和 B，在 T1 和 T2 对应的接口，分别使能 STP； (3) 分别 undo shutdown(撤销端口关闭)T1 和 T2 对应的接口，检查 STP，有预期结果 1； (4) 在交换机 A 上改变 STP 的"max－age"参数为 30，在交换机 B 上检查接口 T1 和 T2 上 STP 状态信息，有预期结果 2		
预期结果 1：交换机 A 选定为根桥。 预期结果 2：交换机 B 上"max－age"显示为 30		
说明： 无		

测试用例三： 路径开销的验证，如表 10－18 所示。

表 10－18　路径开销的验证

用例 ID	用 例 描 述	结　　果
功能－03	检查 STP 能够正确地计算路径开销	
测试步骤		
如图 10－13 所示： （1）在交换机 A 和 B 上，全局分别使能 STP；在交换机 A 上，配置交换机优先级为 4096，使之小于交换机 B 的优先级； （2）进入交换机 A 和 B，在 T1 和 T2 对应的接口上，分别使能 STP； （3）分别 undo shutdown T1 和 T2 对应的接口，检查 STP，有预期结果 1； （4）在交换机 B 的 T1 接口上，改变端口开销值为最小值 1，在 B 上检查 STP 路径开销值，有预期结果 2		
预期结果 1：交换机 A 选定为根桥。 预期结果 2：交换机 B 路径开销显示为 1，且交换机 B 上 T1 接口为根端口		
说明： 端口开销的改变会影响到整个路径开销		

测试用例四： 端口监听状态下报文的转发，如表 10－19 所示。

表 10－19　监听状态下报文的转发

用例 ID	用 例 描 述	结　　果
功能－04	检查端口处于监听状态下，不转发数据报文	
测 试 步 骤		
如图 10－13 所示： （1）在交换机 A 和 B 上，全局分别使能 STP；在交换机 A 上，配置交换机优先级为 4096，使之小于交换机 B 的优先级； （2）进入交换机 A 和 B，在 T1 和 T2 对应的接口上，分别使能 STP，改变交换机 B 的 T1 端口开销小于 T2 的端口开销值； （3）测试仪 Spirent1 端口发二层流量，目的 MAC 为对方 Spirent2 接口对应的 MAC；在交换机 A 和 B 上，分别 undo shutdown T1 和 T2 对应的接口； （4）在交换机 B 上，查询 STP 端口状态；当接口 T1 处于监听状态时，检查有预期结果 1；当接口 T1 状态处于转发状态时，检查有预期结果 2		
预期结果 1：Spirent2 上收不到 Spirent1 发来的流量。 预期结果 2：Spirent2 上能收到 Spirent1 发来的流量		
说明： 监听状态下，接口不转发数据报文		

测试用例五：RSTP 根桥的选定，如表 10－20 所示。

表 10－20　RSTP 根桥的选定

用例 ID	用例描述	结　果
功能－05	检查 RSTP 能正确地选定出根桥	
测试步骤		
如图 10－13 所示： （1）在交换机 A 和 B 上，全局分别使能 RSTP；在交换机 A 上，配置交换机优先级为 4096，使之小于交换机 B 的优先级； （2）进入交换机 A 和 B，在 T1 和 T2 对应的接口上，分别使能 RSTP； （3）分别 undo shutdown T1 和 T2 对应的接口，检查 RSTP，有预期结果 1		
预期结果：交换机 A 选定为根桥		
说明：无		

测试用例六：RSTP 的端口角色的验证，如表 10－21 所示。

表 10－21　RSTP 的端口角色的验证

用例 ID	用例描述	结　果
功能－06	检查 RSTP 能正确地选定出指定端口和替换端口	
测试步骤		
如图 10－13 所示： （1）在交换机 A 和 B 上，全局分别使能 RSTP；在交换机 A 上，配置交换机优先级为 4096，使之小于交换机 B 的优先级； （2）进入交换机 A 和 B，在 T1 和 T2 对应的接口上，分别使能 RSTP；改变交换机 B 的 T1 端口开销值小于 T2 的端口开销值； （3）分别 undo shutdown T1 和 T2 对应的接口，在交换机 A 上，检查接口 T1 和 T2，有预期结果 1；在交换机 B 上，检查接口 T2，有预期结果 2		
预期结果 1：端口角色为指定端口。预期结果 2：端口角色为替换端口		
说明：无		

测试用例七：MSTP 的 VLAN 加入实例，如表 10－22 所示。

表 10－22　MSTP 的 VLAN 加入实例

<table>
<tr><td>用例 ID</td><td>用 例 描 述</td><td>结　　果</td></tr>
<tr><td>功能－07</td><td>检查 MSTP 中，VLAN 能够正确地加入实例</td><td></td></tr>
<tr><td colspan="3">测 试 步 骤</td></tr>
<tr><td colspan="3">如图 10－14 所示：
(1) 交换机 A、B 和 C 进入 MST 配置模式，配置 MSTP 的名称和修正值；
(2) 交换机 A、B 和 C 上，创建 VLAN2、VLAN3；
(3) 分别 undo shutdown T1 和 T2 对应的接口，在交换机 A、B 和 C 上，将接口 T1 和 T2 加入到 VLAN1 和 VLAN2 中，检查 MST 配置，有预期结果 1</td></tr>
<tr><td colspan="3">预期结果：VLAN2、VLAN3 自动加入实例 0 中</td></tr>
<tr><td colspan="3">说明：新创建的 VLAN 默认自动属于实例 0</td></tr>
</table>

测试用例八：MSTP 中 IST 的生成，如表 10－23 所示。

表 10－23　MSTP 中 IST 的生成

<table>
<tr><td>用例 ID</td><td>用 例 描 述</td><td>结　　果</td></tr>
<tr><td>功能－08</td><td>检查 MSTP 中 IST 的生成</td><td></td></tr>
<tr><td colspan="3">测 试 步 骤</td></tr>
<tr><td colspan="3">如图 10－14 所示：
(1) 交换机 A、B 和 C 上，进入 MST 配置模式，配置 MSTP 的名称和修正值；
(2) 交换机 A、B 和 C 上，创建 VLAN2、VLAN3；
(3) 分别 undo shutdown T1 和 T2 对应的接口，在交换机 A、B 和 C 上，将接口 T1 和 T2，加入到 VLAN1 和 VLAN2 中；
(4) 在各交换机上，创建实例 1，将 VLAN2 加入实例 1 中；创建实例 2，将 VLAN3 加入实例 3 中；检查 MSTP 配置，有预期结果 1；
(5) 在交换机 A 上，将实例 0 的桥优先级改为 4096(默认为 32 768)；在交换机 B 上，将实例 1 的桥优先级改为 4096；在交换机 C 上，将实例 2 的桥优先级改为 4096；
(6) 在交换机 A 上，检查实例 0，有预期结果 2；在交换机 B 上，检查实例 1，有预期结果 3；在交换机 C 上，检查实例 2，有预期结果 4</td></tr>
<tr><td colspan="3">预期结果 1：VLAN2、VLAN3 将各自加入实例 1 和实例 2 中。
预期结果 2：交换机 A 作为根桥。
预期结果 3：交换机 B 作为根桥。
预期结果 4：交换机 C 作为根桥</td></tr>
<tr><td colspan="3">说明：MSTP 按实例进行生成树的计算，同一个交换机在不同的实例下扮演不同的角色</td></tr>
</table>

10.2.3 性能测试

生成树性能测试的测试拓扑如图 10-15 所示。

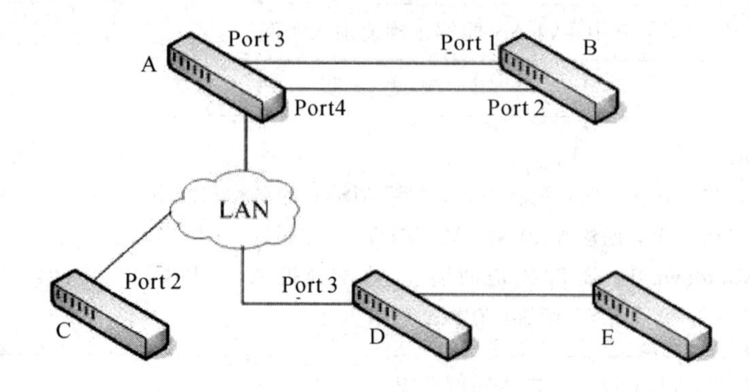

图 10-15 性能测试拓扑图

表 10-24 为生成树性能测试的测试用例。

表 10-24 性能测试的测试用例

用例 ID	用 例 描 述	结 果
性能-01	验证当交换机的 CPU 峰值很高时 STP 还可以正常工作	
测 试 步 骤		
(1) 在交换机机 A、B、C 上配置 STP，并验证状态正确； (2) 使用流量发生器，发送 IP 流量； (3) 增加流量，确认交换机的 CPU 峰值在 50～60 之间； (4) 发送流量为 2 h； (5) 停止		
预期结果 1：验证各个交换机的状态，根桥选定正确。 预期结果 2：验证发送报文没有发生丢包。 预期结果 3：验证在 2 h之后，所有交换机的 STP 状态还是正常的		
说明：无		

10.2.4 压力测试

表 10-25、表 10-26 为生成树压力测试的测试用例。

1）重启测试

表 10-25　重启测试的测试用例

用例 ID	用 例 描 述	结　　果
压力-01	重启所有交换机，并保证重启后的拓扑能够正常按照 STP 功能工作	
测 试 步 骤		
使用拓扑图 10-14： (1) 使用命令行“reload”重启交换机 A。 (2) 使用命令行“reload”重启交换机 B。 (3) 使用命令行“reload”重启交换机 C。 (4) 等三台交换机都重新上线后，使用流量发生器发送 IP 流量		
预期结果 1：验证 STP 在设备重启后能够构建正常，各个端口的状态如预期所示 预期结果 2：验证 IP 流量能够正常转发		
说明： 无		

2）掉电测试

表 10-26　掉电测试的测试用例

用例 ID	用 例 描 述	结　　果
压力-02	对交换机进行掉电（关闭电源）再重新启动，验证 STP 的正确性	
测 试 步 骤		
使用拓扑图 10-14： (1) 物理掉电，重启交换机 A。 (2) 物理掉电，重启交换机 B。 (3) 物理掉电，重启交换机 C。 (4) 等三台交换机都重新上线后，使用流量发生器发送 IP 流量		
预期结果 1：验证 STP 在设备重启后能够构建正常，各个端口的状态如预期所示。 预期结果 2：验证 IP 流量能够正常转发		
说明： 无		

10.2.5　用户环境测试

按照如图 10-16 所示拓扑，使用四台交换机和六台 PC 来设置测试环境，其测试用例如表 10-27 所示。

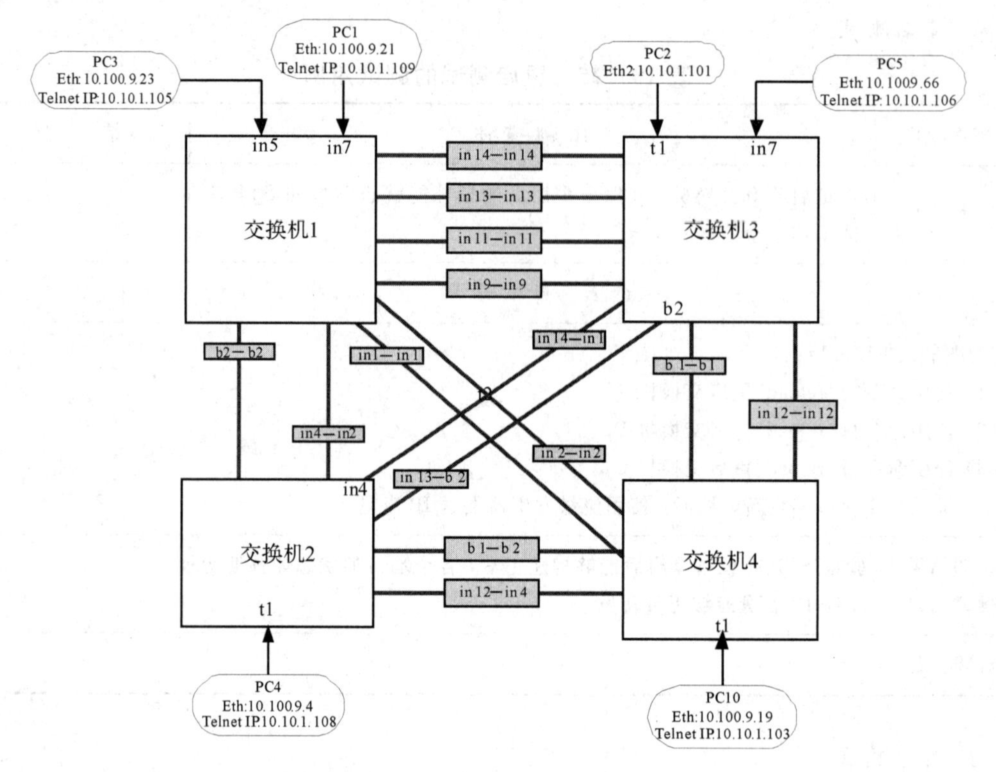

图 10-16 用户环境测试拓扑图

表 10-27 用户环境测试用例

用例 ID	用 例 描 述	结 果
用户场景-01	配置 MSTP，并保证连接失效后 MSTP 能够恢复流量	
测 试 步 骤		
(1) 在交换机 1～4 上配置 MSTP； (2) 验证 MSTP 环状态正常； (3) 发送流量从一台 PC 到另一台 PC，验证流量正常； (4) 断掉交换机 1 和交换机 2 的连接； (5) 验证 MSTP 重新计算 STP 路径拓扑； (6) 发送流量从一台 PC 到另一台 PC，验证流量正常； (7) 恢复刚才断掉的连接； (8) 验证 MSTP 重新计算 STP 路径拓扑； (9) 发送流量从一台 PC 到另一台 PC，验证流量正常		
期望结果：MSTP 环与 RSTP 环应当正常工作且互不影响		
说明： 无		

课后练习

1. STP/RSTP/MSTP 协议的深入理解。
2. STP/RSTP/MSTP 测试用例的补充，覆盖所有功能点。
3. 完成表 10 - 28～表 10 - 33 所示用例的测试。

表 10 - 28　STP_001

<table>
<tr><td>用例 ID</td><td colspan="2">STP_001</td></tr>
<tr><td>用例描述</td><td colspan="2">验证访问端口的配置默认值和发出 STP BPDU 的字段；
默认条件下 BPDU 帧中的桥优先级、最大生存期、转发延时与端口优先级字段是正确的；
默认条件下，两个 BPDU 之间的时间间隔与桥 Hello - Time 的默认值一致；
无论是访问端口还是传输端口，发出的 BPDU 报文均不带标记；
通过 show 命令显示的各项参数正确无误</td></tr>
<tr><td>复杂度</td><td colspan="2">Low</td></tr>
<tr><td>优先级</td><td colspan="2">High</td></tr>
<tr><td>预计执行时间</td><td colspan="2">60 min</td></tr>
<tr><td>测试拓扑</td><td colspan="2">Port1
PC1
DUT</td></tr>
<tr><td>前置条件</td><td colspan="2">按拓扑建立测试环境，设备都已正常启动并使用默认配置。DUT 为交换机</td></tr>
<tr><td>输入数据(可选)</td><td colspan="2"></td></tr>
<tr><td colspan="3">测试过程</td></tr>
<tr><td>测试步骤</td><td>描　　述</td><td>预期结果</td></tr>
<tr><td></td><td>环境准备</td><td></td></tr>
<tr><td>(1)</td><td>DUT 配置 Port1 为访问 VLAN，并启用</td><td>Port1 使能为 up</td></tr>
<tr><td>(2)</td><td>DUT 配置启用 STP，即：
configure terminal
spanning - tree
spanning - tree mode stp</td><td></td></tr>
<tr><td></td><td>查看默认配置</td><td></td></tr>
</table>

续表一

测试步骤	描述	预期结果
(3)	DUT 使用“show spanning - tree”命令查看	有以下内容：StpVersion=STP，MaxAge=20，HelloTime=2，ForwardDelay=15，BridgeMaxAge=20，BridgeHelloTime=2，BridgeForward-Delay=15，Priority=32 768
(4)	DUT 使用“show spanning - tree int port1”命令查看	有以下内容：PortPriority=128
	查看 BPDU 字段的默认值	
(5)	PC1 开始抓包	
(6)	等待 10 s	
(7)	PC1 查看捕获的报文	只有未标记的 BPDU 报文，其version=0，MaxAge=20，HelloTime=2，ForwardDelay=15，BridgePriority=32 768，数量=5～6 个，报文间隔=2 s
	修改桥优先级后验证	
(8)	DUT 修改桥优先级值为最大值后查看配置	配置正确
(9)	DUT 使用 CLI 查看	桥优先级值为最大值
(10)	PC1 开始抓包	
(11)	等待 10 s	
(12)	PC1 查看捕获的报文	桥优先级值为最大值
	修改端口优先级后验证	
(13)	DUT 修改 Port1 的端口优先级值为最大值后查看配置	配置正确
(14)	DUT 使用 CLI 查看	端口优先级值为最大值
(15)	PC1 开始抓包	
(16)	等待 10 s	
(17)	PC1 查看捕获的报文	端口优先级值为最大值
	修改最大生存期后验证	
(18)	DUT 修改最大生存期值为最大值后查看配置	配置正确
(19)	DUT 使用 CLI 查看	最大生存期值为最大值
(20)	PC1 开始抓包	
(21)	等待 10 s	
(22)	PC1 查看捕获的报文	最大生存期值为最大值

续表二

测试步骤	描　　述	预 期 结 果
	修改转发延时后验证	
(23)	DUT 修改转发延时值为最大值后查看配置	配置正确
(24)	DUT 使用 CLI 查看	转发延时值为最大值
(25)	PC1 开始抓包	
(26)	等待 10 s	
(27)	PC1 查看捕获的报文	转发延时值为最大值
	修改 Hello－Time 后验证	
(28)	DUT 修改 Hello－Time 值为最小值后查看配置	配置正确
(29)	DUT 使用 CLI 查看	Hello－Time 值为最小值
(30)	PC1 开始抓包	
(31)	等待 10 s	
(32)	PC1 查看捕获的报文	Hello－Time 值为最小值，BPDU 间隔为配置的 Hello－Time

表 10－29　STP_002

用例 ID	STP_002	
用例描述	测试当交换机的 STP 优先级都相同时，STP 选择 MAC 地址较小的交换机为根桥	
复杂度	Low	
优先级	High	
预计执行时间	30 min	
测试拓扑	PC1 —Port1— DUT1 —Port2——Port3— DUT2	
前置条件	按拓扑建立测试环境，设备都已正常启动并使用默认配置 DUT1&DUT2 为交换机，且 DUT1 的 MAC 地址大于 DUT2 的 MAC 地址	
输入数据(可选)		
测 试 过 程		
测试步骤	描　　述	预 期 结 果
	环境准备	
(1)	DUT1 配置 Port1&Port2 为访问 VLAN，并启用	Port1&Port2 使能为 up
(2)	DUT2 配置 Port3 为访问 VLAN，并关闭	Port3 状态为 down

续表一

(3)	DUT1 配置启用 STP，即： configure terminal spanning - tree spanning - tree mode stp	
(4)	DUT2 配置启用 STP，即 configure terminal spanning - tree spanning - tree mode stp	
	查看默认配置	
(5)	DUT1 使用“show spanning - tree”命令查看	有以下内容：StpVersion=STP，MaxAge=20，HelloTime=2，ForwardDelay=15，BridgeMaxAge=20，BridgeHelloTime = 2，BridgeForward-Delay = 15，Priority = 32 768，根桥是 DUT1
(6)	DUT2 使用“show spanning - tree”命令查看	有以下内容：StpVersion=STP，MaxAge=20，HelloTime=2，ForwardDelay=15，BridgeMaxAge=20，BridgeHelloTime = 2，BridgeForward-Delay = 15，Priority = 32 768，根桥是 DUT2
	两交换机开始根选定	
(7)	DUT2 开启 Port3	Port3 状态为 up
(8)	等待 10 s	
(9)	DUT1 使用“show spanning - tree”命令查看	有以下内容： 根桥是 DUT1； 根端口是 Port2
(10)	DUT2 使用“show spanning - tree”命令查看	有以下内容： 根桥是 DUT2
	抓包验证根桥	
(11)	PC1 开始抓包	
(12)	等待 10 s	
(13)	PC1 查看捕获的报文	只有未标记的 BPDU 报文，其 version=0，MaxAge=20，HelloTime=2，ForwardDelay = 15，BridgePriority = 32 768，根桥为 DUT2

表 10－30　STP_003

用例 ID	STP_003
用例描述	测试默认条件下，STP 端口状态转换时间和各种端口状态的特性； 默认条件下，STP 端口从丢弃状态，端口的两个 STP 状态的转换时间与桥转发延时的默认值一致； 从丢弃状态到学习状态，这个过程中不能学习到 MAC； 从学习状态到转发状态，这个过程中可以学习到 MAC，但不能进行数据转发； 设备端口转发之后，可以正确地进行数据转发
复杂度	Middle
优先级	High
预计执行时间	30 min
测试拓扑	PC1　Port1　DUT　Port2　PC2
前置条件	按拓扑建立测试环境，设备都已正常启动并使用默认配置。DUT 为交换机
输入数据(可选)	

测试过程		
测试步骤	描　　述	预 期 结 果
	环境准备	
(1)	DUT 配置 Port1&Port2 为访问 VLAN，并启用	Port1&Port2 能 up
(2)	配置 PC1 IP=192.168.1.1/24 配置 PC2 IP=192.168.1.2/24 从 PC1 持续 ping PC2	能 ping 通，无丢包
(3)	DUT 关闭 Port1	Port1 状态变为 down，PC1 ping 会不通
(4)	DUT 使用“show mac－address－table”命令查看	MAC 表中无 PC1 的表项
	测试丢弃状态时的特性	
(5)	DUT 配置 STP，即： configure terminal spanning－tree spanning－tree mode stp interface port1 no shut interface port2 no shut	

续表

(6)	DUT 使用"show spanning - tree int port1"及"show mac - add"命令查看	Port1 的端口状态为丢弃状态时，并会持续 15 s，在此期间 DUT MAC 表中不会学习到 PC1 的 MAC 地址
	测试学习状态时的特性	
(7)	在 Port1 的端口状态为学习状态后，重复步骤(6)	Port1 的端口状态会在学习状态持续 15 s，DUT MAC 表中会学习到 PC1 的 MAC 地址，但 PC1 ping 仍不通
	测试转发状态时的特性	
(8)	在 Port1 的端口状态为转发状态后，重复步骤(6)	Port1 的端口状态会稳定在转发状态，DUT MAC 表中会学习到 PC1 的 MAC 地址，PC1 ping 成功，无丢包

表 10－31　STP_004

用例 ID	STP_004	
用例描述	STP 中从丢弃状态到学习状态再到转发状态的转换时间与桥转发延时的设置值一致，测试修改桥转发延时后，状态变化时间也会随之变化	
复杂度	Middle	
优先级	High	
预计执行时间	30 min	
测试拓扑	PC1　Port1　DUT　Port2　PC2	
前置条件	按拓扑建立测试环境，设备都已正常启动并使用默认配置。DUT 为交换机	
输入数据(可选)		
测试过程		
测试步骤	描　　述	预 期 结 果
(1)	DUT 通过"show run"命令查看配置	无"spanning - tree forward - time"
(2)	DUT 配置桥转发延时，即 configure terminal spanning - tree forward - time 30	
(3)	DUT 通过"show run"命令查看配置	有"spanning - tree forward - time 30"
(4)	重复测试用例 STP_003	确认状态变化的时间变为 30 s(默认值是 15 s)

表 10-32　RSTP_001

<table>
<tr><td>用例 ID</td><td colspan="2">RSTP_001</td></tr>
<tr><td>用例描述</td><td colspan="2">验证传输端口的配置默认值和发出 RSTP BPDU 的字段；
默认条件下 BPDU 帧中的桥优先级、最大生存期、转发延时与端口优先级字段是正确的；
默认条件下，两个 BPDU 之间的时间间隔与桥 Hello-Time 的默认值一致；
无论是访问端口还是传输端口，发出的 BPDU 报文均不带标记；
通过 show 命令显示的各项参数正确无误</td></tr>
<tr><td>复杂度</td><td colspan="2">Low</td></tr>
<tr><td>优先级</td><td colspan="2">High</td></tr>
<tr><td>预计执行时间</td><td colspan="2">30 min</td></tr>
<tr><td>测试拓扑</td><td colspan="2">Port1
PC1
DUT</td></tr>
<tr><td>前置条件</td><td colspan="2">按拓扑建立测试环境，设备都已正常启动并使用默认配置。DUT 为交换机</td></tr>
<tr><td>输入数据(可选)</td><td colspan="2"></td></tr>
<tr><td colspan="3">测 试 过 程</td></tr>
<tr><td>测试步骤</td><td>描　　述</td><td>预 期 结 果</td></tr>
<tr><td></td><td>环境准备</td><td></td></tr>
<tr><td>(1)</td><td>DUT 配置 Port1 为传输端口，并启用</td><td>Port1 能 up</td></tr>
<tr><td>(2)</td><td>DUT 配置启用 RSTP，即
configure terminal
spanning-tree
spanning-tree moderstp</td><td></td></tr>
<tr><td></td><td>查看默认配置</td><td></td></tr>
<tr><td>(3)</td><td>DUT 使用“show spanning-tree”命令查看</td><td>有以下内容：StpVersion = RSTP，MaxAge=20，HelloTime=2，
ForwardDelay=15，BridgeMaxAge=20，
BridgeHelloTime=2，
BridgeForwardDelay = 15，Priority = 32 768</td></tr>
</table>

续表一

(4)	DUT 使用“show spanning - tree int port1”命令查看	有以下内容：PortPriority=128
	查看 BPDU 字段的默认值	
(5)	PC1 开始抓包	
(6)	等待 10 s	
(7)	PC1 查看捕获的报文	只有 untagged BPDU 报文，其 version=2，MaxAge=20，HelloTime=2，ForwardDelay = 15，BridgePriority = 32 768，数量=5～6 个，报文间隔=2 s
	修改桥优先级后验证	
(8)	DUT 修改桥优先级值为最大值后查看配置	配置正确
(9)	DUT 使用 CLI 查看	桥优先级值为最大值
(10)	PC1 开始抓包	
(11)	等待 10 s	
(12)	PC1 查看捕获的报文	桥优先级值为最大值
	修改端口优先级后验证	
(13)	DUT 修改 Port1 的端口优先级值为最大值后查看配置	配置正确
(14)	DUT 使用 CLI 查看	端口优先级值为最大值
(15)	PC1 开始抓包	
(16)	等待 10 s	
(17)	PC1 查看捕获的报文	端口优先级值为最大值
	修改最大生存期后验证	
(18)	DUT 修改最大生存期值为最大值后查看配置	配置正确
(19)	DUT 使用 CLI 查看	最大生存期值为最大值
(20)	PC1 开始抓包	
(21)	等待 10 s	
(22)	PC1 查看捕获的报文	最大生存期值为最大值
	修改转发延时后验证	
(23)	DUT 修改转发延时值为最大值后查看配置	配置正确

续表二

测试步骤	描　　述	预 期 结 果
(24)	DUT 使用 CLI 查看	转发延时值为最大值
(25)	PC1 开始抓包	
(26)	等待 10 s	
(27)	PC1 查看捕获的报文	转发延时值为最大值
	修改 Hello - Time 后验证	
(28)	DUT 修改 Hello - Time 值为最小值后查看配置	配置正确
(29)	DUT 使用 CLI 查看	Hello - Time 值为最小值
(30)	PC1 开始抓包	
(31)	等待 10 s	
(32)	PC1 查看捕获的报文	Hello - Time 值为最小值，BPDU 间隔为配置的 Hello - Time

表 10 - 33　MSTP_001

用例 ID	MSTP_001
用例描述	验证 AP 端口的配置默认值和发出 MSTP BPDU 的字段； 默认条件下 BPDU 帧中的桥优先级、最大生存期、转发延时与端口优先级字段是正确的； 默认条件下，两个 BPDU 之间的时间间隔与桥 Hello - Time 的默认值一致； 无论是访问端口还是传输端口，发出的 BPDU 报文均不带标记； 通过 show 命令显示的各项参数正确无误
复杂度	Low
优先级	High
预计执行时间	30 min
测试拓扑	Port1 PC1 DUT
前置条件	按拓扑建立测试环境，设备都已正常启动并使用默认配置。DUT 为交换机
输入数据(可选)	

续表

测试过程		
测试步骤	描 述	预期结果
	环境准备	
(1)	DUT 配置 Port1 为 AP，并启用	Port1 能 up
(2)	DUT 配置启用 MSTP	
	查看默认配置	
(3)	DUT 使用“show spanning - tree”命令查看	有以下内容：StpVersion=MSTP，MaxAge=20，HelloTime=2，ForwardDelay=15，BridgeMaxAge=20，BridgeHelloTime=2，BridgeForwardDelay=15，Priority=32 768
(4)	DUT 使用“show spanning - tree intagg1”命令查看	有以下内容：PortPriority=128
	查看 BPDU 字段的默认值	
(5)	PC1 开始抓包	
(6)	等待 10 s	
(7)	PC1 查看捕获的报文	只有未标记的 BPDU 报文，其 version=3，MaxAge=20，HelloTime=2，ForwardDelay=15，BridgePriority=32 768，数量=5～6 个，报文间隔=2 s
	查看 BPDU 字段的默认值	
(8)	在 MSTP 中配置 32 个实例，并为每个实例配置不同的桥优先级	
(9)	PC1 开始抓包	
(10)	等待 10 s	
(11)	PC1 查看捕获的报文	其中包括 32 个实例，每个实例的桥优先级都正确

第 11 章 ARP 测试

11.1 ARP 技术介绍

11.1.1 ARP 简介

ARP(Address Resolution Protocol)的功能是将一个协议地址(如 IP 地址)解析为本地网络地址(如以太网址)，它是网络层协议中一个最简单的协议，其 RFC(RFC 826)文档仅有 10 页。

数据在网络中传输时都是一个封装和解封的过程。当 IP 包在以太网内传输时，网络设备由网络层生成 IP 包，再将其传入数据链路层后，数据链路层会将原始的 IP 报文封装在一个以太网帧中才能传送出去，这就意味着在封装帧头部时，必须要先了解目的 IP 地址与 MAC 地址的对应关系。此时，ARP 就是指网络设备根据已知 IP 地址解析其 MAC 地址的机制。

ARP 报文的格式由 RFC 826 定义，如图 11-1 所示。

	Field		Length
	Physical layer header		X B
ARP Packet	hardware address space		2 B
	protocol address space		2 B
	hardware address byte length (n)	hardware address byte length (m)	2 B
	operation code		2 B
	hardware address of sender		n B
	protocol address of sender		m B
	hardware address of target		n B
	protocol address of target		m B

图 11-1 ARP 报文格式

图 11-1 是一个通用的格式，该格式针对网络设备在以太网上对 IP 地址进行解析。ARP 报文中的硬件地址特指以太网的 MAC 地址，协议地址特指 IP 地址，其具体格式如图 11-2 所示。

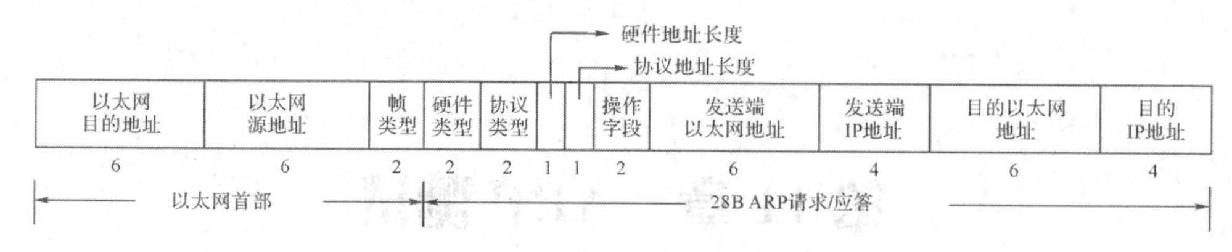

图 11-2　ARP 报文具体格式

1）以太网目的地址

对于 ARP 请求报文而言，其值固定为 ffff.ffff.ffff，也就是说 ARP 请求报文是一个二层的广播帧，广播域内的所有以太网接口都要接收此广播的数据帧。

对于 ARP 应答报文而言，其值为其响应 ARP 请求的源 MAC 地址，也就是说 ARP 应答报文是一个二层的单播帧，只有发出过对应 ARP 请求的网络设备才会接收此帧。

2）以太网源地址

指发出此 ARP 报文的网络设备的网络接口的 MAC 地址。

3）帧类型

这个字段也是由以太网帧封装定义的，它指明了以太网帧中封装的上层协议类型，对于 ARP 报文而言其值固定为 0x0806，即代表当前以太网帧中承载的是 ARP 报文。

4）硬件类型

硬件类型字段表示硬件地址的类型。

在以太网络中，其值固定为 0x0001，表示当前 ARP 是把协议地址解析为以太网 MAC 地址。

5）协议类型

协议类型字段表示要映射的协议地址类型。

在 IPv4 网络中，其值固定为 0x0800，表示当前 ARP 是想把 IPv4 地址解析为硬件地址。

6）硬件地址长度

指明硬件地址长度，以字节为单位。对于 MAC 地址而言，其值固定为 6。

7）协议地址长度

指明协议地址长度，以字节为单位。对于 IP 地址而言，其值固定为 4。

8）操作字段

操作字段指出四种操作类型，它们是 ARP 请求(值为 1)、ARP 应答(值为 2)、RARP 请求(值为 3)和 RARP 应答(值为 4)。

网络设备进行 IP 地址到 MAC 地址的解析时，其就会发出 ARP 请求报文，而目的网络设备(其 IP 地址即为 ARP 请求中的协议地址)会发出 ARP 应答用于响应这个请求，并会在 ARP 应答中包含自己的 MAC 地址。

RARP 协议和 ARP 协议的功能正好相反，它是将硬件地址解析为协议地址，其应用很少，这里不做进一步介绍。

9）发送端以太网地址

此字段指明了发送 ARP 的网络接口 MAC 地址。

10）发送端 IP 地址

此字段指明了发送 ARP 的网络接口 IP 地址。

11）目的以太网地址

对 ARP 请求而言，此字段固定为 0000.0000.0000。

对 ARP 应答而言，此字段为 ARP 请求报文中的发送端 MAC 地址。

12）目的 IP 地址

对 ARP 请求而言，此字段为要进行解析的 IP 地址。

对 ARP 应答而言，此字段为 ARP 请求报文中的发送端 IP 地址。

11.1.2 ARP 解析过程

ARP 在解析过程中，分为请求和应答两个阶段，对应的，也就有请求报文和应答报文。ARP 请求报文为广播包，故其只能在广播域内传输，不能穿过路由器/防火墙设备传输。

图 11-3 是一个 ARP 解析的过程示意图。

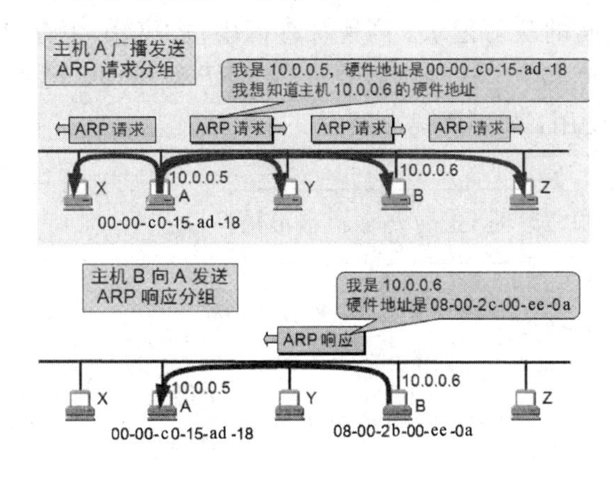

图 11-3 ARP 工作过程

一般来说 ARP 解析都不是独立进行的，是由于上层有 IP 包需要进行转发，而触发了 ARP 解析过程，图 11-4 就是一个因为 ping 操作而引起的 ARP 解析过程。

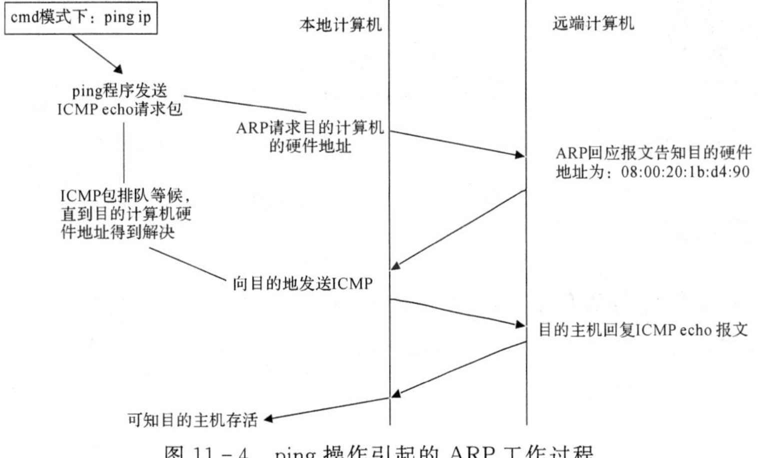

图 11-4 ping 操作引起的 ARP 工作过程

这里就产生了一个问题，每个 IP 包的传输都会触发网络设备会发出 ARP 报文吗？

答案当然是否定的，否则以 ARP 广播方式发送的包就会很快将网络资源消耗完，但网络设备何时才会发呢？哪些网络设备才会被触发 ARP 解析呢？

ARP 是三层协议，所以只有工作在三层和三层以上的设备才会使用 ARP，如主机、路由器和防火墙。

设备首先会计算出本地端口的网络地址；设备收到 IP 包后，会判断这个目的 IP 地址是否在本地端口的网络地址范围内，如在同一个网络内，则设备会发出 ARP 解析，以得到对方的 MAC 地址；然后，网络设备将此 IP 报文封装到一个以太网帧中，并使用网络适配器在物理层上发送此以太网帧。

11.1.3　ARP 缓存

问题又产生了，当要向同一 IP 发送多个包时，如果每次都进行 ARP 解析，这会使转发效率相当得低。

解决方法是在每个主机上都建立一个 ARP 高速缓存区，这个高速缓存区存放了最近 IP 地址到 MAC 地址之间的映射记录。高速缓存区中每一项的生存时间一般为 20 min，起始时间从被创建时开始算起。这样每次需要进行 ARP 解析前，设备会先查找内地的 ARP 缓存表，如找到就直接使用，如图 11 - 5 所示。

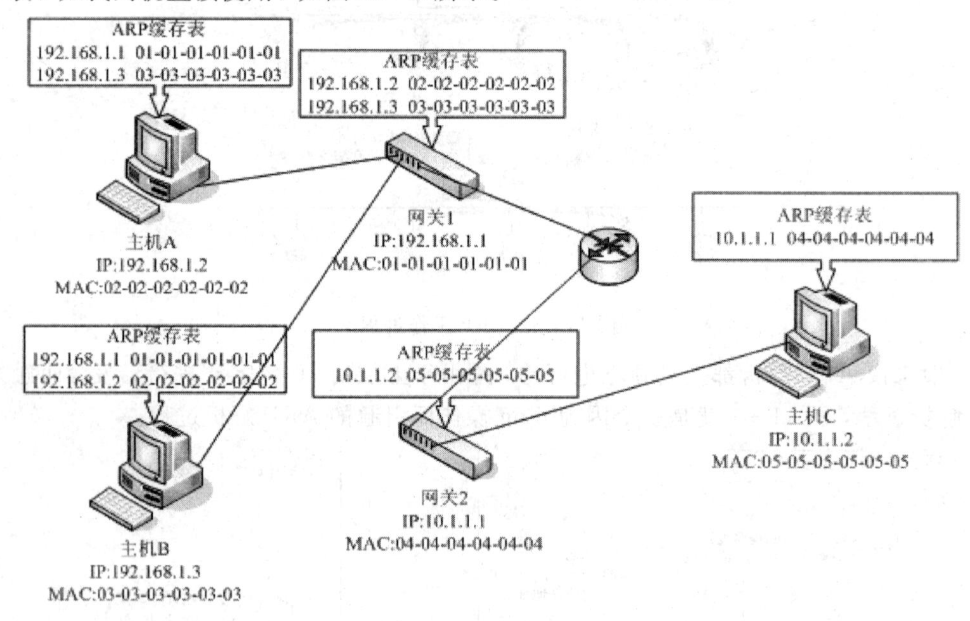

图 11 - 5　ARP 工作原理

11.1.4　免费 ARP

ARP 的另一个特性称做免费 ARP(Gratuitous ARP)，它是指主机发送 ARP 查找自己的 IP 地址。通常，它发生在系统引导期间进行接口配置的时候。图 11 - 6 就是一个正常的免费 ARP 报文。

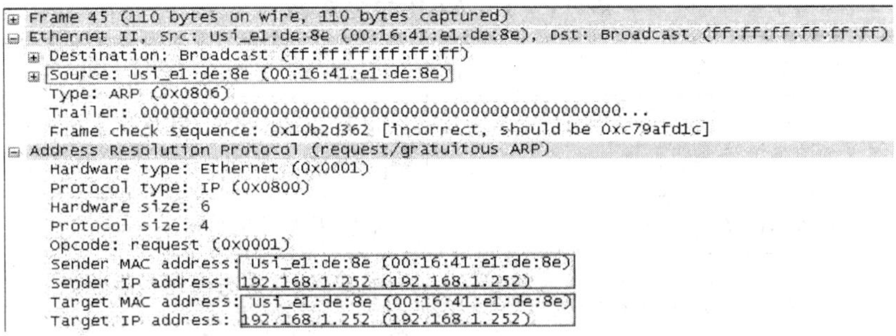

```
⊞ Frame 45 (110 bytes on wire, 110 bytes captured)
⊟ Ethernet II, Src: Usi_e1:de:8e (00:16:41:e1:de:8e), Dst: Broadcast (ff:ff:ff:ff:ff:ff)
  ⊞ Destination: Broadcast (ff:ff:ff:ff:ff:ff)
  ⊞ Source: Usi_e1:de:8e (00:16:41:e1:de:8e)
    Type: ARP (0x0806)
    Trailer: 000000000000000000000000000000000000000000000000...
    Frame check sequence: 0x10b2d362 [incorrect, should be 0xc79afd1c]
⊟ Address Resolution Protocol (request/gratuitous ARP)
    Hardware type: Ethernet (0x0001)
    Protocol type: IP (0x0800)
    Hardware size: 6
    Protocol size: 4
    Opcode: request (0x0001)
    Sender MAC address: Usi_e1:de:8e (00:16:41:e1:de:8e)
    Sender IP address: 192.168.1.252 (192.168.1.252)
    Target MAC address: Usi_e1:de:8e (00:16:41:e1:de:8e)
    Target IP address: 192.168.1.252 (192.168.1.252)
```

图 11－6　免费 ARP 报文

免费 ARP 可以有两个方面的作用：

(1) 一个主机可以通过它来确定另一个主机是否设置了相同的 IP 地址。主机并不希望对此请求有一个回答，但是如果收到一个回答，那么就会在终端日志上产生一个错误消息“以太网地址：a:b:c:d:e:f 发送来重复的 IP 地址”，这样就可以警告系统管理员，某个系统有不正确的设置。

(2) 如果发送免费 ARP 的主机正好改变了硬件地址(很可能是主机关机了，并换了一块接口卡，然后重新启动)，那么这个分组就可以使其他主机高速缓存中旧的硬件地址进行相应的更新。一个比较著名的 ARP 协议事实是，如果主机收到某个 IP 地址的 ARP 请求，而且它已经在接收者的高速缓存中，那么就要用 ARP 请求中的发送端硬件地址(如以太网地址)对高速缓存中相应的内容进行更新。主机接收到任何 ARP 请求都要完成这个操作(ARP 请求是在网上广播的，因此每次发送 ARP 请求时网络上的所有主机都要这样做)。

11.1.5　ARP 欺骗

网络中常出现此起彼伏的瞬间掉线或大面积的断网，这大都是 ARP 欺骗在作怪。ARP 欺骗攻击已经成了破坏网络稳定的罪魁祸首，也是网络管理员的心腹大患。

从影响网络连接通畅的方式来看，ARP 欺骗分为两种，一种是对路由器 ARP 表的欺骗，另一种是对内网计算机的网关欺骗。

第一种 ARP 欺骗的原理是——截获网关数据。它通知路由器一系列错误的内网 MAC 地址，并按照一定的频率不断重复进行，使真实的地址信息无法通过更新保存在路由器中，结果路由器的所有数据只能发送给错误的 MAC 地址，造成正常计算机无法收到信息。

第二种 ARP 欺骗的原理是——伪造网关。它的原理是建立假网关，让被它欺骗的计算机向假网关发送数据，而不是通过正常的路由器途径上网。一般来说，ARP 欺骗攻击的后果非常严重，大多数情况下会造成大面积掉线。

无论哪种 ARP 欺骗，其实现的原理是一样的，都是黑客通过制作非法的免费 ARP 并在网络上广播。

11.1.6　配置 ARP

ARP 配置如表 11－1 所示。

表 11-1 ARP命令配置

命 令	作 用
Ruijie(config)# arp *ip-address mac-address arp-type*	定义静态ARP，其中arp-type目前只支持arpa类型
Ruijie(config)# no arp *ip-address*	取消静态ARP
Ruijie(config-if)# arp timeout *seconds*	配置ARP超时时间，范围为0～2 147 483 s，其中0表示不老化
Ruijie(config-if)# no arp timeout	恢复默认配置
Ruijie# clear arp-cache	清除ARP缓冲
Ruijie# show arp	显示ARP缓冲表
Ruijie# show ip arp	显示IP ARP缓冲表

11.2 ARP测试实践

11.2.1 ARP功能测试

以下测试需要在不同的三层接口上进行，如SVI、L3 AP、Routed Port。

(1) 静态ARP表项配置测试：测试能手工配置/删除静态ARP表项。

(2) ARP缓存老化时间测试：测试可以修改其值、可以配置其有效值、可以拒绝其无效值；测试动态ARP表项能自动老化；测试静态ARP表项不会老化；测试老化时间未到时，如收到对应的ARP应答，其老化时间也重新从0开始计数；测试在老化时间未到时，能手工清除。

(3) ARP缓存测试：测试在有对应的缓存ARP条目时，网络设备不会发出ARP请求；测试在无对应的缓存ARP条目时，网络设备不会发出ARP请求。

(4) 状态查询测试：通过CLI或网管软件查询其状态，测试其显示的结果与配置参数是否一致。

(5) ARP格式测试：测试发出的ARP应答和ARP请求帧的各字段是否符合标准。

11.2.2 ARP其他方面的测试

1) 负面测试

测试收到不正常的ARP应答时，不会学习其内容，如目的MAC地址为ffff.ffff.ffff或0000.0000.0000或组播地址。

2) 性能测试

测试静态ARP表项的容量。

测试动态ARP表项的容量。

3）压力测试

压力测试测试拓扑如图 11－7 所示。

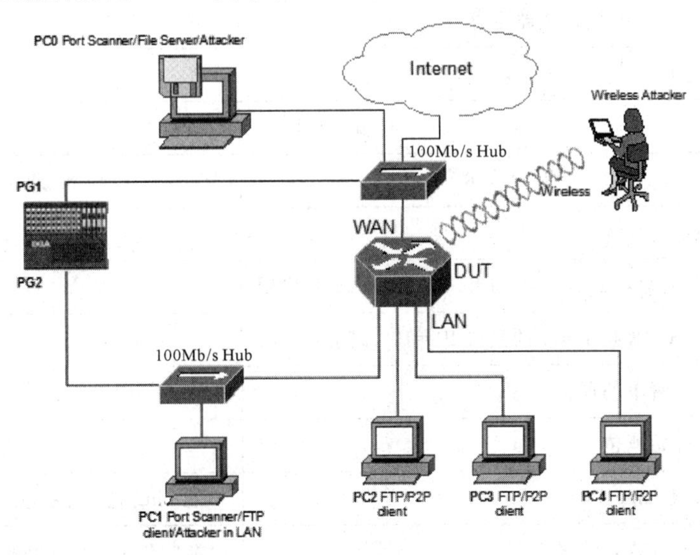

图 11－7　压力测试拓扑图

MAC 地址表单的最大地址容量是 2 KB。使用自动化脚本把 MAC 地址和 ARP 表单充满，而 ARP 表单的最大的容量是 64 KB。ARP 测试的具体操作见自动化测试部分。

课后练习

完成表 11－2 所示用例的手工执行。

表 11－2　ARP 测试用例

用例 ID	ARP_001
用例描述	测试可配置或删除静态 ARP 表项。当设备访问某个 IP 时，其会先在 ARP 表项中进行查找，如果已存在此 IP 的 ARP 表项，则其不会发出 ARP 请求，否则其会先发出 ARP 请求以解析此 IP 的 MAC
复杂度	Middle
优先级	High
预计执行时间	30 min
测试拓扑	Port1 PC1 DUT

续表

前置条件	按拓扑建立测试环境，设备都已正常启动并使用默认配置。DUT 为三层交换机或路由器	
输入数据(可选)		
测试过程		
测试步骤	描述	预期结果
	环境准备	
(1)	DUT 上配置 Port1 IP=192.168.1.2/24 并启用	
(2)	配置 PC1 连接 Port1 的接口 IP=192.168.1.1/24	
	默认配置下的通信	
(3)	PC1 开始抓包	
(4)	DUT 上 ping PC1	能 ping 通，无丢包
(5)	PC1 查看捕获的报文	能收到 DUT 发出的 ARP 报文
(6)	DUT 查看 ARP 表	能正确学习到 PC1 的 MAC 地址，表项类型为动态学习
	增加静态 ARP 表	
(7)	DUT 配置静态 ARP，指定 192.168.1.1 的 MAC=0000.0000.1111	
(8)	DUT 查看 ARP 表	192.168.1.1 对应的 MAC 地址为 0000.0000.1111，表项类型为静态
(9)	PC1 开始抓包	
(10)	DUT 上 ping PC1	不能 ping 通
(11)	PC1 查看捕获的报文	不能收到 DUT 发出的 ARP 报文，能收到 DUT 发出的 ICMP 报文，其中目的 MAC=0000.0000.1111
	删除静态 ARP 表	
(12)	DUT 删除步骤(7)配置的静态 ARP	
(13)	DUT 查看 ARP 表	无 192.168.1.1 对应的 MAC 地址
(14)	PC1 开始抓包	
(15)	DUT 上 ping PC1	能 ping 通，无丢包
(16)	PC1 查看捕获的报文	能收到 DUT 发出的 ARP 报文
(17)	DUT 查看 ARP 表	能正确学习到 PC1 的 MAC 地址，表项类型为动态学习

第 12 章　路由协议 RIP 测试

12.1　RIP 技术介绍

12.1.1　RIP 简介

RIP(Routing Information Protocol)是一种 IGP 路由协议，也是典型的距离向量协议；它使用 UDP 报文来传输，端口号为 520；它适用于小型 IPv4 网络，其配置管理非常简单。

RIP 使用跳数(HOP)作为路由的度量值(Metric)，跳数即从路径中所经过的路由器的数目(除源路由器外)。

在如图 12-1 所示由路由器 A、B、C、D 与网络 N 所组成的小型互联网中，其相关路由器运行 RIP，则：

· 路由 D 上到达 N 的 Metric=0，Next HOP=本地端口地址。

· 路由 C 上到达 N 的 Metric=1，Next HOP=D。

· 路由 A 上到达 N 的 Metric=2，Next HOP=C(为何 A 不使用 A→B→C→D→N 的路由?)。

· 路由 B 上到达 N 的 Metric=2，Next HOP=C。

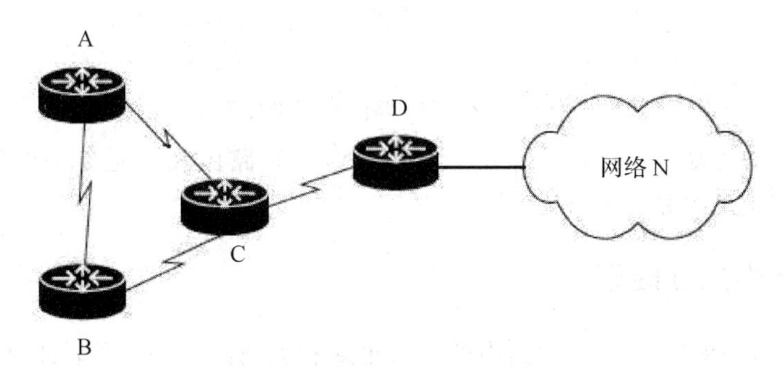

图 12-1　RIP 示意图

RIP 有以下几个特点：

(1) 使用广播报文(目的 IP=255.255.255.255)发出路由信息，以保证广播域中的路由器均可收到。

(2) 周期性(默认值是 30 s)发出路由信息，以保证各路由器中路由信息能被更新并保持一致。

(3) 每次发出的路由更新中，包括了自己学习到的全部路由。

12.1.2 RIP 工作原理

如图 12－2 所示，假设网络中每个路由器都同时启用 RIP，则路由器间进行路由交换、同步的过程如下：

（1）在开始时(t0)，每个路由器都以广播包的方式，从自己的每一个端口发出路由更新，更新仅包含了自己本地端口连接的网络，这些路由的 HOP＝0。

（2）从 t0 开始，经过一次更新周期后(t1)，每个路由器再一次发出路由更新。**注意**，因为上次更新，路由器都从其邻居学习到了路由更新，所以每个路由器都学习了其最近的邻居的路由，这些路由的 HOP＝1。

（3）t2 时刻，路由器都学习到了和它们间隔了一个路由器的邻居的路由表，并将其包含在自己的路由更新中，这些路由的 HOP＝2。

（4）t3 时刻，路由器都学习到了和它们间隔了两个路由器的邻居的路由表，并将其包含在自己的路由更新中，这些路由的 HOP＝3。

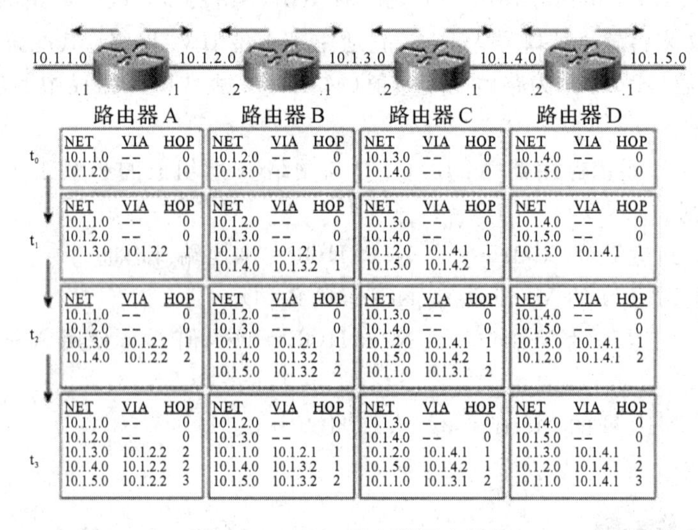

图 12－2 RIP 路由器同步过程

由此可见，RIP 要将一个网络中的全部路由器进行路由表的同步是很花时间的，这和网络的半径有直接的关系。

12.1.3 RIP 中的计时器

计时器(Timer)保证了 RIP 中路由的及时更新和失效路由的移除，计时器有以下四个，如图 12－3 所示。

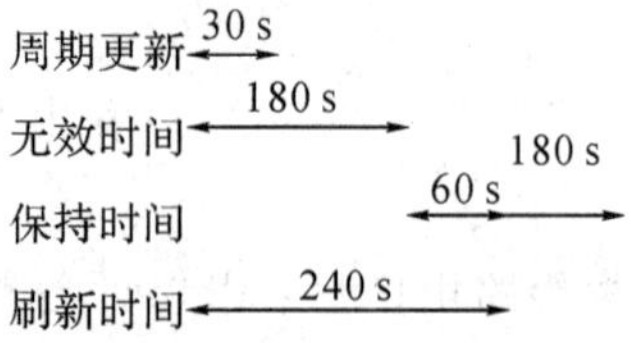

周期更新 30 s
无效时间 180 s
保持时间 60 s 180 s
刷新时间 240 s

图 12－3 RIP 计时器

1. 周期更新计时器(Update)

周期更新计时器用于设置定期路由更新的时间间隔(一般为 30 s)，在这个间隔里路由器发送一个完整的路由表到所有相邻的路由器。

2. 无效计时器(Invalid)

无效计时器用于决定一个时间长度，即路由器在认定一个路由成为无效路由之前所需要等待的时间(180 s，实际情况往往略大于 180 s)。如果路由器在更新计时器期间没有得到关于某个指定路由的任何更新消息，它将认为这个路由失效，这时就会进入到无效计时器阶段。当这一情况发生时，这个路由器将会给它所有的邻居发送一个更新消息以通知它们这个路由已经无效。

3. 保持计时器(Holddown)

保持计时器用于设置路由信息被抑制的时间数量。当无效计时器计时完毕后，就会进入到保持计时器阶段。也可理解为，当指示某个路由为不可达的更新数据包被接收到时，路由器将会进入保持失效状态，这个状态将会一直持续到一个带有更好度量的更新数据包被接收到或者这个保持计时器到期。默认时，它的取值是 180 s。在进入到这个阶段的前 60 s，路由器并没有直接删除这条路由信息，但记住，若此时该路由恢复正常通信，路由表信息也不会更新，在接下来的 120 s 会起到一个保持网络稳定的作用。

4. 刷新计时器(Flush)

刷新计时器用于设置某个路由成为无效路由并将它从路由表中删除的时间间隔(240 s)。这个计时器是刚开始就启动的，一直到保持计时器进行到 60 s 时，它将路由表刷新。在将它(无效路由)从表中删除前，路由器会通告它的邻居这个路由即将消亡。

12.1.4　路由环路

1. 产生

网络中情况错综复杂，路由协议如果不能保证路由器间路由信息的一致，很可能会形成路由环路。如图 12-4 所示，如果没有协议机制的保障，就会形成三层路由环路。

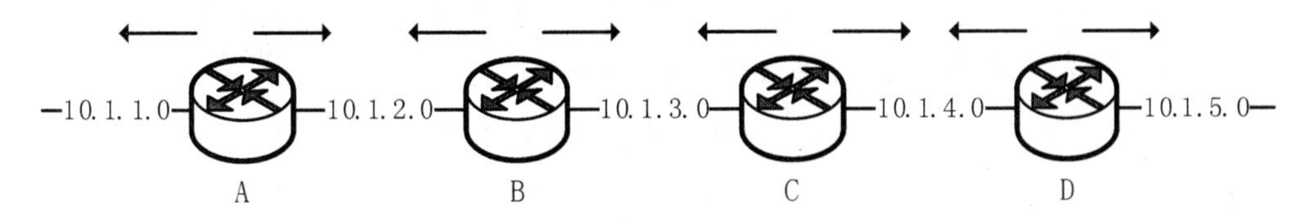

图 12-4　RIP 路由环路拓扑图

那什么是路由环路呢？

如图 12-4 所示，设全部路由器的路由都已经同步，则：

(1) 某一时刻，路由器 D 与网络 10.1.5.0 失去连接，D 在检查到错误后，会将本地这个路由设为不可达，然后准备在一个更新时刻将更新后的路由发送给 C。

(2) 但在 D 等待发送路由更新时间内，意外发生了。C 将自己的路由更新发送给了 D，它说我可以达到网络 10.1.5.0。于是，D 将这条路由加入了自己的路由表(这就是学习谣言，距离向量路由协议的重大特征之一)，D 认为 C 是自己到达网络 10.1.5.0 的下一跳。

(3) 此时，如果 C 收到了一个到达 10.1.5.0 网络的 IP 包，将会怎样?

(4) C 会将其发送到 D(为什么?)。

(5) D 收到后，又将其发送到 C(为什么?)。

(6) C 收到后，又发回 D，从而陷入一个死循环，直到 IP 包的 TTL 减少到 0 后被丢弃。

如果上述情况的 IP 包在一定链路中反复循环的传递，就是路由环路。

2. 路由环路的解决方法

解决路由环路有以下方法：

- 水平分割(Split Horizon)。
- 最大跳数。
- 毒性逆转(Poison Reverse)。
- 触发更新(Trigger Update)。
- 抑制计时(Holddown Timer)。

1) 水平分割

水平分割就是当路由器从一个接口收到某个网络的路由信息时，它不会从同样的端口将该路由信息转发出去。

如图 12-5 所示，C 在发送给 B 的更新中，不包括从 B 学习到的路由；在发送给 D 的更新中，不包括从 D 学习到的路由。

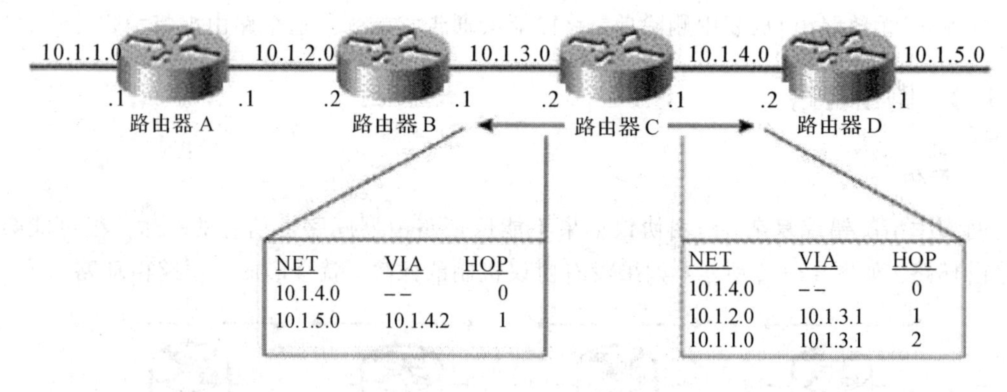

图 12-5 RIP 水平分割示意图

2) 最大跳数

使用水平分割可以防止直连邻居间形成路由环路，但在如图 12-6 所示的网络环境中，水平分割就无能为力了。

如图 12-6 所示，四个路由器均使用了 RIP，同时启用了水平分割，而且路由都已同步：

(1) 如图 12-6 所示，到达网络 10.1.5.0 的路由更新沿两条路径在网络中传输。一条如虚线所示，是 D→C→A→B；另一条如实线所示，是 D→B→A→C。(此时水平分割是开

启的，为何 A 会将此路由转发给 B、C？为何 B、C 不再转发给 D?）

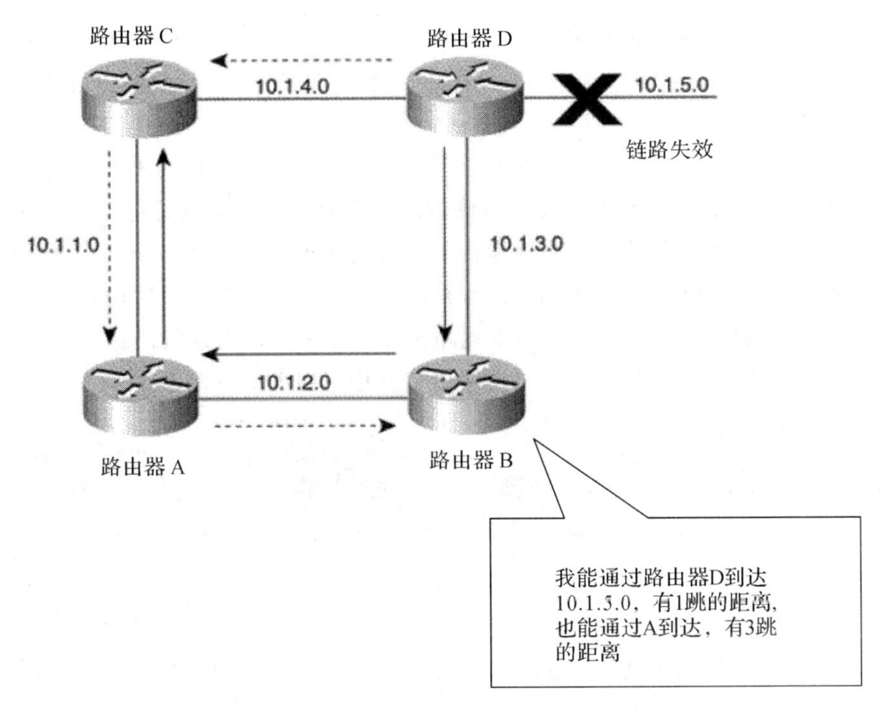

图 12-6　RIP 最大跳数示意图

(2) 某一时刻 D 到网络 10.1.5.0 的连接中断。

(3) D 将路由更新发到了 B 和 C，B 与 C 将此网络设为不可达后，准备在下一个更新时刻发出。

(4) 但在 B、C 等待发送路由更新时间内，意外又发生了。A 将自己的路由更新发送给了 B，它说我可到网络 10.1.5.0，HOP=2。因为 B 上没有可达网络 10.1.5.0 的路由，于是，B 将这条路由加入到自己的路由表中(这就是学习谣言，距离向量路由协议的重大特征之一)，B 认为 A 是自己到达网络 10.1.5.0 的下一跳。

(5) 在 B 的下一个路由更新中，B 又告诉 D，它说我可到网络 10.1.5.0，HOP=3。

(6) 在 D 的下一个路由更新中，D 又告诉 C，它说我可到网络 10.1.5.0，HOP=4。

(7) 在 C 的下一个路由更新中，C 又告诉 A，它说我可到网络 10.1.5.0，HOP=5。

(8) 因为 A 中到网络 10.1.5.0 的路由是从 C 学习来的，所以当 C 更新到达后，它认为是 C 上的路由发生了变化，但 C 的信息是可信的，所以它也会接受此路由更新，此路由 HOP 更新为 6。

(9) A 又会将路由更新发送给 B，如上进行循环，而 HOP 数不断增大。

(10) 此时，一个到 10.1.5.0 的 IP 包是如何在网络中传输的呢？

在上述的环路情况中，路由的度量值会随传播路径的增加而不断增加，这就是无限计数(Count to Infinity)，而且很显然，水平分割此时并不作为。

为解决此问题，RIP 规定 15 为跳数的上限，当度量计数达到上限时(超过 15)，更新就会被拒绝。(尽管这能达到可控的目的，但对于网络仍然是慢收敛的，其收敛时间长。)

3）毒性逆转

毒性逆转是将邻居学到的所有网络，同时将不可达的网络的度量设置为无限(即 16)后，发送回邻居。通过设置度量为 16，这些目的网络被认为是不可达的，即有这个网络，但是该网络路径无效。

毒性逆转是水平分割的补充，而水平分割一般是指带毒性逆转的水平分割。

由上可知，水平分割就是将从 A 学习到的路由不发送回 A，也就是发给 A 的路由更新中，不包括从 A 学习到的路由；而毒性逆传对此进行了改进，它使得从 A 接收到路由的路由器，将这些路由的 HOP 设为 16 后，包含在路由表中发回 A。这样即使有什么特殊情况，A 学习到了错误路由，也可以在接收到毒化路由后，对错误路由进行清除。

如图 12－7 所示，注意观察 C 发出的路由更新中，和水平分割时，有何不同？

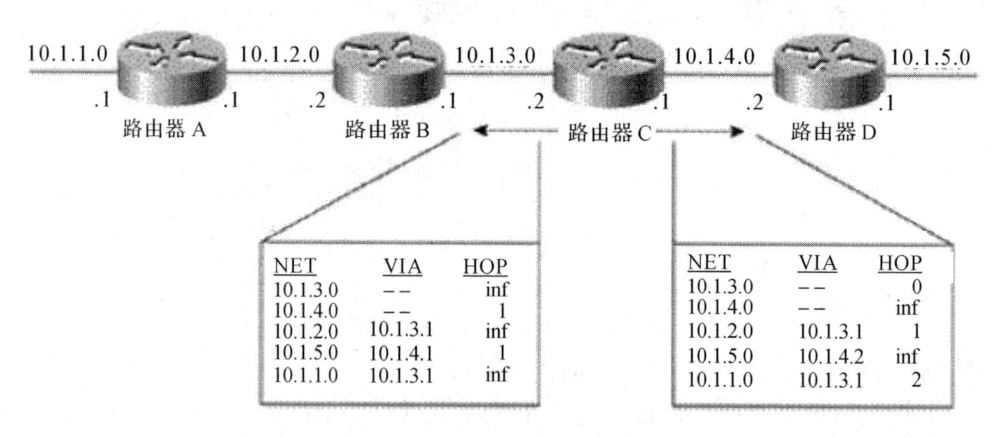

图 12－7　RIP 毒性逆转示意图

4）触发更新

触发更新就是当路由表发生变化时，立即更新报文并广播给相邻的所有路由器，而不需要等待 30 s 的更新周期。同样，当一个路由器刚启动 RIP 时，它广播请求报文，收到此广播的相邻路由器立即应答一个更新报文，而不必等到下一个更新周期。这样，网络拓扑的变化会最快地在网络上传播开，从而减少了路由循环产生的可能性。

触发更新和毒性逆转一起协同工作，可以加快网络的收敛速度。

如图 12－7 所示，设全部路由器的路由都已经同步，则：

(1) 某一时刻，路由器 D 与网络 10.1.5.0 失去连接，D 在检查到错误后，会将本地的路由设为不可达(跳数设为 16，这就是路由中毒)。因为使用了触发更新，其立即发送更新给 C，其中包括了到 10.1.5.0 的路由，但其跳数为 16(16 就代表不可达，这就是毒化路由)。

(2) C 收到更新后，就会反向回复一个更新，声称 10.1.5.0 不可达(将 HOP 设为 16)，这就是毒性逆转。

5）抑制计时

一条路由信息无效之后，一段时间内这条路由都处于抑制状态，即在一定时间内不再接收关于同一目的地址的路由更新。路由器从一个网段上得知一条路径失效，但是可能在另一个网段上得知这个路由有效，这个有效的信息往往是不正确的，抑制计时避免了这种问题的发生，而且当一条链路频繁起停时，抑制计时减少了路由的漂移，增加了网络的稳定性。

12.1.5　RIP v1 与 RIP v2 的比较

目前 RIP 有两个版本，RIP v2 在 RIP v1 的基础上做了很多改进，现在网络中使用的 RIP 大多是 RIP v2。这两个版本的特性比较如表 12－1 所示。

表 12－1　RIP v1 和 RIP v2 对比

特　性	RIP v1	RIP v2
路由类型	Classful	Classless
VLSM	不支持	支持
CIDR	不支持	支持
自动汇总	支持	不支持
邻居验证	不支持	支持
更新数据包目的 IP	255.255.255.255	224.0.0.9

12.2　配置 RIP

12.2.1　创建 RIP 路由进程

设备要运行 RIP，首先需要创建 RIP 路由进程，并定义与 RIP 路由进程关联的网络。要创建 RIP 路由进程，可在全局配置模式中执行如表 12－2 所示命令。

表 12－2　创建路由进程命令

命　令	作　用
Ruijie(config)＃router rip	创建 RIP 路由进程
Ruijie(config－router)＃network *network－number*	定义关联网络

说明：

创建路由进程命令定义的关联网络有两层意思：

(1) RIP 只对外通告关联网络的路由信息。

(2) RIP 只向关联网络所属接口通告路由信息。

12.2.2　水平分割配置

多台设备连接在 IP 广播类型网络上，又运行距离向量路由协议时，就有必要采用水平分割的机制以避免路由环路的形成。水平分割可以防止设备将某些路由信息从学习到这些路由信息的接口通告出去，这种行为优化了多个设备之间的路由信息交换。

然而对于非广播多路访问网络(如帧中继、X.25 网络)，水平分割可能造成部分设备学习不到全部的路由信息，在这种情况下，可能需要关闭水平分割。如果一个接口配置了 IP 地址，也需要注意水平分割的问题。

要配置关闭或打开水平分割，可在接口配置模式中执行如表 12-3 所示命令。

表 12-3　水平分割配置命令

命　令	作　用
Ruijie(config-if)#no ip split-horizon	关闭水平分割
Ruijie(config-if)#ip split-horizon	打开水平分割

封装帧中继时，接口默认为关闭水平分割；帧中继子接口、X.25 封装默认为打开水平分割；其他类型的封装默认均为打开水平分割。因此，在使用中一定要注意水平分割的应用场合。

12.2.3　定义 RIP 版本

RGNOS 软件支持 RIP v1 和 RIP v2，RIP v2 可以支持认证、密钥管理、路由汇聚、CIDR和 VLSMs。

默认情况下，RGNOS 可以接收 RIP v1 和 RIP v2 的数据包，但是只发送 RIP v1 的数据包。可以通过配置，设置只接收和发送 RIP v1 的数据包，也可以设置只接收和发送 RIP v2 的数据包。

要配置或取消接口发送/接收不同 RIP 版本的数据包，可在接口配置模式中执行如表 12-4 所示命令。

表 12-4　配置或取消接口发送/接收 RIP 版本命令

命　令	作　用
Ruijie(config-router)#version {1 | 2}	定义 RIP 版本
Ruijie(config-if)#ip rip send version 1	指定只发送 RIP v1 数据包
Ruijie(config-if)#ip rip send version 2	指定只发送 RIP v2 数据包
Ruijie(config-if)#ip rip send version 1 2	指定只发送 RIP v1 和 RIP v2 数据包
Ruijie(config-if)#ip rip receive version 1	指定只接收 RIP v1 数据包
Ruijie(config-if)#ip rip receive version 2	指定只接收 RIP v2 数据包
Ruijie(config-if)#ip rip receive version 1 2	指定只接收 RIP v1 和 RIP v2 数据包
Ruijie(config-if)#ip rip receive version	设置在接口指定接收报文的版本
Ruijie(config-if)#no ip rip receive version	取消在接口指定接收报文的版本，而采取路由器 RIP 模式下配置的版本
Ruijie(config-if)#ip rip send version	设置在接口指定发送报文的版本
Ruijie(config-if)#no ip rip send version	取消在接口指定发送报文的版本，而采取路由器 RIP 模式下配置的版本

以上命令在默认情况下只接收和发送指定版本的数据包，如果需要可以更改每个接口的默认行为。

12.2.4　配置路由自动汇聚

RIP 路由自动汇聚就是当子网路由穿越有类网络边界时，将自动汇聚成有类网络路由。RIP v2 默认情况下将进行路由自动汇聚，RIP v1 不支持该功能。

RIP v2 路由自动汇聚的功能提高了网络的伸缩性和有效性。如果有汇聚路由存在，在路由表中将看不到包含在汇聚路由内的子路由，这样可以大大缩小路由表的规模。

有时可能希望学到具体的子网路由，而不愿意只看到汇聚后的网络路由，这时需要关闭路由自动汇聚功能。

要配置路由自动汇聚，可在 RIP 路由进程模式中执行如表 12－5 所示命令。

表 12－5　配置路由自动汇聚命令

命　　令	作　　用
Ruijie(config－router)＃no auto－summary	关闭路由自动汇聚
Ruijie(config－router)＃auto－summary	打开路由自动汇聚

12.2.5　RIP 认证配置

RIP v1 不支持认证，如果设备配置了 RIP v2，可以在相应的接口配置认证。

密钥串定义了该接口可使用的密钥集合，如果密钥串没有配置，即使接口应用了密钥串，也不会有认证行为发生。

RGNOS 支持两种 RIP 认证方式，即明文认证和 MD5 认证，默认的认证方式为明文认证。

要配置 RIP 认证，可在接口配置模式中执行如表 12－6 所示命令。

表 12－6　RIP 认证配置命令

命　　令	作　　用
Ruijie(config－if)＃ip rip authentication key－chain *key－chain－name*	应用密钥串，启用 RIP 认证
Ruijie(config－if)＃ip rip authentication mode {text | md5}	配置接口 RIP 认证模式：明文或 MD5

12.2.6　RIP 时钟调整

RIP 提供了时钟调整的功能，可以根据网络的具体情况进行时钟调整，使 RIP 能够运行得更好。可以对以下时钟进行调整：

- 路由更新时间：以秒计，定义了设备发送路由更新报文的周期。
- 路由无效时间：以秒计，定义了路由表中路由因没有更新而变为无效的时间。

· 路由清除时间：以秒计，该时间过后，该路由将被清除出路由表。

通过调整以上时钟，可能会加快路由协议的收敛时间以及故障恢复时间。要调整RIP时钟，可在RIP路由进程配置模式中执行如表12－7所示命令。

表12－7　RIP时钟调整

命　　令	作　　用
Ruijie(config－router)＃timers basci update invalid flush	调整RIP时钟； 默认情况下，更新时间为30 s，无效时间为180 s，清除时间为120 s

说明：

连接在同一网络上的设备，RIP时钟值一定要一致。

12.3　RIP测试实践

12.3.1　RIP功能测试

RIP功能测试的测试用例如表12－8和表12－9所示。

表12－8　RIP_001

用例ID	RIP_001
用例描述	测试当路由表中路由数大于25条时，RIP将分别通过多个报文发送(RFC2453)
复杂度	Low
优先级	High
预计执行时间	30 min
测试拓扑	Port1 PC1 DUT
前置条件	按拓扑建立测试环境，设备都已正常启动并使用默认配置。DUT为三层交换机或路由器
输入数据(可选)	

测试过程		
测试步骤	描　　述	预 期 结 果
	环境准备	
(1)	PC1配置连接Port1的接口IP＝192.168.1.2/24	

续表

测试步骤	描　　述	预期结果
(2)	DUT 配置 Port1 IP=192.168.1.1/24	
(3)	DUT 上 ping 192.168.1.2	ping 全部成功，无丢包
	配置 RIP	
(4)	DUT 使用以下命令配置 26 个本地回环接口(Loopback 接口)： Config terminal Interface loop 0 Ip add 172.16.0.0 255.55.255.0 Interface loop 1 Ip add 172.16.1.0 255.55.255.0 Interface loop 2 Ip add 172.16.2.0 255.55.255.0 …	
(5)	DUT 使用以下命令配置 RIP Config terminal router rip version2 noauto - summary network172.16.0.0 network 192.168.1.0	
(6)	DUT 使用“show ip rip database”命令查看	待测设备能学习到 172.16.(0～25).0/24 等 26 个路由
	抓包验证	
(7)	PC1 开始抓包	
(8)	等待 60 s	
(9)	PC1 停止抓包并查看	路由器每次更新会发出两个 RIP 报文，其中一个包含 25 条路由，另一个包含 1 条路由

表 12-9　RIP_002

用例 ID	RIP_002
用例描述	测试当路由器的直连路由失效后，RIP 会立即将此路由项通过毒化路由发出更新(路由毒化是距离矢量路由协议用来防止路由环路的一种方法。路由毒化用于在发往其他路由器的路由更新中将路由标记为不可达。标记“不可达”的方法是将度量设置为最大值。对于 RIP，毒化路由的度量为 16。)

续表

复杂度	Low
优先级	High
预计执行时间	15 min
测试拓扑	Port1 PC1 DUT
前置条件	按拓扑建立测试环境，设备都已正常启动并使用默认配置。DUT 为三层交换机或路由器
输入数据(可选)	

测 试 过 程

测试步骤	描　　述	预 期 结 果
	环境准备	
(1)	PC1 配置连接 Port1 的接口 IP=192.168.1.2/24	
(2)	DUT 配置 Port1 IP=192.168.1.1/24	
(3)	DUT ping 192.168.1.2	ping 全部成功，无丢包
	配置 RIP	
(4)	DUT 使用以下命令配置三个本地回环接口： Config terminal Interface loop 0 Ip add 172.16.0.0 255.55.255.0 Interface loop 1 Ip add 172.16.1.0 255.55.255.0 Interface loop 2 Ip add 172.16.2.0 255.55.255.0	
(5)	DUT 使用以下命令配置 RIP： Config terminal router rip version2 noauto - summary timers basic 100 200 300 network172.16.0.0 network 192.168.1.0	
(6)	DUT 使用“show ip rip database”命令查看	能学习到 172.16.(0～2).0/24 等三个路由

续表

测试步骤	描　　述	预期结果
	抓包验证毒化路由的发送	
(7)	PC1 开始抓包	
(8)	DUT 使用以下命令删除本地回环接口： Config terminal No Interface loop 0	
(9)	PC1 查看捕获的报文	路由器会立即发出一个 RIP 更新报文，其中仅包含 172.16.0.0/24 的路由，Distance=16
(10)	DUT 使用以下命令删除本地回环接口： Config terminal No Interface loop 1	
(11)	PC1 查看捕获的报文	路由器会立即发出一个 RIP 更新报文，其中仅包含 172.16.1.0/24 的路由，Distance=16
(12)	DUT 使用以下命令删除本地回环接口： Config terminal No Interface loop 2	
(13)	PC1 查看捕获的报文	路由器会立即发出一个 RIP 更新报文，其中仅包含 172.16.2.0/24 的路由，Distance=16

12.3.2　RIP 其他方面的测试

RIP 其他方面的测试如表 12-10 所示。

表 12-10　RIP 其他方面的测试

测试名称	测试内容
负面测试	构造错误的 RIP 报文，测试 DUT 的容错性
性能测试	测试 RIP 路由表的容量； 测试 RIP 每秒能学习的路由条目
压力测试	在 RIP 路由表满时，模拟路由反复震荡，测试 DUT 的稳定性

课后练习

完成表 12-11 和表 12-12 所示用例的手工执行。

表 12－11　RIP v1 路由更新测试

用例 ID	RIP_001	
用例描述	测试使用 RIP v1 的路由器默认每 30 s 会发出全部路由更新，更新中不会携带子网掩码	
复杂度	Low	
优先级	High	
预计执行时间	30 min	
测试拓扑	PC1 Port1 Port2 Port3 DUT1 DUT2	
前置条件	按拓扑建立测试环境，设备都已正常启动并使用默认配置。DUT1 和 DUT2 为三层交换机或路由器	
输入数据(可选)		
测试过程		
测试步骤	描　述	预期结果
	环境准备	
(1)	PC1 配置连接 Port1 的接口 IP=192.168.1.2/24	
(2)	DUT1 配置 Port1 IP=192.168.1.1/24	
(3)	DUT1 ping 192.168.1.2	ping 全部成功，无丢包
(4)	DUT1 配置 Port2 IP=192.168.2.1/24	
(5)	DUT2 配置 Port3 IP=192.168.2.2/24	
(6)	DUT1 ping 192.168.2.2	ping 全部成功，无丢包
(7)	DUT2 使用以下命令配置本地回环接口： Config terminal Interface loop 0 Ip add 172.16.20.1 255.255.255.0 Interface loop 1 Ip add 172.16.21.1 255.255.255.0 Interface loop 2 Ip add 172.16.22.1 255.255.255.0	
	配置 RIP	
(8)	DUT1 使用以下命令配置 RIP： Config terminal router rip version 1 network 192.168.1.0 network 192.168.2.0	

续表

测试步骤	描　　述	预 期 结 果
(9)	DUT2 使用以下命令配置 RIP： Config terminal router rip version 1 network 172.16.0.0 network 192.168.2.0	
(10)	等待 30 s	
(11)	DUT1 使用“show ip rip database”命令查看	能从 Port2 学习到 172.16.0.0/16 的路由
(12)	DUT2 使用“show ip rip database”命令查看	能从 Port3 学习到 192.168.1.0/24 的路由
	抓包验证	
(13)	PC1 开始抓包	
(14)	等待 120 s	
(15)	PC1 停止抓包并查看	能收到多个 RIP 报文，其中： 每个 RIP 间隔为 30 s； 目的 MAC=ffff.ffff.ffff； 目的 IP=255.255.255.255； UDP 源及目的 Port=520； RIP version=1； 网络 172.16.0.0 的 Distance=2； 网络 192.168.2.0 的 Distance=1
	修改更新间隔后验证	
(16)	DUT1 使用以下命令配置 RIP 更新间隔为 10 s： Config terminal Router rip timers basic 10 20 30	
(17)	PC1 开始抓包	
(18)	等待 60 s	
(19)	PC1 停止抓包并查看	能收到多个 RIP 报文，其中： 每个 RIP 间隔为 10 s； 目的 MAC=ffff.ffff.ffff； 目的 IP=255.255.255.255； UDP 源及目的 Port=520； RIP version=1； 网络 172.16.0.0 的 Distance=2； 网络 192.168.2.0 的 Distance=1

表 12－12 RIP v2 路由更新测试

用例 ID	RIP_002
用例描述	测试使用 RIP v2 的路由器默认每 30 s 会发出全部路由更新，更新中会携带子网掩码
复杂度	Low
优先级	High
预计执行时间	30 min
测试拓扑	PC1 Port1 Port2 Port3 DUT1 DUT2
前置条件	按拓扑建立测试环境，设备都已正常启动并使用默认配置。DUT1 和 DUT2 为三层交换机或路由器
输入数据(可选)	

测试过程

测试步骤	描　　述	预期结果
	环境准备	
(1)	PC1 配置连接 Port1 的接口 IP＝192.168.1.2/24	
(2)	DUT1 配置 Port1 IP＝192.168.1.1/24	
(3)	DUT1 ping 192.168.1.2	ping 全部成功，无丢包
(4)	DUT1 配置 Port2 IP＝192.168.2.1/24	
(5)	DUT2 配置 Port3 IP＝192.168.2.2/24	
(6)	DUT1 ping 192.168.2.2	ping 全部成功，无丢包
(7)	DUT2 使用以下命令配置本地回环接口： Config terminal Interface loop 0 Ip add 172.16.20.1 255.255.255.0 Interface loop 1 Ip add 172.16.21.1 255.255.255.0 Interface loop 2 Ip add 172.16.22.1 255.255.255.0	
	配置 RIP	

续表一

测试步骤	描　　述	预 期 结 果
(8)	DUT1 使用以下命令配置 RIP： Config terminal router rip version 2 network 192.168.1.0 network 192.168.2.0	
(9)	DUT2 使用以下命令配置 RIP： Config terminal router rip version 2 network 172.16.0.0 network 192.168.2.0	
(10)	等待 30 s	
(11)	DUT1 使用"show ip rip database"命令查看	能从 Port2 学习到 172.16.0.0/16 的路由
(12)	DUT2 使用"show ip rip database"命令查看	能从 Port3 学习到 192.168.1.0/24 的路由
	关闭 RIP 的自动汇聚功能	
(13)	DUT1 使用以下命令配置 RIP： Config terminal router rip noauto - summary	
(14)	DUT2 使用以下命令配置 RIP： Config terminal router rip noauto - summary	
(15)	等待 30 s	
(16)	DUT1 使用"show ip rip database"命令查看	能从 Port2 学习到 172.16.20.0/24、172.16.21.0/24、172.16.22.0/24 的路由
	抓包验证	
(17)	PC1 开始抓包	
(18)	等待 120 s	

续表二

测试步骤	描　　述	预 期 结 果
(19)	PC1 停止抓包并查看	能收到多个 RIP 报文，其中： 每个 RIP 间隔为 30 s； 目的 MAC=0100.5e00.0009； 目的 IP=224.0.0.9； UDP 源及目的 Port=520； RIP version=2； 网络 172.16.20.0 的 Distance=2，掩码=255.255.255.0； 网络 172.16.21.0 的 Distance=2，掩码=255.255.255.0； 网络 172.16.22.0 的 Distance=2，掩码=255.255.255.0； 网络 192.168.2.0 的 Distance=1，掩码=255.255.255.0
	修改更新间隔后验证	
(20)	DUT1 使用以下命令配置 RIP 更新间隔为 10 s： Config terminal Router rip timers basic 10 20 30	
(21)	PC1 开始抓包	
(22)	等待 60 s	
(23)	PC1 停止抓包并查看	能收到多个 RIP 报文，其中： 每个 RIP 间隔为 10 s； 目的 MAC=0100.5e00.0009； 目的 IP=224.0.0.9； UDP 源及目的 Port=520； RIP version=2； 网络 172.16.20.0 的 Distance=2，掩码=255.255.255.0； 网络 172.16.21.0 的 Distance=2，掩码=255.255.255.0； 网络 172.16.22.0 的 Distance=2，掩码=255.255.255.0； 网络 192.168.2.0 的 Distance=1，掩码=255.255.255.0

第 13 章　路由协议 OSPF 测试

13.1　OSPF 技术介绍

13.1.1　OSPF 协议简介

OSPF(Open Shortest Path First)是一个内部网关协议(Interior Gateway Protocol, IGP),用于在单一自治系统(Autonomous System, AS)内决策路由。与 RIP 相对,OSPF 是链路状态路由协议,而 RIP 是距离向量路由协议。

链路是路由器接口的另一种说法,因此 OSPF 也称为接口状态路由协议。OSPF 通过路由器之间通告网络接口的状态来建立链路状态数据库(Link - State Database),生成最短路径树,每个 OSPF 路由器使用这些最短路径构造路由表。

OSPF 路由器收集其所在网络区域上各路由器的连接状态信息,即链路状态信息(Link - State),生成链路状态数据库。路由器掌握了该区域上所有路由器的链路状态信息,也就等于了解了整个网络的拓扑状况。OSPF 路由器利用“最短路径优先算法(Shortest Path First, SPF)”,独立地计算出到达任意目的地的路由。

OSPF 有以下优点:

(1) OSPF 是 Classless 路由协议,也支持 VLSM、支持路由汇总。

(2) OSPF 收敛速度快,一般在几秒内即可收敛。

(3) OSPF 有统一的标准,互联互通性好。

(4) OSPF 使用组播来发送报文,这比使用广播更节省网络资源。

(5) OSPF 使用增量更新来发送路由更新,这会使用更小的带宽。

(6) OSPF 使用开销值作为度量,开销值的计算是由网络带宽而来的。

13.1.2　基本概念

1. 路由器标识(Route ID)

路由器标识是路由器在 OSPF 路由协议操作中对自己的标识。一般来说,在没有配置回环接口时,路由器所有激活的物理接口(即非关机状态的接口)上配置的最大 IP 地址就是这台路由器的标识。如果在路由器上配置了回环地址接口,则不论回环地址上的 IP 地址是多少,该地址都自动成为路由器的标识。当在路由器上配置了多个回环接口时,这些回环接口中最大的 IP 地址将作为路由器的标识。

2. 开销(Cost)

这是OSPF的度量，表示路由的开销或度量，它决定了到达一个目的网络的最佳路径，而具有最低度量的路由被认为是最佳路由。OSPF使用一个基于接口的带宽的无因次的度量，用以下公式计算：

开销(Cost)＝100 000 000/(接口的带宽)

不同接口的OSPF开销如表13－1所示。

表13－1　OSPF接口开销

接口类型	接口的带宽	开　　销
10 Mb/s	10 000 000	10
100 Mb/s	100 000 000	1
10 000 Mb/s	1 000 000 000	1
T1	1 544 000	64
E1	2 048 000	48

3. SPF树

OSPF网络就是通过SPF运算，从而生成SPF树来决定到每个网络的路由，如图13－1所示。

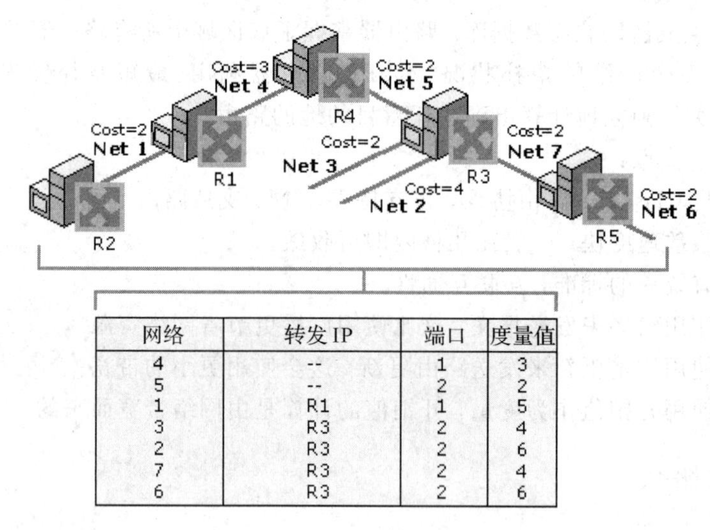

网络	转发IP	端口	度量值
4	--	1	3
5	--	2	2
1	R1	1	5
3	R3	2	4
2	R3	2	6
7	R3	2	4
6	R3	2	6

图13－1　SPF树

SPF树是以自己(路由器)为根、邻居为叶子的树，通过它到达目的网络的开销值最小。

4. LSA

OSPF使用链路状态通告(Link-State Advertisement)来存储和交换路由信息，它有自己独立的数据格式，存储了一条路由的类型、状态、生存期等信息。OSPF路由器间的路由更新就是通过LSA交换来实现的，多个LSA被封装在一个OSPF包中，在路由器间传输，以实现路由的同步。

所有的 LSA 使用一个通用的头格式，这个头长 20 B 并附加于标准的 24 B OSPF 头的后面。LSA 头唯一地标识了每种 LSA，所以它包括关于 LSA 类型、链路状态 ID 及通告路由器 ID 的信息。

5．LSDB

如上所述，每个 OSPF 路由器会将自己产生的 LSA 发给邻居，也会将从邻居收到的 LSA 存储在本地内存中，这些内存中存储的 LSA 合称为链路状态数据库(LSDB)或拓扑表。

6．区域(Area)

OSPF 把一个大型网络分割成多个小型网络的能力被称为分层路由，这些被分割出来的小型网络就称为“区域”。由于区域内部路由器仅与同区域的路由器交换 LSA 信息，这样 LSA 报文数量及链路状态信息库表项都会极大减少，SPF 计算速度因此得到提高。多区域的 OSPF 必须存在一个主干区域(区域 0)，主干区域负责收集非主干区域发出的汇总路由信息，并将这些信息返还到各区域。

OSPF 区域不能随意划分，应该合理地选择区域边界，使不同区域之间的通信量最小。但在实际应用中，区域的划分往往并不是根据通信模式，而是根据地理或政治因素来完成的。

如果一个 OSPF 路由器的全部接口都在同一个区域，则称此路由器为内部路由器。

OSPF 区域大致可以分为两类：

- 骨干区域(Backbone Area)。
- 非骨干区域(非区域 0)。

在一个 OSPF 区域中只能有一个骨干区域，可以有多个非骨干区域，骨干区域的区域号为 0。所有非骨干区域都要求与骨干区域直接相连。骨干区域负责收集非主干区域发出的汇总路由信息，并将这些信息返还到各区域，如图 13－2 所示。

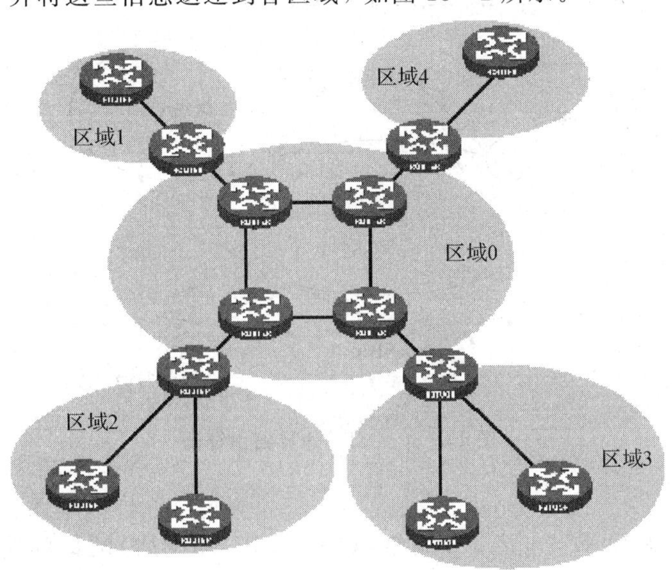

图 13－2　OSPF 区域

非骨干区域又可细分为：

(1) 标准区域：一个标准区域可以接收链路更新信息和路由汇总。

(2) 存根区域(Stub Area)：存根区域是指不接收自治系统以外的路由信息的区域。当AS外部路由过多时，OSPF路由器会消耗大量的内存将其存储在OSPF拓扑数据库中。一个区域如果只有一个出口(区域边界路由器，Area Border Router，ABR)时，其全部发往AS外的数据报文都必须通过ABR来进行转发，该区域没有必要知道每条AS外路由的详细信息。所以此时，可将此区域设为存根区域，如果有需要将报文转发给自治系统以外的网络时，它使用默认路由0.0.0.0将其转发给ABR。存根区域有两点限制，即不能包括虚拟连接和ASBR(Autonomous System Boundary Router，自治系统边界路由器)。

(3) 完全存根区域(Total Stub Area)：它不接收外部自治系统的路由以及自治系统内其他区域的路由汇总。需要发送到区域外的报文则使用默认路由0.0.0.0。完全存根区域是思科公司特有的。

(4) 不完全存根区域(Not So Stub Area)：它类似于存根区域，但是允许其中存在ASBR；它可以把从ASBR收到的路由信息(LSA类型7)通过ABR转变为其他类型的路由(LSA类型5)后，再转发到其他区域中。

7. 区域ID

如上所述，OSPF AS内可能存在多个区域，每个区域用一个整型数来进行唯一标识，这个整型数就是区域ID。

骨干区域的区域ID固定为0，其他区域的ID是由管理员根据管理需要统一分配的。

8. ABR

ABR是连接多区域端口的路由器，一般作为一个区域的出口。ABR为每一个所连接的区域建立链路状态数据库，负责将所连接区域的路由摘要信息发送到主干区域，而主干区域上的ABR则负责将这些信息发送到各个区域，如图13-3所示。

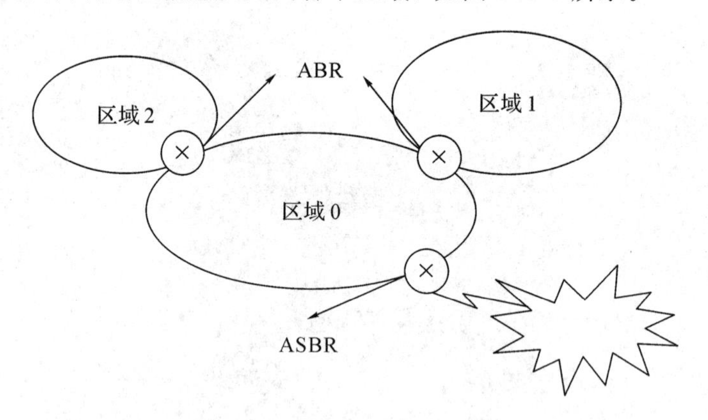

图13-3　OSPF边界路由算法

9. ASBR

ASBR指至少拥有一个连接AS网络(如非OSPF的网络)端口的路由器，负责将非OSPF网络信息传入OSPF网络。

10. 虚拟链接

在 OSPF 路由域中，非骨干区域之间的 OSPF 路由更新是通过骨干区域来交换完成的，所有的区域都必须与骨干区域直接相连。但是在实际工程中，由于网络拓扑结构的限制等原因，可能无法保证物理上的连接，此时就可使用虚拟链接来连接骨干区域。

虚拟链接需要在两个 ABR 之间创建，两个 ABR 共同所属的区域称为过渡区域。存根区域和 NSSA 区域是不能作为过渡区域的。

虚拟链接可以看成是在两台 ABR 之间通过传输区域建立的一条逻辑上的连接通道，它的两端必须是 ABR，而且必须在两端同时配置方可生效。虚拟链接由对端设备的路由器 ID 来标识。为虚拟链接两端提供一条非骨干区域内部路由的区域称为传输区域(Transit Area)，其区域号也必须在配置时指明。

虚拟链接要在传输区域内的路由计算出来后(到达对方设备的路由算出来)才会被激活，可以看成是一条点到点的连接，在这个连接上，和物理接口一样可以配置接口的多数参数，如“Hello - Interval”，“Dead - Interval”等。“逻辑通道”是指两台 ABR 之间的多台运行 OSPF 的设备只是起到一个转发报文的作用(由于协议报文的目的地址不是这些设备，所以这些报文对于他们而言是透明的，只是当作普通的 IP 报文来转发)，两台 ABR 之间直接传递路由信息。这里的路由信息是指由 ABR 生成的类型 3 的 LSA，区域内的设备同步方式没有因此改变。

11. 泛洪(Flood)

泛洪是指在 LSDB 同步过程中，路由器传输 LSA 的过程。

LSA 分为不同的类型，每种不同的 LSA 也就有不同的泛洪范围。

对于 OSPFv2 而言，LSA 泛洪的范围有两种：

- 区域：指 LSA 会在整个区域内进行传输，但不会将其转发到区域外。
- AS：指 LSA 会在整个 AS 内传输(某些特殊的区域对特定 LSA 有传输限制)。

12. 邻居(Neighbors)

在 RFC2328 OSPFv2 中定义了邻居关系。

同一个网段上的路由器可以成为邻居。邻居是通过 Hello 报文来选择的，Hello 报文使用 IP 多播方式在每个端口定期发送。路由器一旦在其相邻路由器的 Hello 报文中发现自己，则它们就会成为邻居关系，在这种方式中，需要通信的双方确认。邻居的协商只在主地址(Primary Address)间协商。

两个 OSPF 路由器形成了邻居代表这两个路由器的 OSPF 都正常工作，能彼此收到对方的 Hello 报文，而且报文中的相关参数的值是一样的。

两个路由器之间如果不满足下列条件，就不能成为邻居。

(1) 区域 ID：两个路由器必须在共同的网段上，它们的端口必须属于该网段上的同一个区，当然这些端口必须属于同一个子网。

(2) 验证(Authentication)：OSPF 允许给每一个区域配置一个密码来进行互相验证。路由器必须交换相同的密码，才能成为邻居。

(3) Hello - Interval 和 Dead - Interval：OSPF 协议在每个网段上交换 Hello 报文，这是 Keepalive(TCP 中一个可以检测死连接的机制)的一种形式，路由器用它来确认该网段上存在哪些路由器，并且选定一个指定路由器 DR(Designated Router)。Hello－Interval 定义了路由器上 OSPF 端口上发送 Hello 报文的时间间隔长度(秒为单位)。Dead－Interval 是指邻居路由器宣布其状态为 down 之前，没有收到其 Hello 报文的时间。OSPF 协议需要两个邻居路由器的这些时间间隔相同，如果这些时间间隔不同，这些路由器就不能成为邻居路由器。

(4) Stub 区标记：两个路由器为了成为邻居还可以在 Hello 报文中通过协商 Stub 区的标记来达到。Stub 区的定义会影响邻居选择的过程。

13. 邻接(Adjacency)

在 RFC2328 OSPFv2 中定义了邻接关系。

邻居关系形成后，路由器之间就会进行邻接关系的形成。成为邻接关系的路由器之间，不仅仅是进行简单的 Hello 报文的交换，还会进行数据库的交换以及为了减少特定网段上的交换。OSPF 协议在每一个多址可达的网段上选择一个路由器作为指定路由器，选择另外一个路由器作为备份的指定路由器 BDR (Backup Designated Router)，BDR 作为 DR 的备份。这种设计的考虑是让 DR 或 BDR 成为信息交换的中心，而不是让每个路由器与该网段上其他路由器两两做更新信息的交换。路由器首先与 DR、BDR 交换更新信息，然后 DR、BDR 将这些更新信息转发给该网段上的其他路由器。这样信息交换的复杂度就会从 $O(n*n)$降到 $O(n)$，其中 n 是多址可达网段上的路由器的数量。

这样在同一个多址可达网段上的全部路由器，通过相互交换 Hello 报文来选择 DR 和 BDR。在该网段上的每个路由器(它们之间已经成为邻居)会进一步与 DR 和 BDR 建立邻接关系。

简言之，OSPF 邻接就是两个路由信息已同步(一致)的 OSPF 邻居。

14. 网络类型

根据不同媒介的传输性质，OSPF 将网络分为三种类型：

(1) 广播网络(Broadcast Multi-Access)，如以太网、令牌环、FDDI。

(2) 非广播网络(None Broadcast Multi-Access，NBMA)，如帧中继、X.25。

(3) 点到点网络(Point-to-Point)，如 HDLC、PPP、SLIP。

其中非广播网络，根据 OSPF 操作模式的不同又分为两种子类型。

(1) NBMA：NBMA 要求所有互联的设备必须能够直接通信，只有全网状的连接才能达到该要求，如果采用 SVC(比如 X.25)连接没问题，但是采用 PVC(如帧中继)组网将有一定的难度。OSPF 在 NBMA 网络上操作与广播网络上类似，需要选举指定设备，并由指定设备通告 NBMA 网络的链路状态。

(2) 点到多点网络类型：如果网络拓扑结构不是全网状的非广播网络，OSPF 需要将该接口网络类型设置成点到多点网络类型。在点到多点网络类型中，OSPF 将所有的设备之间的连接看做点到点的链路，所以没有指定设备的选举。

15. DR&BDR

DR：多路访问网络中为避免路由器间建立完全相邻关系而引起大量开销，OSPF 在区域中选举一个 DR，每个路由器都与之建立完全相邻关系，路由器用 Hello 信息选举一个 DR。在广播型网络里 Hello 信息使用多播地址 224.0.0.5 周期性广播，并发现邻居；在非

广播型多路访问网络中，DR 负责向其他路由器逐一发送 Hello 信息。

BDR：多路访问网络中 DR 的备用路由器，当 DR 失效后，BDR 能迅速提升为 DR，并取代 DR 的全部职责。BDR 从拥有邻接关系的路由器接收路由更新，但是不会转发 LSA 更新。

13.1.3　报文分类

OSPF 使用五种不同的报文类型，每种类型用于支持不同的、专门的网络功能。这五种类型如表 13-2 所示。

表 13-2　OSPF 的五种报文

类型	数据包名称	说 明
1	Hello 报文	发现邻居并与其建立相邻关系
2	数据库描述报文(DDP)	在路由器间检查数据库同步情况
3	链路状态请求报文(LSRP)	由一台路由器发往另一台路由器请求特定的链路状态记录
4	链路状态更新报文(LSUP)	发送请求的特定链路状态记录
5	链路状态确定报文(LSAP)	确认其他数据包类型

以上不同类型的报文都使用相同的 OSPF 消息封装（不同类型的报文在 OSPF 数据区域内还有自己不同的封装格式），如图 13-4 所示。

（1）数据字段可能包含五种 OSPF 数据包类型。

（2）每个 OSPF 数据包都具有 OSPF 数据包报头。

（3）IP 数据包报头中，协议字段被设为 89 以代表 OSPF；目的地址为 224.0.0.5 或 224.0.0.6。

（4）以太网帧头：目的 MAC 地址为 01-00-5e-00-00-05 或 01-00-5e-00-00-06。

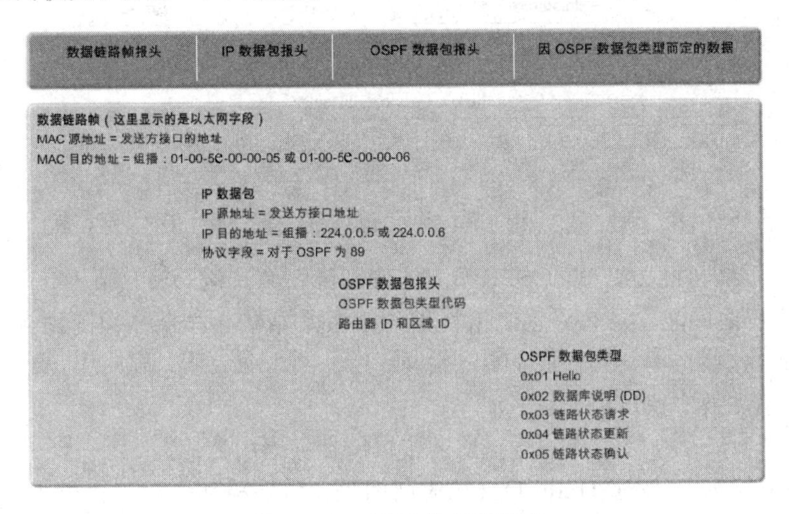

图 13-4　OSPF 数据帧格式

OSPF 报文有多重封装构成，如图 13-5 所示，分为 IP 头、OSPF 报头、LSA 报头等，IP 报头可以看出协议号为 89，TTL=1 即 OSPF 包转发不会超过 1 跳。

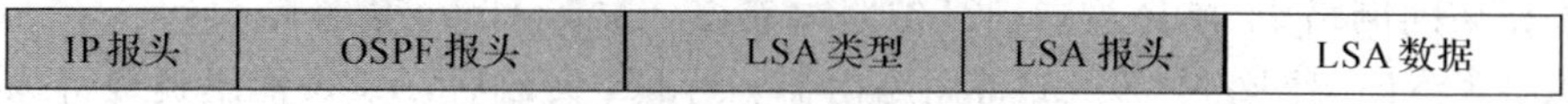

IP报头
OSPF报头
LSA类型
LSA报头
LSA数据

图 13-5　OSPF 报文结构

OSPF 报文的头部长度为 24B，如图 13-6 所示。

0
7
15
31
Version
Type
Packet length
Router ID
Area ID
Checksum
AuType
Authentication
Authentication

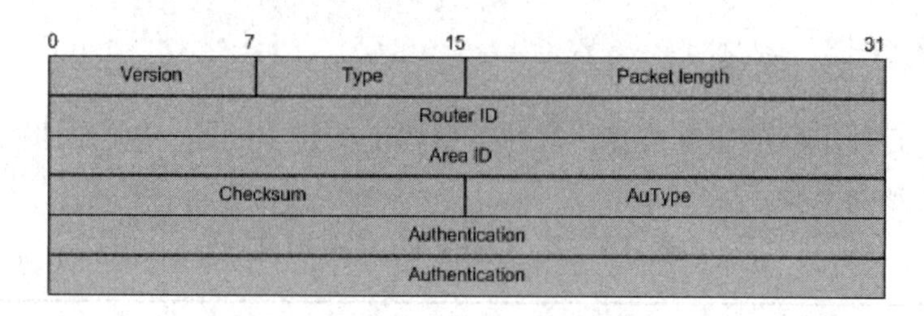

图 13-6　OSPF 报文头部格式

1. Hello 报文

OSPF 包含一个用于建立和维护相邻站点之间关系的协议(Hello 协议)，这些关系称为连接性。连接性是 OSPF 交换路由数据的基础，Hello 报文是其中最常用的一种报文，它周期性地发送给本路由器的邻居，其内容包括一些定时器的数值、DR、BDR 以及自己已知的邻居。Hello 报文格式如图 13-7 所示。

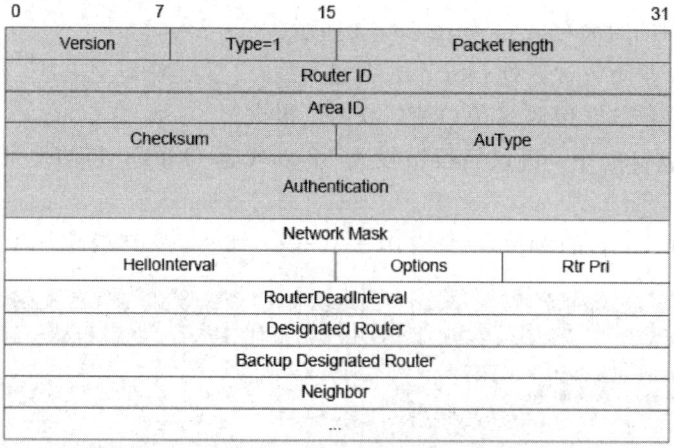

0
7
15
31
Version
Type=1
Packet length
Router ID
Area ID
Checksum
AuType
Authentication
Network Mask
HelloInterval
Options
Rtr Pri
RouterDeadInterval
Designated Router
Backup Designated Router
Neighbor
...

图 13-7　Hello 报文格式

通过这个协议和报文类型，OSPF 节点能发现区中的其他 OSPF 节点。Hello 协议在可能的相邻路由器之间建立通信，它使用特别的子报文结构，这个结构附加到标准 24 B 的 OSPF 头后面，这些结构共同构成 Hello 报文。

Hello 报文主要字段解释如下：

· Network Mask：发送 Hello 报文的接口所在网络的掩码。

· HelloInterval：发送 Hello 报文的时间间隔。如果相邻两台路由器的 Hello 间隔时间不同，则不能建立邻居关系。

· Rtr Pri：DR 优先级。如果设置为 0，则路由器不能成为 DR/BDR。

· RouterDeadInterval：失效时间。如果在此时间内未收到邻居发来的 Hello 报文，则认为邻居失效。如果相邻两台路由器的失效时间不同，则不能建立邻居关系。

Hello 报文内容包括一些 OSPF 定时器数值、DR、BDR 以及自己已经知道的邻居，这些参数通过 Hello 报文在直连的 OSPF 路由器间进行交换和比较。Hello 报文的内容是构成相邻节点之间通信的基础，同时这些内容要确保在不同网络的路由器之间不形成相邻关系(连接性)，并且网络中的所有成员要对多久彼此联系一次达成共识。

Hello 报文也包括最近已与其联系过的其他路由器列表(使用它们自己唯一的路由器 ID)，OSPF 中的邻居发现、DR/BDR 选举也都用到了这个参数。

当路由器启动后，它会通过所有启用了 OSPF 的活动接口发送 Hello 数据包，以确定链路上是否存在邻居。OSPF Hello 数据包都会通过组播周期性(一般广播网络默认为 10 s)地发送给所有 SPF 路由器的专用地址 224.0.0.5。两个设备形成邻居后，如果路由器在邻接设备失效时间(默认为 Hello 报文发送间隔的四倍)内还收不到这个邻居的 Hello 报文，就会认为此邻居已失效，该路由器不但会从邻居表中清除此邻居，而且会在拓扑表中清除从此邻居学习到的全部路由。

2. DDP(DatabaseDescription Packet，数据库描述报文)

OSPF 中的两个路由器初始化连接时要交换 DDP，用以向对方报告自己所拥有的路由信息内容。DDP 包括 LSDB 中每一条 LSA 摘要(摘要是指 LSA 的头，通过修改头可以唯一标识一条 LSA)，这样做的目的是为了减少路由器之间传递信息的量，因为 LSA 的头只占一条 LSA 的整个数据量的一小部分。根据头，对端路由器就可以判断出是否已经有了这条 LSA。DDP 报文格式如图 13－8 所示。

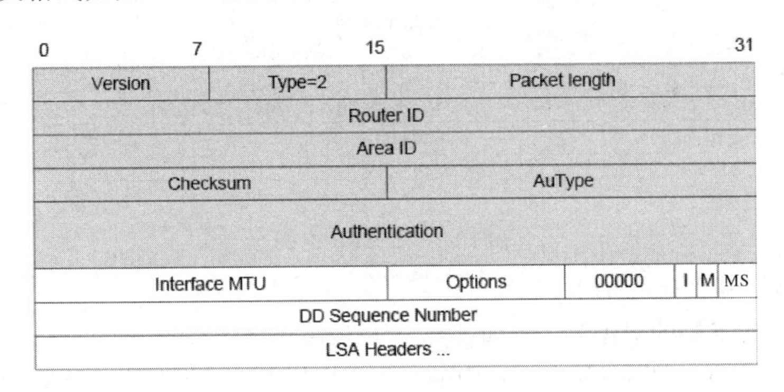

图 13－8　DDP 报文格式

DDP 主要字段的解释如下：

· Interface MTU：在不分片的情况下，此接口最大可发出的 IP 报文长度。

· I(Initial)：当发送连续多个 DDP 时，如果这是第一个 DDP，则置为 1，否则置为 0。

· M(More)：当发送连续多个 DDP 时，如果这是最后一个 DDP，则置为 0；否则置为 1，表示后面还有其他的 DDP。

· MS(Master/Slave)：当两台 OSPF 路由器交换 DDP 时，首先需要确定双方的主从关系，路由器 ID 大的一方会成为主方，当其值为 1 时表示发送方为主方。

· DD Sequence Number：DDP 序列号，由主方规定起始序列号，每发送一个 DDP 序列号加 1，从方使用主方的序列号作为确认。主从双方利用序列号来保证 DDP 传输的可靠性和完整性。

DDP 交换过程按询问/应答方式进行，在这个过程中，一个路由器作为主路由器，另一个路由器作为从路由器，主路由器向从路由器发送它的路由表内容。

DDP 有两种：

(1) 空 DDP，用来确定主/从关系。确定主/从关系后，才发送有路由信息的 DDP。

(2) 带有路由信息的 DDP，收到有路由信息的 DDP 后，路由器比较自己的数据库，发现对方的数据库中有自己需要的数据，则向对方发送 LSR(Link State Request)。

3. LSRP(Link State Request Packet，链路状态请求报文)

OSPF 报文的第三种类型为 LSRP。这个报文用于请求相邻路由器 LSDB 中的一部分数据。在收到一个 DDP 之后，OSPF 路由器可以发现相邻信息不是比自己的更新就是比自己的更完全。如果是这样，路由器会发送一个或几个 LSRP 给它的邻居(具有更新信息的路由器)以得到更多的链路状态信息。

两台路由器互相交换过 DDP 之后，知道对端的路由器有哪些 LSA 是本地的 LSDB 所缺少的，这时需要发送 LSRP 向对方请求所需的 LSA，其内容包括所需要的 LSA 的摘要。LSRP 格式如图 13-9 所示。

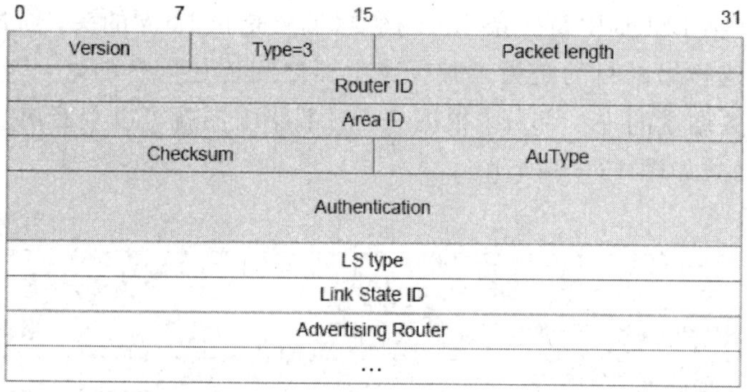

0　　　　7	15	31
Version	Type=3	Packet length
Router ID		
Area ID		
Checksum		AuType
Authentication		
LS type		
Link State ID		
Advertising Router		
…		

图 13-9　LSRP 格式

LSRP 主要字段的解释如下：

- LS type：LSA 的类型号。例如 Type1 表示路由器 LSA。
- Link State ID：即 LSA 头格式中的字段，根据 LSA 的类型而定。
- Advertising Router：产生此 LSA 的路由器的路由器 ID。

4. LSUP(Link State Update Packet，链路状态更新报文)

LSUP 用于把 LSA 发送给它的相邻节点。这些更新报文是用于对 LSA 请求的应答，用来向对端路由器发送所需要的 LSA，其内容是多条 LSA 的集合。LSUP 格式如图 13-10 所示。

5. LSAP(Link State Acknowledgment Packet，链路状态确认报文)

第五种 OSPF 报文是 LSAP。OSPF 的特点是可靠地分布 LSA，可靠意味着通告的接收方必须应答，否则源节点将没有办法知道 LSA 是否已到达目的地。因此，需要一些应答 LSA 接收的机制，这个机制就是 LSAP。

LSAP 用来对接收到的 LSUP 进行确认，内容是需要确认的 LSA 头(一个 LSAP 报文可对多个 LSA 进行确认)。其报文格式如图 13-11 所示。

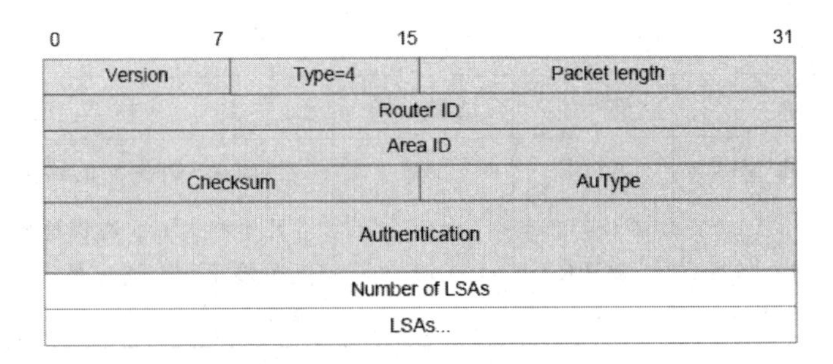

图 13-10　LSUP 格式

LSAP 唯一地标识其要应答的 LSA 报文。该标识以包含在 LSA 头中的信息为基础，包括 LS 顺序号和通告路由器。LSA 与应答报文之间无需 1 对 1 的对应关系，多个 LSA 可以用一个报文来应答。

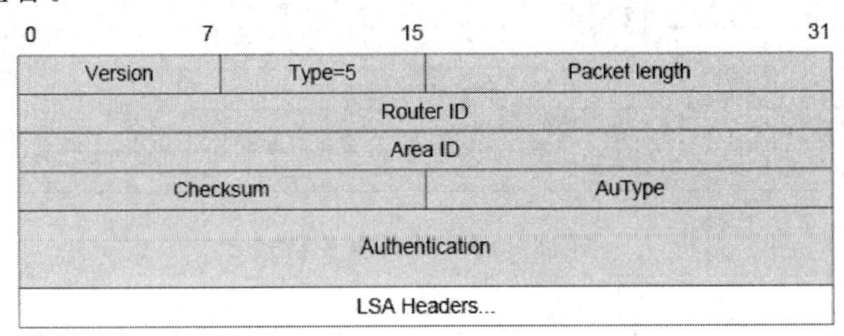

图 13-11　LSAP 格式

13.1.4　LSA 介绍

1. LSA 特性

根据 LSA 存储的内容，可以把 LSA 分为 7 种类型，如表 13-3 所示。

表 13-3　LSA 类型

类型	名　称	谁产生	泛洪范围	LSA　内　容
1	Router link LSA	全部路由器	域	产生的路由器所连接的邻居，及到达每个邻居的开销
2	Network link LSA	DR	域	DR 所在广播域内，其全部 OSPF 邻接路由器
3	Network summary link LSA	ABR	AS	ABR 连接域的汇总路由信息
4	AS external ASBR summary link LSA	ABR	AS	告诉其他区域路由器如何到达 ASBR。可以理解为汇总是由 ASBR 产生，但由 ABR 代为通告出去的。该类型的 LSA 是 ASBR 发出的特殊置 E 位的一类 LSA，然后由 ABR 代为转成 LSA4 发出；它是一条指向 ASBR 路由器地址的主机路由(其网络掩码总为 255.255.255.255)

续表

类型	名　称	谁产生	泛洪范围	LSA　内　容
5	External link LSA	ASBR	AS	当前 AS 外网络的路由信息
7	NSSA external LSA	ASBR	域	几乎和 LSA5 通告是相同的，但 LSA7 仅仅在始发这个通告的 NSSA 区域内部进行泛洪

2. LSA 报头

LSA 报头格式如图 13－12 所示。

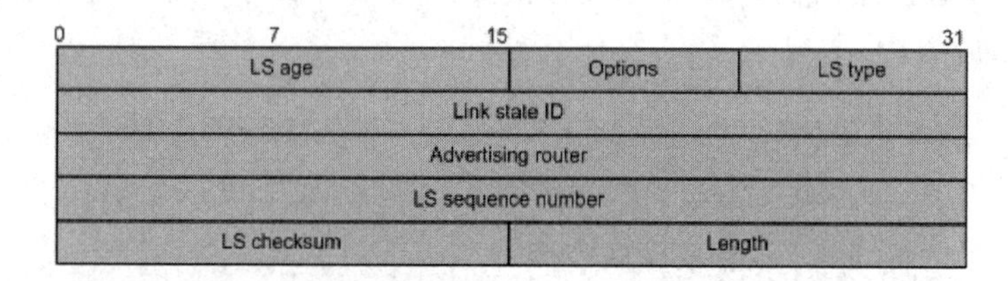

图 13－12　LSA 报头格式

3. LSA 分类

1）Router LSA

Router LSA 报文格式如图 13－13 所示。

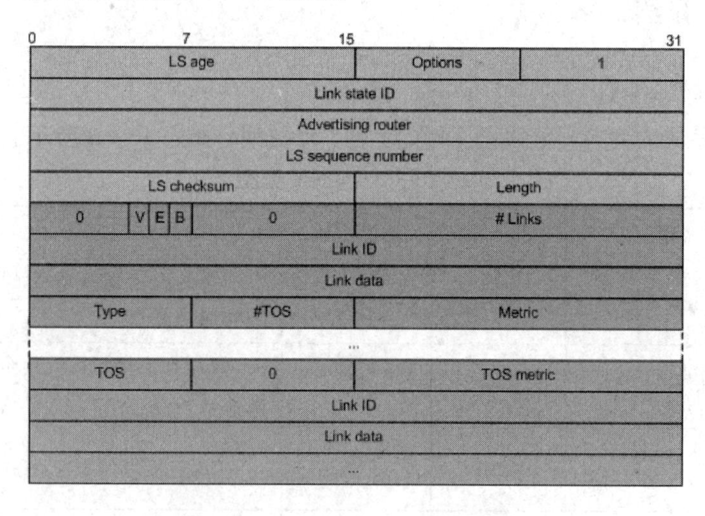

图 13－13　Router LSA 报文格式

Router LSA 主要字段的解释如下：

- Link state ID：产生此 LSA 的路由器的路由器 ID。
- V(Virtual Link)：如果产生此 LSA 的路由器是虚连接的端点，则置为 1。
- E(External)：如果产生此 LSA 的路由器是 ASBR，则置为 1。
- B(Border)：如果产生此 LSA 的路由器是 ABR，则置为 1。
- ＃ Links：LSA 中所描述的链路信息的数量，包括路由器上处于某区域中的所有链

路和接口。

· Link ID：链路标识，具体的数值根据链路类型而定。

· Link data：链路数据，具体的数值根据链路类型而定。

· Type：链路类型，取值为 1 表示通过点对点链路与另一路由器相连；取值为 2 表示连接到传送网络；取值为 3 表示连接到存根网络；取值为 4 表示虚连接。

· #TOS：描述链路的不同方式的数量。

· Metric：链路的开销。

· TOS：服务类型。

· TOS metric：指定服务类型的链路的开销。

2）Network LSA

Network LSA 由广播网或 NBMA 网络中的 DR 发出，LSA 中记录了这一网段上所有路由器的路由器 ID。如图 13-14 所示是 Network LSA 格式。

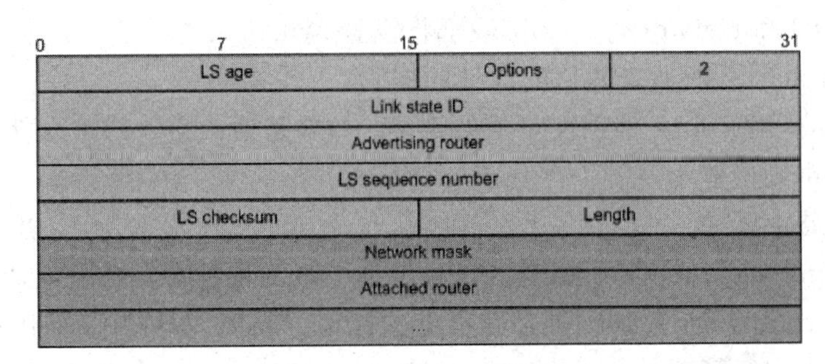

图 13-14　Network LSA 报文格式

Network LSA 主要字段的解释如下：

· Link State ID：DR 的 IP 地址。

· Network mask：广播网或 NBMA 网络地址的掩码。

· Attached router：连接在同一个网段上的所有与 DR 形成了完全邻接关系的路由器的路由器 ID，也包括 DR 自身的路由器 ID。

3）Network Summary and ASBR Summary LSA

Network Summary LSA（类型 3 LSA）和 ASBR Summary LSA（类型 4 LSA）除 Link state ID 字段有所不同外，有着相同的格式，它们都是由 ABR 产生的。图 13-15 为 Summary LSA报文格式。

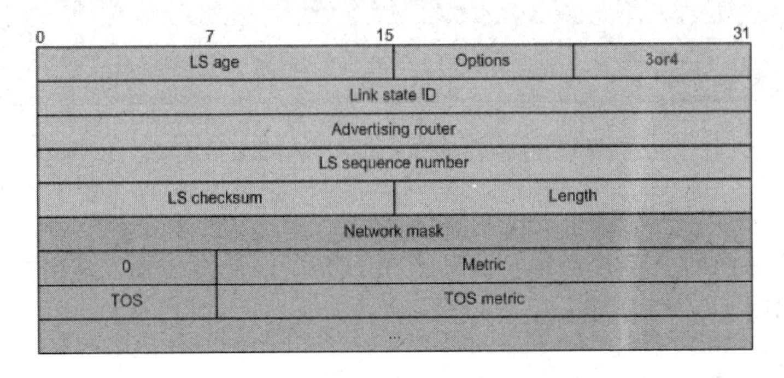

图 13-15　Summary LSA 报文格式

其主要字段的解释如下：

· Link state ID：对于类型 3 LSA 来说，它是所通告的区域外的网络地址；对于类型 4 来说，它是所通告区域外的 ASBR 的路由器 ID。

· Network mask：类型 3 LSA 的网络地址掩码。对于类型 4 LSA 来说没有意义，设置为 0.0.0.0。

· Metric：到目的地址的路由开销。

说明：类型 3 的 LSA 可以用来通告默认路由，此时 Link state ID 和 Network mask 都设置为 0.0.0.0。

4）AS External LSA

由 ASBR 产生，描述到 AS 外部的路由信息。图 13－16 为 AS External LSA 格式。

其主要字段的解释如下：

· Link state ID：所要通告的其他外部 AS 的目的地址，如果通告的是一条默认路由，那么 Link state ID 和 Network mask 字段都将设置为 0.0.0.0。

· Network mask：所通告的目的地址的掩码。

· E(External Metric)：外部度量值的类型。如果是第二类外部路由就设置为 1；如果是第一类外部路由则设置为 0。

· Metirc：路由开销。

· Forwarding address：到所通告的目的地址的报文将被转发到的地址。

· External route tag：添加到外部路由上的标记。OSPF 本身并不使用这个字段，它可以用来对外部路由进行管理。

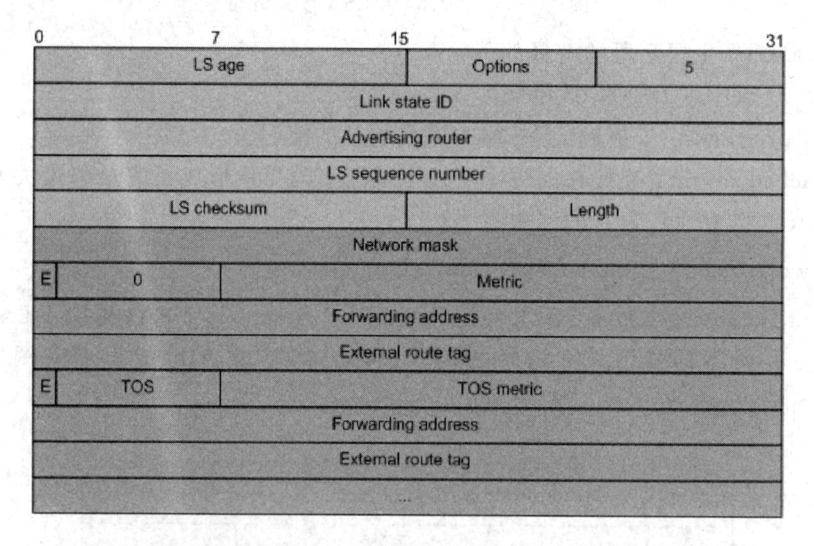

图 13－16　AS External LSA 报文格式

5）NSSA External LSA

由 NSSA 区域内的 ASBR 产生，且只能在 NSSA 区域内传播。其格式与 AS External LSA 的相同，如图 13－17 所示。

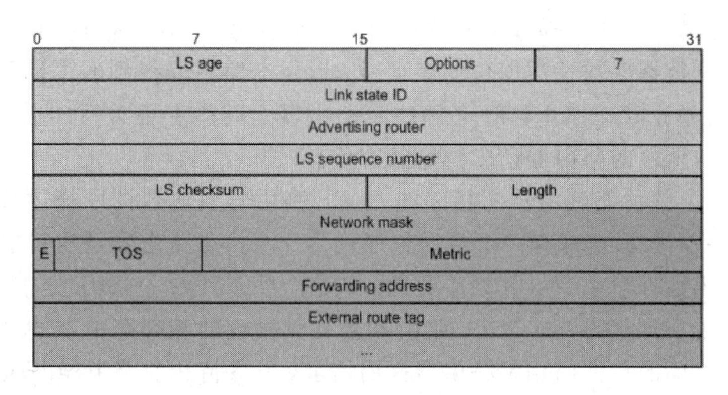

图 13-17　NSSA External LSA 格式

13.1.5　OSPF 协议过程

OSPF 协议要经过如下过程。

1. 邻居发现

OSPF 路由器最初是没有和网络中任何 OSPF 路由器建立邻居关系，而是通过以下步骤来发现网络中的 OSPF 路由器，并通过报文交换、参数比较，从而决定是否与对端建立邻居关系。

(1) **Down**：这是 OSPF 建立交互关系的初始化状态，表示在一定时间之内没有接收到从某一相邻路由器发送来的信息。在非广播性的网络环境内，OSPF 路由器还可能对处于 Down 状态的路由器发送 Hello 数据包。

(2) **Attempt**：该状态仅在 NBMA 环境，例如帧中继、X.25 或 ATM 环境中有效，表示在一定时间内没有接收到某一相邻路由器的信息，但是 OSPF 路由器仍必须通过以一个较低的频率向该相邻路由器发送 Hello 数据包来保持联系。

(3) Init：这个状态是 OSPF 路由器已经接收到相邻路由器发送来的 Hello 数据包，但自身的 IP 地址并没有出现在该 Hello 数据包内，也就是说，双方的双向通信还没有建立起来。

(4) 2-**Way**：这个状态是建立交互方式真正开始的步骤。在这个状态，路由器看到自身已经处于相邻路由器的 Hello 数据包内，双向通信已经建立。指定路由器及备份指定路由器的选择正是在这个状态完成的。在这个状态，OSPF 路由器还可以根据其中的一个路由器是否指定路由器或是根据链路是否点对点或虚拟链路来决定是否建立交互关系。

不同类型的网络选举 DR 和 BDR 的方式不同。多路存取网络支持多个路由器，在这种状况下，OSPF 需要建立起作为链路状态和 LSA 更新的中心节点。选举利用 Hello 报文内的 ID 和优先权字段值来确定。优先权字段值大小为 0～255，优先权值最高的路由器成为 DR；如果优先权值大小一样，则 ID 值最高的路由器选举为 DR，优先权值次高的路由器选举为 BDR。优先权值和 ID 值都可以直接设置。

2. 路由同步

在 OSPF 邻居关系建立后，邻居间就会尝试进行双方的路由同步过程，如果同步成功，邻居间就会形成相邻关系。

（1）**Exstart**：这个状态是建立交互状态的第一个步骤。在这个状态，路由器要决定用于数据交换的初始的数据库描述数据包的序列号，以保证路由器得到的永远是最新的链路状态信息。同时，在这个状态路由器还必须决定路由器之间的主备关系，处于主控地位的路由器会向处于备份地位的路由器请求链路状态信息。

（2）**Exchange**：该状态路由器向相邻的 OSPF 路由器发送数据库描述数据包来交换链路状态信息，每一个数据包都有一个数据包序列号。该状态路由器还有可能向相邻路由器发送链路状态请求数据包来请求其相应数据。从这个状态开始，OSPF 处于泛洪状态。

（3）**Loading**：在该状态下，OSPF 路由器会就其发现的相邻路由器的新的链路状态数据及自身的已经过期的数据向相邻路由器提出请求，并等待相邻路由器的回答。

（4）**Full**：这是两个 OSPF 路由器建立交互关系的最后一个状态，在这时，建立起交互关系的路由器之间已经完成了数据库同步的工作，它们的链路状态数据库已经一致。

3. 路由维护

当链路状态发生变化时，OSPF 通过泛洪过程通告网络上其他的路由器。OSPF 路由器接收到包含有新信息的链路状态更新报文，将更新自己的链路状态数据库，然后用 SPF 算法重新计算路由表。在重新计算的过程中，路由器继续使用旧路由表，直到 SPF 完成新的路由表计算。新的链路状态信息将发送给其他路由器。值得注意的是：即使链路状态没有发生改变，OSPF 路由信息也会自动更新，默认时间为 30 min。

13.2　配置 OSPF

13.2.1　配置任务列表

OSPF 的配置需要在各设备(包括内部设备、区域边界设备和自治系统边界设备等)之间相互协作。在未进行任何配置的情况下，设备的各参数使用默认值，此时，发送和接收报文都无须进行验证，接口也不属于任何一个自治系统的分区。在改变默认参数的过程中，务必保证各设备之间的配置相互一致。

为了配置 OSPF，需要完成的工作如下所列。其中，激活 OSPF 是必需的，其他选项可选，但也可能为特定的应用所必需。以下为 OSPF 路由协议的配置步骤：

（1）创建 OSPF 路由进程(必须)。

（2）配置 OSPF 接口参数(可选)。

（3）配置 OSPF 以适应不同物理网络(可选)。

（4）配置 OSPF 区域参数(可选)。

（5）配置 OSPF NSSA 区域(可选)。

（6）配置 OSPF 区域之间路由汇聚(可选)。

（7）路由注入 OSPF 时配置路由汇聚(可选)。

（8）创建虚拟链接(可选)。

（9）产生默认路由(可选)。

（10）用同环地址做路由标识符(可选)。

(11) 更改 OSPF 默认管理距离(可选)。
(12) 配置路由计算计时器(可选)。
(13) 状态更新信息调整时间(可选)。
(14) 路由选择配置(可选)。
(15) 配置接口接收数据库描述报文时是否校验 MTU 值(可选)。
(16) 配置禁止接口发送 OSPF 报文(可选)。

13.2.2　默认配置

表 13-4 为 OSPF 的默认配置。

表 13-4　OSPF 的默认配置

配置内容	配置参数
网络接口	接口代价：不预设接口代价； LSA 重传间隔：5 s； LSA 发送延迟：1 s； Hello 报文发送间隔：10 s(对于非广播网络为 30 s)； 邻接设备失效的时间：Hello 报文发送间隔的四倍； 优先级：1； 认证类型：0(无认证)； 认证密码：无
区间	认证类型：0(无认证)； 进入存根或 NSSA 区域的汇总路由的默认代价：1； 区间汇总范围：未定义； 存根区间：未定义； 不完全存根区间(NSSA)：未定义
虚拟链接	未定义虚拟链接； 有关虚拟链接参数的默认值： LSA 重传间隔：5 s； LSA 发送延迟：1 s； Hello 报文发送间隔：10 s； 邻接设备失效的时间：Hello 报文发送间隔的四倍； 认证类型：无认证； 认证密码：无
自动代价计算	打开； 默认的自动代价参考是 100 Mb/s
默认路由产生	关闭； 如果打开则默认使用的 Metric 是 1，类型是 Type-2
管理距离	区间内路由信息：110； 区间间路由信息：110； 外部路由信息：110

续表

配置内容	配置参数
数据库过滤	关闭，所有接口都可以接收状态更新信息 LSA
邻居变化日志记录	打开
邻居	无
邻居数据库过滤	关闭，输出的 LSA 发送到所有邻居
状态更新信息调整时间	240 s
最短路径优先算法定时器	收到拓扑改变信息到下一次开始调用 SPF 算法计算的延迟时间：5 s； 两次计算至少间隔的时间：10 s
计算外部路由时采用的最优路径规则	采用 RFC1583 中的规则

13.2.3　创建 OSPF 路由进程

创建 OSPF 路由进程，并定义与该 OSPF 路由进程关联的 IP 地址范围，以及该范围 IP 地址所属的 OSPF 区域。OSPF 路由进程只在属于该 IP 地址范围的接口发送、接收 OSPF 报文，并且对外通告该接口的链路状态。本书所使用的路由器支持 64 个 OSPF 路由进程。

要创建 OSPF 路由进程，可以按照表 13-5 中的步骤进行。

表 13-5　创建 OSPF 进程

命　　令	含　　义
Ruijie #configure terminal	进入全局配置模式
Ruijie (config)#ip routing	启用路由功能(如果为关闭的话)
Ruijie (config)# router ospf process_id [vrf *vrf-name*]	打开 OSPF，进入 OSPF 配置模式
Ruijie (config-router)#network *address wildcard-mask* area *area-id*	定义属于一个区间的地址范围
Ruijie (config-router)#end	退回到特权模式
Ruijie #show ip protocols	显示当前运行的路由协议
Ruijie #write	保存配置

说明：

(1) 产品可选参数“vrf *vrf-name*”用于指定 OSPF 所属 vrf，创建 OSPF 进程时若未指定此参数，则 OSPF 进程属于默认 vrf。

(2) Network 命令中 32 个“比特通配符”与掩码的取值相反，取“1”代表不比较该比特位，“0”代表比较该比特位。只有接口地址与 Network 命令定义的 IP 地址范围相匹配，该

接口就属于指定的区域。

使用命令"no router ospf process - id"关闭 OSPF 协议。以下为打开 OSPF 协议的示例：

```
Ruijie(config)# router ospf 1
Ruijie(config-router)# network 192.168.0.0 2 0.0.0.255 area 0
Ruijie(config-router)# end
```

13.2.4　配置 OSPF 接口参数

OSPF 允许用户更改某些特定的接口参数，用户可以根据实际应用的需要将这些参数任意设置。应该注意的是，一些参数的设置必须保证跟与该接口相邻接的设备的相应参数一致，这些参数通过 ip ospf hello - interval、ip ospf dead - interval、ip ospf authentication、ip ospf authentication - key 和 ip ospf message - digest - key 五个接口参数进行设置，使用这些命令时应该注意邻居设备也有同样的配置。

要配置 OSPF 接口参数，可在接口配置模式中执行表 13 - 6 中的命令。

表 13 - 6　配置 OSPF 接口参数

命　　令	含　　义
Ruijie # configure terminal	进入全局配置模式
Ruijie (config)# ip routing	启用路由功能(如果为关闭的话)
Ruijie (config)# interface *interface - id*	进入接口配置模式
Ruijie (config - if)# ip ospf cost *cost - value*	(可选)定义接口费用
Ruijie (config - if)# ip ospf retransmit - interval *seconds*	(可选)设置链路状态重传间隔
Ruijie (config - if)# ip ospf transmit - delay *seconds*	(可选)设置链路状态更新报文传输过程的估计时间
Ruijie (config - if)# ip ospf hello - interval *seconds*	(可选)设置 Hello 报文发送间隔，对于整个网络的节点，该值要相同
Ruijie (config - if)# ip ospf dead - interval *seconds*	(可选)设置相邻设备失效间隔，对于整个网络的节点，该值必须相同
Ruijie (config - if)# ip ospf priority *number*	(可选)优先级，用于选举指派设备(DR)和备份指派设备(BDR)

13.2.5　配置点到多点广播网络

当设备通过 X.25、帧中继网络互联时，不是全网状拓扑结构或者不进行指定设备的选举时，就可以将 OSPF 接口网络类型设置为点到多点类型。由于点到多点网络类型将链路看做多个点到点链路，因此将产生多个主机路由。另外，由于在点到多点网络中，所有的邻居花费都是一样的，如果要求每个邻居的花费不同，可以通过 neighbor 命令进行设置。

要设置点到多点网络类型，可在接口配置模式中执行表 13－7 中的命令。

表 13－7　设置点到多点网络类型

命　令	含　义
Ruijie(config－if)＃ip ospf network point－to－multipoint	配置一个接口为点到多点广播网络类型
Ruijie(config－if)＃exit Ruijie(config)＃router ospf 1 Ruijie(config－router)＃neighbor *ip－address* cost *cost*	可选，指定邻居的花费

说明：OSPF 点到多点类型网络虽然属于非广播网络，但是通过帧中继、X.25 映射手工配置或者自动学习，可以使非广播网络具有广播的能力。所以在配置点到多点网络类型时，可以不指定邻居。

13.2.6　配置非广播网络

当 OSPF 工作在非广播网络上时既可以配置成 NBMA 网络类型，也可以配置成点到多点非广播类型。因为不具备广播能力，所以无法动态地发现邻居，因此 OSPF 工作于非广播网络上时必须手工为其配置邻居。

考虑到以下情况时，可以配置 NBMA 网络类型：

(1) 当一个非广播类型网络具有全网状拓扑结构。

(2) 可以将一个广播类型的网络设置成 NBMA 网络类型，这样可以减少广播报文的产生，节约网络带宽，也可以在一定程度上避免随便接收和发布路由。

配置 NBMA 网络必须要指定邻居，由于有指定设备的选择，可能需要明确哪台设备作为指定设备，这就需要配置优先级了，优先值越大就越有可能成为指定设备。要配置 NBMA网络类型，可在接口配置模式中执行表 13－8 中的命令。

13－8　配置 NBMA 网络类型

命　令	含　义
Ruijie (config－if)＃**ip ospf network non－broadcast**	指定该接口的网络类型为 NBMA类型
Ruijie(config－if)＃exit Ruijie(config)＃router ospf 1 Ruijie(config－router)＃**neighbor** *ip－address* [**priority** *number*] [**poll－interval** *seconds*]	进入路由进程配置模式，指定邻居，并且指定它的优先级和 Hello 的轮询间隔

在一个非广播网络中，如果不能保证任意两台设备之间都是直接可达的话，更好的解决方法是将 OSPF 的网络类型设置为点到多点非广播网络类型。

无论在点到多点广播或者非广播网络中，所有的邻居花费都是一样的，使用的花费都是使用 ip ospf cost 所配置的值。实际上，可能到每个邻居的带宽是不同的，因此花费也应该不同。因此，可以通过 neighbor 命令为每个邻居指定所要的花费，这一点只适合点到多点类型(广播或者非广播)的接口。在一个非广播网络中，如果要将接口配置成点到多点类型，可在接口配置模式中执行表 13－9 中的命令。

13－9　在一个非广播网络中配置成点到多点类型

命　　令	含　　义
Ruijie(config－if)＃ip ospf network point－to－multipoint **non－broadcast**	指定该接口的网络类型为点到多点非广播类型
Ruijie(config－if)＃exit Ruijie(config)＃router ospf 1 Ruijie(config－router)＃neighbor *ip－address* cost *cost*	可选，指定邻居的花费。 注意，如果没有邻居指定花费，那么将使用接口配置模式下的 ip ospf cost 命令所参考的值

13.2.7　配置广播网络类型

OSPF 广播类型网络需要选举指定设备和备份指定设备，由指定设备对外通告该网络的链路状态。所有的设备之间都保持邻居关系，但是所有设备只与指定设备和备份指定设备之间保持邻接关系，也就是说每台设备只与指定设备和备份指定设备交换链路状态数据包，然后由指定设备通告给所有的设备，从而每台设备能够保持一致的链路状态数据库。

可以通过 OSPF 优先级参数设置来控制指定设备的选举结果，但是参数设置并不能马上产生作用，只有在新一轮的选举中，设置的参数才会起作用。进行新一轮指定设备选举的唯一条件是：OSPF 邻居在一定时间内没有接收到指定设备的 Hello 报文，认为指定设备宕机了。要配置广播网络类型，可在接口配置模式中执行表 13－10 中的命令。

13－10　配置广播网络类型

命　　令	含　　义
Ruijie (config－if)＃**ip ospf network broadcast**	指定该接口的类型为广播网络类型
Ruijie (config－if)＃**ip ospf priority** *priority*	可选，指定该接口的优先级

13.2.8　监视和维护 OSPF

可以显示 OSPF 的路由表、缓存、数据库等数据。表 13－11 列出了部分具体可以显示的内容以供参考。

13－11　其他配置命令

命　　令	含　义
Ruijie＃**show ip ospf**［process－id］	显示相应进程 OSPF 协议的一般信息，未指定进程号则显示所有进程
Ruijie＃**show ip ospf**［*process－id*］［*area－id*］**Database** Ruijie＃**show ip ospf**［*process－id*］［*area－id*］**database**［adv－router *ip－address*］ Ruijie＃**show ip ospf**［*process－id*］［*area－id*］database［**database－summary**］	OSPF 数据库的信息可以通过指定进程每种 LSA 类型的信息来查看； *area－id*：表示某个区域 ID
Ruijie＃**show ip ospf**［*process－id*］**border－routers**	查看指定进程到达 ABR 与 ASBR 的路由信息
Ruijie＃**show ip ospf interface**［*interface－name*］	查看参与 OSPF 路由的接口信息
Ruijie＃**show ip ospf**［*process－id*］**neighbor**［*interface－name*］［*neighbor－id*］［*detail*］	查看接口相邻设备的信息； *interface－name*：与该 neighbor 相连的本地接口； *neighbor－id*：neighbor 的设备 ID
Ruijie＃**show ip ospf**［*process－id*］**virtual－links**	查看指定进程虚拟链接信息

13.3　OSPF 测试实践

13.3.1　OSPF 测试拓扑介绍

OSPF 测试拓扑如图 13－18 所示。

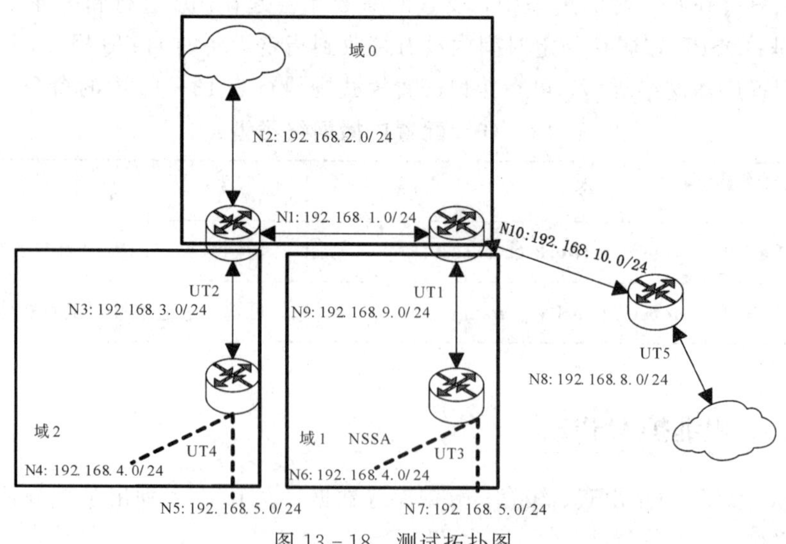

图 13－18　测试拓扑图

拓扑说明：

（1）UT1～UT5 为被测设备(如果设备不足，UT4 和 UT5 可以使用辅测设备)。

（2）域说明：

N1、N2 区域是 OSPF 域 0；N9、N6 区域为 OSPF 域 1，域 1 是 NSSA 区；N3、N4、N7 区域是 OSPF 域 2；N10、N8 区域运行 RIP。

N1 和 N2 都属于域 0；N4 和 N7 分别是 UT4 和 UT3 上的直连网段，通过 OSPF 重分发直连，重分发的类型分别为 E1 和 E2；N5 是 UT4 重分发的静态路由，静态路由的出口配置在 N4 上，N5 重分发的类型是 E2；N6 是 UT3 重分发的静态路由，静态路由的出口配置在 N7 上，N6 重分发的类型是 E1；分别在 N8 和 N10 上配置 RIP。

接口的开销都是 1。

（3）在 UT1 上配置重分发 RIP 的路由到 OSPF 域和重分发 OSPF 路由到 RIP 域，采用默认的重分发类型。初始测试的时候先不要配置。

（4）N2、N4、N7 和 N8 分别连接到测试仪器 SmartBits 的 TRT 软件，模拟路由器。

13.3.2　OSPF 功能测试

1. 测试点清单一

（1）重分发基本测试：普通区域可用重分发静态和直连路由的 E1 和 E2 路由，NSSA 区域也可用重分发静态和直连路由的 N1 和 N2 路由。

（2）重分发路由参数测试：

- metric - type；
- metric route - map；
- tag；
- subnets。

（3）OSPF 重分发最大指标条数 RIP、BGP、IS - IS 路由的测试。

（4）OSPF 同时重分发 RIP、BGP、IS - IS 外部路由的测试(UT1 接 SMB，用 TRT 灌入各种路由)。

（5）RIP、BGP、IS - IS 重分发最大指标条数 OSPF 路由的测试。

（6）重分发最大指标网络接口的直连路由。

（7）重分发最大指标静态路由测试。

（8）等待 30 min，查看 LSA 数据库是否被更新。

（9）RIP 重分发指定的 OSPF 进程路由测试。

（10）OSPF 重分发指定的其他 OSPF 进程的路由。

详细测试步骤如表 13 - 12 所示。

表 13-12　OSPF 功能测试的测试步骤(一)

测试点	测试步骤	预期结果
1	(1) 搭建测试拓扑，在 UT1 上用"show ip router"命令查看路由表	Destination　类型 N1　直连 N2　O N3　IA N4　E1 N5　E2 N6　N1 N7　N2 N8　R N9　直连 N10　直连
	(2) 在 UT2 上用"show ip router"命令查看路由表	Destination　类型 N1　直连 N2　直连 N3　直连 N4　E1 N5　E2 N6　E1 N7　E2 N9　IA
	(3) 在 UT5 上用"show ip router"命令查看路由表	Destination　类型 N7　直连 N9　直连
	(4) 在 UT1 上重分发 RIP 的路由到 OSPF 域，和重分发 OSPF 路由到 RIP 域，采用默认的重分发类型。查看 UT1、UT2 和 UT5 上的路由表	UT1 的路由表没有变化。 UT2 的路由表增加： N8　E2 UT5 的路由表增加： N2　R N3　R N4　R N5　R N6　R N7　R
	(5) SMB 在 N2、N4、N5、N6、N7 和 N8 之间互相发送数据流	SMB 响应 ARP 请求后，数据流线速转发到对应的端口

续表一

测试点	测 试 步 骤	预 期 结 果
2	（6）在 UT1 和 UT2 上查看路由表	UT1 的路由表： Destination　Type　Metric N4　E1　22 N5　E2　20 N6　N1　21 N7　N2　20 N8　E2　1 UT2 的路由表： Destination　Type　Metric N4　E1　21 N5　E2　20 N6　E1　22 N7　E2　20 N8　E2　1
	（7）UT1 上配置 default - metric *number*，配置重分发的路由配置默认的路由度量，*number* 分别修改为 100、最小值、最大值，查看 UT1 和 UT2 上的路由表	N8 的 Metric 值发生变化，其值是重分发的设定值： UT1 和 UT2 上查看路由表，显示如下： N8　E2　UT1 上设置的 Metric 值
	（8）修改 UT1 上重分发 RIP 路由的 Metric 分别改为最小、最大值，修改 metric - type为 E1 和 E2，修改 tag 为最大、最小值，查看 UT1 和 UT2 上的路由表，用“show ip ospf database external”命令查看外部路由的 tag。**redistribute** *rip* [**metric** *metric - value*] [**metric - type** *type - value*] [tag <0 - 4294967295>]	UT1 设定重分发 RIP 路由的 Metric 后，配置的 default - metric 将不再生效，设定的值以重分发 RIP 路由的 Metric 值为准。 UT1 上的路由表没有变化。UT2 上的路由表只有 N8 变化：E2 类型时，路由表显示的 N8 的 Metric 值为 UT1 上配置的 Metric 值；E1 类型时，路由表显示的 N8 的 Metric 值为配置的值＋1(UT2 与 N1 相连的端口的开销为 1)，显示的标记是设定的标记值
	（9）修改 UT3 上重分发的 N6 和 N7 路由，其 Metric 值分别改为最小、最大值；修改 metric - type 为 E1 和 E2；修改标记为最大、最小值，查看 UT1 和 UT2 上的路由表，用“show ip ospf database external”命令查看外部路由的标记。**redistribute** *static/connected* [**metric** *metric - value*] [**metric - type** *type - value*] [tag <0 - 4294967295>]	UT1 上的路由表只有 N6 和 N7 发生变化，路由的类型仍然是 N： E2 类型时，路由表显示的 Metric 值为 UT3 上配置的 Metric 值；E1 类型时，路由表显示的 Metric 值为配置的值＋1(UT1 与 N9 相连的端口的开销为 1)； UT2 上的路由表也只有 N6 和 N7 发生变化，路由的类型仍然是 E： E2 类型时，路由表显示的 Metric 值为 UT3 上配置的 Metric 值；E1 类型时，路由表显示的 Metric 值为配置的值＋2(UT2 到 UT3 的开销为 2)，显示的标记是设定的标记值

续表二

测试点	测 试 步 骤	预 期 结 果
	(10) 修改 UT4 上重分发的 N4 和 N5 路由，其 Metric 值分别改为最小、最大值；修改 Metric - type 为 E1 和 E2；修改标记为最大、最小值，查看 UT1 和 UT2 上的路由表，用"show ip ospf database external"命令查看外部路由的 tag。**redistribute** *static/connected* [**metric** *metric - value*] [**metric - type** *type - value*] [tag ＜0 - 4294967295＞]	UT1 上的路由表只有 N4 和 N5 发生变化：E2 类型时，路由表显示的 Metric 值为 UT4 上配置的 Metric 值；E1 类型时，路由表显示的 Metric 值为配置的值+2(UT1 到 UT4 的开销为 2)；UT2 上的路由表也只有 N4 和 N5 发生变化：E2 类型时，路由表显示的 Metric 值为 UT4 上配置的 Metric 值；E1 类型时，路由表显示的 Metric 值为配置的值+1(UT2 与 N3 相连的端口的开销为 1)，显示的标记是设定的标记值
	(11) 在 UT3 上新增加五条静态路由： ip route 100.1.1.0 255.255.255.0 N7 ip route 101.0.0.0 255.0.0.0 N7 ip route 172.1.1.0 255.255.255.0 N7 ip route 173.1.0.0 255.255.0.0 N7 ip route 190.1.0.0 255.255.0.0 N7 在 UT1 上用"show ip route"命令查看路由	UT1 上新增了 101.1.0.0/8 和 172.1.1.0/24 这两条路由，另外三条路由没有显示。以前的路由没有变化，仍然存在
2	(12) 在 UT3 上配置 subnets 参数：router # redistribute subnets，在 UT1 上用"show ip route"命令查看路由	在 UT1 上可看到上一步中添加的所有五条路由。以前的路由没有变化，仍然存在
	(13) 在 UT3 上配置有标记参数的五条静态路由： iproute100.1.1.0255.255.255.0 N7 *tag1* iproute101.0.0.0255.0.0.0 N7 *tag1* iproute172.1.1.0255.255.255.0 N7 *tag1* iproute173.1.0.0255.255.0.0 N7 *tag1* iproute190.1.0.0255.255.0.0 N7 *tag1*	
	(14)	在 UT1 上没有看到 UT3 重分发的路由，但是有看到 UT2 重分发的路由
	(15) 在 UT3 上删除重分发：router # no redistribute connected；no redistribute static；在 UT1 上用"show ip route"命令查看路由	在 UT1 上没有看到 UT3 重分发的路由，但是有看到 UT2 重分发的路由

续表三

测试点	测 试 步 骤	预 期 结 果
2	(16) 在 UT3 上配置 route map： ip access - list standard 12 permit 100.1.1.0 0.0.0.255 permit 101.0.0.0 0.255.255.255 permit 172.1.1.0 0.0.0.255 permit 192.168.6.0 0.255.255.255 deny any ! ip access - list standard 15 permit 173.1.0.0 0.0.255.255 permit 190.1.0.0 0.0.255.255 deny any ! route - map 11 1 set metric 8 set metric - type type - 2 match ip address 12 ! route - map 11 2 set metric 18 set metric - type type - 1 match ip address 15 ! 在重分发上应用路由图：router # redistributestatic route - map 11 subnets。在 UT1 上用“show ip route”命令查看路由	在 UT1 上可看到六条静态路由： 100.1.1.0/24、101.0.0.0/8、172.1.1.0/24、192.168.6.0/24 这四条的是 N2 的路由，Metric 值是 8； 173.1.0.0/16、190.1.0.0/16 是 N1 的路由，Metric 值是 19(18+1)
3	(17) 使用 TRT 在 N8 上模拟交换机支持的最大指标的路由条数的 RIP 路由。在 UT2 上查看路由表	TRT 模拟的 RIP 路由已重分发到 OSPF 域
	(18) 使用 TRT，从 N2 向 N8 上模拟的 RIP 路由发送数据流	SMB 响应 ARP 请求后，数据流线速转发到对应的端口上
	(19) 取消 TRT 在 N8 上模拟的 RIP 路由	路由表中模拟的 RIP 路由信息已被删除
	(20) 分别对 BGP、IS - IS 进行如步骤(17)～(19)的测试	结果同步骤(17)～(19)的预期结果

续表四

测试点	测试步骤	预期结果
4	(21) UT1 和 UT5 相连端口同时配置 RIP、BGP、IS－IS 路由协议，各自最简单的配置如下： router rip network 192.168.10.0 ! routerisis net 01.0001.0000.0000.0001.00 ! router bgp 1 bgp log－neighbor－changes neighbor 192.168.10.101 remote－as 1 interface FastEthernet 1/0 ip address 192.168.10.1 255.255.255.0 ip router isis//这条命令是 IS－IS 必须的 使用 TRT 在 N8 上灌入最大数目的路由(三种路由 1：1：1)，UT1 同时配置重分发 RIP、BGP、IS－IS，在 UT2 上查看路由表	TRT 模拟的 RIP 路由已重分发到 OSPF 域
	(22) 取消 RIP 的重分发，在 UT2 上查看路由表	OSPF 中的 RIP 外部路由消失，BGP、IS－IS还存在
	(23) 取消 BGP 的重分发，在 UT2 上查看路由表	OSPF 中的 BGP 外部路由消失，IS－IS 还存在
	(24) 取消 IS－IS 的重分发，在 UT2 上查看路由表	OSPF 中的 IS－IS 外部路由消失
5	(25) 在 N2 上模拟交换机支持的最大指标的路由条数的 OSPF 路由。在 UT5 上查看路由表	TRT 模拟的 OSPF 路由已重分发到 RIP 中
	(26) 使用 TRT，从 N8 向 N2 上模拟的 OSPF 路由发送数据流	SMB 响应 ARP 请求后，数据流线速转发到对应的端口
	(27) 取消 TRT 在 N2 上模拟的 OSPF 路由	路由表中模拟的 OSPF 路由信息已被删除
	(28) 分别对 BGP、IS－IS 进行如步骤(25)～(27)的测试	结果同步骤(25)～(27)的预期结果

续表五

测试点	测 试 步 骤	预 期 结 果
6	(29) 在UT2上配置交换机支持的最大网络接口数量的直连路由，可以使用标题栏中的配置脚本配置SVI(再配置一个Trunk，使Trunk属于所有的VLAN，通过up该Trunk口，使所有的SVI up起来)，重分发这些直连路由，在UT1、UT3和UT5上查看路由表	重分发的直连路由已重分布到UT1、UT3和UT5上
	(30) 将该Trunk口也连接到SMB，从N7和N8向若干个重分发的直连路由发送数据流	连接Trunk口的SMB响应ARP请求后，数据流被转发到此端口
7	(31) 在UT2上配置交换机支持的最大静态路由，重分发这些静态路由，在UT1上查看路由表	重分发的直连路由已重分布到UT1上
	(32) 从N7和N8向若干个重分发的静态路由发送数据流	SMB响应ARP请求后，数据流线速转发到对应的端口上
8	(33) 在UT2上等待30 min，在UT1上查看UT2重分发路由的时间是否被更新：show ip ospf database external，查看age一栏，查看UT1的路由表	UT1的database中的age一栏中已被更新(时间应该大概为0，而不是大于1800 s的时间)，路由表中显示重分发的静态路由和直连路由
	(34) 查看UT2上的控制台	控制台正常，没有打印错误信息
	(35) 重复执行步骤(22)、(24)	报文流发送正常

2. 测试点清单二

1) 区间路由汇总

(1) 对区间路由进行汇总通告给其他的区间。

(2) 等待1800s后，会发送更新路由信息的LSA。

2) 外部路由的路由汇总

(1) ABR上，对重分发生成的类型5和类型7的LSA进行聚合。

(2) NSSA的ABR上，将类型7的LSA转换为类型5的LSA时进行聚合测试。

(3) 等待1800s后，会发送更新路由信息的LSA。

(4) OSPF配置带标记参数的summary-address命令。

详细测试步骤如表13-13所示。

表 13-13 OSPF 功能测试的测试步骤(二)

测试点	测试步骤	预期结果
1.1+1.2	(1) 搭建测试拓扑。查看 UT1～UT4 之间的 OSPF 邻居状态，UT5 可移除	UT1～UT4 之间形成 OSPF 邻居关系，邻居状态为 Full
	(2) 在 UT4 上配置 10 个直连网段 191.27.1.1/24～191.27.10.1/24，将这些网络归入域 2 中(通过配置一个 Trunk 口，并将该 Trunk 口 up，使所配的 SVI 变成 Active)。在 UT1、UT2 上查看路由表和链路状态数据库	在 UT1 和 UT2 的路由表上可以看到 191.27.1.1/24～191.27.10.1/24 这 10 条 IA 路由，在链路状态数据库中也可以看到这 10 条路由
	(3) 用 SMB 从 N2 向这 10 条域内路由发送数据流	SMB 响应 ARP 请求后，数据流线速转发到相应的端口
	(4) 在 UT2 上设置区间路由汇总：*area 2 range 191.27.0.0 255.255.0.0* **advertise**，在 UT1 上查看路由表和链路状态数据库	在 UT1 上的路由表和链路状态数据库中都没有看到 191.27.1.1/24～191.27.10.1/24 这 10 条路由，只看到 191.27.0.0/16 这条路由
	(5) 用 SMB 从 N2 向这 10 条路由和 191.27.100.1/24、191.27.150.1/24 的路由发送数据流	SMB 响应 10 条路由地址的 ARP 请求后，该地址的数据流会线速转发到对应的端口；而发送到 191.27.100.1/24、191.27.150.1/24 地址的数据流会被交换机丢弃
	(6) 路由产生后，等待 1800 s，在 UT1 上查看路由表和链路状态数据库，检查被测设备是否定期发送路由信息的更新报文出来	在 UT1 上的路由表和链路状态数据库中依然没有看到 191.27.1.1/24～191.27.10.1/24 这 10 条路由，只看到 191.27.0.0/16 这条路由，且该路由信息的老化时间被更新
	(7) 在 UT2 上取消区间路由汇总：*area 2 range 191.27.0.0 255.255.0.0* **not-advertise**，在 UT1 上查看路由表和链路状态数据库	在 UT1 上的路由表和链路状态数据库中既没有看到 191.27.1.1/24～191.27.10.1/24 这 10 条路由，也没有看到 191.27.0.0/16 这条路由
	(8) 删除 UT2 上区间路由汇总的配置：**no** *area 2 range 191.27.0.0 255.255.0.0*，在 UT1 上查看路由表和链路状态数据库	在 UT1 上的路由表和链路状态数据库中看到 191.27.1.1/24～191.27.10.1/24 这 10 条路由，没有看到 191.27.0.0/16 这条路由
	(9) 执行步骤(3)→保存重启→查看重启后配置是否生效→步骤(8)，进行配置路径的测试	每个步骤的测试结果应该同上面的该步骤的预期结果一致
	(10) 执行步骤(7)→保存重启→查看重启后配置是否生效→步骤(4)→步骤(8)，进行配置路径的测试	每个步骤的测试结果应该同上面的该步骤的预期结果一致

续表一

测试点	测 试 步 骤	预 期 结 果
2.1+2.3	(11) UT1 配置 10 条静态路由 193.27.1.1/24～193.27.10.1/24，静态路由的出口指向 N1，通过重分发静态路由，在域 1 产生类型 7 的 ISA，在域 0 产生类型 5 的 ISA。在 UT2 和 UT3 上查看路由表和链路状态数据库	在 UT2 的路由表和链路状态数据库中可以看到这 10 条重分发的路由，类型为 E；在 UT3 的路由表和链路状态数据库中可以看到这 10 条重分发的路由，类型为 N
	(12) 在 UT1 上设置区间路由汇总：*summary -address 193.27.0.0 255.255.0.0* **advertise**，在 UT2 和 UT3 上查看路由表和链路状态数据库	在 UT2 和 UT3 上的路由表和链路状态数据库中都没有看到 193.27.1.1/24～193.27.10.1/24 这 10 条路由，只看到 193.27.0.0/16 这条路由
	(13) 路由产生后，等待 1800 s，在 UT2 和 UT3 上查看路由表和链路状态数据库，检查被测设备是否定期发送路由信息的更新报文出来	在 UT2 和 UT3 上的路由表和链路状态数据库中都没有看到 193.27.1.1/24～193.27.10.1/24 这 10 条路由，只看到 193.27.0.0/16 这条路由，且该路由信息的老化时间被更新
	(14) 在 UT1 上取消区间路由汇总后又立即配置区间路由汇总：先 **no** *summary -address 193.27.0.0 255.0.0.0* 后再 *summary -address 193.27.0.0 255.0.0.0*，在 UT2 和 UT3 上查看路由表和链路状态数据库	在 UT2 和 UT3 上的路由表和链路状态数据库中都没有看到 193.27.1.1/24～193.27.10.1/24 这 10 条路由，只看到 193.27.0.0/16 这条路由
	(15) 在 UT1 上取消区间路由汇总；*summary -address 193.27.0.0 255.0.0.0* **not - advertise**，在 UT2 和 UT3 上查看路由表和链路状态数据库	在 UT2 和 UT3 上的路由表和链路状态数据库中既没有看到 193.27.1.1/24～193.27.10.1/24 这 10 条路由，也没有看到 193.27.0.0/16 这条路由
	(16) 删除 UT1 上的区间路由汇总的配置：**no** *summary -address 193.27.0.0 255.0.0.0*，在 UT1 和 UT3 上查看路由表和链路状态数据库	在 UT2 和 UT3 上的路由表和链路状态数据库中看到 193.27.1.1/24～193.27.10.1/24 这 10 条路由，没有看到 193.27.0.0/16 这条路由
	(17) 执行步骤(12)→保存重启→查看重启后配置是否生效→步骤(16)，进行配置路径的测试	每个步骤的测试结果应该同上面的该步骤的预期结果一致
	(18) 执行步骤(15)→保存重启→查看重启后配置是否生效→步骤(12)→步骤(16)，进行配置路径的测试	每个步骤的测试结果应该同上面的该步骤的预期结果一致

续表二

测试点	测 试 步 骤	预 期 结 果
2.2	(19) UT3 上配置 10 条静态路由 194.27.1.1/24～194.27.10.1/24，静态路由的出口指向 N7，通过重分发静态路由，在域 1 产生类型 7 的 LSA。在 UT1 和 UT2 上查看路由表和链路状态数据库	在 UT1 的路由表和链路状态数据库中可以看到这 10 条重分发的路由，类型为 N；在 UT2 的路由表和链路状态数据库中可以看到这 10 条重分发的路由，类型为 E
	(20) 用 SMB 从 N2 向这 10 条静态路由发送数据流	N7 连接的 SMB 响应 ARP 请求后，数据流线速转发到 N7 的端口
	(21) 在 UT1 上设置区间路由汇总：*summary -address 194.27.0.0 255.0.0.0* **advertise**，在 UT2 上查看路由表和链路状态数据库	在 UT2 上的路由表和链路状态数据库中都没有看到 193.27.1.1/24～193.27.10.1/24 这 10 条路由，只看到 193.27.0.0/16 这条路由
	(22) 用 SMB 从 N2 向这 10 条静态路由和 194.27.100.1/24、194.27.150.1/24 的路由发送数据流	N7 连接的 SMB 响应 10 条静态路由地址的 ARP 请求后，该地址的数据流会线速转发到 N7 的端口；而发送到 194.27.100.1/24、194.27.150.1/24 地址的数据流会被交换机丢弃
	(23) 在 UT1 上取消区间路由汇总：*summary -address 194.27.0.0 255.0.0.0* **not - advertise**，在 UT2 上查看路由表和链路状态数据库	在 UT2 上的路由表和链路状态数据库中既没有看到 194.27.1.1/24～194.27.10.1/24 这 10 条路由，也没有看到 194.27.0.0/16 这条路由
	(24) 删除 UT1 上的区间路由汇总的配置：**no** *summary - address 194.27.0.0 255.0.0.0* ，在 UT1 和 UT3 上查看路由表和链路状态数据库	在 UT2 上的路由表和链路状态数据库中看到 194.27.1.1/24～194.27.10.1/24 这 10 条路由，没有看到 194.27.0.0/16 这条路由
2.4	(25) 在 UT1 上配置*summary -address 193.27.0.0 255.0.0.0* *tag "最大值+1"。出现提示：* *%Invalid input detected at '^' marker* 。在 UT1 上配置*summary - address 193.27.0.0 255.0.0.0 tag "最大值"*。在 UT2 上查看路由表和链路状态数据库	在 UT2 的路由表和链路状态数据库中可以看到这汇总的路由，类型为 E； LSDB 中可以看到 tag 为允许配置的"最大值"
	(26) 在 UT1 上配置*summary -address 193.27.0.0 255.0.0.0* (27) *tag "最小值"*。在 UT2 上查看路由表和链路状态数据库	在 UT2 的路由表和链路状态数据库中可以看到这汇总的路由，类型为 E； LSDB 中可以看到 tag 为允许配置的"最小值 0"
	(28) UT1 上取消带 tag 的外部路由汇总配置 no *summary -address 193.27.0.0 255.0.0.0 tag "最小值"*。在 UT2 上查看路由表和链路状态数据库	在 UT2 的路由表和链路状态数据库中可以看到汇总的路由消失

13.3.3　OSPF 其他方面的测试

OSPF 其他方面的测试如表 13－14 所示。

表 13－14　OSPF 其他方面的测试

测试名称	测 试 内 容
负面测试	制作或重放非法 OSPF 报文，测试 DUT 的容错
性能测试	(1) 测试 OSPF 路由表的容量； (2) 测试 OSPF 每秒能学习的路由条目； (3) 支持的 OSPF 进程数
压力测试	(1) 在 OSPF 路由表满时，模拟路由反复震荡，测试 DUT 的稳定性； (2) 测试 DUT 同时为多个区域的 ABR； (3) DUT 为 DR 时，模拟尽可能多的邻居进行测试； (4) 配置最大数量的 OSPF 进程，并在全部进程中模拟路由震荡

课 后 练 习

完成表 13－15 和表 13－16 所示用例的手工执行。

表 13－15　OSPF2_DR 与 BDR 的选举测试

用例 ID	OSPF2_001
用例描述	测试 DR 和 BDR 的选举，其选举流程由两个因素来决定：接口优先级(interface priority)和 router－id。接口优先级为 0～255，默认为 1，如果配置为 0 表明不参加选举，如果是 255 就很有可能被选为 DR。如果出现相同的优先级则最大的 router－id 会被选择
复杂度	Middle
优先级	High
预计执行时间	30 min
测试拓扑	Port1　Port2 DUT 1　DUT 2
前置条件	按拓扑建立测试环境，设备都已正常启动并使用默认配置。DUT1 和 DUT2 为三层交换机或路由器
输入数据(可选)	
测 试 过 程	

续表

测试步骤	描　　述	预期结果
	环境准备	
(1)	DUT1 配置 Port1 IP 为 1.1.1.1/24，并启用	Port1 能 up
(2)	DUT2 配置 Port2 IP 为 1.1.1.2/24，并启用	Port2 能 up
(3)	DUT1 ping 1.1.1.2	能成功，无丢包
	启用 OSPF	
(4)	DUT1 启用 OSPF，并使用“show ip ospf interface”命令查看	port1 ospf priority 为 1（默认值），router-id 为 1.1.1.1
(5)	DUT2 启用 OSPF，并使用“show ip ospf interface”命令查看	port2 ospf priority 为 1（默认值），router-id 为 1.1.1.2
(6)	DUT1&DUT2 启用 OSPF，并使用“show ip ospfneighbor”命令查看	经过一般学习时间，二者能成为OSPF邻居，并且状态为 Full，其中 DUT1 为 BDR，DUT2 为 DR
	将 OSPF 优先级改为 0	
(7)	DUT1 配置“port1 ospf priority”为 0	
(8)	DUT1 和 DUT2 使用“show ip ospf neighbor”命令查看	DUT1&DUT2 为 OSPF 邻居，并且状态为 Full，其中 DUT1 为 DR Other，DUT2 为 DR
	将 OSPF 优先级改为 2	
(9)	DUT1 配置“port1 ospf priority”为 2	
(10)	DUT1 和 DUT2 使用“show ip ospf neighbor”命令查看	DUT1&DUT2 为 OSPF 邻居，并且状态为 Full，其中 DUT1 为 BDR，DUT2 为 DR(因为 DUT2 过去已成为 DR，而 OSPF 中不允许抢占，所以 DUT1 的优先级高但仍不能成为 DR)
	使 DR 失效，这将会重新选举 DR	
(11)	DUT2 使用“clear ip ospf process”命令重启 OSPF进程	
(12)	DUT1 和 DUT2 使用“show ip ospf neighbor”命令查看	DUT1&DUT2 为 OSPF 邻居，并且状态为 Full，其中 DUT2 为 BDR，DUT1 为 DR(DUT1 的优先级高)

表 13－16　OSPF2_Hello 报文测试

用例 ID	OSPF2_002
用例描述	OSPF 的 Hello 包在它的邻居建立过程中起着重要的作用，其默认发送间隔为 10 s，也可通过人工配置进行修改
复杂度	Low
优先级	High
预计执行时间	30 min
测试拓扑	Port 1　Port 2　DUT 1　DUT 2　PC1
前置条件	按拓扑建立测试环境，设备都已正常启动并使用默认配置。DUT1 和 DUT2 为三层交换机或路由器
输入数据(可选)	

测试过程		
测试步骤	描　　述	预 期 结 果
	环境准备	
(1)	DUT1 配置 port1 IP 为 1.1.1.1/24，并启用	Port1 能 up
(2)	DUT2 配置 port2 IP 为 1.1.1.2/24，并启用	Port2 能 up
(3)	DUT1ping 1.1.1.2	能成功，无丢包
	启用 OSPF	
(4)	DUT1 启用 OSPF，并使用“show ip ospf interface”命令查看	port1 ospf priority 为 1(默认值)，router－id 为 1.1.1.1
(5)	DUT2 启用 OSPF，并使用“show ip ospf interface”命令查看	port2 ospf priority 为 1(默认值)，router－id 为 1.1.1.2
(6)	DUT1&DUT2 启用 OSPF，并使用“show ip ospfneighbor”命令查看	经过一般学习时间，二者能成为OSPF 邻居，并且状态为 Full，其中 DUT1 为 BDR，DUT2 为 DR
	捕获 OSPF Hello 报文以验证	
(7)	PC1 开始捕获报文	
(8)	等待 60 s	

续表

测试步骤	描 述	预期结果
(9)	PC1 停止捕获报文并查看	有 DUT1&DUT2 发出的 OSPF Hello 报文，其间隔为 10 s，目的 IP=224.0.0.5，DR=1.1.1.2，BDR=1.1.1.1
	修改 Hello 发送间隔	
(10)	DUT1 修改 Port1 的 OSPF Hello 间隔为 2 s	
(11)	DUT2 修改 Port1 的 OSPF Hello 间隔为 2 s	
(12)	DUT1&DUT2 启用 OSPF，并使用“show ip ospfneighbor”命令查看	经过一般学习时间，二者能成为OSPF 邻居，并且状态为 Full，其中 DUT1 为 BDR，DUT2 为 DR
(13)	PC1 开始捕获报文	
(14)	等待 20 s	
(15)	PC1 停止捕获报文并查看	有 DUT1&DUT2 发出的 OSPF Hello 报文，其间隔为 2 s，目的 IP=224.0.0.5，DR=1.1.1.2，BDR=1.1.1.1

参考文献

[1] Patton R. 软件测试[M]. 北京：机械工业出版社，2002.
[2] 51测试网站. http://www.51testing.com.
[3] 斯皮勒. 软件测试基础教程[M]. 2版. 刘琴，等译. 北京：人民邮电出版社，2009.
[4] 郁亚男. 基于Android平台的人机交互的研究与实现[D]. 北京：北京邮电大学，2011.
[5] 崔立尉. 手机软件测试的实践探讨[J]. 电子制作. 2013(24)：59.
[6] 张立芬，周悦，郭振东. Android移动应用测试[J]. 中国新通信. 2013：84－86.
[7] 王丽. 移动应用软件测试探索[J]. 计算机系统应用. 2013，22(1)：1－4.
[8] 王学文. 基于Android移动应用的性能测试平台关键技术研究[D]. 广东：华南理工大学，2015.
[9] 林剑辛. 基于智能手机APP的移动网络数据服务质量测量与分析[D]. 北京：北京邮电大学，2015.
[10] 张俊伟. 某智能家居产品测试管理和过程改进研究[D]. 北京：北京邮电大学，2014.
[11] 林小捷. 基于Android自动化测试平台的研究与实现[D]. 广东：华南理工大学，2013.
[12] 邹亮明. 基于移动平台自动化测试解决方案的研究与应用[D]. 辽宁：东北大学，2013.
[13] Chuang H. 大型网站系统架构的演化[EB/OL]. [2015－12－09]http://www.hollischuang.com/archives/728.
[14] Orso A，Rothermel G. Software testing：a research travelogue (2000－2014)[C]. FOSE 2014：Proceedings of the on Future of Software Engineering New York，NY，USA：ACM，2014：117－132. https://www.cc.gatech.edu/fac/Alex.OrsA/Papers/orsa.rothermel.ICSE 2014－FOSE.pdf.
[15] Devi R，Venkatesan R，R. Koteeswaran. A study on SQL injection techniques[J]. International Journal of Pharmacy and Technology. 2016，8(4)：22405－22415.
[16] Cui B，Wei Y，Shan S，Ma J. The generation of XSS attacks developing in the detect detection[C]. BWCCA 2016：Advances on Broad－Band wireless Computing，Communication and Applications. Springer Interrnational Publishing. 353－361.
[17] The OWASP Foundation. OWASP Testing Guide v4[R/OL]. [2014－09－17]. https://www.owasp.org/images/1/19/OTGv4.pdf.
[18] NeilDuPaul. Static Testing vs. Dynamic Testing[EB/OL]. [2017－07－18]. https://www.veracode.com/blog/2013/12/static-testing-vs-dynamic-testing.
[19] Patil A H，Sidnal N S. CodeCover：A Code Coverage Tool for Java Projects[C].

ERCICA 2013: International Conference on Emerging Research in Computing, Information, Communication and Applications. ERCICA Elsevier, 2013: 233 - 241.

[20] Patil A H, Sidnal N S. CodeCover: enhancement of CodeCover[J]. SIGSOFT Softw are Engineering. Notes New York, NY, USA: ACM, 2014, 39(1): 1 - 4.

[21] Hewlett-Packard Development Company. An Introduction to HP LoadRunner software[R/OL]. [2011 - 05 - 01]. https://ssl. www8. hp. com/sg/en/pdf/LR_technical_WP_tcm_196_1006601. pdf.

[22] Hewlett-Packard Development Company. HP LoadRunner 12. 00 Windows 版教程[R/OL]. [2014 - 03 - 01]. https://softwaresupport. softwaregrp. com/web/softwaresupport/document/-/facetsearch/attachment/KM01009843? fileName=hp_man_LR_12. 00_Tutorial_zh_pdf. pdf.

[23] Ramakrishnan R, Shrawan V, Singh P. Setting Realistic Think Times in Performance Testing: A Practitioner's Approach[C]. ISEC '17: Proceedings of the 10th Innovations in Software Engineering Conference. New York, NY, USA: ACM, 2017: 157 - 164.

[24] Bruns A, Kornstadt A, Wichmann D. Web Application Tests with Selenium[J]. IEEE Software: 2009, 26(5): 88 - 91.

[25] Sirotkin A. Web application testing with selenium. Linux Journal, 2010(192), 62 - 67. [2010]. https://www. montanalinux. org/files/mags/Linux _ Journal/192 - Linux - Journal - Apr - 2010. pdf.

[26] Castro A M F V d, Macedo G A, Collins E. F, et al. Extension of selenium RC tool to perform automated testing with databases in web applications [C]. 2013 8th International Workshop on Automation of Software Test(AST). IEEE, 2013: 125 - 131.

[27] Sebastiano Armeli-Battana. Get started with Selenium 2: End-to-end functional testing of your web applications in multiple browsers[EB/OL]. [2012 - 03 - 06]. https://www. ibm. com/developerworks/library/wa-selenium2/index. html.

[28] 方睿. 网络测试技术[M]. 北京:北京邮电大学出版社, 2010.